工程设计人员能力提升丛书

建筑结构设计疑难问题剖析

金　波　编著

中国建筑工业出版社

图书在版编目（CIP）数据

建筑结构设计疑难问题剖析 / 金波编著. — 北京：
中国建筑工业出版社，2023.10
（工程设计人员能力提升丛书）
ISBN 978-7-112-28990-5

Ⅰ. ①建⋯　Ⅱ. ①金⋯　Ⅲ. ①建筑结构-结构设计
Ⅳ. ①TU318

中国国家版本馆 CIP 数据核字（2023）第 143025 号

全书共 5 章对 56 个建筑结构设计疑难问题进行了剖析和解答，包括：地基与
基础；钢筋混凝土结构；钢结构；钢与混凝土组合结构；结构计算与分析。本书以
各种结构设计疑难问题为载体，详细讲解了涉及规范的条文，大多数疑难问题都用
具体算例进行了解答。内容实用，指导性强，可供从事建筑结构设计的人员阅读
使用。

责任编辑：万　李
文字编辑：沈文帅
责任校对：张　颖

工程设计人员能力提升丛书
建筑结构设计疑难问题剖析
金　波　编著
*
中国建筑工业出版社出版、发行（北京海淀三里河路 9 号）
各地新华书店、建筑书店经销
北京鸿文瀚海文化传媒有限公司制版
北京云浩印刷有限责任公司印刷
*
开本：787 毫米×1092 毫米　1/16　印张：22　字数：549 千字
2023 年 12 月第一版　　2023 年 12 月第一次印刷
定价：**75.00** 元
ISBN 978-7-112-28990-5
（41623）

　　作者的《高层钢结构设计计算实例》及《钢结构设计及计算实例——基于〈钢结构设计标准〉GB 50017—2017》在中国建筑工业出版社出版发行后，收到了全国各地许多读者的来信。这些来信中，除了一些钢结构设计的疑问外，还包括地基与基础、钢筋混凝土结构、钢与混凝土组合结构、结构计算与分析等方面的疑难问题。作者也曾在一些结构设计疑难问题的培训班进行授课，在授课过程中，学员们也会提出各种结构设计的疑难问题。

　　这些结构设计的疑难问题中，有很多问题是因为我们的各种结构设计规范、标准的规范条文及条文说明规定得比较模糊；或者是不同的规范之间互相矛盾、冲突，导致结构工程师在结构设计时，不知道如何执行、落实规范的规定。

　　2021～2022 年各种结构通用规范发布实施了。结构通用规范属于强制性工程建设规范，全部条文必须严格执行。但是结构通用规范属于较宏观的规范，很多条文规定得不太具体，结构工程师很难具体执行规范条文。

　　在此背景下，2021 年年底作者决定撰写一本解答结构工程师疑难问题的书，《建筑结构设计疑难问题剖析》一书就是在此背景下完成的。市面上一般设计疑难问题解答的书，虽然解答的问题很多，但是每个问题解答篇幅都不长。作者从事结构设计工作 20 余年，一直在结构工程设计的第一线从事具体的结构设计、计算及设计管理工作，对于结构工程师提出的一些有较大难度的结构设计疑难问题做了较深入的剖析和解答。针对每个疑难问题，从规范条文编制的背景、具体算例、作者的设计建议，全方面、多角度地进行剖析。比如某结构工程师提出一个问题：抗拔桩钢筋需要沿桩身全截面通长布置吗？作者从抗拔桩与抗压桩摩阻力和轴力分布的模式、《混凝土结构耐久性设计标准》GB/T 50476—2019 "保护层厚度大于 30mm，按照 30mm 计算裂缝" 的错误规定、各规范裂缝计算公式的区别，全方位剖析了抗拔桩钢筋配置构造、裂缝计算的方法。

全书共深入解答了建筑结构设计的 56 个问题，共分为五章。第一章为地基与基础；第二章为钢筋混凝土结构；第三章为钢结构；第四章为钢与混凝土组合结构；第五章为结构计算与分析。本书以各种结构设计疑难问题为载体，详细讲解了所涉及的规范条文，大多数疑难问题都用具体算例进行了解答，对规范不够详细的地方做了解释，对规范不尽合理、各本规范互相冲突的地方提出了自己的建议。

借本书出版之机，我要感谢对我从事结构设计与研究工作有重要帮助的人。感谢家人、朋友对我的默默支持，他们的支持和照顾是我写作的动力。感谢中信建筑设计研究总院有限公司温四清总工程师、李治总工程师、王新副总工程师、董卫国副总工程师对我工作上的支持和帮助。感谢我的同事，中信建筑设计研究总院有限公司魏丽、高炬、周波、徐相哲、海洋等，正是他们为我分担一些设计工作，才让我有更多时间写作此书。本书成稿后，中国建筑工业出版社编辑万李、沈文帅以高效的工作，为本书正式出版做了细致的校审，在此一并感谢。

最后，感谢我的太太罗燕萍、爱子金铭天对我工作的大力支持，使我能够全身心投入到结构工程设计和研究工作中。

作者希望通过本书，对结构工程师提供一些帮助。由于设计工作繁重、写书时间紧迫，限于作者的理论水平和工程实际经验，书中难免存在缺点和错误，恳请广大读者批评指正。作者电子邮箱：aub0314@126.com。

目　录

第一章 地基与基础

1.1 修正后地基承载力特征值 f_a 由 180kPa 修改为 300kPa，PKPM 软件输出的柱下独立基础底面面积是否没有变化？

某 1 层房屋，修正后地基承载力特征值 f_a 由 180kPa 修改为 300kPa，PKPM 软件输出的柱下独立基础计算结果没有发生变化（图 1-1），独立基础截面都是 2900mm×2900mm。软件计算是否有误？

```
节点号=    7    位置：
C30   fak(kPa)= 180.0    q= 1.20m   Pt= 24.0kPa   fy=360MPa
结构重要性系数= 1.00
宽度修正系数= 0.00  深度修正系数= 0.00

Load  Mx'(kN*m) My'(kN*m)   N(kN) Pmax(kPa) Pmin(kPa)  fa(kPa)  S(mm)  B(mm)
 18   -139.38    73.72     258.40  112.30     0.02    234.00   2834   2834

柱下独立基础冲切计算：
at(mm)  load  方向  p_(kPa)  冲切力(kN)  抗力(kN)  H(mm)
600.     32    X+     70.      131.4      140.8     230.
600.     22    X-     31.       59.4      112.8     200.
600.     29    Y+     70.      131.4      140.8     230.
600.     22    Y-     31.       59.4      112.8     200.

基础底面长、宽大于柱截面长、宽加两倍基础有效高度！
不用进行受剪承载力计算

基础各阶尺寸：
No   S     B    H
 1  2900  2900  300
 2   700   700  300

柱下独立基础底板配筋计算：
Load  M1(kN*m)  AGx(mm*mm)   Load  M2(kN*m)  AGy(mm*mm)
 34    91.4      522.6        31     91.4      522.6
x实配:C12@150(0.16%)  y实配:C12@150(0.16%)
```
(a)

```
节点号=    7    位置：
C30   fak(kPa)= 300.0    q= 1.20m   Pt= 24.0kPa   fy=360MPa
结构重要性系数= 1.00
宽度修正系数= 0.00  深度修正系数= 0.00

Load  Mx'(kN*m) My'(kN*m)   N(kN) Pmax(kPa) Pmin(kPa)  fa(kPa)  S(mm)  B(mm)
 18   -139.38    73.72     258.40  112.30     0.02    300.00   2834   2834

柱下独立基础冲切计算：
at(mm)  load  方向  p_(kPa)  冲切力(kN)  抗力(kN)  H(mm)
600.     32    X+     70.      131.4      140.8     230.
600.     22    X-     31.       59.4      112.8     200.
600.     29    Y+     70.      131.4      140.8     230.
600.     22    Y-     31.       59.4      112.8     200.

基础底面长、宽大于柱截面长、宽加两倍基础有效高度！
不用进行受剪承载力计算

基础各阶尺寸：
No   S     B    H
 1  2900  2900  300
 2   700   700  300

柱下独立基础底板配筋计算：
Load  M1(kN*m)  AGx(mm*mm)   Load  M2(kN*m)  AGy(mm*mm)
 34    91.4      522.6        31     91.4      522.6
x实配:C12@150(0.16%)  y实配:C12@150(0.16%)
```
(b)

图 1-1 PKPM 柱下独立基础计算书

(a) f_a＝180kPa 柱下独立基础计算书；(b) f_a＝300kPa 柱下独立基础计算书

查看计算书发现，柱下轴力很小，$N=258.40$kN；但是弯矩较大，$M_x=139.38$kN·m，$M_y=73.72$kN·m。而且计算书中，最小地基反力设计值非常小，$P_{min}=0.02$kPa；最大地基反力设计值 $P_{max}=112.30$kPa$<1.2f_a$。

很显然，PKPM软件计算出这么大的基础底面积，是因为软件控制了 $P_{min}\geqslant0$，即不允许基础底面出现零应力区。这时候，有人建议将程序中柱下独基参数"承载力计算时基础底面受拉面积/基础底面积"由0修改为0.15（图1-2）。其理由是《高层建筑混凝土结构技术规程》JGJ 3—2010规定，高宽比不大于4的高层建筑，基础底面与地基之间零应力区面积不应超过基础底面面积的15%；《建筑抗震设计规范》GB 50011—2010（2016版）也规定，高宽比不大于4的建筑，基础底面与地基土之间脱离区（零应力区）面积不应超过基础底面面积的15%。但是需要注意的是，《高层建筑混凝土结构技术规程》JGJ 3—2010、《建筑抗震设计规范》GB 50011—2010（2016版）规定零应力区不超过15%，是针对结构下所有基础来说的，而并非单个的柱下独立基础，而且以上两本规范规定零应力区不超过15%的目的，是保证建筑结构的抗倾覆能力具有足够的安全储备。

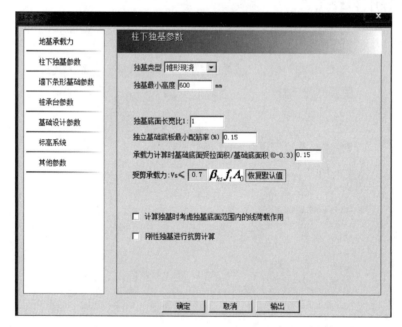

图1-2 PKPM柱下独基参数

将程序中"承载力计算时基础底面受拉面积/基础底面积"由0修改为0.15之后，程序输出柱下独立基础结果见图1-3（$f_a=180$kPa）。基础截面由2900mm×2900mm变为2000mm×2000mm。

那么基础截面2000mm×2000mm是否安全呢？《建筑地基基础设计规范》GB 50007—2011第8.2.11条规定，在轴心荷载或单向偏心荷载作用下，当台阶的宽高比小于或等于2.5且偏心距小于或等于1/6基础宽度时，柱下矩形独立基础任意截面的底板弯矩可按式（1-1）、式（1-2）简化方法进行计算。矩形基础底板的计算示意图如图1.4所示。

$$M_I=\frac{1}{12}a_1^2\left[(2l+a')\left(p_{max}+p-\frac{2G}{A}\right)+(p_{max}-p)l\right] \tag{1-1}$$

```
节点号=    7   位置：
C30   fak(kPa)= 180.0   q= 1.20m   Pt= 24.0kPa   fy=360MPa
结构重要性系数= 1.00
宽度修正系数= 0.00  深度修正系数= 0.00

   Load Mx'(kN*m) My'(kN*m)   N(kN) Pmax(kPa) Pmin(kPa)  fa(kPa)  S(mm)  B(mm)
    6   -99.91    79.77    268.71   215.46     0.00    180.00   1985   1985 Area_1=.034

柱下独立基础冲切计算：
at(mm)   load   方向    p_(kPa)   冲切力(kN)  抗力(kN)   H(mm)
600.     34     X+      185.       140.3     150.6     240.
600.     22     X-       48.        38.6     112.8     200.
600.     31     Y+      185.       140.3     150.6     240.
600.     22     Y-       48.        38.6     112.8     200.

基础底面长、宽大于柱截面长、宽加两倍基础有效高度！
不用进行受剪承载力计算

基础各阶尺寸：
No    S      B     H
 1   2000   2000   400
 2    700    700   200

柱下独立基础底板配筋计算：
Load  M1(kN*m)  AGx(mm*mm)        Load  M2(kN*m)  AGy(mm*mm)
 34    61.5      351.7             31    61.5      351.7
x实配:C14@180(0.16%)   y实配:C14@180(0.16%)
```

图 1-3　程序输出柱下独立基础结果

$$M_{\mathrm{II}} = \frac{1}{48}(l-a')^2(2b+b')\left(p_{\max}+p_{\min}-\frac{2G}{A}\right) \tag{1-2}$$

式中：M_{I}、M_{II}——相应于作用的基本组合时，任意截面Ⅰ-Ⅰ、Ⅱ-Ⅱ处的弯矩设计值（kN·m）；

a_1——任意截面Ⅰ-Ⅰ至基底边缘最大反力处的距离（m）；

l、b——基础底面的边长（m）；

$p_{\max}$、$p_{\min}$——相应于作用的基本组合时的基础底面边缘最大和最小地基反力设计值（kPa）；

p——相应于作用的基本组合时在任意截面Ⅰ-Ⅰ处基础底面地基反力设计值（kPa）；

G——考虑作用分项系数的基础自重及其上的土自重（kN）；当组合值由永久作用控制时，作用分项系数可取 1.35。

《建筑地基基础设计规范》GB 50007—2011 第 8.2.11 条的条文说明指出，式（1-1）和式（1-2）是以基础台阶宽高比小于或等于 2.5，以及基础底面与地基土之间不出现零应力区（$e \leqslant b/6$）为条件推导出来的弯矩简化计算公式，适用于除岩石以外的地基。很显然，规范给出的柱下独立基础底板受弯公式有以下三个限制条件：

（1）基础台阶宽高比小于或等于 2.5。这一限制条件是基于试验结果（中国建筑科学研究院地基所黄熙龄、郭天强对不同宽高比的板进行的试验），旨在保证基底反力呈直线分布。规范对柱下独立基础的构造规定中并未强调基础台阶宽高比小于或等于 2.5，因此作者经常看到有些结构基础图纸，独立基础台阶宽高比大于 2.5。这种情况下，仍然采用规范基础底板弯矩计算公式，显然是不合理的。

（2）基础底面与地基土之间不出现零应力区（$e \leqslant b/6$）。

下面对柱下独立基础底板受弯公式进行推导[1]，以便于理解规范为什么强调基础台阶宽高比小于或等于 2.5 且基础底面与地基土之间不出现零应力区（$e \leqslant b/6$）。

设 p_{jmax}、p_{jmin} 相应于作用的基本组合时产生的基础底面边缘最大和最小地基净反力设计值，p_j 为截面 I-I 处地基净反力设计值，$\xi = x/a_1$，柱下独立基础底板弯矩推导示意图如图 1-5 所示。

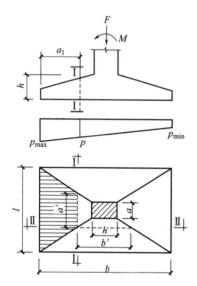
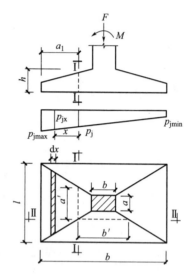

图 1-4　矩形基础底板的计算示意图　　　　图 1-5　柱下独立基础底板弯矩推导示意图

$$p_{jx} = p_j + (p_{jmax} - p_j)\xi$$

$$l_x = a' + (l - a')\xi$$

$$M_I = \int_0^{a_1} xp_{jx}l_x dx = a_1^2 \int_0^1 p_{jx}l_x \xi d\xi = \frac{1}{12}a_1^2 [(2l + a')(p_{jmax} + p_j) + (p_{jmax} - p_j)l]$$

由于 $p_{jmax} = p_{max} - \dfrac{G}{A}$，$p_j = p - \dfrac{G}{A}$，并将 p_{jmax} 和 p_j 代入上式，即为式（1-1）。

从以上推导过程可以看出，规范柱下独立基础底板弯矩公式是基于基底反力呈直线分布、且基础底面无零应力区而得到的。

（3）岩石以外的地基。

岩石地基上的独立基础，因基底面积较小，按式（1-1）计算所得的底板弯矩的破坏图式不一定是受力最不利（极限荷载最小）的破坏图式[2]。因此《贵州建筑地基基础设计规范》DBJ 52/45—2018 规定岩石地基上的独立基础尚应沿柱边两个方向验算柱与基础交接处和基础变阶处截面受弯承载力不小于由计算截面外侧基底面积上净反力的总和所产生弯矩设计值[3]，受荷面积和基底反力可按《建筑地基基础设计规范》GB 50007—2011 中第 8.2.9 条取值。

我们再来看看允许基础底面出现 15% 的零应力区，软件是怎么计算基础底板弯矩的，PKPM 软件柱下独立基础底板弯矩计算见图 1-6。很显然，软件还是按照式（1-1）计算柱下独立基础底板弯矩。但是采用式（1-1）计算底板弯矩的前提是基础底面不出现零应力区，因此软件计算出来的弯矩值肯定是不合理的，配筋也是错误的。

针对独立基础出现零应力区而需要加大基础截面，有结构工程师提出将独立基础布置

【【34】SATWE 基本组合：1.20*恒+1.40*风 y+0.98*活】

 N=318.23 kN　.M$_x$=-93.06 kN.m　.M$_y$=140.05 kN.m　.V$_x$=47.14 kN　.V$_y$=36.21 kN

基础底部形心荷载

 N=318.23 kN　.M$_x$=-114.79 kN.m　.M$_y$=168.33 kN.m　.V$_x$=47.14 kN　.V$_y$=36.21 kN

弯矩计算：

x 方向，h$_0$ =　540mm

M = a$_1$^{2}×　　[(2l+a$^{'}$)×(P$_{jmax}$+P$_j$)+　　(P$_{jmax}$-P$_j$)*l]×Re/12

　　= 0.70×0.70[(2×2.00+0.60)×(184.6+111.1)+　(184.6-111.1)*2.00]×

1.00/12

　　　　= 61.54kN.m

y 方向，h$_0$ =　540mm

M = a$_1$^{2}×　　[(2l+a$^{'}$)×(P$_{jmax}$+P$_j$)+　　(P$_{jmax}$-P$_j$)*l]×Re/12

　　= 0.70×0.70[(2×2.00+0.60)×(149.4+100.5)+　(149.4-100.5)*2.00]×

1.00/12

　　　　= 50.92kN.m

图 1-6　PKPM 软件柱下独立基础底板弯矩计算

为偏心基础。这种方法对于恒载、活载导致的零应力区不失为一个好的解决方案。但是对于地震作用、风荷载等水平作用导致的零应力区，将独立基础布置为偏心基础就不太科学了，因为地震作用、风荷载的水平作用的方向是随机的。比如针对 X 正方向地震作用导致的零应力区，调整独立基础为偏心基础，使基础不出现零应力区，但是此偏心基础在 X 负方向地震作用下，会出现比例更大的零应力区。

　　值得注意的是，虽然《建筑地基基础设计规范》GB 50007—2011 没有给出基底出现零应力区（偏心距 e＞b/6）的柱下独立基础弯矩计算公式，但是却给出了基底出现零应力区时基底压力的计算公式。《建筑地基基础设计规范》GB 50007—2011 第 5.2.2 条第 3 款规定，当基础底面形状为矩形且偏心距 e＞b/6 时，p$_{kmax}$ 应按式（1-3）计算，偏心荷载（e＞b/6）下基底压力计算示意图见图 1-7：

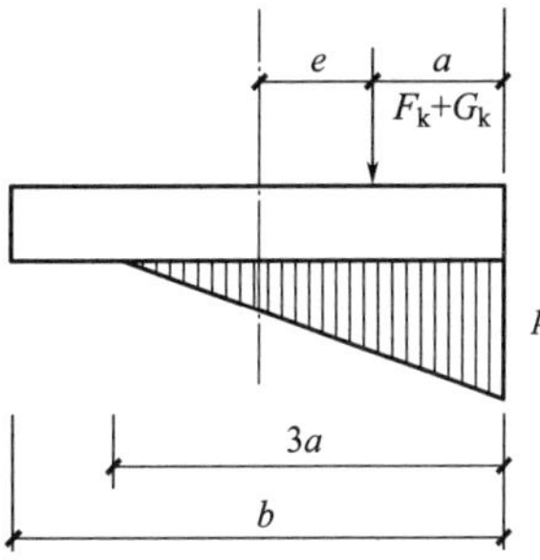

图 1-7　偏心荷载（e＞b/6）下基底压力计算示意图

$$p_{kmax} = \frac{2(F_k + G_k)}{3la} \qquad (1-3)$$

式中：l ——垂直于力矩作用方向的基础底面边长（m）；

　　　a ——合力作用点至基础底面最大压力边缘的距离（m）。

　　柱下独立基础出现基底零应力区、又不想增大独立基础面积，如果想求出独立基础底板弯矩，可以将独立基础以筏板单元建模，用"考虑上部刚度的弹性地基梁板法"的有限元方法。具体方法参见 1.7 节。

1.2 《建筑地基基础设计规范》GB 50007—2011 中"轴心荷载"和"偏心荷载"是什么意思？对于"恒载＋活载"工况，软件按照偏心荷载作用，以公式 $p_{kmax} \leqslant 1.2f_a$、$Q_{ikmax} \leqslant 1.2R_a$ 验算地基承载力和桩基承载力是否不安全？

《建筑地基基础设计规范》GB 50007—2011 第 5.2.1 条规定，基础底面的压力，应符合下列规定：

（1）当轴心荷载作用时：

$$p_k \leqslant f_a \tag{1-4}$$

式中：p_k——相应于作用的标准组合时，基础底面处的平均压力值（kPa）；

f_a——修正后的地基承载力特征值（kPa）。

（2）当偏心荷载作用时，除符合式（1-4）要求外，尚应符合式（1-5）规定：

$$p_{kmax} \leqslant 1.2f_a \tag{1-5}$$

式中：P_{kmax}——相应于作用的标准组合时，基础底面边缘的最大压力值（kPa）。

《建筑地基基础设计规范》GB 50007—2011 第 8.5.5 条规定，单桩承载力计算应符合下列规定：

（1）轴心竖向力作用下：

$$Q_k \leqslant R_a \tag{1-6}$$

式中：R_a——单桩竖向承载力特征值（kN）。

（2）偏心竖向力作用下，除满足式（1-6）外，尚应满足式（1-7）要求：

$$Q_{ikmax} \leqslant 1.2R_a \tag{1-7}$$

《建筑桩基技术规范》JGJ 94—2008 对桩基承载力也有相同的规定。

一些结构工程师对"轴心荷载""偏心荷载"理解有问题，认为"恒载＋活载"工况就属于"轴心荷载"，有地震作用、风荷载等水平荷载组合的就属于"偏心荷载"。其实这个理解是错误的。

《建筑地基基础设计规范》GB 50007—2011 第 5.2.2 条规定，基础底面的压力，可按下列公式确定：

（1）当轴心荷载作用时：

$$p_k = \frac{F_k + G_k}{A} \tag{1-8}$$

式中：F_k——相应于作用的标准组合时，上部结构传至基础顶面的竖向力值（kN）；

G_k——基础自重和基础上的土重（kN）；

A——基础底面面积（m²）。

（2）当偏心荷载作用时：

$$p_{kmax} = \frac{F_k + G_k}{A} + \frac{M_k}{W} \tag{1-9}$$

$$p_{kmin} = \frac{F_k + G_k}{A} - \frac{M_k}{W} \tag{1-10}$$

式中：M_k——相应于作用的标准组合时，作用于基础底面的力矩值（kN·m）；

W——基础底面的抵抗矩（m³）；

p_{kmin}——相应于作用的标准组合时，基础底面边缘的最小压力值（kPa）。

《建筑地基基础设计规范》GB 50007—2011 第 8.5.4 条规定，群桩中单桩桩顶竖向力应按下列公式进行计算：

（1）轴心竖向力作用下：

$$Q_k = \frac{F_k + G_k}{n} \tag{1-11}$$

式中：F_k——相应于作用的标准组合时，作用于桩基承台顶面的竖向力（kN）；

G_k——桩基承台自重及承台上土自重标准值（kN）；

Q_k——相应于作用的标准组合时，轴心竖向作用下任一单桩的竖向力（kN）；

n——桩基中的桩数。

（2）偏心竖向力作用下：

$$Q_{ik} = \frac{F_k + G_k}{n} \pm \frac{M_{xk} y_i}{\sum y_i^2} \pm \frac{M_{yk} x_i}{\sum x_i^2} \tag{1-12}$$

式中：Q_{ik}——相应于作用的标准组合时，偏心、竖向力作用下第 i 根桩的竖向力（kN）；

M_{xk}，M_{yk}——相应于作用的标准组合时，作用于承台底面通过桩群形心的 x、y 轴的力矩（kN·m）；

x_i、y_i——第 i 根桩至桩群形心的 y、x 轴线的距离（m）。

很明显，从规范条文可以看出，"轴心荷载"仅有轴力、无弯矩；"偏心荷载"既有轴力、也有弯矩。一些结构工程师认为"恒载+活载"工况仅有轴力、而无弯矩，属于"轴心荷载"，这是错误的认识。

图 1-8 是标准层结构平面，上部结构不计算风荷载、地震作用，仅考虑恒载、活荷载，采用 YJK 软件进行基础计算、设计。单桩竖向承载力特征值 $R_a = 1650$kN，YJK 软件基础计算结果见图 1-9。

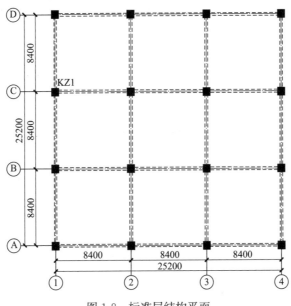

图 1-8 标准层结构平面

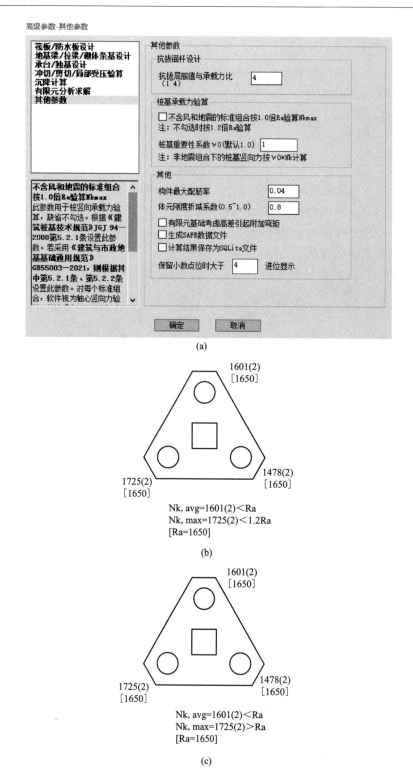

图 1-9 YJK 软件基础计算结果（一）

（a）YJK 基础高级参数菜单；（b）不勾选"不含风和地震的标准组合按 1.0 倍 R_a 验算 N_{kmax}"桩承载力验算结果；

（c）勾选"不含风和地震的标准组合按 1.0 倍 R_a 验算 N_{kmax}"桩承载力验算结果

荷载信息

```
*————————————————————————————————————————————*
* 以下按承台局部坐标系输出承台各工况的荷载(形心处的合力)        *
* N：    竖向力(kN)                                          *
* Mx：   绕x轴弯矩(kN-m)                                     *
* My：   绕y轴弯矩(kN-m)                                     *
* Qx：   x向剪力(kN)                                         *
* Qy：   y向剪力(kN)                                         *
* 恒载和平面恒载下的竖向力包括覆土重和自重                      *
* 活载和平面活载下的轴力、弯矩、剪力都是折减后的结果             *
* 弯矩包含水平力引起的弯矩增量(△Mx=-Qy*d，△My=Qx*d，d=柱底标高-基底标高) *
* 对于"桩承台+防水板"，承台范围内的水浮力不重复计算            *
*————————————————————————————————————————————*

工况                              N        Mx        My        Qx        Qy
恒载                          4236.6       0.0    -189.4     -71.5      -0.0
活载                           567.5       0.2     -26.6     -10.0      -0.1
X风                              0.0       0.0       0.0       0.0       0.0
Y风                              0.0       0.0       0.0       0.0       0.0
X地震                            0.0       0.0       0.0       0.0       0.0
Y地震                            0.0       0.0       0.0       0.0       0.0
竖向地震                          0.0       0.0       0.0       0.0       0.0
人防荷载                          0.0       0.0       0.0       0.0       0.0
平面恒载                       4204.6      -0.0       0.0       0.0       0.0
平面活载                        564.5      -0.0       0.0       0.0       0.0
水浮力(最低水位)               -54.3       0.0       0.0       0.0       0.0
水浮力(最高水位)               -54.3       0.0       0.0       0.0       0.0
恒载(不计自重和覆土重)          4098.1       0.0    -189.4     -71.5      -0.0
平面恒载(不计自重和覆土重)       4066.1      -0.0       0.0       0.0       0.0
```

(d)

桩承载力验算

```
*————————————————————————————————————————————*
* 以下输出承台平均、最大、最小桩反力(kN)                        *
* 依据规范：建筑与市政地基基础通用规范(GB55003-2021)第5.2.1条、第5.2.2条 *
* 验算公式：   非地震组合，Nk,avg <= R，Nk,max <= 1.2R          *
*             地震组合，Nk,avg <= 1.25R，Nk,max <= 1.5R        *
* W：          风荷载参与组合标记                               *
* E：          地震组合标记                                     *
* Nk,avg：     平均桩反力                                       *
* Nk,max：     最大桩反力                                       *
* Nk,min：     最小桩反力                                       *
* R：          桩竖向承载力特征值                               *
* AVG：        按平均桩反力验算是否满足                          *
* MAX：        按最大桩反力验算是否满足                          *
* 注：考虑桩基重要性系数时，按γ0*Nk,avg、γ0*Nk,max验算          *
*————————————————————————————————————————————*

组合号    Nk,avg    Nk,max    Nk,min       R       AVG      MAX
(2)       1601.4    1724.8    1478.1    1650.0     满足      满足
```

附、荷载组合表

编号	类型	组合项
(1)	准永久组合	1.0恒+0.5活
(2)	标准组合	1.0恒+1.0活
(3)	基本组合	1.3恒+1.5活

(e)

图 1-9　YJK 软件基础计算结果（二）

（d）荷载文本信息；（e）桩承载力验算文本信息

由图 1-9 可以看出，当不勾选"不含风和地震的标准组合按 1.0 倍 R_a 验算 N_{kmax}"，相应于作用的标准组合（1.0 恒＋1.0 活）时，左下角桩的竖向力 $Q_k=1725kN>R_a=1650kN$，但软件并没有提示桩承载力超限 [图 1-9（b）]，因为软件按照偏心荷载 $Q_k=1725kN<1.2R_a=1980kN$ 进行承载力的判断。查看第（2）工况（1.0 恒＋1.0 活）发现，恒载和活载工况都出现了弯矩 M_y[图 1-9（d）]，属于规范规定的"偏心荷载"工况，应该按照公式 $Q_{ikmax}\leqslant1.2R_a$ 判断单桩承载力是否超限。因此软件判断方法是正确的。

如果结构工程师想要保守一些，也就是恒载和活载工况的"偏心荷载"满足 $Q_{ikmax}\leqslant R_a$、而非满足 $Q_{ikmax}\leqslant1.2R_a$，那么可以勾选"不含风和地震的标准组合按 1.0 倍 R_a 验

算 N_{kmax}"，软件就会提示桩承载力超限 [图 1-9（c）]。

值得说明的是，广东省的地方标准《建筑地基基础设计规范》DBJ 15-31—2016 规定，竖向荷载效应标准组合在偏心竖向力作用下，需要满足 $Q_{ikmax} \leqslant 1.1R_a$，比国家标准更加严格一些。

1.3 地基承载力特征值修正的实质是什么？按深层平板载荷试验确定的地基承载力特征值，为什么不能进行深度修正？

《建筑地基基础设计规范》GB 50007—2011 第 5.2.4 条规定，当基础宽度大于 3m 或埋置深度大于 0.5m 时，从载荷试验或其他原位测试、经验值等方法确定的地基承载力特征值，尚应按式（1-13）修正：

$$f_a = f_{ak} + \eta_b \gamma (b-3) + \eta_d \gamma_m (d-0.5) \tag{1-13}$$

式中：f_a ——修正后的地基承载力特征值（kPa）；

f_{ak} ——地基承载力特征值（kPa）（可由载荷试验或其他原位测试、公式计算，并结合工程实践经验等方法综合确定）；

η_b、η_d ——基础宽度和埋置深度的地基承载力修正系数，按基底下土的类别查表 1-1 取值；

γ ——基础底面以下土的重度（kN/m³），位于地下水位以下取浮重度；

b ——基础底面宽度（m），当基础底面宽度小于 3m 时按 3m 取值，大于 6m 时按 6m 取值；

γ_m ——基础底面以上土的加权平均重度（kN/m³），位于地下水位以下的土层取有效重度；

d ——基础埋置深度（m），宜自室外地面标高算起。在填方整平地区，可自填土地面标高算起，但填土在上部结构施工后完成时，应从天然地面标高算起。对于地下室，当采用箱形基础或筏基时，基础埋置深度自室外地面标高算起；当采用独立基础或条形基础时，应从室内地面标高算起。

地基承载力修正系数　　　　　　　　　　　　　　　　　　　表 1-1

土的类别		η_b	η_d
淤泥和淤泥质土		0	1.0
人工填土 e 或 I_L 大于等于 0.85 的黏性土		0	1.0
红黏土	含水比 $\alpha_w > 0.8$	0	1.2
	含水比 $\alpha_w \leqslant 0.8$	0.15	1.4
大面积压实填土	压实系数大于 0.95、黏粒含量 $\rho_c \geqslant 10\%$ 的粉土	0	1.5
	最大干密度大于 2100kg/m³ 的级配砂石	0	2.0
粉土	黏粒含量 $\rho_c \geqslant 10\%$ 的粉土	0.3	1.5
	黏粒含量 $\rho_c < 10\%$ 的粉土	0.5	2.0

续表

土的类别	η_b	η_d
e 及 I_L 均小于 0.85 的黏性土	0.3	1.6
粉砂、细砂（不包括很湿与饱和时的稍密状态）	2.0	3.0
中砂、粗砂、砾砂和碎石土	3.0	4.4

注：1. 强风化和全风化的岩石，可参照所风化成的相应土类取值，其他状态下的岩石不修正；
　　2. 地基承载力特征值按《建筑地基基础设计规范》GB 50007—2011 附录 D 深层平板载荷试验确定时 η_d 取 0；
　　3. 含水比是指土的天然含水量与液限的比值；
　　4. 大面积压实填土是指填土范围大于两倍基础宽度的填土。

（1）地基承载力特征值，为什么可以进行深度修正？

地基承载力特征值的深度、宽度修正概念，是根据弹性半无限体地基承载力理论得出的[4]。图 1-10 为天然地基承载力深度、宽度修正示意图，地基达到极限承载力产生的滑动面与土的黏聚力、基础两侧边载、滑动土体的重量有关。滑动土体的重量和基础宽度与地基土的重度有关，基础宽度增加，滑动面增大，地基承载力设计值可以提高；基础埋深增加，基础两侧边载增加，地基承载力设计值增加。这就是地基承载力特征值进行深度、宽度修正的基本原理。

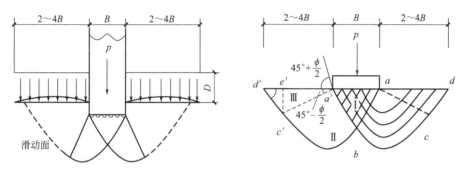

图 1-10　天然地基承载力深度、宽度修正示意图

（2）在填方整平区，可自填土地面标高算起。填土是否有时间要求？新近填土算不算？

在填方整平区，也就是基础两侧的填土顶面标高基本相同时，可自填土地面标高算起，也就是将基础底面标高以上的两侧土重作为均匀分布的超载考虑。但如果在上部结构施工完成后才回填土的，就不应该计算这部分填土所产生的超载，仍应该从原天然地面标高算起。因为在上部结构施工完成后再回填土，因地基土上部没有超载、地基土承载力不能提高，地基土可能已经沿着滑动面发生了滑移，这时候再回填土，对提高地基土的承载力已经没有帮助。

不过，我们的图纸结构设计总说明一般要求基础工程验收通过以后及基坑土回填好以后，方可进行上部结构的施工。基础施工完成后立即回填基坑土的好处有两点：一是回填土可以作为基础两侧超载，提高地基土承载力；二是上部结构施工过程中，上部结构嵌固、结构抗震和抗倾覆都有利。《建筑地基基础设计规范》GB 50007—2011 第 8.4.24 条也有类似规定，筏形基础地下室施工完毕后，应及时进行基坑回填工作。

在承载力验算中，由于基础周围填土可作为边载考虑，有助于地基的稳定和承载力的提高，因此填上土即算，只与土的重度有关，没有规定应是自重下固结完成的土。但在变形计算中，应考虑新近填土的影响，并满足变形要求[1]。

（3）对于地下室，当采用箱形基础或筏基时，基础埋置深度自室外地面标高算起；当采用独立基础或条形基础时，为什么应从地下室室内地面标高算起？

图 1-11 为天然地基承载力深度、宽度修正示意图。

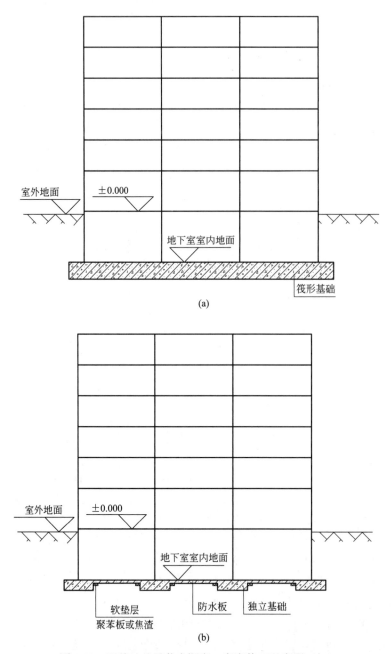

(a)

(b)

图 1-11　天然地基承载力深度、宽度修正示意图（一）

（a）地下室筏形基础（厚筏板）；（b）地下室独立基础＋防水板

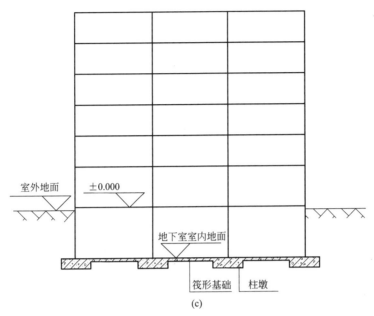

图 1-11 天然地基承载力深度、宽度修正示意图（二）

（c）地下室筏形基础（母筏板＋柱墩）

由图 1-11（a）可以看出，当地下室采用筏形基础时，基础以上的土重都可以作为基础两侧的超载，因此基础埋置深度可以从室外地面标高算起。

当地下室采用独立基础＋防水板时 [1-11（b）]，为使防水板不承担地基土反力，防水板与地基土之间铺设聚苯板或焦渣等可压缩性材料的软垫层，防水板底下的地基土很难得到有效约束，也就是说防水底板很难约束土体上移，因此仅独立基础底部至顶部这一部分可以作为超载，所以基础埋置深度只能从地下室室内地面标高算起。

需要注意的是，地下室采用筏形基础，地基承载力修正时基础埋置深度可以从室外地面标高算起，需要筏形基础具有足够的刚度。以图 1-11（c）为例，当地下室采用较薄的母筏板＋柱墩时，较薄的母筏板虽然在一定程度上可以约束土体上移，但因母筏板弯曲刚度有限，母筏板会产生较大的弯曲变形，从而不能有效约束土体向上的位移。这种情况下，仅柱墩底部至顶部这一部分可以作为超载，因此基础埋置深度也只能从地下室室内地面标高算起。

（4）《建筑地基基础设计规范》GB 50007—2011 第 5.2.4 条的条文说明指出，目前建筑工程大量存在着主裙楼一体的结构，对于主体结构地基承载力的深度修正，宜将基础底面以上范围内的荷载，按基础两侧的超载考虑，当超载宽度大于基础宽度两倍时，可将超载折算成土层厚度作为基础埋深，基础两侧超载不等时取小值。为什么？

引用文献 [4] 的算例，图 1-12 为天然地基承载力深度、宽度修正示意图，主楼下基础两侧没有可算作超载的土，但是，主楼下基础两侧有裙房 1、裙房 2 作为超载，裙房 1、裙房 2 的重量有助于地基土的稳定和承载力的提高。因 47.9m＋25.2m＝73.1m＞2×33.6m＝67.2m，主楼下地基承载力特征值考虑深度修正时，可将裙房 1、裙房 2 的重量折算为土层厚度作为基础埋深。

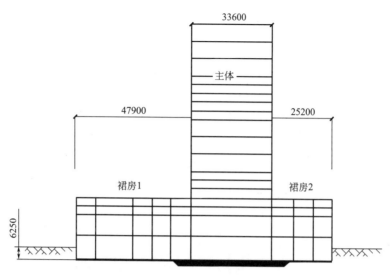

图 1-12　天然地基承载力深度、宽度修正示意图

　　裙房 1 的重量为 89kN/m²，折算为土层厚度为 89/18＝5.0m＜天然埋深 6.25m；裙房 2 的重量为 109kN/m²，折算为土层厚度为 109/18＝6.0m＜天然埋深 6.25m。因此，用作主楼基础地基承载力修正的计算埋置深度取 5.0m。

　　(5) 按深层平板载荷试验确定的地基承载力特征值，为什么不能进行深度修正？

　　平板载荷试验分为浅层平板载荷试验和深层平板载荷试验。

　　浅层平板载荷试验适用于确定浅部地基土层在承压板下应力主要影响范围内的承载力，承压板面积不应小于 0.25m²，试验基坑宽度不应小于承压板宽度或直径的 3 倍 [图 1-13 (a)]。浅层平板载荷试验荷载作用于半无限空间的表面，载荷板周围没有任何地面超载或其他荷载，其应力分布服从于布辛奈斯克（Boussinesq）解。因浅层平板载荷试验时，其承压板两侧无地面超载，由试验给出的承载力特征值应根据实际的基础埋深进行深度修正。

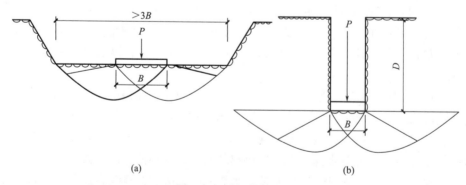

图 1-13　平板载荷试验
(a) 浅层平板载荷试验；(b) 深层平板载荷试验

　　深层平板载荷试验适用于确定深部地基土层及大直径桩端土层在承压板下应力主要影响范围内的承载力，承压板采用直径为 0.8m 的刚性板，紧靠承压板周围外侧的土层高度

不少于 0.8m ［图 1-13 （b）］。深层平板载荷试验荷载作用于半无限空间的内部，载荷板周围的土层作用有上覆土层的自重压力，其应力分布服从于明德林（Mindlin）解。因深层平板载荷试验时，其承压板两侧已有地面超载，由试验给出的承载力特征值已反映出地面超载的影响，所以在设计时不应再进行地基承载力的深度修正。

1.4 大底盘上存在多栋建筑物时，如何验算筏形基础的偏心距 $e \leqslant 0.1W/A$ ？

《建筑地基基础设计规范》GB 50007—2011 第 8.4.2 条规定，对单幢建筑物，在地基土比较均匀的条件下，基底平面形心宜与结构竖向永久荷载重心重合。当不能重合时，在作用的准永久组合下，偏心距 e 宜符合式（1-14）规定：

$$e \leqslant 0.1W/A \tag{1-14}$$

式中：W ——与偏心距方向一致的基础底面边缘抵抗矩（m^3）；

A ——基础底面积（m^2）。

规范限制筏形基础偏心距的目的，是因为对单幢建筑物，在均匀地基的条件下，基础底面的压力和基础的整体倾斜主要取决于作用的准永久组合下产生的偏心距大小。定义 B 为与组合荷载竖向合力偏心方向平行的基础边长，e 为作用在基底平面的组合荷载全部竖向合力对基底面积形心的偏心距。表 1-2 给出了三个典型工程的实测数据，证实了在地基条件相同时，e/B 越大，则倾斜越大。

三个典型工程的实测数据 表 1-2

地基条件	工程名称	横向偏心距 e(m)	基底宽度 B(m)	e/B	实测倾斜(‰)
上海软土地基	胸科医院	0.164	17.9	1/109	2.1(有相邻建筑影响)
上海软土地基	某研究所	0.154	14.8	1/96	2.7
北京硬土地基	中医医院	0.297	12.6	1/42	1.716(唐山地震时北京烈度为6度，未发现明显变化)

高层建筑由于楼身质心高，荷载重，当筏形基础开始产生倾斜后，建筑物总重对基础底面形心将产生新的倾覆力矩增量，而倾覆力矩的增量又产生新的倾斜增量，倾斜可能随时间而增大，直至地基变形稳定为止。因此，为避免基础产生倾斜，应尽量使结构竖向荷载合力作用点与基础平面形心重合，当偏心难以避免时，则应规定竖向合力偏心距的限值。《建筑地基基础设计规范》GB 50007—2011 根据实测资料并参考部分相关规范（公路桥涵设计规范）对桥墩合力偏心距的限制，规定了在作用的准永久组合时，$e \leqslant 0.1W/A$。从实测结果来看，这个限制对硬土地区稍严格，当有可靠依据时可适当放松。

但是当大底盘上存在多栋建筑物时（图 1-14），如何验算筏形基础的偏心距？

黄熙龄、宫剑飞[5]、[6]、[7] 采用室内大型模型试验对筏板的内力、地下部分框架-厚筏的传力性能、塔楼之间的影响、大底盘的变形特征进行了系列试验。文献［6］以双塔楼并列布置于两层大底盘框架厚筏上的结构形式为对象，通过室内大型模拟试验，研究基础沉降变形特征及基底反力分布规律，并列双塔楼模型试验结构示意图如图 1-15 所示。

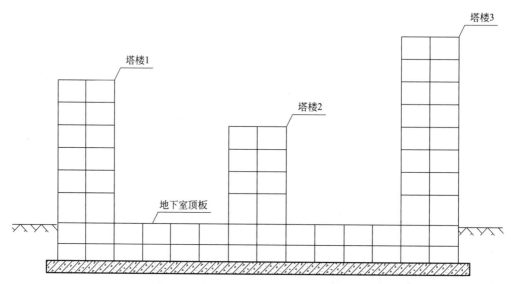

图 1-14　大底盘上存在多栋建筑物示意图

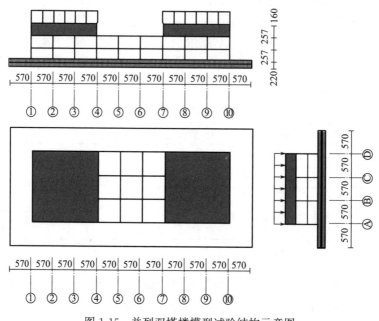

图 1-15　并列双塔楼模型试验结构示意图

　　为进一步研究塔楼相互影响，进行了双塔楼并列试验，加载试验顺序如表 1-3 所示，双塔楼不同加载路径反力、变形曲线如图 1-16 所示。

加载试验顺序　　　　　　　　　　　　　　　　　　　　　　　　表 1-3

编号	加载方式	A楼荷载（kN）	B楼荷载（kN）	备注
1	同步加载	0→800	0→800	图 1-16 曲线 1
2	A楼加载	800→1600	—	图 1-16 曲线 2
3	B楼加载	—	800→1600	图 1-16 曲线 3

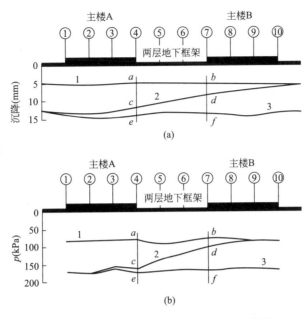

图 1-16 双塔楼不同加载路径反力、变形曲线

(a) 变形曲线；(b) 反力曲线

由图 1-16 及表 1-3 可以看出：

(1) 大型地下框架厚筏的变形与高层建筑的布置、荷载的大小有关。筏板变形具有以高层建筑为变形中心的不规则变形特征，高层建筑间的相互影响与加载历程有关。高层建筑本身的变形仍具有刚性结构的特征，框架-筏板结构具有扩散高层建筑荷载的作用。

(2) 各塔楼独立作用下产生的变形效应通过以各个塔楼下面一定范围内的区域为沉降中心，各自沿径向向外围衰减，并在其共同的影响范围内相互叠加。地基反力的分布规律与此相同。

(3) 双塔楼共同作用下的沉降变形曲线基本上可以看作是每个塔楼单独作用下的沉降变形曲线的叠加。

(4) 由于主楼荷载扩散范围的有限性和地基变形的连续性，在通常的楼层范围内，对于同一大底盘框架厚筏基础上的多个高层建筑，应用叠加原理计算基础的沉降变形和地基反力是可行的。

因此可以将整体基础按单幢建筑分块进行近似计算，每幢建筑的有效影响范围可按主楼外边缘向外延伸一跨确定，影响范围内的基底平面形心宜与结构竖向永久荷载重心重合。当不能重合时，宜符合式 (1-14) 中 $e \leqslant 0.1W/A$ 的规定。

《高层建筑筏形与箱形基础技术规范》JGJ 6—2011 第 5.1.4 条更是明确指出，当整体基础面积较大且其上建筑数量较多时，可将整体基础按单幢建筑的影响范围分块，每幢建筑的影响范围可根据荷载情况、基础刚度、地下结构及裙房刚度、沉降后浇带的位置等因素确定。每幢建筑竖向永久荷载重心宜与影响范围内的基底平面形心重合。当不能重合时，宜符合 $e \leqslant 0.1W/A$ 的规定。

1.5 地基变形、桩基沉降计算有哪几种方法？布辛奈斯克解与明德林解有什么区别？为什么地基变形、桩基沉降很难精确计算？

《建筑地基基础设计规范》GB 50007—2011 第 1.0.1 条的条文说明指出，由于地基土的变形具有长期的时间效应，与钢、混凝土、砖石等材料相比，它属于大变形材料。从已有的大量地基事故分析，绝大多数事故皆由地基变形过大或不均匀造成。因此计算地基变形、基础沉降尤为重要。地基变形计算主要有以下几种方法：

（1）《建筑地基基础设计规范》GB 50007—2011 天然基础

《建筑地基基础设计规范》GB 50007—2011 第 5.3.5 条规定，计算地基变形时，地基内的应力分布，可采用各向同性均质线性变形体理论。其最终变形量可按式（1-15）计算：

$$s = \psi_s s' = \psi_s \sum_{i=1}^{n} \frac{p_0}{E_{si}} (z_i \bar{\alpha}_i - z_{i-1} \bar{\alpha}_{i-1}) \tag{1-15}$$

式中：s——地基变形最终量（mm）；

s'——按分层总和法计算出的地基变形量（mm）；

ψ_s——沉降计算经验系数，根据地区沉降观测资料及经验确定，无地区经验时可根据变形计算深度范围内压缩模量的当量值（$\bar{E}_s$）、基底附加压力按表 1-4 取值；

n——地基变形计算深度范围内所划分的土层数（图 1-17）；

p_0——相应于作用的准永久组合时基础底面处的附加压力（kPa）；

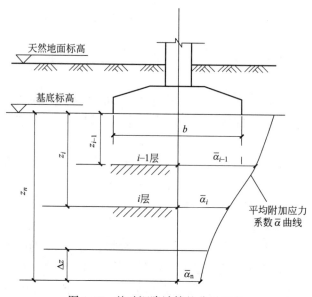

图 1-17　基础沉降计算的分层示意

E_{si}——基础底面下第 i 层土的压缩模量（MPa），应取土的自重压力至土的自重压力与附加压力之和的压力段计算；

z_i、z_{i-1}——基础底面至第 i 层土、第 $i-1$ 层土底面的距离（m）；

$\bar{\alpha}_i$、$\bar{\alpha}_{i-1}$——基础底面计算点至第 i 层土、第 $i-1$ 层土底面范围内平均附加应力系数，可按《建筑地基基础设计规范》GB 50007—2011 附录 K 采用。

沉降计算经验系数 ψ_s　　　　　　　　表 1-4

基底附加压力	$\bar{E}_s$（MPa）				
	2.5	4.0	7.0	15.0	20.0
$p_0 \geqslant f_{ak}$	1.4	1.3	1.0	0.4	0.2
$p_0 \leqslant 0.75 f_{ak}$	1.1	1.0	0.7	0.4	0.2

《建筑地基基础设计规范》GB 50007—2011 第 5.3.6 条规定，变形计算深度范围内压缩模量的当量值（$\bar{E}_s$），应按式（1-16）计算：

$$\bar{E}_s = \frac{\sum A_i}{\sum \dfrac{A_i}{E_{si}}} \qquad (1-16)$$

式中：A_i——第 i 层土附加应力系数沿土层厚度的积分值。

《建筑地基基础设计规范》GB 50007—2011 第 5.3.7 条规定，地基变形计算深度 z_n，应符合式（1-17）的规定。当计算深度下部仍有较软土层时，应继续计算。

$$\Delta s'_n \leqslant 0.025 \sum_{i=1}^{n} \Delta s'_i \qquad (1-17)$$

式中：$\Delta s'_i$——在计算深度范围内，第 i 层土的计算变形值（mm）；

$\Delta s'_n$——在由计算深度向上取厚度为 Δz 的土层计算变形值（mm），Δz 按表 1-5 确定。

Δz　　　　　　　　表 1-5

b（m）	$\leqslant 2$	$2 < b \leqslant 4$	$4 < b \leqslant 8$	$b > 8$
Δz（m）	0.3	0.6	0.8	1.0

式（1-15）是正常固结土计算固结沉降的公式，公式中采用的平均附加应力系数 $\bar{\alpha}_i$ 和 $\bar{\alpha}_{i-1}$ 是根据布辛奈斯克（Boussinesq）应力公式计算得到的附加应力系数 α_i 在土层中的分布，再对土层的深度积分，求得从基础底面起算到任一深度时附加应力系数的平均值，即为该深度处的平均附加应力系数 $\bar{\alpha}_i$。当再乘以从基础底面起算的深度 z_i，即为该深度范围内的附加应力系数面积之和。因此，在计算沉降时，若要计算某一埋深为 $z_i - z_{i-1}$ 的划分土层厚度内的附加应力系数值，即计算 $(z_i \bar{\alpha}_i - z_{i-1} \bar{\alpha}_{i-1})$ 之值[1]。

1885 年，法国数学家布辛奈斯克用弹性理论推导出了在半无限空间弹性体表面上作用有竖向集中力 P 时，在弹性体内任意点 M 所引起的应力解析解。以集中力 P 的作用点 O 为原点，M 点坐标为 (x, y, z)，集中荷载作用下的应力（布辛奈斯克解）如图 1-18 所示，点 M' 为点 M 在弹性体表面的投影。由布辛奈斯克可得到 M 点的 6 个应力分量和 3 个位移分量，其中对地基变形计算意义最大的是竖直方向正应力，如式（1-18）所示：

$$\sigma_z = \frac{3P}{2\pi}\frac{z^3}{R^5} = \frac{3P}{2\pi R^2}\cos^3\beta \tag{1-18}$$

式中：R—— 点 M 至坐标原点 O 的距离，$R = \sqrt{x^2+y^2+z^2} = \sqrt{r^2+z^2}$；

β—— 直角三角形 $OM'M$ 中 $\overline{OM}$ 和 $\overline{MM'}$ 的夹角；其余符号见图 1-18。

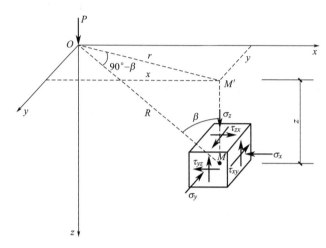

图 1-18　集中荷载作用下的应力（布辛奈斯克解）

（2）《建筑地基基础设计规范》GB 50007—2011 桩基础

《建筑地基基础设计规范》GB 50007—2011 第 8.5.15 条规定，计算桩基沉降时，最终沉降量宜按单向压缩分层总和法计算。地基内的应力分布宜采用各向同性均质线性变形体理论，按实体深基础方法或明德林应力公式方法进行计算，计算按《建筑地基基础设计规范》GB 50007—2011 附录 R 进行。

《建筑地基基础设计规范》GB 50007—2011 第 R.0.1 条规定，桩基础最终沉降量的计算采用单向压缩分层总和法：

$$s = \psi_\mathrm{p}\sum_{j=1}^{m}\sum_{i=1}^{n_j}\frac{\sigma_{j,i}\Delta h_{j,i}}{E_{sj,i}} \tag{1-19}$$

式中：s ——桩基最终计算沉降量（mm）；

$\quad m$ ——桩端平面以下压缩层范围内土层总数；

$\quad E_{sj,i}$ ——桩端平面下第 j 层土第 i 个分层在自重应力至自重应力加附加应力作用段的压缩模量（MPa）；

$\quad n_j$ ——桩端平面下第 j 层土的计算分层数；

$\quad \Delta h_{j,i}$ ——桩端平面下第 j 层土的第 i 个分层厚度（m）；

$\quad \sigma_{j,i}$ ——桩端平面下第 j 层土第 i 个分层的竖向附加应力（kPa），可分别按《建筑地基基础设计规范》GB 50007—2011 第 R.0.2 条和第 R.0.4 条的规定计算；

$\quad \psi_\mathrm{p}$ ——桩基沉降计算经验系数，各地区应根据当地的工程实测资料统计对比确定。

1）实体深基础方法

《建筑地基基础设计规范》GB 50007—2011 第 R.0.2 条规定，采用实体深基础计算桩基础最终沉降量时，采用单向压缩分层总和法按《建筑地基基础设计规范》GB 50007—2011 第 5.3.5～第 5.3.8 条的有关公式计算，即式（1-15）。

《建筑地基基础设计规范》GB 50007—2011 第 R.0.2 条规定，式（1-15）中附加压力计算，应为桩底平面处的附加压力。实体深基础的底面积如图 1-19 所示。实体深基础计算桩基沉降经验系数 ψ_{ps} 应根据地区桩基础沉降观测资料及经验统计确定。在不具备条件时，ψ_{ps} 值可按表 1-6 选用。

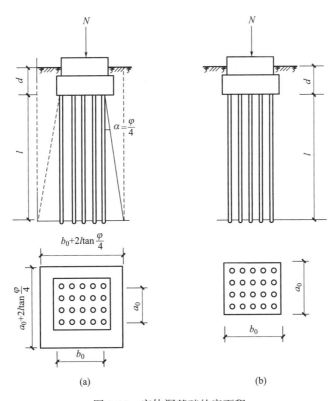

图 1-19　实体深基础的底面积

实体深基础计算桩基沉降经验系数 ψ_{ps} 　表 1-6

$\overline{E}_s$(MPa)	≤15	25	35	≥45
ψ_{ps}	0.5	0.4	0.35	0.25

注：表内数值可以内插。

很显然，《建筑地基基础设计规范》GB 50007—2011 桩基沉降计算的实体深基础方法仍为布辛奈斯克解的沉降计算方法。实体深基础方法基于以下两个假定：作用于土体的荷载都集中在桩尖平面上；以桩尖平面作为半无限体的表面，桩尖以上土体的影响以及这部分土体与桩的相互作用都忽略不计。实体深基础假定实际并没有深基础，它将桩尖平面以上所有的东西都抛掉，把桩群抛掉，把基础抛掉，将桩尖平面看成是弹性半无限体的表面，使我们就可以像计算天然基础的沉降一样，用布辛奈斯克解计算桩基础的沉降。显然实体深基础方法的假定很牵强，因此有人想用一种扩散角的办法来扩大桩尖平面的受荷面积、也就是将荷载沿桩群外侧扩散，以达到将上部附加荷载施加到桩尖平面的目的，使之更符合实际。但是这种应力扩散方式也只是一种人为的猜想，没有理论或试验验证[1]。

因此，如果桩较短，桩侧土性质差，则实体深基础方法的假定和实际情况比较接近；

但是如果桩长、桩侧土好，则实体深基础方法的假定和实际情况出入就大，桩越长、桩侧土越好，计算结果和实际差异就大，即计算结果大于实际结果[4]。

2）明德林应力公式方法

《建筑地基基础设计规范》GB 50007—2011 第 R. 0.4 条规定，采用明德林应力公式方法进行桩基础沉降计算时，单向压缩分层总和法沉降计算公式由式（1-19）变为式（1-20）：

$$s = \psi_{\text{pm}} \frac{Q}{l^2} \sum_{j=1}^{m} \sum_{i=1}^{n_j} \frac{\Delta h_{j,i}}{E_{sj,i}} \sum_{k=1}^{K} \left[\alpha I_{\text{p},k} + (1-\alpha) I_{s2,k} \right] \quad (1-20)$$

公式中各参数意义详见《建筑地基基础设计规范》GB 50007—2011 附录 R. 0.4。

《建筑地基基础设计规范》GB 50007—2011 第 R. 0.5 条规定，采用明德林应力公式计算桩基础最终沉降量时，相应于作用的准永久组合时，轴心竖向力作用下单桩附加荷载的桩端阻力比 α 和桩基沉降计算经验系数 ψ_{pm} 应根据当地工程的实测资料统计确定。无地区经验时，ψ_{pm} 值可按表 1-7 选用。

明德林应力公式方法计算桩基沉降经验系数 ψ_{pm} 表 1-7

$\overline{E_s}$(MPa)	≤15	25	35	≥40
ψ_{pm}	1.0	0.8	0.6	0.3

注：表内数值可以内插。

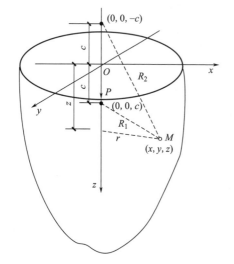

图 1-20 竖向集中力作用于半无限体内部

1936 年，美国学者明德林在布辛奈斯克解的基础上推导出竖向荷载作用在弹性半无限体内部时，体内任一点的应力与应变的数学解，即明德林解。工程实践表明：当用以计算深基础、桩长较长的桩基础沉降时，用明德林解分布求得的最终沉降与实测结果较为接近。布辛奈斯克解与明德林解两者的区别在于，布辛奈斯克解所针对的应力应变关系都是在弹性半无限体的表面，而明德林解可以在弹性半无限体任何一点。

图 1-20 为竖向集中力作用于半无限体内部。

如图 1-20 所示，竖向集中力 P 作用于半无限体内部某一深度 c 处，半无限弹性体内部 M（x，y，z）点竖向附加应力 σ_z 的明德林解如式（1-21）所示：

$$\sigma_z = \frac{P}{8\pi(1-\nu)} \left[\frac{(1-2\nu)(z-c)}{R_1^3} - \frac{(1-2\nu)(z-c)}{R_2^3} + \frac{3(z-c)^3}{R_1^5} \right.$$
$$\left. + \frac{3(3-4\nu)z(z+c)^2 - 3c(z+c)(5z-c)}{R_2^5} + \frac{30cz(z+c)^3}{R_2^7} \right] \quad (1-21)$$

式中：ν——土的泊松比；其他符号意义见图 1-20。

由式（1-21）可以看出，当 $c=0$ 时，即荷载作用于地表时，式（1-21）与式（1-18）相同，明德林解退化为布辛奈斯克解，即布辛奈斯克解仅仅是明德林解中荷载作用于弹性半无限体的表面的一个特例。

　　因此，对于天然基础或者桩长较短的桩基础，布辛奈斯克解与工程实际比较吻合；但是对于深基础或桩长较长的桩基础，明德林解更符合工程实际。

　　盖得斯根据桩的传递荷载特点，将轴心竖向力作用下单桩的附加荷载 Q（相应于作用的准永久组合）分解为由桩端阻力 Q_p 和桩侧摩阻力 Q_s 共同承担，且 $Q_p = \alpha Q$，α 是桩端阻力比；桩的端阻力假定为集中力，桩侧摩阻力可假定为沿桩身均匀分布和沿桩身线性增长分布两种形式组成，其值分别为 βQ 和 $(1-\alpha-\beta)Q$，明德林-盖得斯单桩荷载分担如图 1-21 所示。与此相应，盖得斯又根据明德林解，推导出桩端阻力 Q_p、均匀分布的桩侧摩阻力 βQ、沿桩身线性增长的桩侧摩阻力 $(1-\alpha-\beta)Q$ 在地基土中产生的附加应力，进而计算出桩基的沉降。这种方法称为明德林-盖得斯法，简称明德林法[9]。

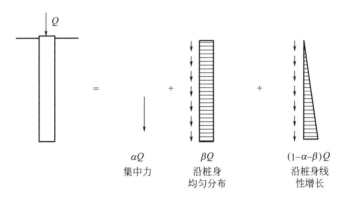

图 1-21　明德林-盖得斯单桩荷载分担

　　（3）《建筑桩基技术规范》JGJ 94—2008 桩基础

　　1）实体深基础分层总和法

　　《建筑桩基技术规范》JGJ 94—2008 第 5.5.6 条规定，对于桩中心距不大于 6 倍桩径的桩基，其最终沉降量计算可采用等效作用分层总和法。等效作用面位于桩端平面，等效作用面积为桩承台投影面积，等效作用附加压力近似取承台底平均附加压力。等效作用面以下的应力分布采用各向同性均质直线变形体理论。桩基沉降示意图如图 1-22 所示，桩基任一点最终沉降量可用角点法按式（1-22）计算：

$$s = \psi\psi_e s' = \psi\psi_e \sum_{j=1}^{m} p_{0j} \sum_{i=1}^{n} \frac{z_{ij}\bar{\alpha}_{ij} - z_{(i-1)j}\bar{\alpha}_{(i-1)j}}{E_{si}} \tag{1-22}$$

式中　　s ——桩基最终沉降量（mm）；

　　　　　s' ——采用布辛奈斯克解，按实体深基础分层总和法计算出的桩基沉降量（mm）；

　　　　　ψ ——桩基沉降计算经验系数，当无当地可靠经验时可按表 1-8 确定；

　　　　　ψ_e ——桩基等效沉降系数，可按《建筑桩基技术规范》JGJ 94—2008 第 5.5.9 条确定；

　　　　　m ——角点法计算点对应的矩形荷载分块数；

　　　　　p_{0j} ——第 j 块矩形底面在荷载效应准永久组合下的附加压力（kPa）；

　　　　　n ——桩基沉降计算深度范围内所划分的土层数；

　　　　　E_{si} ——等效作用面以下第 i 层土的压缩模量（MPa），采用地基土在自重压力至自重压力加附加压力作用时的压缩模量；

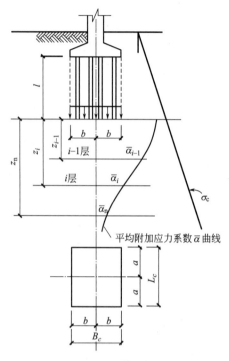

图 1-22　桩基沉降计算示意图

z_{ij}、$z_{(i-1)j}$ ——桩端平面第 j 块荷载作用面至第 i 层土、第 $i-1$ 层土底面的距离（m）；

$\overline{\alpha}_{ij}$、$\overline{\alpha}_{(i-1)j}$ ——桩端平面第 j 块荷载计算点至第 i 层土、第 $i-1$ 层土底面深度范围内平均附加应力系数，可按《建筑桩基技术规范》JGJ 94—2008 附录 D 选用。

　　当无当地可靠经验时，桩基沉降计算经验系数 ψ 可按表 1-8 选用。对于采用后注浆施工工艺的灌注桩，桩基沉降计算经验系数应根据桩端持力土层类别，乘以 0.7（砂、砾、卵石）～0.8（黏性土、粉土）折减系数；饱和土中采用预制桩（不含复打、复压、引孔沉桩）时，应根据桩距、土质、沉桩速率和顺序等因素，乘以 1.3～1.8 挤土效应系数，土的渗透性低，桩距小，桩数多，沉降速率快时取大值。

桩基沉降计算经验系数 ψ　　　　　　　　　　　　　表 1-8

$\overline{E}_s$(MPa)	≤10	15	20	35	≥50
ψ	1.2	0.90	0.65	0.50	0.40

注：表内数值可以内插。

　　《建筑地基基础设计规范》GB 50007—2011 实体深基础方法，计算面积为扩大的承台面积，扩大值和土的内摩擦角 φ、桩长 l 有关；《建筑桩基技术规范》JGJ 94—2008 实体深基础分层总和法，计算面积为承台投影面积。但是两种方法的基本假定是一致的，均假设地基内的应力分布宜采用各向同性均质线性变形体理论计算，平均附加应力系数 $\overline{\alpha}$ 均来源于布辛奈斯克解。

　　2）考虑桩径影响的明德林解

　　《建筑桩基技术规范》JGJ 94—2008 第 5.5.14 条规定，对于单桩、单排桩、桩中心距大于 6 倍桩径的疏桩基础的沉降计算，桩端平面以下地基中由基桩引起的附加应力，按考虑桩径影响的明德林（Mindlin）解附录 F 计算确定。将沉降计算点水平面影响范围内各基桩对应力计算点产生的附加应力叠加，采用单向压缩分层总和法计算土层的沉降，并计入桩身压缩 s_e。桩基的最终沉降量可按式（1-23）计算：

$$s = \psi \sum_{i=1}^{n} \frac{\sigma_{zi}}{E_{si}} \Delta z_i + s_e \tag{1-23}$$

$$\sigma_{zi} = \sum_{j=1}^{m} \frac{Q_j}{l_j^2} \left[\alpha_j I_{p,ij} + (1 - \alpha_j) I_{s,ij} \right] \tag{1-24}$$

$$s_e = \xi_e \frac{Q_j l_j}{E_c A_{ps}} \tag{1-25}$$

式中：ξ_e——桩身压缩系数。端承型桩，取 $\xi_e = 1.0$；摩擦型桩，当 $l/d \leqslant 30$ 时，取 $\xi_e = 2/3$；当 $l/d \geqslant 50$ 时，取 $\xi_e = 1/2$；介于两者之间可线性插值；

ψ——沉降计算经验系数，无当地经验时，可取 1.0。

（4）《高层建筑筏形与箱形基础技术规范》JGJ 6—2011 变形模量方法

《高层建筑筏形与箱形基础技术规范》JGJ 6—2011 第 5.4.3 条给出了一种采用变形模量计算筏形与箱形基础的沉降的方法。当采用土的变形模量计算筏形与箱形基础的最终沉降量 s 时，应按式（1-26）计算：

$$s = p_k b \eta \sum_{i=1}^{n} \frac{\delta_i - \delta_{i-1}}{E_{0i}} \tag{1-26}$$

式中：p_k——长期效应组合下的基础底面处的平均压力标准值（kPa）；

b——基础底面宽度（m）；

δ_i、δ_{i-1}——与基础长宽比 L/b 及基础底面至第 i 层土和第 $i-1$ 层土底面的距离深度 z 有关的无因次系数，可按《高层建筑筏形与箱形基础技术规范》JGJ 6—2011 附录 C 中的表 C 确定；

E_{0i}——基础底面下第 i 层土的变形模量（MPa），通过试验或按地区经验确定；

η——沉降计算修正系数，可按表 1-9 确定。

修正系数 η 表 1-9

$m = 2z_n/b$	$0 < m \leqslant 0.5$	$0.5 < m \leqslant 1$	$1 < m \leqslant 2$	$2 < m \leqslant 3$	$3 < m \leqslant 5$	$5 < m \leqslant \infty$
η	1.00	0.95	0.90	0.80	0.75	0.70

采用野外载荷试验资料算得的变形模量 E_0，基本上解决了试验土样扰动的问题。土中应力状态在载荷板下与实际情况比较接近。因此，有关资料指出在地基沉降计算公式中宜采用原位载荷试验所确定的变形模量最理想。其缺点是试验工作量大，时间较长。目前我国采用旁压仪确定变形模量或标准贯入试验及触探资料，间接推算与原位载荷试验建立关系以确定变形模量，也是一种有前途的方法。例如我国《深圳地区建筑地基基础设计试行规程》SJG 1-88 就规定了花岗岩残积土的变形模量可根据标准贯入锤击数 N 确定。

地基变形、桩基沉降计算方法汇总见表 1-10。

地基变形、桩基沉降计算方法汇总 表 1-10

计算方法		规范	理论依据	计算公式	适用条件
天然地基	分层总和法	《建筑地基基础设计规范》GB 50007—2011	布辛奈斯克解	$s = \psi_s \sum_{i=1}^{n} \frac{p_0}{E_{si}}(z_i \bar{\alpha}_i - z_{i-1}\bar{\alpha}_{i-1})$	—
	筏基、箱基变形模量方法	《高层建筑筏形与箱形基础技术规范》JGJ 6—2011	—	$s = p_k b\eta \sum_{i=1}^{n} \frac{\delta_i - \delta_{i-1}}{E_{0i}}$	—
桩基础	实体深基础方法	《建筑地基基础设计规范》GB 50007—2011	布辛奈斯克解	$s = \psi_p \sum_{j=1}^{m} \sum_{i=1}^{n_j} \frac{\sigma_{j,i}\Delta h_{j,i}}{E_{sj,i}}$	—
	明德林应力公式方法		明德林解	$s = \psi_{pm} \frac{Q}{l^2} \sum_{j=1}^{m}\sum_{i=1}^{n_j} \frac{\Delta h_{j,i}}{E_{sj,i}} \sum_{k=1}^{K}$ $[\alpha I_{p,k} + (1-\alpha)I_{s2,k}]$	
	实体深基础分层总和法	《建筑桩基技术规范》JGJ 94—2008	布辛奈斯克解	$s = \psi\psi_e \sum_{j=1}^{m} p_{0j} \sum_{i=1}^{n}$ $\frac{z_{ij}\bar{\alpha}_{ij} - z_{(i-1)j}\bar{\alpha}_{(i-1)j}}{E_{si}}$	桩中心距不大于6倍桩径的桩基
	考虑桩径影响的明德林解方法		明德林解	$s = \psi \sum_{i=1}^{n} \frac{\sigma_{zi}}{E_{si}}\Delta z_i + s_e$ $\sigma_{zi} = \sum_{j=1}^{m} \frac{Q_j}{l_j^2}[\alpha_j I_{p,ij} + (1-\alpha_j)I_{s,ij}]$ $s_e = \xi_e \frac{Q_j l_j}{E_c A_{ps}}$	单桩、单排桩、桩中心距大于6倍桩径的疏桩基础

关于地基变形、桩基沉降的计算，有以下两点需要重点说明：

（1）地基变形、桩基沉降计算，经验系数取值非常重要。

《建筑地基基础设计规范》GB 50007—2011、《建筑桩基技术规范》JGJ 94—2008 中，地基变形计算、桩基沉降计算公式中，都有一个非常重要的系数——沉降计算经验系数 ψ（或 ψ_s、ψ_p、ψ_{pm}），规范规定沉降计算经验系数应根据地区沉降观测资料及经验确定，当没有地区经验时，可以根据规范推荐的沉降计算经验系数取值。很显然，规范要求沉降计算经验系数首先应根据地区沉降观测资料及经验确定，无地区经验时，才可以按照规范推荐的沉降计算经验系数取值。由规范沉降计算经验系数来源（表 1-11[1]、[10]）可知，规范推荐的沉降计算经验系数，是根据极少数工程实测沉降资料除以沉降计算值得到的。因此，规范推荐的沉降计算经验系数，是否适用于具体房屋的沉降计算，需要结构工程师自己甄别。

规范沉降计算经验系数来源 表 1-11

计算方法		规范	理论依据	沉降计算经验系数符号	沉降计算经验系数来源
天然地基	分层总和法	《建筑地基基础设计规范》GB 50007—2011	布辛奈斯克解	ψ_s	北京、上海132栋建筑物沉降资料与沉降计算值对比

计算方法		规范	理论依据	沉降计算经验系数符号	沉降计算经验系数来源
桩基础	实体深基础方法	《建筑地基基础设计规范》GB 50007—2011	布辛奈斯克解	ψ_p	部分软土地区 62 栋房屋沉降实测资料与沉降计算值对比。在规范修订的过程中,收集到的沉降实测资料中地区性的差别还是很明显的,不同软土地区桩基沉降规律不同,建筑物最终沉降量量级差异也较大,需要进行修正的比例不同。因为各软土地区桩基沉降规律的差异,不能在规范中一概而全,所以规范最终仅仅罗列了上海地区工程实例进行统计分析而得出的沉降计算经验修正系数
	明德林应力公式方法		明德林解	ψ_{pm}	
	实体深基础分层总和法	《建筑桩基技术规范》 JGJ 94—2008	布辛奈斯克解	ψ	收集了软土地区的上海、天津,一般第四纪土地区的北京、沈阳,黄土地区的西安共计 150 份桩基工程的沉降观测资料,得出实测沉降与计算沉降之比。最大桩长 50m,建筑物多为 20~30 层,且主要为上海、天津的经验。因此,如果桩很长、建筑物很高,选用规范推荐的沉降计算经验系数 ψ 时应慎重
	考虑桩径影响的明德林解方法		明德林解		仅对收集到的部分单桩、双桩、单排桩的试验资料进行计算。规范沉降计算经验系数 ψ 是在对试桩资料进行计算得出的,没有实际工程的资料。因此有待进一步资料积累、完善提高。考虑到土变形的时效性,实际的 ψ 应比规范值大

地基变形、桩基沉降重要的不是计算方法本身,而是经验修正。即需要结构工程师通过大量实际工程的计算值与实测沉降值的统计对比,得到一系列适合于当地工程情况的经验修正系数。规范推荐的沉降计算经验系数,属于半经验的,因为规范规定的沉降计算经验系数仅根据极少数工程实例沉降观测资料得到。

文献[11]指出,《建筑地基基础设计规范》GB 50007—2011 天然地基的沉降计算经验系数 ψ_s(表 1-4)变化幅度非常大,最大值(1.4)是最小值(0.2)的 7 倍,此前从未见到一门力学的计算有如此大的误差。

图 1-23 为 PKPM 软件计算桩基沉降时的参数菜单,"沉降计算调整系数"填为 1.0,即指软件取规范推荐的沉降计算经验系数,计算桩基沉降。工程师们可以发现,根据不同的规范方法,计算出来的桩基沉降差异会很大。哪种方法计算准确关键看其沉降计算经验系数的代表性,即计算最终结果的准确度取决于设计师沉降计算经验系数的取值,仅按照规范推荐的沉降计算经验系数,计算出来的桩基沉降很可能不准确。

以文献[9]中算例 4-1 为例,分别采用《建筑地基基础设计规范》GB 50007—2011 实体深基础方法、《建筑地基基础设计规范》GB 50007—2011 明德林应力公式方法、《建筑桩基技术规范》JGJ 94—2008 实体深基础分层总和法、《建筑桩基技术规范》JGJ 94—

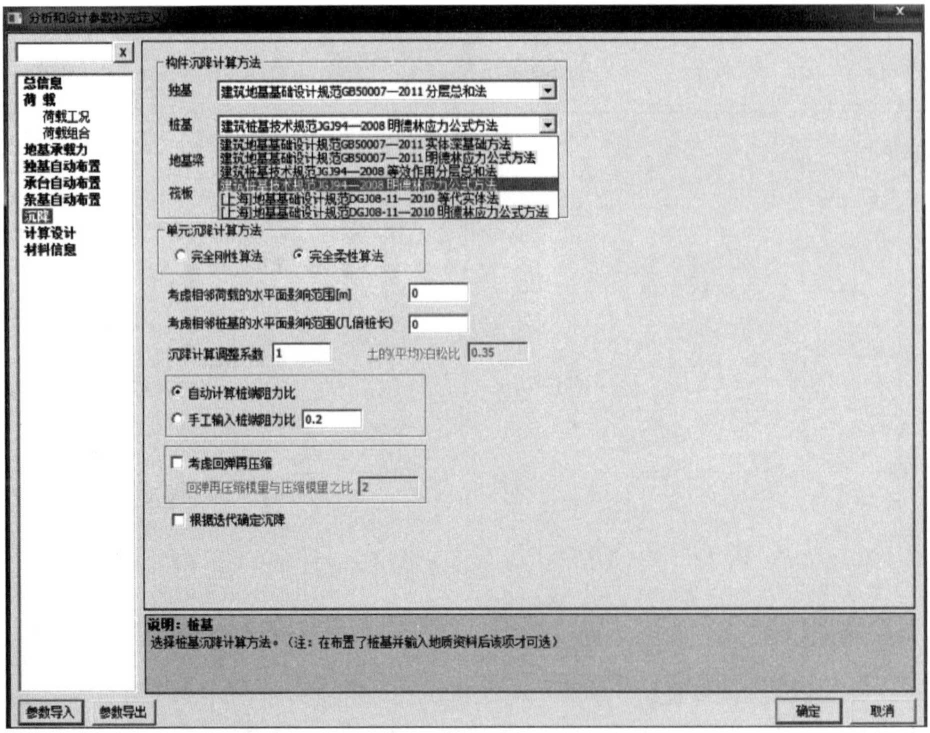

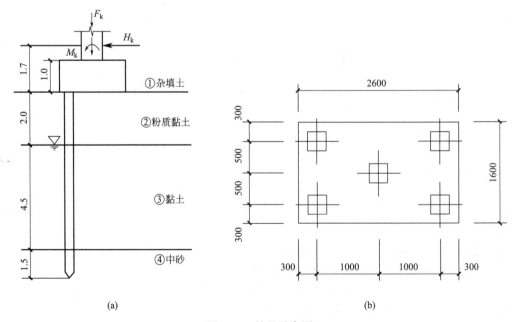

图 1-23　PKPM 软件计算桩基沉降时的参数菜单

2008 考虑桩径影响的明德林解方法计算其桩基沉降量。

　　承台为 5 桩承台，桩基为截面 300mm×300mm 的预制钢筋混凝土方桩，桩长 8m，桩端持力层为④中砂层，相应于作用准永久组合时柱底轴力 $F=1950$kN，桩基承台图如图 1-24 所示。

图 1-24　桩基承台图

（a）桩基土层剖面图；（b）承台详图

各土层物理力学性质指标见表 1-12。

各土层物理力学性质指标　　　　　　　　　　　　　表 1-12

土层	厚度（m）	重度（kN/m³）	E_s（MPa）
①人工填土	1.7	16.0	—
②粉质黏土	2.0	18.7	8.5
③黏土	4.5	19.1	6.0
④中砂	4.6	20.0	20.0
⑤粉质黏土	8.6	19.8	8.0
⑥密实砾石	＞8.0	20.2	30.0

注：桩穿越各土层的平均内摩擦角为 $\overline{\varphi}=20°$。

采用《建筑地基基础设计规范》GB 50007—2011 明德林应力公式方法计算时，附加应力小于自重应力 1‰ 的桩端以下计算深度 $z_n=13.5\mathrm{m}$。为了使各计算方法条件对等，桩端以下计算深度统一取为 $z_n=13.5\mathrm{m}$，此时《建筑地基基础设计规范》GB 50007—2011 实体深基础方法满足 $\Delta s'_n \leqslant 0.025\sum_{i=1}^{n}\Delta s'_i$、《建筑桩基技术规范》JGJ 94—2008 实体深基础分层总和法满足 $\sigma_z \leqslant 0.2\sigma_c$、《建筑桩基技术规范》JGJ 94—2008 考虑桩径影响的明德林解方法满足 $\sigma_z + \sigma_{zc} = 0.2\sigma_c$。为保证计算精度一致，《建筑地基基础设计规范》GB 50007—2011 实体深基础方法、《建筑地基基础设计规范》GB 50007—2011 明德林应力公式方法分层厚度均取 $\Delta z = 0.6\mathrm{m}$。各规范桩基沉降计算结果对比见表 1-13。

各规范桩基沉降计算结果对比　　　　　　　　　　表 1-13

规范方法	GB 50007—2011 实体深基础方法	GB 50007—2011 明德林应力公式方法	JGJ 94—2008 实体深基础分层总和法	JGJ 94—2008 考虑桩径影响的明德林解方法
变形计算深度范围内压缩模量的当量值 $\overline{E}_s$	13.26MPa	14.41MPa	13.70MPa	—
沉降计算经验系数	$\psi_{ps}=0.5$（GB 50007—2011 表 R.0.3）	$\psi_{pm}=1.0$（GB 50007—2011 表 R.0.5）	$\psi=0.978$（JGJ 94—2008 表 5.5.11）	$\psi=1.0$（JGJ 94—2008 表第 5.5.14 条）
桩身压缩变形	—	—	—	$s_e=0.8\mathrm{mm}$
土层压缩沉降	37.67mm	19.07mm	11.99mm	31.52mm
修正前的桩基沉降	$s'=37.67\mathrm{mm}$	$s'=19.07\mathrm{mm}$	$s'=11.99\mathrm{mm}$	$s'=32.32\mathrm{mm}$
最终桩基沉降	$s=18.83\mathrm{mm}$	$s=19.07\mathrm{mm}$	$s=11.73\mathrm{mm}$	$s=32.32\mathrm{mm}$
误差率（以 GB 50007—2011 实体深基础方法计算出的沉降量为基准）	—	1.28%	−37.71%	71.64%

由表 1-13 可以看出，《建筑地基基础设计规范》GB 50007—2011 实体深基础方法、

《建筑地基基础设计规范》GB 50007—2011 明德林应力公式方法计算结果比较一致；《建筑桩基技术规范》JGJ 94—2008 实体深基础分层总和法、《建筑桩基技术规范》JGJ 94—2008 考虑桩径影响的明德林解方法计算结果相差较大，原因是，根据《建筑桩基技术规范》JGJ 94—2008 第 5.5.10 条，布桩不规则时，方形桩的等效距径比为：

$$s_a/d = 0.886\sqrt{A}/(\sqrt{n} \cdot b) = 0.886 \times \sqrt{1.6 \times 2.6}/(\sqrt{5} \times 0.3) \approx 2.70 < 6$$

式中：A——桩基承台总面积（m^2）；

b——方形桩截面边长（m）。

很显然不符合《建筑桩基技术规范》JGJ 94—2008 考虑桩径影响的明德林解方法计算桩基沉降的要求（单桩、单排桩、桩中心距大于 6 倍桩径的疏桩基础），因此本算例采用《建筑桩基技术规范》JGJ 94—2008 考虑桩径影响的明德林解方法计算不太合适。

地基变形、桩基沉降的计算深度，对沉降计算经验系数取值也有比较大的影响。文献［4］中［禁忌 4.15］西安某高层剪力墙住宅筏形基础，筏基长 53m、宽 20m，准永久组合下基底附加压力为 488kPa，各土层物理力学性质指标见表 1-14。

各土层物理力学性质指标 表 1-14

土层	层底标高（m）	E_{si}（MPa）
基础底	392.30	—
③圆砾	385.09	40.0
④粉质黏土	384.09	7.2
⑤圆砾	380.79	40.0
⑥粉质黏土	374.49	8.7
⑦中粗砂	372.59	30.0
⑧粉质黏土	365.19	15.0
⑨粗砂	360.29	40.0
⑩粉质黏土	359.29	24.0

按照《建筑地基基础设计规范》GB 50007—2011 第 5.3.8 条初估地基变形计算深度：

$$z_n = b(2.5 - 0.4\ln b) = 20 \times (2.5 - 0.4 \times \ln 20) \approx 26.03\text{（m）}$$

地基变形计算深度分别取至⑧粉质黏土、⑨粗砂、⑩粉质黏土（地基变形计算深度均大于初估值 26.03m），筏形地基变形计算结果见表 1-15。

筏形基础地基变形计算结果 表 1-15

地基变形计算深度 z_n（m）	$\Delta s'_n$（mm）	$0.025\sum_{i=1}^{n}\Delta s'_i$（mm）	是否满足 $\Delta s'_n \leqslant 0.025\sum_{i=1}^{n}\Delta s'_i$	计算变形值 s'（mm）	变形计算深度范围内压缩模量的当量值 $\overline{E}_s$（MPa）	沉降计算经验系数 ψ_s	地基最终变形量 s（mm）
27.11（⑧层底）	8.6	17.5	是	699.0	16.84	0.326	228.2

地基变形计算深度 z_n (m)	$\Delta s'_n$ (mm)	$0.025\sum\limits_{i=1}^{n}\Delta s'_i$ (mm)	是否满足 $\Delta s'_n \leqslant 0.025\sum\limits_{i=1}^{n}\Delta s'_i$	计算变形值 s' (mm)	变形计算深度范围内压缩模量的当量值 $\overline{E}_s$ (MPa)	沉降计算经验系数 ψ_s	地基最终变形量 s (mm)
32.01 (⑨层底)	7.5	19.0	是	760.0	17.95	0.282	214.5
36.91 (⑩层底)	11.1	20.5	是	821.9	18.26	0.270	221.7

如果说地基变形计算存在一个理论上的真实解的话，那么随着地基变形计算深度的增加，计算值将会无限趋近于此真实解。从纯数学角度而言，可能是地基变形计算深度取得越深，地基变形值就会越大、越接近于真实解。

但是从表 1-15 可以看出，随着地基变形计算深度由 27.11m 增加为 36.91m，地基变形的计算值也由 699.0mm 增加为 821.9mm。由于⑨粗砂、⑩粉质黏土的压缩模量较高，变形计算深度范围内压缩模量的当量值 $\overline{E}_s$ 由 16.84MPa 增加为 18.26MPa，导致沉降计算经验系数 ψ_s 由 0.326 降低为 0.270，地基最终变形量 s 由 228.2mm 降低为 221.7mm。显然这与"地基变形计算深度取得越深，地基变形值就会越大"矛盾。

（2）压缩模量取值非常重要。

规范中地基变形、桩基沉降计算公式 E_{si}，指的是基础底面下第 i 层土的压缩模量，应取土的自重压力至土的自重压力与附加压力之和的压力段计算。但是目前很多工程勘察报告仅提供了 $100\sim200$kPa 压力区间的压缩模量 E_{s1-2}。土的压缩模量不是常数，随压力的增大而增大，但增长率逐渐减小。由于地基变形具有非线性性质，采用固定压力段下的 E_{s1-2} 必然会引起沉降计算的误差。

1974 年版地基基础规范编制时大量为中小型建筑物，在地基中产生的附加应力一般不大，压力为 $100\sim200$kPa 时对应的压缩模量 E_{s1-2} 在沉降计算中造成的误差不会太大。自 20 世纪 80 年代以来，高、大、重建筑物日益增多，在地基中产生的附加应力远大于 $100\sim200$kPa，采用固定 E_{s1-2} 将使计算出来的沉降量偏大而与实测值相差甚多[1]。

文献［4］中无锡某工程，桩端持力层为 6-1，6-1 层顶的自重应力约为 570kPa，6-1 层底的自重应力约为 700kPa，故 6-1 层的平均自重应力超过 600kPa。$600\sim800$kPa 压力段的压缩模量 $E_{s6-8}=13.5$MPa，该值为 $100\sim200$kPa 压力段的压缩模量 $E_{s1-2}=4.7$MPa 的 3 倍，若此时仍采用 E_{s1-2} 值去计算桩基沉降，将使沉降计算结果严重偏大。

文献［4］中哈尔滨皇冠假日酒店工程，主楼高 168m，桩长 32m，桩端持力层为粗砂层，下卧层为强风化泥岩，层顶埋深约 55m，勘察报告仅给出强风化泥岩 $100\sim200$kPa 压力段的压缩模量 $E_{s1-2}=6$MPa，据此计算出主楼的沉降达 150mm。勘察单位提供的强风化泥岩层对应于其所受压力区间的压缩模量为 31MPa，据此算得的主楼沉降约 70mm。

需要提醒的是，如果勘察报告没有给出不同压力区段的压缩模量、但是给出了 e-p 曲线，我们可以根据式（1-27），计算出不同压力区段的压缩模量：

$$E_s = \frac{1+e_0}{\alpha} \tag{1-27}$$

式中：E_s——基础底面下第 i 层土的压缩模量（MPa），应取土的自重压力至土的自重压力与附加压力之和的压力段计算；

e_0——土自重压力下的孔隙比；

α——从土自重压力至土的自重压力与附加压力之和压力段的压缩系数。

图 1-25 为文献 [4] 中无锡某工程，根据 6-1 层 e-p 曲线计算出来的不同压力区段的压缩模量 E_s。

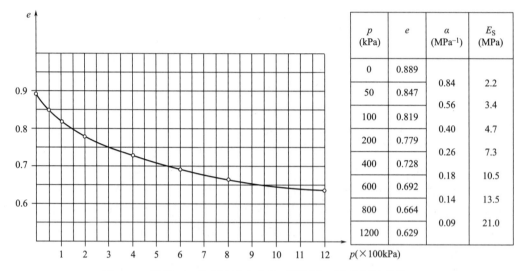

p (kPa)	e	α (MPa^{-1})	E_S (MPa)
0	0.889		
		0.84	2.2
50	0.847		
		0.56	3.4
100	0.819		
		0.40	4.7
200	0.779		
		0.26	7.3
400	0.728		
		0.18	10.5
600	0.692		
		0.14	13.5
800	0.664		
		0.09	21.0
1200	0.629		

图 1-25 根据 e-p 曲线计算出来的不同压力区段的压缩模量 E_s

综上，地基变形、桩基沉降的计算，最重要的是沉降计算经验系数的取值，沉降计算经验系数取值又非常依赖于地区经验。结构工程师应在结构设计过程中，多积累实测的沉降观测资料，并与地基变形、桩基沉降的计算值进行对比，得到自己的沉降计算经验系数。

1.6 为什么柱下独立承台桩基不需要输入桩基的刚度，而柱及墙下桩筏基础需要输入桩基刚度？桩基刚度如何取值？

对于柱下独立承台桩基础，PKPM、YJK 软件按照《建筑桩基技术规范》JGJ 94—2008 的公式计算。

《建筑桩基技术规范》JGJ 94—2008 第 5.1.1 条规定，对于一般建筑物和受水平力（包括力矩与水平剪力）较小的高层建筑群桩基础，应按下列公式计算柱、墙、核心筒群桩中基桩或复合基桩的桩顶作用效应：

（1）轴心竖向力作用下：

$$N_k = \frac{F_k + G_k}{n} \tag{1-28}$$

（2）偏心竖向力作用下：

$$N_{ik} = \frac{F_k + G_k}{n} \pm \frac{M_{xk} y_i}{\sum y_i^2} \pm \frac{M_{yk} x_i}{\sum x_i^2} \tag{1-29}$$

式中：　　　　F_k——荷载效应标准组合下，作用于承台顶面的竖向力；

　　　　　　　G_k——桩基承台和承台上土自重标准值，对稳定的地下水位以下部分应扣除水的浮力；

　　　　　　　N_k——荷载效应标准组合轴心竖向力作用下，基桩或复合基桩的平均竖向力；

　　　　　　　N_{ik}——荷载效应标准组合偏心竖向力作用下，第 i 基桩或复合基桩的竖向力；

　　M_{xk}、M_{yk}——荷载效应标准组合下，作用于承台底面，绕通过桩群形心的 x、y 主轴的力矩；

x_i、x_j、y_i、y_j——第 i、j 基桩或复合基桩至 y、x 轴的距离；

　　　　　　　　n——桩基中的桩数。

《建筑桩基技术规范》JGJ 94—2008 第 5.2.1 条规定，桩基竖向承载力计算应符合下列要求：

（1）轴心竖向力作用下：

$$N_k \leqslant R \tag{1-30}$$

（2）偏心竖向力作用下，除满足式（1-30）外，尚应满足式（1-31）的要求：

$$N_{kmax} \leqslant 1.2R \tag{1-31}$$

《建筑桩基技术规范》JGJ 94—2008 第 5.1.1 条的条文说明指出，桩顶竖向力和水平力的计算，应是在上部结构分析将荷载凝聚于柱、墙底部的基础上进行。这样，对于柱下独立桩基，按承台为刚性板和反力呈线性分布的假定，得到计算各基桩或复合基桩的桩顶竖向力，见式（1-28）、式（1-29）。因假定承台为刚性板、承台下各桩反力呈线性分布，因此，不需要输入桩基刚度就可以得到桩基反力。

但是对于多柱承台桩基础、墙下承台桩基础等复杂的桩基础，如果还采用桩顶竖向力，考虑多柱和剪力墙的多边形外包区域作为单柱，得到的桩基反力可能不太准确。

以 YJK 软件为例，当采用非有限元方法［式（1-28）、式（1-29）方法］计算时，当承台上为多柱和剪力墙或者短肢剪力墙等构件，用户用围桩承台布置好桩承台，在桩承台计算程序中，程序首先统计承台上所有竖向构件传来的荷载，在处理桩承台上所有竖向构件的荷载时，程序将剪力墙的均布荷载简化成节点荷载作用在程序虚拟的截面为 $100mm \times 100mm$ 的柱上。很显然，软件这样的简化处理没有考虑各竖向构件之间刚度的差异性，得到的桩基反力很可能是不真实的。

因此对于多柱承台桩基础、剪力墙下承台桩基础等复杂的桩基础（图 1-26），结构软件 PKPM、YJK 均提供了有限元方法的分析模式。

以 YJK 软件为例，对于由筏形、地基梁＋桩、土组成的整体性基础，统一按考虑上部刚度的弹性地基梁板法分析，计算流程如下：

（1）读入各类荷载，包括底层墙、柱荷载，附加荷载，覆土重量，基础自重，水浮力，人防荷载，吊车荷载；

（2）网格自动划分；

（3）形成地基梁、板的单元刚度矩阵，并进行组装；

（4）读入上部结构凝聚到基础的刚度；

（5）形成桩、土刚度矩阵；

（6）形成总刚度矩阵，代入求解器，计算结点位移、弹簧反力、筏板内力，并将弹簧反力换算成基底压力、桩反力，为配筋设计、沉降计算及地基土、桩承载力验算作准备。

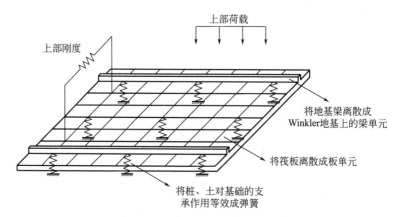

图 1-26　由筏形、地基梁＋桩、土组成的整体性基础

考虑上部刚度的弹性地基梁板法计算如式（1-32）所示：

$$([K_b]+[K_r]+[K_{ps}]) \cdot \{\delta\} = \{P\} \tag{1-32}$$

式中：$[K_b]$——上部结构凝聚到基础的刚度矩阵；

$[K_r]$——由地基梁、板的单元刚度矩阵组装而成的基础刚度矩阵；

$[K_{ps}]$——桩、土刚度矩阵；

$\{\delta\}$——结点位移向量；

$\{P\}$——荷载向量。

很显然，如果采用"考虑上部刚度的弹性地基梁板法"的有限元方法进行桩基础计算，则需要输入桩的刚度、得到桩的刚度矩阵，才能建立起式（1-32）的矩阵方程。根据矩阵方程计算出结点位移、弹簧反力、筏板内力，并将弹簧反力换算成基底压力、桩反力，从而进行配筋设计、沉降计算、验算地基土、桩承载力。

规范中"考虑上部刚度的弹性地基梁板法"思想的内容如表 1-16 所示。

规范中"考虑上部刚度的弹性地基梁板法"思想的内容　　　　表 1-16

规范	规范条文	规范条文说明或规定原因
《建筑地基基础设计规范》GB 50007—2011	第 5.2.2 条：基础底面的压力（偏心荷载作用）：$$p_{kmax,min} = \frac{F_k+G_k}{A} \pm \frac{M_k}{W}$$	符合基础为刚性板、地基反力呈线性分布的假定才能按此式计算
	第 5.3.12 条：在同一整体大面积基础上建有多栋高层和低层建筑，宜考虑上部结构、基础与地基的共同作用进行变形计算	中国建筑科学研究院通过十余组大比尺模型试验和 30 余项工程测试，得到大底盘高层建筑地基反力、地基变形的规律，提出该类建筑地基基础设计方法

规范	规范条文	规范条文说明或规定原因
《建筑地基基础设计规范》GB 50007—2011	第8.2.11条:在轴心荷载或单向偏心荷载作用下,当台阶的宽高比小于或等于2.5且偏心距小于或等于1/6基础宽度时,柱下矩形独立基础任意截面的底板弯矩可按下列简化方法进行计算 $$M_{\mathrm{I}} = \frac{1}{12} a_1^2 \left[(2l + a')\left(p_{\max} + p - \frac{2G}{A}\right) + (p_{\max} - p)l \right]$$ $$M_{\mathrm{II}} = \frac{1}{48}(l - a')^2 (2b + b')\left(p_{\max} + p_{\min} - \frac{2G}{A}\right)$$	基础底板弯矩公式是以基础台阶宽高比小于或等于2.5,以及基础底面与地基土之间不出现零应力区($e \leqslant b/6$)为条件推导出来的弯矩简化计算公式。其中,基础台阶宽高比小于或等于2.5是基于试验结果,旨在保证基底反力呈直线分布
	第8.3.2条:柱下条形基础,在比较均匀的地基上,上部结构刚度较好,荷载分布较均匀,且条形基础梁的高度不小于1/6柱距时,地基反力可按直线分布,条形基础梁的内力可按连续梁计算,此时边跨跨中弯矩及第一内支座的弯矩值宜乘以1.2的系数。当不满足以上的要求时,宜按弹性地基梁计算	在比较均匀的地基上,上部结构刚度较好,荷载分布较均匀,且条形基础梁的截面高度大于或等于1/6柱距时,地基反力可按直线分布考虑。其中基础梁高大于或等于1/6柱距的条件是通过与柱距l和文克勒地基模型中的弹性特征系数λ的乘积$\lambda l \leqslant 1.75$进行了比较,结果表明,当高跨比大于或等于1/6时,对一般柱距及中等压缩性的地基都可考虑地基反力为直线分布。当不满足上述条件时,宜按弹性地基梁法计算内力,分析时采用的地基模型应结合地区经验进行选择
	第8.4.14条:当地基土比较均匀、地层压缩层范围内无软弱土层或可液化土层、上部结构刚度较好,柱网和荷载较均匀、相邻柱荷载及柱间距的变化不超过20%,且梁板式筏基梁的高跨比或平板式筏基板的厚跨比不小于1/6时,筏形基础可仅考虑局部弯曲作用。筏形基础的内力,可按基底反力直线分布进行计算,计算时基底反力应扣除底板自重及其上填土的自重。当不满足上述要求时,筏基内力可按弹性地基梁板方法进行分析计算	中国建筑科学研究院地基所黄熙龄和郭天强在他们的框架柱-筏基础模型试验报告中指出,在均匀地基上,上部结构刚度较好,柱网和荷载分布较均匀,且基础梁的截面高度大于或等于1/6的梁板式筏基础,可不考虑筏板的整体弯曲,只按局部弯曲计算,地基反力可按直线分布。当不满足上述条件时,宜按弹性地基理论计算内力,分析时采用的地基模型应结合地区经验进行选择
	第8.5.4条:群桩中单桩桩顶竖向力(偏心竖向力作用下): $$Q_{ik} = \frac{F_k + G_k}{n} \pm \frac{M_{xk} y_i}{\sum y_i^2} \pm \frac{M_{yk} x_i}{\sum x_i^2}$$	符合承台为刚性板、桩基反力呈线性分布的假定[图1-27(a)]才能按此式计算
《建筑桩基技术规范》JGJ 94—2008	第5.1.1条:柱、墙、核心筒群桩中基桩或复合基桩的桩顶作用效应在偏心竖向力作用下: $$N_{ik} = \frac{F_k + G_k}{n} \pm \frac{M_{xk} y_i}{\sum y_i^2} \pm \frac{M_{yk} x_i}{\sum x_i^2}$$	对于柱下独立桩基,按承台为刚性板和反力呈线性分布的假定,得到计算各基桩或复合基桩的桩顶竖向力公式

由表1-16可以看出,当不满足规范这些假定(独立基础台阶宽高比≤2.5、条形基础梁的高度不小于1/6柱距、梁板式筏基梁的高跨比或平板式筏基板的厚跨比不小于1/6)

时，则不能按照规范的公式进行基础的内力计算，只能按考虑上部刚度的弹性地基理论计算基础的内力 [图 1-27（b）]。

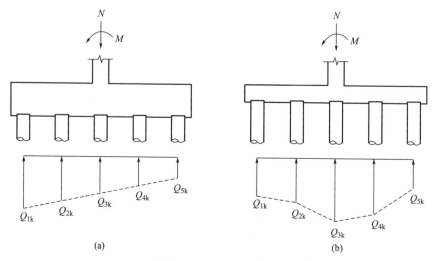

图 1-27 桩基反力分布
（a）线性分布（承台刚度大）；（b）非线性分布（承台刚度小）

由式（1-32）可以看出，桩基刚度不同，会导致节点位移不同，从而导致桩基反力、沉降、承台内力配筋的不同。以作者设计的武汉绿地汉口一号 53 层、高 250m 的超高层双塔楼为例，各土层物理力学性质指标见表 1-17，采用钻孔灌注桩，工程桩桩身直径 $d=1000mm$，以中风化泥岩为持力层，桩端进入持力层 9.0m，采用桩端、桩侧后注浆，工程桩单桩竖向抗压承载力特征值 $R_a=11000kN$，工程桩桩身混凝土强度等级为 C45。

各土层物理力学性质指标   表 1-17

层号	地层名称	$f_{ak}(kPa)$	$E_s(E_0)$ (MPa)	q_{sik} (kPa)	后压浆增加系数 β_{si}	$q_{pk}(kPa)$
2-1	淤泥	60	3.0	14	1.2	—
2-2	粉质黏土	105	5.0	62	1.5	—
2-3	黏土	160	7.5	70	1.6	—
2-4	粉质黏土夹粉土	130	7.0	60	1.6	—
3-1	粉砂夹粉土、粉质黏土	160	12.0	36	1.7	—
3-2	细砂	210	20.0	56	1.8	—
3-2a	粉质黏土夹粉砂	155	8.0	58	1.5	—
3-3	含砾细砂	250	23.0	70	2.0	—
4-1	强风化泥岩	600	48.0(E_o)	150	1.6	1800
4-2	中风化泥岩	$f_a=1500kPa$ $f_{rk}=9.2MPa$		260		4400

两栋超高层共试桩 6 根，工程桩单桩竖向抗压承载力特征值 $R_a = 11400kN$，单桩竖向抗压静载荷试验结果见表 1-18。

单桩竖向抗压静载荷试验结果 表 1-18

试桩号	桩径 (mm)	最大试验荷载(kN)	对应沉降 (mm)	承载力极限值(kN)	对应沉降 (mm)	承载力特征值(kN)	对应沉降 (mm)	是否满足设计要求
试桩 1	1000	25080	46.32	22800	19.16	11400	5.64	是
试桩 2	1000	25080	64.68	22800	38.41	11400	10.32	是
试桩 3	1000	25080	61.51	22800	36.96	11400	10.74	是
试桩 4	1000	25080	63.52	22800	36.54	11400	10.81	是
试桩 5	1000	25080	52.84	22800	24.77	11400	5.94	是
试桩 6	1000	25080	61.49	22800	28.76	11400	6.58	是

由表 1-18 可以看出，试桩 4 的承载力特征值对应的沉降量最大（10.81mm），试桩 1 的承载力特征值对应的沉降量最小（5.64mm），沉降量相差近一倍，那么桩基刚度自然也会相差一倍。

目前求解工程桩基刚度的方法主要有以下三种。

（1）根据试桩静载荷试验的 Q-S 曲线计算桩基刚度

根据试桩静载荷试验的 Q-S 曲线按式（1-33）计算桩基刚度：

$$K_p = \xi \frac{R_a}{S_a} \tag{1-33}$$

式中：S_a——承载力特征值对应试桩的沉降；

ξ——试桩沉降完成系数，持力层为砂土，$\xi = 0.8$；持力层为黏性土或粉土，$\xi = 0.6 \sim 0.7$；持力层为饱和软土 $\xi = 0.4 \sim 0.5$。

与房屋结构重量加载到桩基础上相比，试桩的静载荷试验加载持续时间较短，一般为 $3 \sim 7d$，试桩所完成的沉降只占最终沉降的一定比例。因此计算工程桩桩基刚度时，需要将试桩的沉降增大、也就是将试桩的刚度乘以折减系数 ξ。

试桩 1 的刚度：

$$K_p = \xi \frac{R_a}{S_a} = 0.7 \times \frac{11400}{5.64} \times 1000 \approx 1414894 (kN/m)$$

取整为 1500000kN/m。

试桩 4 的刚度：

$$K_p = \xi \frac{R_a}{S_a} = 0.7 \times \frac{11400}{10.81} \times 1000 \approx 738205 (kN/m)$$

取整为 750000kN/m。

取工程桩刚度分别为 750000kN/m、1500000kN/m，计算出核心筒下桩基反力和桩基竖向位移分别见图 1-28、图 1-29。

由图 1-28 可以看出，当取工程桩刚度为 750000kN/m 时，核心筒下桩基反力满足 $N_{kmax} \leqslant 1.2R_a$；但取工程桩刚度为 1500000kN/m，核心筒下部分桩基反力 $N_{kmax} > 1.2R_a$，不满足规范桩基承载力的要求。

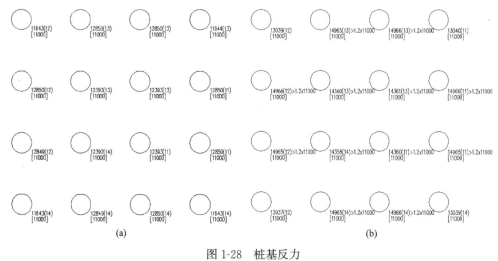

图 1-28 桩基反力

(a) 桩基刚度 K_p = 750000kN/m;(b) 桩基刚度 K_p = 1500000kN/m

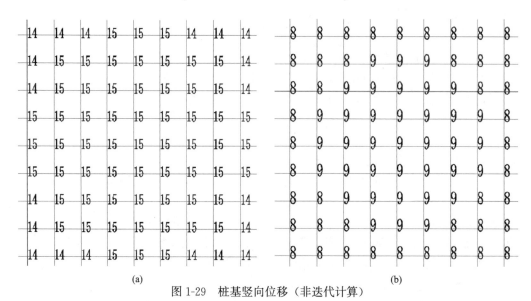

图 1-29 桩基竖向位移（非迭代计算）

(a) 桩基刚度 K_p = 750000kN/m;(b) 桩基刚度 K_p = 1500000kN/m

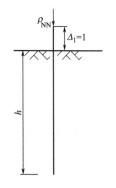

图 1-30 桩顶产生单位竖向
位移时桩顶集中力示意图

由图 1-29 可以看出，当取工程桩刚度为 750000kN/m 时，核心筒下桩基竖向位移为 14～15mm；但取工程桩刚度为 1500000kN/m，核心筒下桩基竖向位移减小为 8～9mm。桩基竖向位移减小，导致桩基反力增大。

（2）根据《建筑桩基技术规范》JGJ 94—2008 附录 C 计算桩基刚度

《建筑桩基技术规范》JGJ 94—2008 附录 C 中表 C.0.3-2 中有桩顶发生单位竖向位移时桩顶引起的内力的计算如式（1-34）所示，柱顶产生单位竖向位移时桩顶集中力示意图如图 1-30 所示。

$$\rho_{NN} = \cfrac{1}{\cfrac{\zeta_N h}{EA} + \cfrac{1}{C_0 A_0}} \qquad (1\text{-}34)$$

式中：ζ_N——桩身轴向压力传递系数，$\zeta_N = 0.5\sim1.0$，摩擦型桩取小值，端承型桩取大值；

$\quad h$——桩的入土深度（m），当 h 小于 10m 时，按 10m 计算；

E、A——桩身弹性模量和横截面面积；

$\quad A_0$——单桩桩底压力分布面积；

$\quad C_0$——桩底面地基土竖向抗力系数；

$$C_0 = m_0 h \qquad (1\text{-}35)$$

$\quad m_0$——桩底面地基土竖向抗力系数的比例系数（MN/m^4），近似取 $m_0 = m$；

$\quad m$——承台埋深范围地基土的水平抗力系数的比例系数（MN/m^4）。

地基土水平抗力系数的比例系数 m，宜通过单桩水平静载试验确定，当无静载试验资料时，可按表 1-19 取值。

地基土水平抗力系数的比例系数　　　　　　　表 1-19

序号	地基土类别	预制桩、钢桩		灌注桩	
		m（MN/m^4）	相应单桩在地面处水平位移（mm）	m（MN/m^4）	相应单桩在地面处水平位移（mm）
1	淤泥；淤泥质土；饱和湿陷性黄土	2～4.5	10	2.5～6	6～12
2	流塑（$I_L>1$），软塑（$0.75<I_L\leqslant1$）状黏性土；$e>0.9$ 粉土；松散粉细砂；松散、稍密填土	4.5～6.0	10	6～14	4～8
3	可塑（$0.25<I_L\leqslant0.75$）状黏性土、湿陷性黄土；$e=0.75\sim0.9$ 粉土；中密填土；稍密细砂	6.0～10	10	14～35	3～6
4	硬塑（$0<I_L\leqslant0.25$）、坚硬（$I_L\leqslant0$）状黏性土、湿陷性黄土；$e<0.75$ 粉土；中密的中粗砂；密实老填土	10～22	10	35～100	2～5
5	中密、密实的砾砂、碎石类土	—	—	100～300	1.5～3

注：1. 当桩顶水平位移大于表列数值或灌注桩配筋率较高（$\geqslant0.65\%$）时，m 应适当降低；当预制桩的水平向位移小于 10mm 时，m 可适当提高；

2. 当水平荷载为长期或经常出现的荷载时，应将表列数值乘以 0.4；

3. 当地基为可液化土层时，应将表列数值乘以《建筑桩基技术规范》JGJ 94—2008 表 5.3.12 中相应的系数 ψ_l。

当基桩侧面为几种土层组成时，应求得主要影响深度 $h_m = 2(d+1)$ 范围内的 m 作为计算值，桩顶产生单位竖向位移时桩顶集中力示意图如图 1-31 所示。

当 h_m 深度内存在两层不同土时：

$$m = \frac{m_1 h_1^2 + m_2(2h_1+h_2)h_2}{h_m^2} \qquad (1\text{-}36)$$

当 h_m 深度内存在三层不同土时：

$$m = \frac{m_1 h_1^2 + m_2(2h_1 + h_2)h_2 + m_3(2h_1 + 2h_2 + h_3)h_3}{h_m^2} \tag{1-37}$$

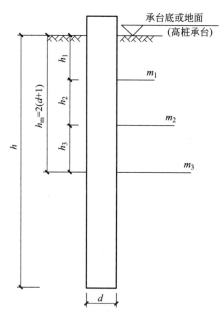

图 1-31 桩顶产生单位竖向位移时桩顶集中力示意图

桩顶产生单位竖向位移时桩顶集中力 ρ_{NN} 其实就是桩基的刚度。下面根据《建筑桩基技术规范》JGJ 94—2008 附录 C 计算此工程桩的刚度。

摩擦型桩：桩身轴向压力传递系数：

$$\zeta_N = 0.5$$

C45 混凝土：桩身弹性模量：

$$E = 33500 \text{N/mm}^2$$

桩身横截面面积：

$$A = \frac{1}{4}\pi d^2 = \frac{1}{4} \times 3.14 \times 1000^2 = 785000(\text{mm}^2)$$

承台底主要影响深度：

$$h_m = 2(d+1) = 2 \times (1+1) = 4(\text{m})$$

承台底主要影响深度范围内土层为粉质黏土、黏土，液性指数 $I_L = 0.5$，灌注桩，地基土水平抗力系数的比例系数：

$$m = (14 \sim 35)\text{MN/m}^4$$

取地基土水平抗力系数的比例系数平均值为：

$$m = \frac{14 + 35}{2} = 24.5\text{MN/m}^4 = 24.5 \times 10^{-6}(\text{N/mm}^4)$$

桩底面地基土竖向抗力系数的比例系数：

$$m_0 = m = 24.5 \times 10^{-6}(\text{N/mm}^4)$$

桩的入土深度：

$$h = 55\text{m} = 55000\text{mm}$$

桩底面地基土竖向抗力系数：

$$C_0 = m_0 h = 24.5 \times 10^{-6} \times 55000 = 1.3475 (\text{N/mm}^3)$$

桩周各土层内摩擦角的加权平均值：

$$\varphi_m = 22.4°$$

桩中心距：

$$s = 3\text{m}$$

桩的设计直径：

$$d = 1\text{m}$$

摩擦型桩单桩桩底压力分布面积：

$$A_0 = \pi \left(h \tan \frac{\varphi_m}{4} + \frac{d}{2} \right)^2 = 3.14 \times \left[55000 \times \tan \left(\frac{22.4}{4} \right) + \frac{1000}{2} \right]^2 = 109091988 (\text{mm}^2)$$

$$A_0 = \frac{1}{4} \pi s^2 \approx 7068583 (\text{mm}^2)$$

取小值，单桩桩底压力分布面积：

$$A_0 = 7068583 \text{mm}^2$$

工程桩的刚度：

$$K_p = \rho_{NN} = \cfrac{1}{\cfrac{\zeta_N h}{EA} + \cfrac{1}{C_0 A_0}} = \cfrac{1}{\cfrac{0.5 \times 55000}{33500 \times 785000} + \cfrac{1}{1.3475 \times 7068583}}$$

$$= 869426 (\text{N/mm}) = 869426 (\text{kN/m})$$

与 YJK 软件根据《建筑桩基技术规范》JGJ 94—2008 附录 C 计算出的桩基刚度 869426kN/m 完全一致。

（3）根据地质资料按 $K_p = Q/S$ 反算桩基刚度

本算例中，根据地质资料按 $K_p = Q/S$ 反算出的桩基刚度为 953644kN/m。

不同桩基刚度计算方法的计算结果见表 1-20：

由表 1-20 可以看出，工程桩刚度增大，核心筒下桩基竖向位移减小、核心筒下桩基反力增大。从经济性考虑，本算例最终选用桩基刚度为 750000kN/m 进行桩基础设计，非迭代计算桩基竖向位移为 15mm。

与桩基沉降计算需要确定沉降计算经验系数一样，桩基刚度的输入也需要有经验的积累，即多积累设计工程项目的沉降观测值，工程桩的桩基刚度可用 R_a 除以沉降观测实测值。

不同桩基刚度计算方法的计算结果　　　　　　　　　　　　表 1-20

桩基刚度(kN/m)		核心筒下桩基最大反力(kN)	桩基竖向位移(mm)		桩基沉降(mm)	
			非迭代计算	迭代计算	非迭代计算	迭代计算
试桩静载荷试验的 Q-S 曲线计算桩基刚度	750000	$12850 < 1.2R_a$	15	14	12	13
	1500000	$14966 > 1.2R_a$	9	11	14	13
《建筑桩基技术规范》JGJ 94—2008 附录 C 计算桩基刚度	869426	$13260 > 1.2R_a$	14	14	12	12

桩基刚度(kN/m)	核心筒下桩基最大反力(kN)	桩基竖向位移(mm)		桩基沉降(mm)	
		非迭代计算	迭代计算	非迭代计算	迭代计算
根据地质资料按 $K_p = Q/S$ 反算桩基刚度	953644	13528＞$1.2R_a$			
		13	13	13	13

注：1. 沉降计算采用《建筑地基基础设计规范》GB 50007—2011 附录 R 的实体深基础方法；

2. YJK 软件沉降计算参数中有"迭代计算"的选项。勾选此项后，软件根据《建筑地基基础设计规范》GB 50007—2011 第 5.3.12 条，按迭代方法计算沉降。迭代方法由两部分组成，一部分是采用有限元法（考虑上部刚度）计算竖向位移，第二部分是采用分层总和法计算沉降，程序自动调整地基刚度使竖向位移与沉降趋于一致，实现"上部结构、基础与地基共同作用"。"迭代计算"的步骤如下：

(1) 沉降试算→确定初始桩刚度和基床反力系数；

(2) 第一次有限元计算得到第一次位移，根据桩土刚度和位移得到桩反力和基底压力计算第一次沉降；根据位移和沉降的差异，更新桩土刚度；

(3) 第二次有限元计算得到新位移，再计算一次桩反力和基底压力分层总和法得到新沉降，检查位移和沉降差值，更新桩土刚度；

(4) 多次迭代直到位移和沉降之差小于允许值。

需要注意的是，YJK 软件"迭代计算"仅用于沉降计算，不用于桩反力的计算。

1.7 为什么柱下独立基础不需要输入基床反力系数，而柱及墙下筏形基础需要输入基床反力系数？基床反力系数如何取值？

对于柱下独立承台桩基础，PKPM、YJK 软件按照《建筑地基基础设计规范》GB 50007—2011 计算地基土反力和配筋。

《建筑地基基础设计规范》GB 50007—2011 第 5.2.2 条规定，基础底面的压力，可按式（1-38）～式（1-41）确定，偏心荷载（$e＞b/6$）下基底压力计算示意图如图 1-32 所示。

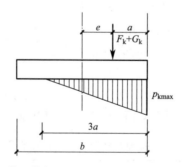

图 1-32 偏心荷载（$e＞b/6$）下基底压力计算示意图

(1) 当轴心荷载作用时

$$p_k = \frac{F_k + G_k}{A} \tag{1-38}$$

(2) 当偏心荷载作用时

$$p_{kmax} = \frac{F_k + G_k}{A} + \frac{M_k}{W} \tag{1-39}$$

$$p_{kmin} = \frac{F_k + G_k}{A} - \frac{M_k}{W} \tag{1-40}$$

（3）当基础底面形状为矩形且偏心距 $e > b/6$ 时，p_{kmax} 应按下式计算：

$$p_{kmax} = \frac{2(F_k + G_k)}{3la} \tag{1-41}$$

式中：l——垂直于力矩作用方向的基础底面边长（m）；

　　　a——合力作用点至基础底面最大压力边缘的距离（m）。

很显然，符合基础为刚性板、地基反力分布（图 1-33）呈线性分布的假定才能按式（1-38）～式（1-41）计算地基土反力要求。

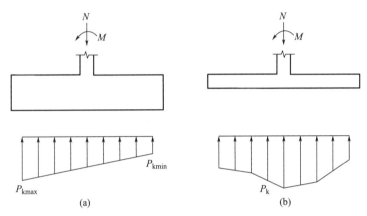

图 1-33　地基土反力分布

(a) 线性分布（天然基础刚度大）；(b) 非线性分布（天然基础刚度小）

《建筑地基基础设计规范》GB 50007—2011 第 8.2.11 条规定，在轴心荷载或单向偏心荷载作用下，当台阶的宽高比小于或等于 2.5 且偏心距小于或等于 1/6 基础宽度时，柱下矩形独立基础任意截面的底板弯矩可按式（1-42）～式（1-43）计算，矩形基础底板的计算示意图如图 1-34 所示。

$$M_I = \frac{1}{12}a_1^2\left[(2l + a')\left(p_{max} + p - \frac{2G}{A}\right) + (p_{max} - p)l\right] \tag{1-42}$$

$$M_{II} = \frac{1}{48}(l - a')^2(2b + b')\left(p_{max} + p_{min} - \frac{2G}{A}\right) \tag{1-43}$$

式中：M_I、M_{II}——相应于作用的基本组合时，任意截面 I-I、II-II 处的弯矩设计值（kN·m）；

　　　a_1——任意截面 I-I 至基底边缘最大反力处的距离（m）；

　　　l、b——基础底面的边长（m）；

　　p_{max}、p_{min}——相应于作用的基本组合时的基础底面边缘最大和最小地基反力设计值（kPa）；

　　　p——相应于作用的基本组合时在任意截面 I-I 处基础底面地基反力设计值（kPa）；

　　　G——考虑作用分项系数的基础自重及其上的土自重（kN）；当组合值由永久作用控制时，作用分项系数可取 1.35。

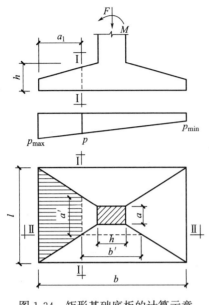

图 1-34　矩形基础底板的计算示意

基础台阶宽高比小于或等于 2.5 是基于试验的结果，旨在保证基底反力呈直线分布。基于试验结果，对基础台阶宽高比小于或等于 2.5 的独立柱基可采用基底反力直线分布进行内力分析。

另外，《建筑地基基础设计规范》GB 50007—2011 第 8.3.2 条规定，柱下条形基础梁的高度不小于 1/6 柱距时，地基反力可按直线分布；第 8.4.14 条规定，梁板式筏基梁的高跨比或平板式筏基板的厚跨比不小于 1/6 时，筏形基础可仅考虑局部弯曲作用，其内力可按基底反力直线分布进行计算。这些规定都是为了保证条形基础、筏形基础有足够的刚度，使地基反力呈直线分布。

当独立基础、条形基础、筏形基础不满足规范规定的刚度要求，不能保证地基反力呈直线分布时，独立基础、条形基础、筏形基础需按弹性地基梁板方法进行分析计算（表 1-16），以 YJK 软件为例，可采用"考虑上部刚度的弹性地基梁板法"的有限元方法（具体详见问题 1.6）。

因此，对于柱下独立基础，当独立基础厚度满足台阶的宽高比小于或等于 2.5 时，基底反力呈直线分布，计算软件可按《建筑地基基础设计规范》GB 50007—2011 进行地基反力、基础内力、配筋的计算；对于条形基础，基础梁的高度不小于 1/6 柱距时，地基反力可按直线分布计算，条形基础梁的内力可按连续梁计算；筏形基础，梁板式筏基梁的高跨比或平板式筏基板的厚跨比不小于 1/6 时，可按基底反力直线分布计算筏形基础的内力、配筋。

如果独立基础的厚度满足台阶的宽高比大于 2.5、条形基础梁的高度小于 1/6 柱距、梁板式筏基梁的高跨比或平板式筏基板的厚跨比小于 1/6 柱距时，就不能采用规范的公式计算地基反力、基础内力、配筋，而必须采用弹性地基梁板方法进行分析计算。

弹性地基梁板模型即文克尔模型，是一种最简单的线弹性模型。其基本假定是地基土边界面上任一点处的沉降 $s(x, y)$ 与该点所受的压力强度 $p(x, y)$ 成正比，而与其他点上的压力无关，其计算如式（1-44）所示：

$$p(x, y) = K \cdot s(x, y) \tag{1-44}$$

式中：K——地基土的基床反力系数。

YJK 软件"考虑上部刚度的弹性地基梁板法"计算公式 $([K_b] + [K_r] + [K_{ps}]) \cdot \{\delta\} = \{P\}$，当为天然基础时，$[K_{ps}]$ 为土刚度矩阵，土的刚度即土的基床反力系数。

文克尔模型的特点是把土体视为一系列侧面无摩擦的土柱或彼此独立的竖向弹簧，在荷载区域下立刻产生与压力成正比的沉降，而在此区域以外的位移为 0，文克尔地基模型示意图如图 1-35 所示。很显然，严格符合文克尔模型的实际地基是不存在的。

单位面积地表面上引起单位下沉所需施加的力，影响基床反力系数的因素很多。基床反力系数的大小与土的类型、基础埋深、基础底面积的形状、基础的刚度及荷载作用的时间等因素有关。试验表明，在相同压力作用下，基床反力系数随基础宽度的增加而减小，

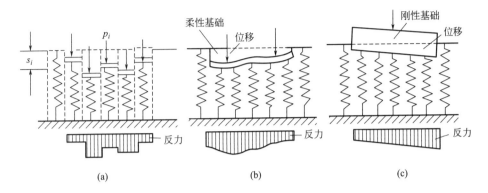

图 1-35　文克尔地基模型示意图

(a) 侧面无摩阻力的土柱弹簧模型；(b) 文克尔地基上的完全柔性基础；
(c) 文克尔地基上的完全刚性基础

在基底压力和基底面积相同的情况下，矩形基础下土的基床反力系数值比方形基础的大。对于同一基础，土的基床反力系数值随埋置深度的增加而增大。试验还表明，黏性土的基床反力系数值随作用时间的增长而减小。因此，基床反力系数值并不是一个常量，基床反力系数的确定是一个复杂的问题。

基床反力系数的计算方法主要有以下三种。

（1）平板载荷试验法

平板载荷试验是一种原位试验，通过此方法可以得到荷载-沉降曲线（即 p-s 曲线），如图 1-36 所示。

则基床反力系数的计算如式（1-45）所示：

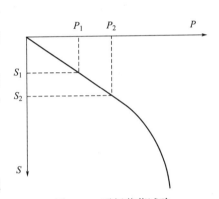

图 1-36　平板载荷试验
得到的 p-s 曲线

$$K_s = \frac{p_2 - p_1}{s_2 - s_1} \tag{1-45}$$

式中：p_2、p_1——分别为基底的接触压力和土自重压力（kN）；

s_2、s_1——分别为相应于 p_2、p_1 的稳定沉降量（mm）。

平板载荷试验法得到的基床反力系数不能直接用于设计，而要进行太沙基修正。这主要是因为平板载荷试验法确定基床反力系数时，所用的荷载板底面积远小于实际结构的基础底面积，因此需要对平板载荷试验法得到的基床反力系数进行折减。

上海市地方标准《岩土工程勘察规范》DGJ08-37—2012 第 10.6.9 条给出了太沙基修正方法。

1）根据 p-s 曲线上直线段斜率，可按式（1-46）估算载荷试验基床反力系数：

$$K_v = p/s \tag{1-46}$$

式中：K_v——载荷试验基床反力系数（kN/m³）；

p/s——p-s 曲线上直线段斜率，如 p-s 曲线上无直线段，p 值可取极限荷载之半，s 取相应于该 p 值的沉降值。

2）当平板载荷试验未采用 0.305m×0.305m 承压板时，可按式（1-47）、式（1-48）

估算标准基床反力系数：

对黏性土： $\qquad K_{v1} = (B/0.305)K_v$ (1-47)

对粉性土、砂土： $\qquad K_{v1} = [4B^2/(B+0.305)^2]K_v$ (1-48)

式中：K_{v1}——标准基床反力系数（kN/m³）；

$\quad B$——承压板的直径或宽度（m）。

3）根据标准基床反力系数，可按式（1-49）估算地基土的基床反力系数：

对黏性土： $\qquad K_s = K_{v1}(0.305/b_f)$ (1-49)

对粉性土、砂土： $\qquad K_s = K_{v1}\left(\dfrac{b_f + 0.305}{2b_f}\right)$ (1-50)

式中：K_s——地基土的基床反力系数（kN/m³）；

$\quad b_f$——基础宽度（m）。

（2）按基础平均沉降 s_m 反算

用分层总和法按土的压缩性指标计算若干点沉降后取平均值 s_m，得

$$K_s = p/s_m \qquad (1-51)$$

式中 p 为基底平均压力，这个方法对将沉降计算结果控制在合理范围内是非常重要的。用这种方法计算的基床反力系数不需要修正，PKPM、YJK 软件都提供了这种方法。正如问题 1.5 中所述，沉降计算经验系数的确定，需要结构工程师有非常丰富的经验。因此，按基础平均沉降 s_m 反算，得到合适的基床反力系数，重点是确定沉降计算经验系数。

（3）经验值法

PKPM、YJK 软件均提供了不同土层的基床反力系数参考值，见表 1-21。

基床反力系数 K_s 的推荐值　　　　　　　　　　　　　表 1-21

地基一般特性	土的种类		K_s(kN/m³)
松软土	流动砂土、软化湿土、新填土		1000～5000
	流塑黏性土、淤泥及淤泥质土、有机质土		5000～10000
中等密实土	黏土及亚黏土	软塑的	10000～20000
		可塑的	20000～40000
	轻亚黏土	软塑的	10000～30000
		可塑的	30000～50000
	砂土	松散或稍密的	10000～15000
		中密的	15000～25000
		密实的	25000～40000
	碎石土	稍密的	15000～25000
		中密的	25000～40000
	黄土及黄土亚黏土		40000～50000
密实土	硬塑黏土及黏土		40000～100000
	硬塑轻亚黏土		50000～100000
	密实碎石土		50000～100000
极密实土	人工压实的填亚黏土、硬黏土		100000～200000
坚硬土	冻土层		200000～1000000
岩石	软质岩石、中等风化或强风化的硬岩石		200000～1000000
	微风化的硬岩石		1000000～15000000
桩基	弱土层内的摩擦桩		10000～50000
	穿过弱土层达密实砂层或黏土性土层的桩		5000～150000
	打至岩层的支承桩		8000000

表 1-21 摘自中国建筑科学研究院地基所（TJ7—74）修改序号 16 "筏式基础的设计和计算"与题报告的附件之二，来源于苏联规范。使用表 1-21 中推荐的地基土基床反力系数需要注意以下几点：

1）苏联规范中，地基土基床反力系数正常用于路基上枕木、轨道计算。与建筑地基基础相比，路基上枕木、轨道的基础宽度更小、长度更长，其压力泡更小，地基土基床反力系数更依赖于表层土。

2）表中推荐的地基土基床反力系数没有考虑压缩深度的影响，没有考虑荷载大小的影响。

3）表中推荐的地基土基床反力系数没有考虑上部结构的影响。

以某商业综合体项目为例，各土层物理力学性质指标见表 1-22，以第④层粉质黏土为持力层。对其中某双柱下独立基础（基础截面 3.2m×3.2m×0.6m）进行设计，分别采用平板载荷试验法、按基础平均沉降 s_m 反算、经验值法计算双柱下独立基础的基床系数。

各土层物理力学性质指标　　　　　　　　　　　　　　　　　表 1-22

层号及名称	层厚 (m)	颜色	状态	压缩性	f_{ak} (kPa)	$E_{s(0)}$ (MPa)
①淤泥质粉质黏土	0.90~8.90	灰	流塑	高	50	2.5
②黏土	1.90~16.50	黄褐色	可塑	中	170	8.0
③粉质黏土	2.00~26.40	褐黄色	可塑	中	350	14.0
④粉质黏土	0.60~14.10	褐黄色	硬塑	中偏低	380	14.5
⑤砾砂	1.00~11.10	浅黄色	稍密	低	340	20.0
⑥中砂	1.10~14.20	灰黄色	中密~密实	低	320	19.0
⑦强风化泥岩	1.20~11.00	青灰色	强风化	低	500	46.0(E_0)
⑧中风化泥岩	27.0~13.10	青灰色	中风化	不可压缩	1000(f_a)	

（1）平板载荷试验法

项目进行了 4 个点的浅层平板静载荷试验。浅层平板静载荷试验结果见表 1-23、浅层平板载荷试验得到的 p-s 曲线如图 1-37 所示。

浅层平板静载荷试验结果　　　　　　　　　　　　　　　　　表 1-23

试验点号	最大试验荷载		承载力特征值	
	荷载(kPa)	沉降(mm)	荷载(kPa)	沉降(mm)
1	700	10.89	350	4.14
2	700	6.92	350	2.60
3	700	8.44	350	2.93
4	700	9.83	350	3.77

由表 1-23 和图 1-37 可以看出，对应于地基承载力特征值时，试验点 1 的沉降量最大（4.14mm），试验点 2 的沉降量最小（2.60mm），沉降量差异较大，那么计算出来的基床反力系数差异也会较大。

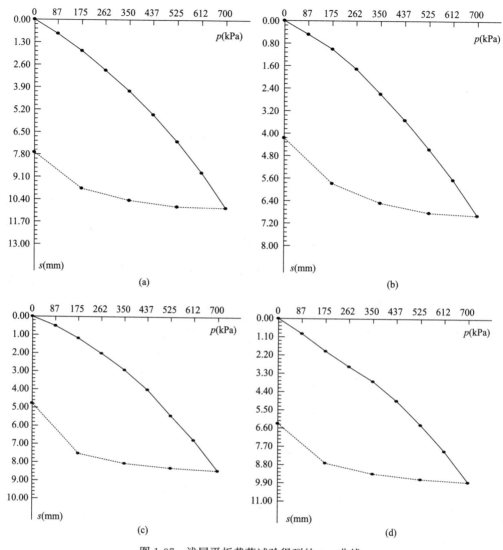

图 1-37　浅层平板载荷试验得到的 p-s 曲线

(a) 试验点 1；(b) 试验点 2；(c) 试验点 3；(d) 试验点 4

试验点 1 的载荷试验基床反力系数：

$$K_v = p/s = (350/4.14) \times 1000 \approx 84541.06 (kN/m^3)$$

平板载荷试验未采用 0.305m×0.305m 承压板，而是采用直径为 0.65m 的承压板，试验点 1 的标准基床反力系数（黏性土）：

$$K_{v1} = (B/0.305)K_v = (0.65/0.305) \times 84541.06 \approx 180169.48 (kN/m^3)$$

试验点 1 的地基土的基床反力系数（黏性土）：

$$K_s = K_{v1}(0.305/b_f) = 180169.48 \times (0.305/3.2) \approx 17172.40 (kN/m^3)$$

用同样的方法，计算得试验点 2 的地基土的基床反力系数，得：

$$K_s = 27343.75 kN/m^3$$

（2）按基础平均沉降 s_m 反算

采用 YJK 软件，用分层总和法按土的压缩性指标计算平均沉降 s_m，得：

$$K_s = p/s_m = 15727 \text{kN/m}^3$$

（3）经验值法

第④层粉质黏土，中等密实，可塑，查表1-20，基床反力系数为：

$$K_s = (20000 \sim 40000) \text{kN/m}^3$$

不同基床反力系数计算方法的计算结果见表1-24：

不同基床反力系数计算方法的计算结果　　　　　　　　表 1-24

	平板载荷试验法		沉降反算法	经验值法	
基床反力系数(kN/m³)	17172	27343	15727	20000	40000
地基土反力(kPa)	360	359	360	360	357
沉降(mm)	26	26	26	26	26
地基土竖向位移(mm)	20	13	22	17	9
基础底板钢筋 (cm²/m) X 方向	15.1	15.1	15.2	15.1	15.0
Y 方向	17.5	17.5	17.5	17.5	17.4

由表1-24可以看出，选取不同的基床反力系数，地基土反力、地基土竖向位移、基础内力、配筋都会有差别。

对于一个工程，结构本身重量是已知的，如果能够结合当地的地质情况，根据该地区相邻的差不多体量的结构的实测沉降量，预先估计出本工程的沉降量，再用结构本身重量产生的附加面荷载除以预估沉降量，计算出来的基床反力系数是最合理的。但是想要做到这一点，不仅需要丰富的经验，还与地区性的长年的积累和准确的现场勘察试验密不可分。因此，比较准确地预估沉降量在实际工程中是存在一定困难的。

因此建议结构工程师多收集已有工程的沉降资料、以此试算基床反力系数。

1.8　挡土墙能不能用主动土压力计算？挡土墙计算时，水土合算与水土分算的区别是什么？挡土墙水平分布筋在竖向钢筋的内侧还是外侧？

挡土墙计算中，需要特别关注以下几个问题：

（1）挡土墙能不能用主动土压力计算？

在影响土压力的诸多因素中，挡土墙位移是主要因素之一。挡土墙位移的方向和位移量决定着所产生的土压力性质和土压力大小[8]。

当挡土墙具有足够的刚度和自重，并且落在坚实的地基上，挡土墙在墙后填土的推力作用下，不产生任何位移或转动时［图1-38（a）］，挡土墙后填土体没有水平位移，处于弹性平衡状态，这时作用于挡土墙背上的土压力称为静止土压力E_0。

如果墙体可以水平位移，挡土墙在土压力作用下产生向离开填土方向的移动或绕墙趾的转动时［图1-38（b）］，挡土墙后土体因侧面所受约束的放松而有下滑趋势。为阻止其下滑，土内潜在滑动面上剪应力增加，从而使作用在墙背上的土压力减少。当墙的平移或转动达到某一数量时，滑动面上的剪应力等于土的抗剪强度，墙后土体达到主动极限平衡状态，产生一般为曲线形的滑动面 AC，这时作用在墙上的土压力达到最小值，称为主动土压力 E_a。

当挡土墙在外力作用下向着填土方向移动或转动时（如拱桥桥台），墙后土体受到挤压，有上滑趋势〔图 1-38（c）〕。为阻止其上滑，土体的抗剪阻力逐渐发挥作用，使得作用在墙背上的土压力加大。直到墙的移动量足够大时，滑动面上的剪应力等于土的抗剪强度，墙后土体达到被动极限平衡状态，土体发生向上滑动，滑动面为曲面 AC，这时作用在墙上的土压力达到最大值，称为被动土压力 E_p。

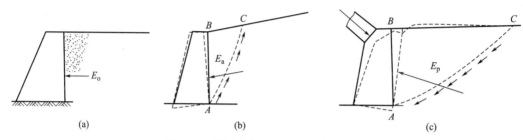

图 1-38　作用在挡土墙上的三种土压力

（a）静止土压力；（b）主动土压力；（c）被动土压力

静止土压力即挡土墙不动，主动土压力即土推挡土墙，被动土压力即挡土墙推土。因此，挡土墙计算时，选用哪种土压力，主要取决于挡土墙是否有位移。

《建筑地基基础设计规范》GB 50007—2011 第 9.3.2 规定，主动土压力、被动土压力可采用库仑或朗肯土压力理论计算。当对支护结构水平位移有严格限制时，应采用静止土压力计算。

对于下端固定、上端铰接的地下室外墙，因挡土墙墙顶位移较小，不足以使挡土墙后土体发生主动平衡状态，因此理论上应取静止土压力。地下室外墙如果采用主动土压力计算，将使挡土墙内力、配筋偏小，结构设计偏于不安全。

《建筑地基基础设计规范》GB 50007—2011 第 9.3.2 条文说明指出，静止土压力系数 K_0 宜通过试验测定。当无试验条件时，对正常固结土也可按表 1-25 估算。

静止土压力系数 K_0 取值建议　　　　　　　　　　　　　　表 1-25

土类	坚硬土	硬塑-可塑黏性土、粉质黏土、砂土	可塑-软塑黏性土	软塑黏性土	流塑黏性土
K_0	0.2～0.4	0.4～0.5	0.5～0.6	0.6～0.75	0.75～0.8

《建筑边坡工程技术规范》GB 50330—2013 第 6.2.1 条规定，静止土压力可按式（1-52）计算：

$$e_{0i} = (\sum_{j=1}^{i} \gamma_j h_j + q) K_{0i} \qquad (1-52)$$

式中：e_{0i} ——计算点处的静止土压力（kN/m^2）；

　　　γ_j ——计算点以上第 j 层土的重度（kN/m^3）；

　　　h_j ——计算点以上第 j 层土的厚度（m）；

　　　q ——坡顶附加均布荷载（kN/m^2）；

K_{0i}——计算点处的静止土压力系数。

《建筑边坡工程技术规范》GB 50330—2013 第 6.2.2 规定，静止土压力系数宜由试验确定。当无试验条件时，对砂土可取 0.34～0.45，对黏性土可取 0.5～0.7。

一般来说，对于可塑的黏性土、粉质黏土，静止土压力系数取 0.5 即可。

（2）挡土墙计算时，水土合算与水土分算的区别？

《建筑地基基础设计规范》GB 50007—2011 第 9.3.3 条规定，作用于支护结构的土压力和水压力，对砂性土宜按水土分算计算；对黏性土宜按水土合算计算；也可按地区经验确定。一般来说，静止土压力系数取 0.5 时，水土分算的结果会大于水土合算的结果，理正结构设计工具箱软件挡土墙计算结果见图 1-39。

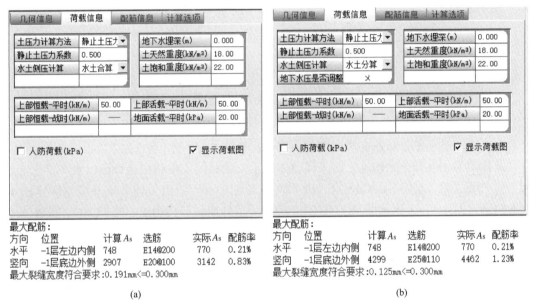

图 1-39　理正结构设计工具箱软件挡土墙计算结果
（a）水土合算；（b）水土分算

土的饱和重度 $\gamma_{\text{sat}} = 22\text{kN/m}^3$，水的重度 $\gamma_{\text{w}} = 10\text{kN/m}^3$，墙高 $h = 6\text{m}$，地面均布活荷载 $q = 20\text{kPa}$。

取静止土压力系数 $K_0 = 0.5$；

水土合算时，静止土压力标准值为：

$$e_1 = (\gamma_{\text{sat}}h + q)K_0 = (22 \times 6 + 20) \times 0.5 = 76(\text{kPa})$$

水土分算时，水压力标准值：

$$e_{\text{w}} = \gamma_{\text{w}}h = 10 \times 6 = 60(\text{kPa})$$

静止土压力标准值为：

$$e_{\text{s}} = [(\gamma_{\text{sat}} - \gamma_{\text{w}})h + q]K_0 = [(22-10) \times 6 + 20] \times 0.5 = 46(\text{kPa})$$

水土分算时，水压力加上土压力标准值为：

$$e_2 = e_{\text{w}} + e_{\text{s}} = 60 + 46 = 106(\text{kPa})$$

很显然，水土分算的挡土墙侧压力，大于水土合算的挡土墙侧压力，水土压力计算结果如图 1-40 所示。

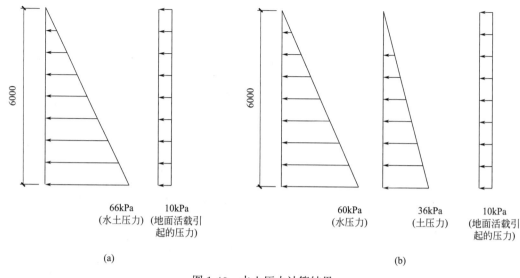

66kPa
（水土压力）

10kPa
（地面活载引起的压力）

(a)

60kPa
（水压力）

36kPa
（土压力）

10kPa
（地面活载引起的压力）

(b)

图 1-40　水土压力计算结果

（a）水土合算；（b）水土分算

（3）挡土墙水平分布筋在竖向钢筋内侧还是外侧？

国标图集《混凝土结构施工图平面整体表示方法制图规则和构造详图（现浇混凝土框架、剪力墙、梁、板）》22G101-1（以下简称 22G101-1）给出了地下室外墙（DWQ）的钢筋构造（图 1-41）。国标图集 22G101-1 的地下室外墙钢筋构造中，将挡土墙水平钢筋放置在挡土墙竖向钢筋的内侧。但是国标图集 22G101-1 的地下室外墙钢筋构造图下注释里面指出，当具体工程的钢筋排布与本图集不同时（如将水平筋设置在外层），应按设计要求施工。

国标图集《混凝土结构施工钢筋排布规则与构造详图（独立基础、条形基础、筏形基础、桩基础）》18G901-3（以下简称 18G901-3）也给出了挡土墙钢筋的构造（图 1-42）。国标图集 18G901-3 的地下室外墙钢筋构造中，将挡土墙水平钢筋放置在了挡土墙竖向钢筋的外侧。

湖北省地方标准《建筑地基基础技术规范》DB42/242—2014 第 11.4.5 条更是明确规定，地下室外墙水平分布筋宜按照细而密的原则布置在竖向筋的外侧。其条文说明指出，已建工程地下室外墙裂缝的统计资料表明，地下室外墙裂缝大部分是垂直裂缝。外墙水平筋按照细而密的原则布置在竖向筋的外侧是控制垂直裂缝的措施之一。

当地下室外墙的水平钢筋外置，施工也会方便很多。如果水平钢筋放置在竖向钢筋内侧，由于挡土墙竖向钢筋先立起来，那么水平钢筋只能从竖向钢筋的间距中穿过，而水平钢筋和竖向钢筋外表面都有肋，所以施工难度较高、工作效率较低。

综上，建议将挡土墙的水平钢筋布置在竖向钢筋的外侧。

（4）挡土墙下条形基础能否用地基梁模拟？

某坡地建筑地下室，仅一边临土、三面无土，三维结构模型如图 1-43 所示。采用 YJK 软件对临土面挡土墙下基础进行分析计算。

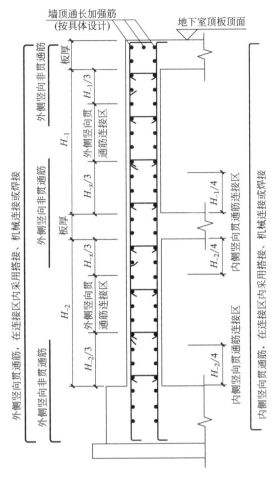

图 1-41　地下室外墙（DWQ）的钢筋构造

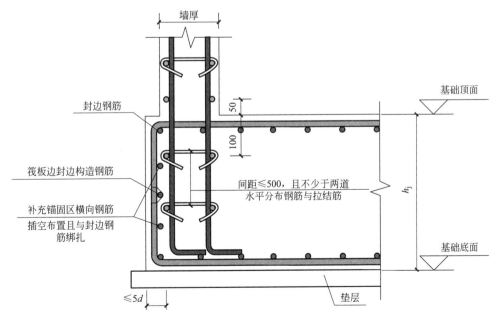

图 1-42　挡土墙钢筋的构造

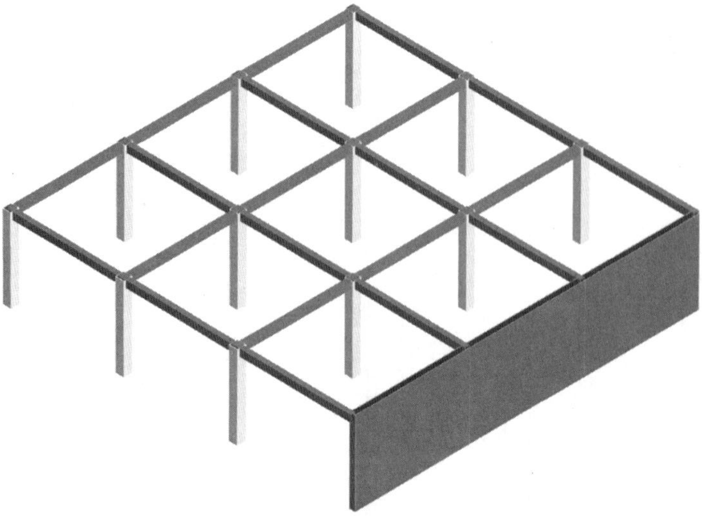

图 1-43　三维结构模型

YJK 软件中，挡土墙下条形基础采用 800mm×900mm 截面的地基梁（地基梁截面宽 800mm、高 900mm）建模，地基承载力验算结果见图 1-44（a），地基承载力验算满足规范要求；挡土墙下条形基础改用 800mm×900mm 截面的筏板（筏板截面宽 800mm、筏板厚 900mm）建模，地基承载力验算结果见图 1-45（b），很显然地基承载力验算不满足规范要求，且筏板底出现了拉力区。将筏板截面增大为 2000mm×900mm（筏板截面宽 2000mm、筏板厚 900mm），地基承载力验算才得以通过见图 1-45（c）。地基梁及筏板下地基土的基床反力系数均为取 20000kN/m^3。

为什么挡土墙下条形基础分别采用地基梁、筏板进行模拟，会出现很大的差异？其主

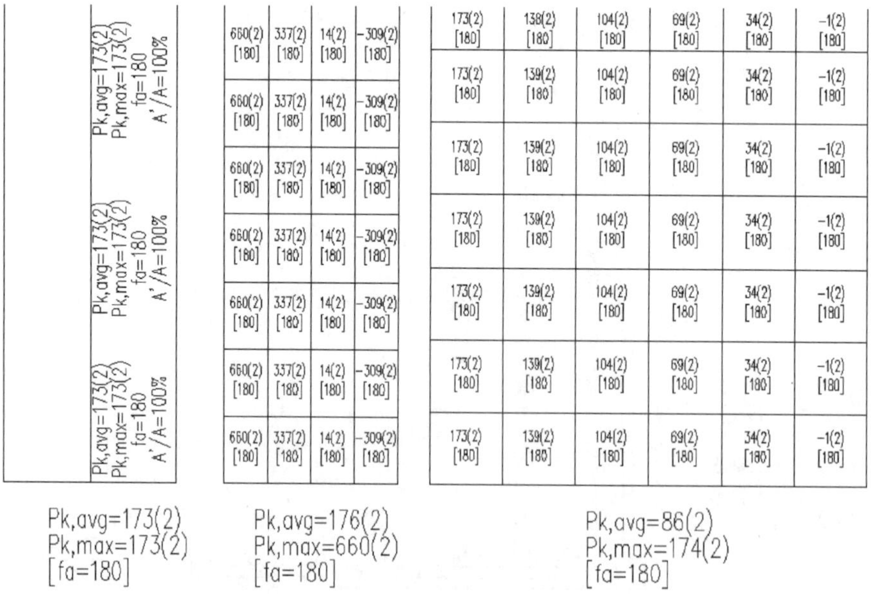
Pk,avg=173(2) Pk,max=173(2) fa=180 A'/A=100%
Pk,avg=173(2) Pk,max=173(2) fa=180 A'/A=100%
Pk,avg=173(2) Pk,max=173(2) fa=180 A'/A=100%
660(2) [180] 337(2) [180] 14(2) [180] -309(2) [180]
660(2) [180] 337(2) [180] 14(2) [180] -309(2) [180]
660(2) [180] 337(2) [180] 14(2) [180] -309(2) [180]
660(2) [180] 337(2) [180] 14(2) [180] -309(2) [180]
660(2) [180] 337(2) [180] 14(2) [180] -309(2) [180]
660(2) [180] 337(2) [180] 14(2) [180] -309(2) [180]
660(2) [180] 337(2) [180] 14(2) [180] -309(2) [180]
173(2) [180] 138(2) [180] 104(2) [180] 69(2) [180] 34(2) [180] -1(2) [180]
173(2) [180] 139(2) [180] 104(2) [180] 69(2) [180] 34(2) [180] -1(2) [180]
173(2) [180] 139(2) [180] 104(2) [180] 69(2) [180] 34(2) [180] -1(2) [180]
173(2) [180] 139(2) [180] 104(2) [180] 69(2) [180] 34(2) [180] -1(2) [180]
173(2) [180] 139(2) [180] 104(2) [180] 69(2) [180] 34(2) [180] -1(2) [180]
173(2) [180] 139(2) [180] 104(2) [180] 69(2) [180] 34(2) [180] -1(2) [180]
173(2) [180] 139(2) [180] 104(2) [180] 69(2) [180] 34(2) [180] -1(2) [180]
Pk,avg=173(2)
Pk,max=173(2)
[fa=180]
Pk,avg=176(2)
Pk,max=660(2)
[fa=180]
Pk,avg=86(2)
Pk,max=174(2)
[fa=180]

图 1-44　YJK 软件地基承载力验算结果

(a) 800mm×900mm 地基梁；(b) 800mm×900mm 筏板；(c) 2000mm×900mm 筏板

要原因是地基梁模型仅对沿地基梁长度方向的单元进行了剖分、而没有进行沿地基梁宽度方向的剖分，但挡土墙面外的荷载会引起条形基础沿宽度方向地基土反力的不均匀分布。然而筏板模型沿两个方向均进行了单元剖分，可以真实考虑筏板上挡土墙面外荷载的影响。因此对于挡土墙下条形基础，建议采用筏板单元模拟，而不能采用地基梁单元模拟。

对于承受面外土压力的挡土墙，将其下筏板偏心布置，可以有效降低筏板下的最大地基土反力，使筏板下地基土反力趋于更加均匀，YJK 软件 2000mm×900mm 筏形基础地基承载力验算结果如图 1-45 所示，挡土墙荷载及筏板下地基土反力示意图如图 1-46 所示。

173(2) [180]	139(2) [180]	104(2) [180]	69(2) [180]	34(2) [180]	-1(2) [180]		106(2) [180]	98(2) [180]	90(2) [180]	81(2) [180]	73(2) [180]	65(2) [180]	58(2) [180]
173(2) [180]	139(2) [180]	104(2) [180]	69(2) [180]	34(2) [180]	-1(2) [180]		106(2) [180]	98(2) [180]	90(2) [180]	81(2) [180]	73(2) [180]	65(2) [180]	58(2) [180]
173(2) [180]	139(2) [180]	104(2) [180]	69(2) [180]	34(2) [180]	-1(2) [180]		106(2) [180]	98(2) [180]	90(2) [180]	81(2) [180]	73(2) [180]	65(2) [180]	58(2) [180]
173(2) [180]	139(2) [180]	104(2) [180]	69(2) [180]	34(2) [180]	-1(2) [180]		106(2) [180]	98(2) [180]	90(2) [180]	81(2) [180]	73(2) [180]	65(2) [180]	58(2) [180]
173(2) [180]	139(2) [180]	104(2) [180]	69(2) [180]	34(2) [180]	-1(2) [180]		106(2) [180]	98(2) [180]	90(2) [180]	81(2) [180]	73(2) [180]	65(2) [180]	58(2) [180]
173(2) [180]	139(2) [180]	104(2) [180]	69(2) [180]	34(2) [180]	-1(2) [180]		106(2) [180]	98(2) [180]	90(2) [180]	81(2) [180]	73(2) [180]	65(2) [180]	58(2) [180]

$P_{k,avg}=86(2)$　　　　　　　　$P_{k,avg}=83(2)$
$P_{k,max}=174(2)$　　　　　　　$P_{k,max}=107(2)$
$[f_a=180]$　　　　　　　　　　　$[f_a=180]$

(a)　　　　　　　　　　　　　　(b)

图 1-45　YJK 软件 2000mm×900mm 筏形基础地基承载力验算结果
（a）筏板沿挡土墙轴心布置；（b）筏板沿挡土墙偏心布置

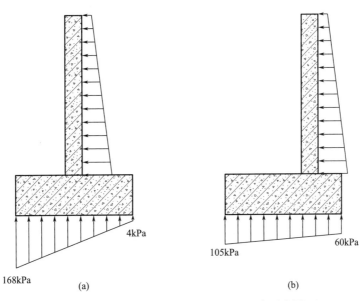

图 1-46　挡土墙荷载及筏板下地基土反力示意图
（a）筏板沿挡土墙轴心布置；（b）筏板沿挡土墙偏心布置

1.9 抗拔桩钢筋需要沿桩身全截面通长布置吗？抗拔桩与抗压桩，摩阻力和轴力分布有什么区别？《混凝土结构耐久性设计标准》GB/T 50476—2019 规定"保护层厚度大于30mm，按照30mm计算裂缝"，抗拔桩裂缝计算时可以执行这条规定吗？

某写字楼项目，地上2栋塔楼，局部商业裙房，3层地下室，地下室深13m。项目桩基础信息见图1-47所示。

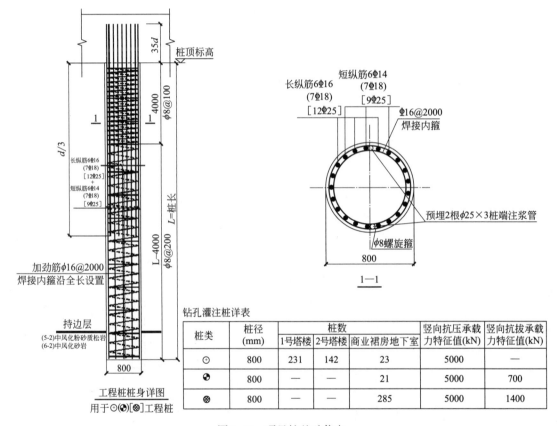

图1-47 项目桩基础信息

钻孔灌注桩详表

桩类	桩径 (mm)	桩数			竖向抗压承载力特征值(kN)	竖向抗拔承载力特征值(kN)
		1号塔楼	2号塔楼	商业裙房地下室		
⊙	800	231	142	23	5000	—
❂	800	—	—	21	5000	700
⊗	800	—	—	285	5000	1400

以第31号勘探孔为例，地下室底板下各土层桩基设计参数信息见表1-26，工程桩桩长约34.45m。

地下室底板下各土层桩基设计参数信息　　　　　　表1-26

层号	土层名称	层厚度(m)	钻孔灌注桩				
			q_{sik} (kPa)	q_{pk} (kPa)	β_{si}	β_p	λ_i
3-2	粉细砂	6.85	50	—	1.8	—	0.7

层号	土层名称	层厚度(m)	钻孔灌注桩				
			q_{sik} (kPa)	q_{pk} (kPa)	β_{si}	β_p	λ_i
3-3	细砂	3.10	28	—	1.8	—	0.7
3-4	细砂	9.00	58	—	1.7	—	0.7
3-5	细砂	8.20	68	—	1.7	—	0.7
4	含砾中粗砂	3.00	140	2600 (30<h)	2.2	3.2	0.7
6-1	强风化砂岩	1.30	170	1800	1.6	2.2	0.7
6-2	中风化砂岩	3.00(桩端进入 持力层深度)	320	5600	—	—	0.7

注：h 为桩入土深度

单桩抗拔承载力特征值：

$$R_b = \sum \lambda_i q_{sik} u_i l_i / 2 + G_p$$
$$= 3.14 \times 0.8 \times 0.7 \times (50 \times 6.85 + 28 \times 3.1 + 58 \times 9 + 68 \times 8.2 + 140 \times 3$$
$$+ 170 \times 1.3 + 320 \times 3) \div 2 + 3.14 \times 0.4^2$$
$$\times 34.45 \times (25 - 10) \approx 2994 (kN)$$

建设单位请设计咨询单位审查图纸，咨询单位对其中抗拔桩提出了两点意见：

(1) 抗拔桩应通长配筋，不应在 2/3 桩长处截断通长钢筋；

(2) 抗拔桩裂缝计算时，可根据《混凝土结构耐久性设计标准》GB/T 50476—2019 规定，保护层厚度大于 30mm，按照 30mm 计算裂缝，减少抗拔桩的钢筋数量。

就以上两点咨询优化意见，讨论如下：

(1) 抗拔桩钢筋需要沿桩身全截面通长布置吗？

《建筑桩基技术规范》JGJ 94—2008 对灌注桩的钢筋配置作了规定，抗拔桩及因地震作用、冻胀或膨胀力作用而受拔力的桩，应等截面或变截面通长配筋。其条文说明指出，对于抗拔桩应根据桩长、裂缝控制等级、桩侧土性质等因素通长等截面或变截面配筋。很显然规范并非要求抗拔桩所有钢筋均沿全截面通长设置。

受压桩的桩顶荷载由桩侧摩阻力和桩端阻力承担，桩侧摩阻力以剪力形式传递给桩周土体，受压单桩轴向荷载的传递如图 1-48 所示[12]。抗拔桩的桩顶荷载由桩侧摩阻承担，桩侧摩阻力以剪力形式传递给桩周土体，但其侧摩阻力的作用方向与受压桩的侧摩阻力作用方向相反，抗拔单桩轴向荷载的传递如图 1-49 所示。由图 1-49 可以看出，抗拔桩的桩身轴力随深度变小，最大轴力出现在桩顶，桩端处桩身轴力最小，桩中部的桩身轴力介于两者之间[13]。如果桩身通长都按最大抗拔力作用下满足裂缝宽度要求的配筋量配置钢筋，无疑是偏于保守的，会造成一定的浪费。因此对抗拔桩进行分段配筋是有必要的，也就是在桩顶一定范围内按最大抗拔力作用下满足裂缝宽度要求的配筋量配置钢筋，在桩顶下某一深度处减少配筋量，减少后的配筋量尚应满足改截面的轴力作用下的裂缝宽度要求。对抗拔桩进行分段配筋可在一定程度上减少配筋量，节约成本。

本工程抗拔桩，桩身与土之间抗拔力为 2994kN，设计时仅取单桩抗拔承载力特征值

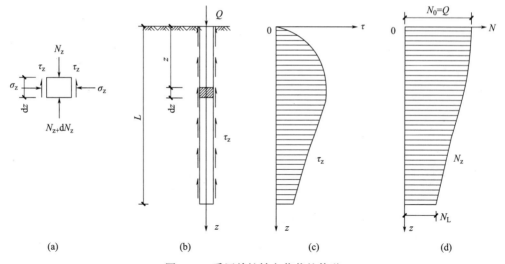

图 1-48　受压单桩轴向荷载的传递

（a）桩体微单元的受力情况；（b）轴向受压的单桩；（c）摩阻力分布曲线；（d）轴力分布曲线

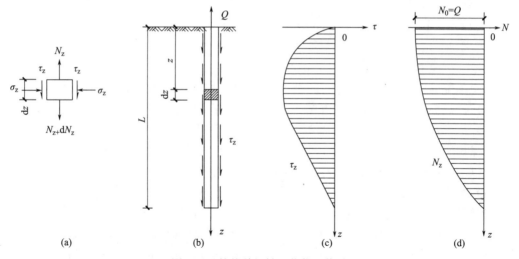

图 1-49　抗拔单桩轴向荷载的传递

（a）桩体微单元的受力情况；（b）轴向受拉的单桩；（c）摩阻力分布曲线；（d）轴力分布曲线

为 1400kN，满足桩身抗拔裂缝要求。工程桩桩长为 34.45m，桩顶 2/3 桩长（约 23m）范围配置 21Φ25 钢筋。桩长 23m 处桩周土体提供的摩阻力为：

$$R_{bl} = \sum \lambda_i q_{sik} u_i l_i / 2 = 3.14 \times 0.8 \times 0.7 \times (50 \times 6.85 + 28 \times 3.1 + 58 \times 9 + 68 \times 4.05) \div 2 \approx 1079\text{kN}$$

那么 23m 处轴向力标准值为 1400－1079＝321（kN）。23m 以下范围配置了 9Φ25 的钢筋，在 321kN 轴拉力作用下，桩身裂缝仅为 0.0597mm，满足规范要求。桩身最大裂缝宽度计算过程如下：

按荷载准永久组合计算的钢筋混凝土构件纵向受拉普通钢筋应力：

$$\sigma_{sq} = \frac{N_q}{A_s} = \frac{321}{4419} \approx 72.64(\text{N/mm}^2)$$

有效受拉混凝土截面面积：

$$A_{te} = \frac{1}{4}\pi d^2 = \frac{1}{4} \times 3.14 \times 800^2 = 502400(mm^2)$$

按有效受拉混凝土截面面积计算的纵向受拉钢筋配筋率：

$$\rho_{te} = \frac{A_s}{A_{te}} = \frac{4419}{502400} \approx 0.88\% < 0.01, \text{取} \rho_{te} = 0.01$$

C45 混凝土：混凝土轴心抗拉强度标准值：

$$f_{tk} = 2.51(N/mm^2)$$

裂缝间纵向受拉钢筋应变不均匀系数：

$$\psi = 1.1 - 0.65 \frac{f_{tk}}{\rho_{te}\sigma_{sq}} = 1.1 - 0.65 \times \frac{2.51}{0.01 \times 72.64} \approx -1.15 < 0.2, \text{取} \psi = 0.2$$

受拉区纵向钢筋的等效直径：

$$d_{eq} = 25mm$$

构件受力特征系数，轴心受拉 $\alpha_{cr} = 2.7$；

《建筑与市政地基基础通用规范》GB 55003—2021 第 5.2.11 条规定，腐蚀环境中桩的纵向受力钢筋的混凝土保护层厚度不应小于 55mm。最外层纵向受拉钢筋外边缘至受拉区底边的距离 $c_s = 55mm$。

钢筋的弹性模量：

$$E_s = 2.00 \times 10^5 N/mm^2$$

最大裂缝宽度：

$$\omega_{max} = \alpha_{cr}\psi\frac{\sigma_{sq}}{E_s}\left(1.9c_s + 0.08\frac{d_{eq}}{\rho_{te}}\right) = 2.7 \times 0.2 \times \frac{72.64}{2.00 \times 10^5} \times \left(1.9 \times 55 + 0.08 \times \frac{25}{0.01}\right) \approx$$

0.0597mm

因此，抗拔桩钢筋没有必要沿桩身全截面通长，对抗拔桩进行分段配筋是可行的。

（2）《混凝土结构耐久性设计标准》GB/T 50476—2019 规定保护层厚度大于 30mm，按照 30mm 计算裂缝，抗拔桩裂缝计算时可以执行这条规定吗？

单桩抗拔承载力特征值 $R_b = 1400kN$ 的工程桩，采用《混凝土结构设计规范》GB 50010—2010（2015 年版）的最大裂缝宽度计算公式，分别取桩身纵向钢筋保护层 55mm 和 30mm 计算此抗拔桩的裂缝，抗拔桩裂缝计算结果见表 1-27。由表 1-27 可以看出，桩身纵向钢筋保护层 55mm 时，桩身纵向受拉钢筋需要 21Φ25；而桩身纵向钢筋保护层 30mm 时，桩身纵向受拉钢筋减少为 18Φ25。

抗拔桩裂缝计算结果　　　　　　　　　　　　　　　　表 1-27

钢筋保护层厚度 c_s	55mm	30mm
桩身纵向受力钢筋	21 Φ 25	18 Φ 25
受拉区纵向普通钢筋截面面积 A_s	10311mm²	8838mm²
按荷载准永久组合计算的钢筋混凝土构件纵向受拉普通钢筋应力 σ_{sq}	$\sigma_{sq} = \frac{N_q}{A_s} = \frac{1400}{10311} \times 1000$ $\approx 135.78(N/mm^2)$	$\sigma_{sq} = \frac{N_q}{A_s} = \frac{1400}{8838} \times 1000$ $\approx 158.41(N/mm^2)$

续表

有效受拉混凝土截面面积	$A_{te} = \dfrac{1}{4}\pi d^2 = \dfrac{1}{4} \times 3.14159 \times 800^2 \approx 502655 (mm^2)$	
按有效受拉混凝土截面面积计算的纵向受拉钢筋配筋率	$\rho_{te} = \dfrac{A_s}{A_{te}} = \dfrac{10311}{502655} \approx 2.05\%$	$\rho_{te} = \dfrac{A_s}{A_{te}} = \dfrac{8838}{502655} \approx 1.76\%$
混凝土轴心抗拉强度标准值	$f_{tk} = 2.51 N/mm^2$	
裂缝间纵向受拉钢筋应变不均匀系数	$\psi = 1.1 - 0.65\dfrac{f_{tk}}{\rho_{te}\sigma_{sq}}$ $= 1.1 - 0.65 \times \dfrac{2.51}{2.05\% \times 135.78}$ ≈ 0.514	$\psi = 1.1 - 0.65\dfrac{f_{tk}}{\rho_{te}\sigma_{sq}}$ $= 1.1 - 0.65 \times \dfrac{2.51}{1.76\% \times 158.41}$ ≈ 0.515
受拉区纵向钢筋的等效直径	$d_{eq} = 25mm$	
构件受力特征系数(轴心受拉)	$\alpha_{cr} = 2.7$	
钢筋的弹性模量	$E_s = 2.00 \times 10^5 N/mm^2$	
最大裂缝宽度	$\omega_{max} = \alpha_{cr}\psi\dfrac{\sigma_{sq}}{E_s}\left(1.9c_s + 0.08\dfrac{d_{eq}}{\rho_{te}}\right)$ $\approx 0.190mm < 0.20mm$	$\omega_{max} = \alpha_{cr}\psi\dfrac{\sigma_{sq}}{E_s}\left(1.9c_s + 0.08\dfrac{d_{eq}}{\rho_{te}}\right)$ $\approx 0.188mm < 0.20mm$

那么,是否可以将桩身纵向钢筋保护层取为 30mm、以减少抗拔桩桩身纵向钢筋数量呢?

《混凝土结构耐久性设计标准》GB/T 50476—2019 第 3.5.4 条规定,对裂缝宽度无特殊外观要求的,当保护层设计厚度超过 30mm 时,可将厚度取为 30mm 计算裂缝的最大宽度。其条文说明指出,表面裂缝最大宽度的计算值可根据国家现行标准《混凝土结构设计规范》GB 50010 或《公路钢筋混凝土及预应力混凝土桥涵设计规范》JTG 3362 的相关公式计算,后者给出的裂缝宽度与保护层厚度无关。研究表明,按照规范 GB 50010—2010 公式计算得到的最大裂缝宽度要比国内外其他规范的计算值大得多,而规定的裂缝宽度允许值却偏严。增大混凝土保护层厚度虽然会加大构件裂缝宽度的计算值,但实际上对保护钢筋减轻锈蚀十分有利,所以在《公路钢筋混凝土及预应力混凝土桥涵设计规范》JTG 3362—2018 中,不考虑保护层厚度对裂缝宽度计算值的影响。

《混凝土结构设计规范》GB 50010—2010(2015 年版)最大裂缝宽度计算公式为:

$$\omega_{max} = \alpha_{cr}\psi\dfrac{\sigma_{sq}}{E_s}\left(1.9c_s + 0.08\dfrac{d_{eq}}{\rho_{te}}\right) \tag{1-53}$$

式中:c_s 为最外层纵向受拉钢筋外边缘至受拉区底边的距离(mm),当 $c_s < 20$ 时,取 $c_s = 20$;当 $c_s > 65$ 时,取 $c_s = 65$。其余符号含义见《混凝土结构设计规范》GB 50010—2010(2015 年版)规定。

《公路钢筋混凝土及预应力混凝土桥涵设计规范》JTG 3362—2018 最大裂缝宽度计算公式为:

$$W_{cr} = C_1 C_2 C_3 \dfrac{\sigma_{ss}}{E_s}\left(\dfrac{c + d}{0.36 + 1.7\rho_{te}}\right) \tag{1-54}$$

式中：c 为最外排纵向受拉钢筋的混凝土保护层厚度（mm），当 $c > 50mm$ 时，取 50mm。其余符号含义详见《公路钢筋混凝土及预应力混凝土桥涵设计规范》JTG 3362—2018 规定。

很显然，《公路钢筋混凝土及预应力混凝土桥涵设计规范》JTG 3362—2018 最大裂缝计算宽度与钢筋保护层厚度有关。那为什么《混凝土结构耐久性设计标准》GB/T 50476—2019 第 3.5.4 条的条文说明指出，《公路钢筋混凝土及预应力混凝土桥涵设计规范》JTG 3362—2018 裂缝宽度与钢筋保护层厚度无关呢？

原来，《公路钢筋混凝土及预应力混凝土桥涵设计规范》JTG 3362—2018 之前的规范《公路钢筋混凝土及预应力混凝土桥涵设计规范》JTG D62—2004，最大裂缝宽度计算公式与钢筋保护层厚度无关，而是取为了定值 30mm。《公路钢筋混凝土及预应力混凝土桥涵设计规范》JTG D62—2004 最大裂缝计算宽度公式为：

$$W_{tk} = C_1 C_2 C_3 \frac{\sigma_{ss}}{E_s}\left(\frac{30+d}{0.28+10\rho}\right) \tag{1-55}$$

很显然，《混凝土结构耐久性设计标准》GB/T 50476—2019 没有注意到《公路钢筋混凝土及预应力混凝土桥涵设计规范》JTG 3362—2018 修订了《公路钢筋混凝土及预应力混凝土桥涵设计规范》JTG D62—2004 最大裂缝宽度的计算公式。

下面分别采用《公路钢筋混凝土及预应力混凝土桥涵设计规范》JTG D62—2004、《公路钢筋混凝土及预应力混凝土桥涵设计规范》JTG 3362—2018 的最大裂缝计算宽度，计算单桩抗拔承载力特征值 $R_b = 1400kN$ 工程桩的裂缝。JTG D62—2004、JTG 3362—2018 裂缝宽度公式的计算比较结果见表 1-28。

JTG D62—2004、JTG 3362—2018 裂缝宽度公式的计算比较 表 1-28

规范	JTG D62—2004	JTG 3362—2018
钢筋表面形状系数 C_1	1.0	
长期效应影响系数 C_2	$C_2 = 1 + 0.5\frac{N_1}{N_s} = 1.5$	
与构件受力性质有关的系数 C_3	1.2	
桩身纵向受力钢筋	21 Φ 25	
轴心受拉构件全部纵向钢筋截面面积 A_s	10311mm²	
纵向受拉钢筋应力 σ_{ss}	$\sigma_{ss} = \frac{N_s}{A_s} = \frac{1400}{10311} \times 1000 \approx 135.78(N/mm^2)$	
轴心受拉构件截面面积	$A_{te} = \frac{1}{4}\pi d^2 = \approx 502655(mm^2)$	
纵向受拉钢筋配筋率（纵向受拉钢筋的有效配筋率）	$\rho = \frac{0.5A_s}{A_{te}} = \frac{0.5 \times 10311}{502655} = 1.03\%$	$\rho_{te} = \frac{\beta A_s}{\pi(r^2 - r_1^2)} = 1.65\%$
纵向受拉钢筋直径	$d = 25mm$	
钢筋的弹性模量	$E_s = 2.00 \times 10^5 N/mm^2$	

续表

规范	JTG D62—2004	JTG 3362—2018
最外排纵向受拉钢筋的混凝土保护层厚度	—	$c = 55\text{mm} > 50\text{mm}$,取 $c = 50\text{mm}$
最大裂缝宽度	$W_{tk} = C_1 C_2 C_3 \dfrac{\sigma_{ss}}{E_s}\left(\dfrac{30+d}{0.28+10\rho}\right)$ $= 0.176\text{mm}$	$W_{cr} = C_1 C_2 C_3 \dfrac{\sigma_{ss}}{E_s}\left(\dfrac{c+d}{0.36+1.7\rho_{te}}\right)$ $= 0.236\text{mm}$

由表 1-28 可以看出,针对本算例,JTG 3362—2018 较 JTG D62—2004 计算的最大裂缝宽度要更大一些。JTG 3362—2018 计算出的最大裂缝宽度,甚至大于 GB 50010—2010(2015 年版)。

《混凝土结构耐久性设计标准》GB/T 50476—2019 第 3.5.4 条的条文说明指出,研究表明,按照规范 GB 50010 公式计算得到的最大裂缝宽度要比国内外其他规范的计算值大得多,而规定的裂缝宽度允许值却偏严。

GB 50010—2010 计算出的最大裂缝宽度是否远大于国内外其他规范? 文献 [14] 将收集整理的最大裂缝宽度实测值与各规范(《混凝土结构设计规范》GB 50010—2002、《混凝土结构设计规范》GB 50010—2010、《公路钢筋混凝土及预应力混凝土桥涵设计规范》JTG D62—2004、《水工混凝土结构设计规范》SL 191—2008、美国混凝土规范 ACI 318—95、ACI 318—11、欧洲混凝土规范 EN 1992-1-1:2004)公式计算值进行比较,各规范裂缝宽度公式的计算精度比较见表 1-29。

各规范裂缝宽度公式的计算精度比较　　　　　　　　　　　　表 1-29

类别			GB 50010—2002	GB 50010—2010	JTG D62—2004	SL 191—2008	ACI 318—95	ACI 318—11	EN 1992-1-1:2004
普通钢筋梁	背景资料	μ	0.980	1.083	1.033	1.164	1.318	1.434	1.078
		δ	0.232	0.232	0.250	0.279	0.271	0.273	0.269
	近期资料	μ	0.895	0.990	1.020	0.926	0.976	1.171	0.830
		δ	0.220	0.220	0.273	0.249	0.235	0.218	0.238
	全部	μ	0.924	1.021	1.024	1.006	1.091	1.260	0.913
		δ	0.228	0.228	0.265	0.287	0.295	0.263	0.285
400MPa 钢筋梁		μ	0.896	0.990	0.980	1.012	1.120	1.224	0.970
		δ	0.212	0.212	0.273	0.245	0.248	0.209	0.199
500MPa 钢筋梁		μ	0.787	0.870	1.023	0.994	1.014	1.152	0.831
		δ	0.256	0.256	0.238	0.228	0.288	0.245	0.269
所有梁		μ	0.855	0.945	1.017	1.001	1.059	1.203	0.883
		δ	0.249	0.249	0.254	0.254	0.287	0.251	0.271
大保护层梁		μ	0.792	0.876	1.136	0.880	0.898	0.979	0.727
		δ	0.259	0.259	0.270	0.242	0.240	0.256	0.241

注:1. μ 为最大裂缝宽度实测值与各规范公式计算值比值的均值;

2. δ 为最大裂缝宽度实测值与各规范公式计算值比值的变异系数。

从表 1-29 中可看出：

（1）对于背景资料，规范 GB 50010—2002 的计算值和实测值吻合最好。这是由于该规范的最大裂缝宽度计算公式主要是基于文献 [15] 中早期配置 235MPa 光圆钢筋和 335MPa 带肋钢筋混凝土梁的试验资料建立的，当时高强钢筋还未推广应用，钢筋强度普遍都较低，混凝土保护层厚度也较小，因而对这些早期试验数据，该规范的计算精度较好。对于背景资料，两本美国规范的计算精度都很差，计算值和实测值的偏差为 30%～45%。

（2）随着钢筋强度提高，规范 GB 50010—2002 和规范 GB 50010—2010 的计算精度均逐渐降低。众所周知，采用高强钢筋后，意味着正常使用状态下的钢筋应力提高，裂缝宽度将增大，很可能无法满足裂缝宽度限值要求，使得高强钢筋的强度难以充分发挥。为解决高强钢筋在应用中受到裂缝宽度限制的问题，规范 GB 50010—2010 主要从两个方面对规范 GB 50010—2002 进行了修订，一方面将钢筋应力 σ_s 从按荷载效应标准组合计算改为按荷载效应准永久组合计算，另一方面将构件的受力特征系数 α_{cr} 从 2.1 降低到 1.9。经过这样调整后，规范 GB 50010—2010 的计算精度明显比规范 GB 50010—2002 要高。

（3）对普通钢筋混凝土梁和 400MPa 钢筋混凝土梁，规范 GB 50010—2010 的计算精度较好，优于其他各规范；但对 500MPa 钢筋混凝土梁，该规范的计算值仍比实测值偏大较多，偏差接近 15%，这对我国现阶段要大力推广应用 500MPa 高强钢筋这一现实需求是较为不利的。

（4）对 400MPa 和 500MPa 钢筋混凝土梁，《水工混凝土结构设计规范》SL 191—2008 的计算精度较好，尤其对 500MPa 钢筋混凝土梁，最大裂缝宽度的计算值和实测值是吻合最好的，但该规范对背景资料的适用性不够理想。对 500MPa 钢筋混凝土梁，规范 JTG D62—2004 计算的最大裂缝宽度和实测值也吻合较好；对大部分钢筋混凝土梁，该规范计算的最大裂缝宽度离散性偏高。

GB 50010—2010 裂缝宽度限值是否偏严格？文献 [16] 将国内外混凝土设计规范（《混凝土结构设计规范》GB 50010—2010、《水工混凝土结构设计规范》DL/T5057—2009、《水运工程混凝土结构设计规范》JTS 151—2011、美国混凝土规范 ACI 318—11、欧洲混凝土规范 EN 1992-1-1：2004、英国规范 BS 8110—97、苏联规范 Ⅱ-780-83《水工建筑物钢衬钢筋混凝土结构设计参考资料》）裂缝控制标准安全度设置水平的主要控制因素列表见表 1-30。

国内外混凝土设计规范裂缝控制标准安全度设置水平的主要控制因素　　　　表 1-30

规范	荷载组合	是否考虑长期作用影响	短期裂缝宽度计算值的保证率	最大裂缝宽度限值（mm）	
				潮湿大气环境	氯离子侵蚀环境
GB 50010—2010	准永久组合	考虑	95%	0.2	0.2
DL/T5057—2009	标准组合	考虑	95%	0.3	0.2(0.15)[1]
SL 191—2008	标准组合	考虑	略低于 95%	0.3	0.2(0.15)[1]
JTJ 151—2011	准永久组合	考虑	未明确给出	0.4(0.25)[2]	0.25(0.2)[3]
Ⅱ-780-83	标准组合	考虑	未明确给出	0.3[4]	0.05[4]
EN 1992-1-1：2004	准永久组合	考虑	未明确给出	0.4	0.3

续表

规范	荷载组合	是否考虑长期作用影响	短期裂缝宽度计算值的保证率	最大裂缝宽度限值（mm）	
				潮湿大气环境	氯离子侵蚀环境
ACI 318—11	标准组合	不考虑	未明确给出	0.40～0.55	需专门研究
BS 8110—97	标准组合	考虑	80%	0.3	0.3

注：1. 括号外数值对应的是海上大气区、海水水位变动区、轻度盐雾作用区、中等腐蚀环境；括号内数值对应的是海水浪溅区及重度盐雾作用区、使用除冰盐的环境、强腐蚀环境；
2. 括号外数值对应的是水下区，括号内数值对应的是淡水港水上区以及水位变动区；
3. 括号外数值对应的是海水港水位变动区，括号内数值对应的是海水港大气区及浪溅区；
4. 该限值为Ⅱ-780-83中关于Ⅰ级建筑物的裂缝宽度限值，对于Ⅱ、Ⅲ、Ⅳ级建筑物，按表中裂缝宽度限值分别乘以系数1.6、1.6、2.0，同时最大裂缝宽度限值不应超过0.5mm。

从表1-30中可以看出，《混凝土结构设计规范》GB 50010—2010最大裂缝宽度限值确实偏于严格。但是《公路钢筋混凝土及预应力混凝土桥涵设计规范》JTG 3362—2018最大裂缝宽度限值（表1-31）甚至比《混凝土结构设计规范》GB 50010—2010更加严格。

《公路钢筋混凝土及预应力混凝土桥涵设计规范》JTG 3362—2018最大裂缝宽度限值　　表1-31

环境类别	最大裂缝宽度限值（mm）	
	钢筋混凝土构件、采用预应力螺纹钢筋的B类预应力混凝土构件	采用钢丝或钢绞线的B类预应力混凝土构件
Ⅰ类——一般环境	0.20	0.10
Ⅱ类——冻融环境	0.20	0.10
Ⅲ类——近海或海洋氯化物环境	0.15	0.10
Ⅳ类——除冰盐等其他氯化物环境	0.15	0.10
Ⅴ类——盐结晶环境	0.10	禁止使用
Ⅵ类——化学腐蚀环境	0.15	0.10
Ⅶ类——磨蚀环境	0.20	0.10

综上，在进行抗拔桩设计时，不能执行《混凝土结构耐久性设计标准》GB/T 50476—2019"保护层厚度大于30mm，按照30mm计算裂缝"的规定，而是应该按照《混凝土结构设计规范》GB 50010—2010（2015年版）最大裂缝宽度公式进行最大裂缝宽度的计算。

1.10 框架-核心筒结构，内筒对筏板冲切计算时，内筒下筏板冲切破坏锥体内的基底净反力设计值，是取平均反力还是有限元反力？

《建筑地基基础设计规范》GB 50007—2011规定，平板式筏基内筒冲切验算，相应于作用的基本组合时的冲切力，为内筒所承受的轴力设计值减去内筒下筏板冲切破坏锥体内的基底净反力设计值。基底净反力设计值，PKPM软件可取筏板下平均净反力，也可以取筏板下有限元反力[图1-50（a）]；YJK软件取筏板下有限元反力[图1-50（b）]。

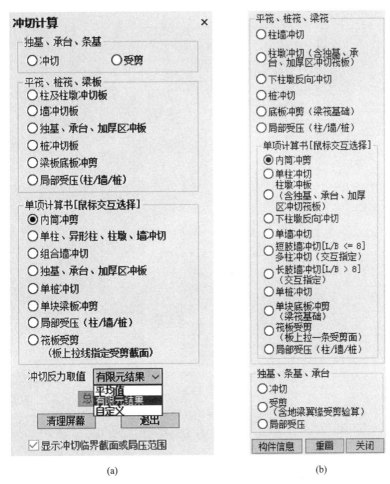

图 1-50　计算软件内筒冲剪验算参数
（a）PKPM 软件内筒冲剪验算参数；（b）YJK 软件内筒冲剪验算参数

框架-核心筒结构，筏形基础基底净反力分布见图 1-51。当采用文克尔模型时，其基底有限元净反力见图 1-51（a）；图 1-51（b）为基底平均净反力。由图 1-51 可以看出，当采用文克尔模型时，核心筒下基底净反力远大于核心筒外基底净反力。因此，内筒对筏板冲切计算时，内筒下筏板冲切破坏锥体内的基底净反力取值，有限元结果大于平均值结果。内筒冲切力，冲切反力取有限元结果小于取平均值结果，取有限元结果内筒下筏板厚度，小于取平均值结果内筒下筏板厚度。

以某框架-核心筒酒店为例，采用 PKPM 软件计算核心筒下筏板冲切。筏板厚度 2300mm，混凝土强度等级 C40。PKPM 软件筏形基础内筒冲切计算结果（筏板厚度 $h=2300\text{mm}$）见图 1-52。

由图 1-52 可以看出，冲切反力取平均值结果时，内筒对筏板的冲切不满足计算要求；冲切反力取有限元结果时，内筒对筏板的冲切满足计算要求。将筏板厚度增加到 2600mm，冲切反力取平均值结果时，内筒对筏板的冲切才能满足计算要求；冲切反力取有限元结果时，内筒对筏板的冲切更能满足计算要求，PKPM 软件筏形基础内筒冲切计算结果（筏板厚度 $h=2600\text{mm}$）见图 1-53。

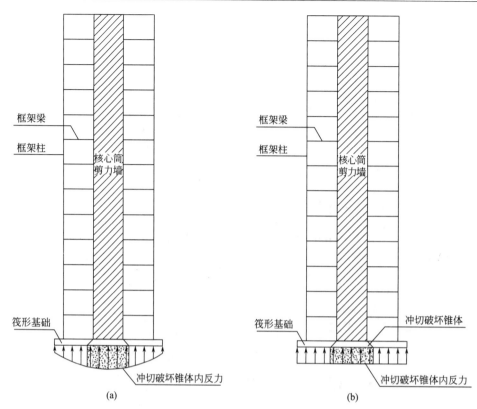

图 1-51　筏形基础基底净反力分布

（a）基底有限元净反力；（b）基底平均净反力

```
+-------------------------------------------------------------------+
+                    JCCAD 计 算 结 果 文 件                         +
+                                                                   +
+              工程名称:                                            +
+              计算日期:    2022- 7-12                              +
+              计算时间:    17:40:16                                +
+              计算内容:    平板基础的内筒进行抗冲切和抗剪计算       +
+-------------------------------------------------------------------+
```

一、基本说明
　　1. 本结果是对平板基础的内筒进行抗冲切和抗剪计算
　　2. 计算依据是GB50007-2011的8.4.8和8.4.10
　　3. 内筒外边界由程序使用者指定

二、几何信息
筏板参数:
　　筏板厚度 h=2300.㎜　　　　　保护层厚度 a0=　50.㎜
　　截面有效高度 h0=2250.㎜　　混凝土强度等级 C40.0

三、验算结果
平板基础的内筒抗冲切验算:
　　最大荷载组合 load: 33　SATWE基本组合:1.30*恒+1.50*活-0.90*风y

　　筏板内荷载=　749473.9 kN　筏板底面积=　1836.090m2　平均基底反力(计算)= 408.2kPa

　　内筒最大荷载 Nmax=　　320058.8kN　　破坏面平均周长 Um=　69.700m
　　冲切锥体底面积=　383.955 m2　冲切力Fl=　　163332.1kN
　　　　Fl/Um*h0=1041.4927>0.7*Bhp*ft/ita=862.0649
　　冲切安全系数 R/S: 0.83

（a）

图 1-52　PKPM 软件筏形基础内筒冲切计算结果（筏板厚度 $h=2300mm$）（一）

（a）冲切反力取平均值结果

```
+-------------------------------------------------------------------+
+            JCCAD 计 算 结 果 文 件                                +
+                                                                   +
+                 工程名称：                                        +
+                 计算日期：   2022- 7-12                           +
+                 计算时间：   17:39:10                             +
+                 计算内容：   平板基础的内筒进行抗冲切和抗剪计算结果  +
+-------------------------------------------------------------------+
一、基本说明
   1. 本结果是对平板基础的内筒进行抗冲切和抗剪计算
   2. 计算依据是GB50007-2011的8.4.8和8.4.10
   3. 内筒外边界由程序使用者指定

二、几何信息
筏板参数：
   筏板厚度 h=2300.mm          保护层厚度 a0=  50.mm
   截面有效高度 h0=2250.mm     混凝土强度等级 C40.0

三、验算结果
平板基础的内筒抗冲切验算：
   最大荷载组合 load: 33  SATWE基本组合:1.30*恒+1.50*活-0.90*风y

   平均基底反力(有限元结果)= 547.3kPa

   内筒最大荷载 Nmax=    320058.8kN     破坏面平均周长 Um=  69.700m
   冲切锥体底面积=    383.955 m2  冲切力Fl=     132363.6kN
        Fl/Um*h0=844.0211<0.7*Bhp*ft/ita=862.0649
   冲切安全系数 R/S= 1.02
```

(b)

图 1-52　PKPM 软件筏形基础内筒冲切计算结果（筏板厚度 $h=2300$mm）（二）

（b）冲切反力取有限元结果

```
+-------------------------------------------------------------------+
+            JCCAD 计 算 结 果 文 件                                +
+                                                                   +
+                 工程名称：                                        +
+                 计算日期：   2022- 7-12                           +
+                 计算时间：   17:36:51                             +
+                 计算内容：   平板基础的内筒进行抗冲切和抗剪计算结果  +
+-------------------------------------------------------------------+
一、基本说明
   1. 本结果是对平板基础的内筒进行抗冲切和抗剪计算
   2. 计算依据是GB50007-2011的8.4.8和8.4.10
   3. 内筒外边界由程序使用者指定

二、几何信息
筏板参数：
   筏板厚度 h=2600.mm          保护层厚度 a0=  50.mm
   截面有效高度 h0=2550.mm     混凝土强度等级 C40.0

三、验算结果
平板基础的内筒抗冲切验算：
   最大荷载组合 load: 33  SATWE基本组合:1.30*恒+1.50*活-0.90*风y

   筏板内荷载=  749473.9 kN  筏板底面积=   1836.090m2  平均基底反力(计算)= 408.2kPa

   内筒最大荷载 Nmax=    320058.8kN        破坏面平均周长 Um=  70.900m
   冲切锥体底面积=    407.925 m2  冲切力Fl=     153547.8kN
        Fl/Um*h0=849.2921<0.7*Bhp*ft/ita=862.0649
   冲切安全系数 R/S= 1.02
```

(a)

图 1-53　PKPM 软件筏形基础内筒冲切计算结果（筏板厚度 $h=2600$mm）（一）

（a）冲切反力取平均值结果

```
+--------------------------------------------------------------+
+                                                              +
+                  JCCAD 计 算 结 果 文 件                      +
+                                                              +
+          工程名称：                                          +
+          计算日期：  2022- 7-12                              +
+          计算时间：  17:37:53                                +
+          计算内容：  平板基础的内筒进行抗冲切和抗剪计算结果  +
+--------------------------------------------------------------+
```
一、基本说明
1. 本结果是对平板基础的内筒进行抗冲切和抗剪计算
2. 计算依据是GB50007-2011的8.4.8和8.4.10
3. 内筒外边界由程序使用者指定

二、几何信息
筏板参数：
　筏板厚度 h=2600.mm　　　　保护层厚度 a0= 50.mm
　截面有效高度 h0=2550.mm　 混凝土强度等级 C40.0

三、验算结果
平板基础的内筒抗冲切验算：
　最大荷载组合 load: 33 SATWE基本组合:1.30*恒+1.50*活-0.90*风y

　平均基底反力(有限元结果)= 543.5kPa

　内筒最大荷载 Nmax=　　320058.8kN　　破坏面平均周长 Um= 70.900m
　冲切锥体底面积=　407.925 m2　冲切力F1=　124644.9kN
　　　F1/Um*h0=689.4266<0.7*Bhp*ft/ita=862.0649
　冲切安全系数 R/S= 1.25

(b)

图 1-53　PKPM软件筏形基础内筒冲切计算结果（筏板厚度 $h=2600mm$）（二）

（b）冲切反力取有限元结果

　　筏板厚度2300mm、2600mm，冲切反力分别取平均值、有限元结果时，内筒对筏板冲切计算结果见表1-32。

内筒对筏板冲切计算结果　　　　　　　　　　　　　　表 1-32

筏板厚度(mm)	冲切反力取值方法	破坏锥体内的基底净反力计算			内筒轴力设计值(kN)	冲切力 F_1(kN)	冲切抗力 $0.7\beta_{hp}f_t u_m h_0/\eta$ (kN)	冲切抗力/冲切力
		基底土压力(kPa)	冲切锥体底面积(m²)	破坏锥体内的基底净反力(kN)				
2300	平均值	408.2	383.96	156730.43	320058.8	163332.1	135158.06	0.83
	有限元值	547.3		188063.61[1]		131995.19		1.02
2600	平均值	408.2	407.93	166514.99		153547.8	155816.36	1.02
	有限元值	543.5		195194.51[1]		124864.3		1.25

注：（1）当采用平均值方法时，平均反力就是净反力，无需扣除筏板自重，因为软件输出的平均反力是直接用上部总荷载除以筏板总面积得到的，没有考虑筏板自重；当采用有限元方法计算时，破坏锥体内的基底净反力应扣除筏板自重。因此采用有限元方法计算，筏板厚度为2300mm时，破坏锥体内的基底净反力为（547.3－25×2.3）×383.96=188063.61（kN）；筏板厚度为2600mm时，破坏锥体内的基底净反力为（543.5－25×2.6）×407.93=195194.51（kN）。

　　从表1-32可以很明显看出，冲切反力取有限元值时，内筒破坏锥体内的基底净反力更大、冲切力更小、更小的筏板厚度就可以满足内筒冲切计算的要求。内筒对筏板冲切计算时，内筒下筏板冲切破坏锥体内的基底净反力设计值，能否采用有限元反力？

（1）采用文克尔模型时基底有限元净反力，是否为基底实际反力？

中国职工对外交流中心工程为单塔楼大底盘高层建筑，主楼地上 25 层，裙房地上 7 层、局部地上 3 层，主裙楼大底盘基础地下室 3 层。建筑高度 98.00m，裙房高度 28.00m，基础埋深－18.26m，±0.000 相对绝对高程为 46.85m。主楼为框架-核心筒结构；裙楼地下为框架-剪力墙结构，地上为钢结构；基础形式为天然地基下平板式整体筏形基础。本项目共布置钢弦式压力盒 54 个，分别布置于塔楼下以及塔楼周边 1～3 跨裙楼的柱节点或跨中位置，塔楼下布置压力盒 44 个，裙楼下布置压力盒 10 个。基底反力测试曲线见图 1-54[17]、[18]、[19]。

由图 1-54 可以看出，框架-核心筒结构下的筏形基础，核心筒下地基反力与核心筒外地基反力值非常接近（横向地基反力 415～432kPa，纵向地基反力 420～435kPa），并没有出现核心筒下地基反力远大于核心筒外地基反力的情况。

本项目筏板厚度较厚（2200mm），筏板刚度可以协调核心筒与框架柱内力，使核心筒下与核心筒外基底反力数值接近。

（2）没有计算机有限元的年代，筏形基础一般按照倒楼盖模型计算，筏板厚度较厚。基底反力只能按照平均反力（上部总荷载/基底面积）取，不可能取有限元计算的地基反力。

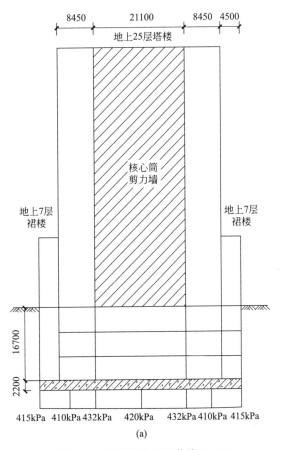

图 1-54　地基反力测试曲线（一）

（a）横向地基反力测试曲线

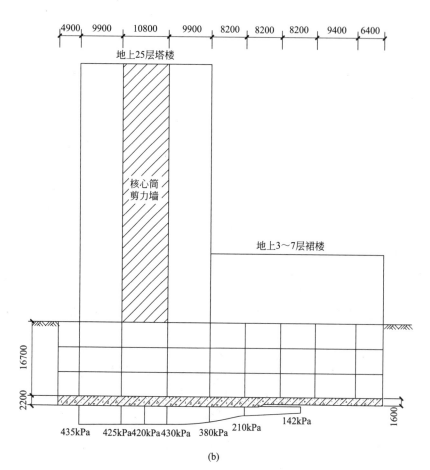

图 1-54　地基反力测试曲线（二）

（b）纵向地基反力测试曲线

（3）有了计算机有限元的年代，如果考虑经济性，基底反力可以取有限元计算的反力。但是因为有限元计算的地基反力与很多因素相关（基床系数、地基土的均匀性），因此在重要项目计算筏板冲切时，应作多方面的考虑。

（4）《建筑桩基技术规范》JGJ 94—2008 第 5.9.7 条规定，核心筒对其下桩筏基础冲切时，在荷载效应基本组合下作用于冲切破坏锥体上的冲切力设计值如式（1-56）所示：

$$F_1 = F - \sum Q_i \tag{1-56}$$

式中，F_1 ——不计承台及其上土重，在荷载效应基本组合下作用于冲切破坏锥体上的冲切力设计值；

F ——不计承台及其上土重，在荷载效应基本组合作用下核心筒底的竖向荷载设计值；

$\sum Q_i$ ——不计承台及其上土重，在荷载效应基本组合下冲切破坏锥体内各基桩的反力设计值之和。

其中，冲切破坏锥体内各基桩的反力设计值 Q_i，可以取冲切破坏锥体内各基桩反力的平均值（核心筒轴力设计值/桩数），也可以取有限元计算的各基桩反力设计值。一般来说，核心筒下基桩反力设计值，有限元计算的结果大于平均值结果。

1.11　平板式筏形基础的柱墩如何设计？

《建筑地基基础设计规范》GB 50007—2011 第 8.4.7 条规定，当柱荷载较大，等厚度筏板的受冲切承载力不能满足要求时，可在筏板上面增设柱墩或在筏板下局部增加板厚或采用抗冲切钢筋等措施满足受冲切承载能力要求。

筏板上面增设柱墩即筏板上柱墩，筏板下局部增加板厚即筏板下柱墩。关于筏形基础柱墩设计，有以下几个问题需要讨论：

(1) 满足柱对柱墩冲切计算要求，为什么筏板上柱墩尺寸比筏板下柱墩尺寸小？

柱对柱墩冲切计算应满足式（1-57）：

$$\frac{F_1}{u_m h_0} + \alpha_s \frac{M_{unb} c_{AB}}{I_s} \leqslant 0.7(0.4 + 1.2/\beta_s)\beta_{hp} f_t \tag{1-57}$$

式中：F_1——相应于作用的基本组合时的冲切力（kN），对内柱取轴力设计值减去筏板冲切破坏锥体内的基底净反力设计值；对边柱和角柱，取轴力设计值减去筏板冲切临界截面范围内的基底净反力设计值；

u_m——距柱边缘不小于 $h_0/2$ 处冲切临界截面的最小周长（m）；

h_0——筏板的有效高度（m）；

其余参数意义详见《建筑地基基础设计规范》GB 50007—2011 第 8.4.7 条。

以图 1-55 柱对柱墩冲切计算示意图为例，如果忽略作用在冲切临界截面重心上的不平衡弯矩设计值 M_{unb}。对比图 1-55（a）下柱墩与图 1-55（b）上柱墩，两者冲切临界截面的最小周长 u_m 相同，筏板的有效高度 h_0 相同，冲切锥体范围内的基底净反力设计值基本相同、冲切力 F_1 基本相同，因此图 1-55（a）下柱墩与图 1-56（b）上柱墩冲切计算结果基本相同。但是很明显，图 1-55（a）下柱墩平面尺寸为 2500mm×2500mm，而图 1-55（b）上柱墩平面尺寸仅为 1300mm×1300mm，远小于下柱墩的平面尺寸 2500mm×2500mm。

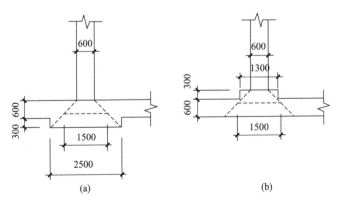

图 1-55　柱对柱墩冲切计算示意图
(a) 下柱墩；(b) 上柱墩

但是，对于柱墩的冲切计算，仅计算柱对柱墩的冲切是不够的。对于下柱墩，还需要验算下柱墩对母筏板反向冲切，此时冲切锥体范围内反力为柱底轴力及此范围内筏板荷载［图 1-56（a）］；对于上柱墩，还需要验算上柱墩对母筏板冲切［图 1-56（b）］。PKPM和 YJK 软件也进行了柱墩对母筏板冲切计算。

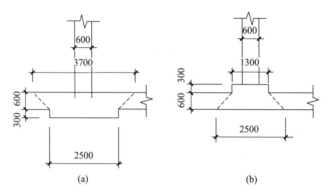

图 1-56　柱墩对母筏板冲切计算示意图
（a）下柱墩；（b）上柱墩

（2）刚性柱墩、柔性柱墩有什么区别？

刚性柱墩（图 1-57）指柱墩尺寸涵盖于冲切破坏锥体以内。需要注意的是刚性柱墩的厚度对于冲切没有帮助，工程设计的时候，应该尽量避免出现刚性柱墩。

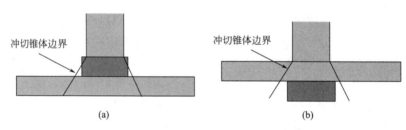

图 1-57　刚性柱墩
（a）上柱墩；（b）下柱墩

柔性柱墩（图 1-58）指柱墩尺寸大于冲切破坏锥体，柱墩的厚度在冲切计算的时候起作用，能实现提高抗冲切能力的效果。

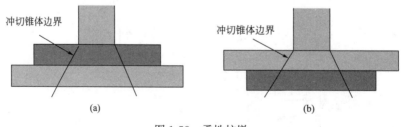

图 1-58　柔性柱墩
（a）上柱墩；（b）下柱墩

值得说明的是，对于刚性上柱墩，冲切的时候冲切构件由柱子变成柱墩，尽管冲切厚度没有改变，都是有效筏板厚，但因为冲切范围扩大了，冲切范围内地基净反力变大，上部荷载不变的情况下，冲切力会减小。所以，对于刚性上柱墩，尽管冲切有效厚度没有增大（还是有效板厚），但冲切安全系数会提高，刚性上柱墩冲切计算示意图如图 1-59 所示。

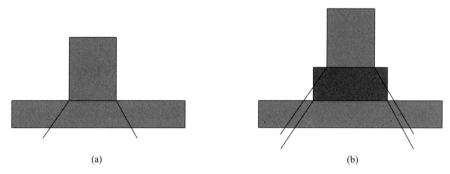

图 1-59　刚性上柱墩冲切计算示意图

（a）不加柱墩；（b）加刚性柱墩

（3）柔性上柱墩，加大柱墩平面尺寸是否有用？

柔性上柱墩，加大柱墩平面尺寸，冲切临界截面的最小周长 u_m 不变、筏板的有效高度 h_0 也不变，因此柔性上柱墩加大柱墩平面尺寸，对柱冲切柱墩没有帮助。以图 1-60（a）为例，上柱墩平面尺寸由 1300mm×1300mm 增大为 1900mm×1900mm，冲切临界截面的最小周长 u_m 不变、筏板的有效高度 h_0 也不变，因此柱冲切柱墩计算结果不会有变化。

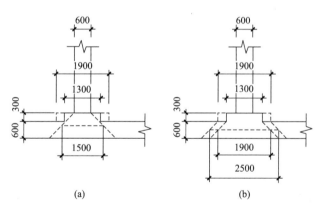

图 1-60　柔性上柱墩冲切计算示意图

（a）柱冲切柱墩；（b）柱墩冲切母筏板

但是加大柱墩平面尺寸，对柱墩冲切母筏板有帮助。虽然筏板的有效高度 h_0 不变，但是冲切临界截面的最小周长 u_m 变大，且冲切锥体范围面积变大、冲切锥体范围内地基反力变大、冲切力变小［图 1-60（b）］。

（4）对于筏形基础而言，柱底范围内筏板的基底反力较大，远离柱底范围基底反力很小。能否将柔性下柱墩做到比母筏板厚很多？

以图 1-61 下柱墩冲切计算示意图为例，母筏板厚度为 600mm，下柱墩高度为 1300mm，因柱下筏板总高厚度为 1900mm，柱对柱墩的冲切计算示意图见图 1-61（a）。

相比于柱墩 1900mm 高度而言，600mm 厚母筏板显得过薄，因此很可能出现下柱墩

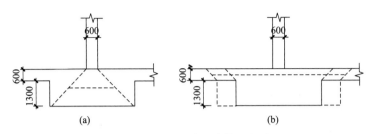

图 1-61　下柱墩冲切计算示意图

（a）柱冲切柱墩；（b）柱墩冲切母筏板

反向冲切母筏板不满足的情况。此时，可以增大下柱墩平面尺寸，虽然筏板的有效高度 h_0 不变，但是冲切临界截面的最小周长 u_m 变大，且冲切锥体范围内底板的荷载也略有增大、冲切力略有减少，对下柱墩反向冲切母筏板有帮助。

但是扩大下柱墩平面尺寸来满足下柱墩反向冲切母筏板的做法，非常不经济。比较极端情况就是扩大下柱墩平面尺寸，直至两相邻柱的下柱墩连在一起，增大下柱墩平面尺寸满足下柱墩冲切母筏板计算示意图见图 1-62。根据以往工程经验，一般下柱墩突出的厚度 $H_2 \leqslant$ 母筏板的厚度 H_1 较为经济。举例来说，计算下柱墩满足冲切要求的厚度为 2m，那么母筏板厚度不小于 1m 为宜。

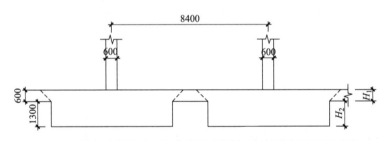

图 1-62　增大下柱墩平面尺寸满足下柱墩冲切母筏板计算示意图

采用 YJK 软件，计算图 1-61 中柱对柱墩冲切、柱墩对母筏板冲切，下柱墩平面尺寸 4500mm×4500mm，母筏板厚 600mm、柱墩厚 1300mm。YJK 软件计算下柱墩冲切结果见图 1-63，冲切计算满足要求。但是下柱墩对母筏板冲切计算不满足要求［图 1-63（b）］。将下柱墩平面尺寸改为 6000mm×6000mm，下柱墩对母筏板冲切计算才能满足要求［图 1-63（c）］，但是柱距为 8400mm，下柱墩平面尺寸为 6000mm×6000mm 显然非常不经济。

（5）独立基础＋防水板、筏板＋下柱墩，这两种基础形式如何选择？

独立基础＋防水板、筏板＋下柱墩是两种比较常见的基础形式。

独立基础＋防水板［图 1-64（a）］，独立基础承担上部结构所有荷载、防水板不需要承担上部结构荷载。因此，仅独立基础下有地基土反力，而防水板下无地基土反力。为了保证防水板不需要承担上部结构荷载、防水板下无地基土反力，需要在防水板下铺设聚苯板或焦渣等软垫层。软垫层的作用是避免或减少由于独立基础沉降造成防水板根部受力增加，其前提条件是防水板不分担独立基础承担的上部结构荷载。对于软垫层的设置要求，《建筑工程抗浮技术标准》JGJ 476—2019 第 7.2.5 条规定，抗浮板不分担上部结构荷载

验算结果

```
*----------------------------------------------------------------------*
* 以下输出临界截面周边各角点上的剪应力验算结果                          *
* POINT:       点号                                                     *
* Comb:        最不利组合号                                             *
* FL:          相应于最不利组合的冲切力(kN)                             *
* Munb, x:     绕x轴不平衡弯矩设计值(kN-m)                               *
* Munb, y:     绕y轴不平衡弯矩设计值(kN-m)                               *
* um:          冲切临界截面1/2h0处的周长(mm)                             *
* h0:          冲切锥体的有效高度(mm)                                    *
* αsx, αsy:    x向和y向不平衡弯矩通过偏心剪力来传递的分配系数             *
* cABx, cABy:  冲切临界截面重心至验算点的距离(mm)                         *
* Isx, Isy:    冲切临界截面对其重心g的极惯性矩(m4)                        *
* βs:          等效矩形柱长边与短边的比值                                *
* βhp:         截面高度影响系数                                          *
* ft:          混凝土轴心抗拉强度设计值(MPa)                             *
* ftk:         混凝土轴心抗拉强度标准值(MPa)                             *
* R/S:         冲切安全系数,小于1.0时不满足要求                          *
*              当有剪力墙横跨冲切面时,不验算冲切,R/S输出50.00            *
*----------------------------------------------------------------------*
```

POINT	Comb	FL	Munb, x	Munb, y	um	h0	αsx	αsy	cABx	cABy	Isx	Isy	βs	βhp	ft(k)	R/S	验算结果
1	(3)	17917.9	-0.0	1.8	9800	1850	0.40	0.40	1225	1225	20.7230	20.7230	2.00	0.91	1.71	1.10	满足
2	(3)	17917.9	-0.0	1.8	9800	1850	0.40	0.40	-1225	1225	20.7230	20.7230	2.00	0.91	1.71	1.10	满足
3	(3)	17917.9	-0.0	1.8	9800	1850	0.40	0.40	-1225	-1225	20.7230	20.7230	2.00	0.91	1.71	1.10	满足
4	(3)	17917.9	-0.0	1.8	9800	1850	0.40	0.40	1225	-1225	20.7230	20.7230	2.00	0.91	1.71	1.10	满足

(a)

验算结果

```
*----------------------------------------------------------------------*
* 以下输出临界截面周边各角点上的剪应力验算结果                          *
* POINT:       点号                                                     *
* Comb:        最不利组合号                                             *
* FL:          相应于最不利组合的冲切力(kN)                             *
* Munb, x:     绕x轴不平衡弯矩设计值(kN-m)                               *
* Munb, y:     绕y轴不平衡弯矩设计值(kN-m)                               *
* um:          冲切临界截面1/2h0处的周长(mm)                             *
* h0:          冲切锥体的有效高度(mm)                                    *
* αsx, αsy:    x向和y向不平衡弯矩通过偏心剪力来传递的分配系数             *
* cABx, cABy:  冲切临界截面重心至验算点的距离(mm)                         *
* Isx, Isy:    冲切临界截面对其重心g的极惯性矩(m4)                        *
* βs:          等效矩形柱长边与短边的比值                                *
* βhp:         截面高度影响系数                                          *
* ft:          混凝土轴心抗拉强度设计值(MPa)                             *
* ftk:         混凝土轴心抗拉强度标准值(MPa)                             *
* R/S:         冲切安全系数,小于1.0时不满足要求                          *
*              当有剪力墙横跨冲切面时,不验算冲切,R/S输出50.00            *
*----------------------------------------------------------------------*
```

POINT	Comb	FL	Munb, x	Munb, y	um	h0	αsx	αsy	cABx	cABy	Isx	Isy	βs	βhp	ft(k)	R/S	验算结果
1	(3)	17393.1	-0.0	1.8	15800	550	0.40	0.40	1975	1975	22.7072	22.7072	2.00	1.00	1.71	0.60	不满足
2	(3)	17393.1	-0.0	1.8	15800	550	0.40	0.40	-1975	1975	22.7072	22.7072	2.00	1.00	1.71	0.60	不满足
3	(3)	17393.1	-0.0	1.8	15800	550	0.40	0.40	-1975	-1975	22.7072	22.7072	2.00	1.00	1.71	0.60	不满足
4	(3)	17393.1	-0.0	1.8	15800	550	0.40	0.40	1975	-1975	22.7072	22.7072	2.00	1.00	1.71	0.60	不满足

(b)

验算结果

```
*----------------------------------------------------------------------*
* 以下输出临界截面周边各角点上的剪应力验算结果                          *
* POINT:       点号                                                     *
* Comb:        最不利组合号                                             *
* FL:          相应于最不利组合的冲切力(kN)                             *
* Munb, x:     绕x轴不平衡弯矩设计值(kN-m)                               *
* Munb, y:     绕y轴不平衡弯矩设计值(kN-m)                               *
* um:          冲切临界截面1/2h0处的周长(mm)                             *
* h0:          冲切锥体的有效高度(mm)                                    *
* αsx, αsy:    x向和y向不平衡弯矩通过偏心剪力来传递的分配系数             *
* cABx, cABy:  冲切临界截面重心至验算点的距离(mm)                         *
* Isx, Isy:    冲切临界截面对其重心g的极惯性矩(m4)                        *
* βs:          等效矩形柱长边与短边的比值                                *
* βhp:         截面高度影响系数                                          *
* ft:          混凝土轴心抗拉强度设计值(MPa)                             *
* ftk:         混凝土轴心抗拉强度标准值(MPa)                             *
* R/S:         冲切安全系数,小于1.0时不满足要求                          *
*              当有剪力墙横跨冲切面时,不验算冲切,R/S输出50.00            *
*----------------------------------------------------------------------*
```

POINT	Comb	FL	Munb, x	Munb, y	um	h0	αsx	αsy	cABx	cABy	Isx	Isy	βs	βhp	ft(k)	R/S	验算结果
1	(3)	14035.8	-1.7	1.7	21800	550	0.40	0.40	2725	2725	59.5066	59.5066	2.00	1.00	1.71	1.02	满足
2	(3)	14035.8	-1.7	1.7	21800	550	0.40	0.40	-2725	2725	59.5066	59.5066	2.00	1.00	1.71	1.02	满足
3	(3)	14035.8	-1.7	1.7	21800	550	0.40	0.40	-2725	-2725	59.5066	59.5066	2.00	1.00	1.71	1.02	满足
4	(3)	14035.8	-1.7	1.7	21800	550	0.40	0.40	2725	-2725	59.5066	59.5066	2.00	1.00	1.71	1.02	满足

(c)

图 1-63　YJK 软件计算下柱墩冲切结果

(a) 柱对柱墩冲切计算结果；(b) 下柱墩对母筏板冲切计算结果（下柱墩平面尺寸 4500mm×4500mm）；

(c) 下柱墩对母筏板冲切计算结果（下柱墩平面尺寸 6000mm×6000mm）

时，与其连接的基础周边宜设置聚苯板或焦渣等软垫层，厚度不宜小于基础边缘计算沉降量（s），宽度宜为基础边线中点计算沉降量的 20 倍且不宜小于 500mm，软垫层设置见图 1-65。

筏板＋下柱墩 [图 1-64（b）]，母筏板下不需要设置软垫层，下柱墩与母筏板共同承担上部结构荷载。因此，下柱墩与母筏板下均有地基土反力。

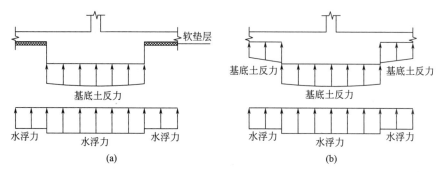

图 1-64 独立基础与筏板区别

（a）独立基础＋防水板；（b）筏板＋下柱墩

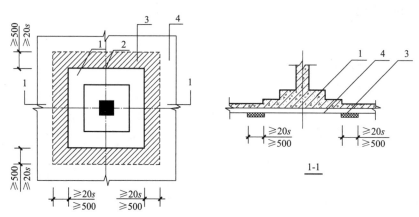

图 1-65 软垫层设置

1—独立基础；2—独立基础边缘中点；3—软垫层；4—防水板底素混凝土垫层

独立基础＋防水板的设计有以下几点值得关注：

1）对于基础沉降较小的独立基础，软垫层厚度可以小一些；对于基础沉降较大的独立基础，软垫层厚度需大一些。聚苯板或焦渣的压缩性能指标比较难以量化。因此，防水板完全不承担上部结构荷载、防水板下完全不出现地基土反力，是比较难以保证的。

2）因工期要求，很多施工单位不愿意做软垫层（聚苯板或焦渣）。

3）为什么大量独立基础＋防水板工程，未设置软垫层也没有出现大的质量问题？可能是由于独立基础施工中普遍采用砖胎模成形，同时砖胎模与基坑开挖面间回填土不密实，使基础周边自然形成了一定宽度的"软垫层"[20]。

独立基础＋防水板、筏板＋下柱墩该如何选择？

1）水浮力大于上部结构重量、需要采取抗浮措施时，水浮力大于地基土反力，独立基础＋防水板和筏板＋下柱墩的内力、配筋由水浮力控制，而不是由地基土反力控制。此时，采用筏板＋下柱墩的形式更合理。一来不用设置软垫层，二来计算模型与实际受力状态更一致。

2）水浮力小于上部重量、不需要采取抗浮措施时，水浮力小于地基土反力，独立基础＋防水板和筏板＋下柱墩的内力、配筋由地基土反力控制，而不是由水浮力控制。此时，在地基承载力特征值不太低、独立基础平面尺寸不太大的前提下，采用独立基础＋防水板更省钢筋。

（6）筏形基础混凝土强度等级如何选用？

由柱对筏板的冲切计算公式 $\dfrac{F_1}{u_m h_0}+\alpha_s\dfrac{M_{unb}c_{AB}}{I_s}\leqslant 0.7(0.4+1.2/\beta_s)\beta_{hp}f_t$ 可以看出，提高筏形基础混凝土强度等级、混凝土轴心抗拉强度设计值 f_t 增大，可以减少筏形基础的厚度 h_0。

因为筏形基础面积一般较大，为减小水化热的影响，大体积混凝土确实应该采用更低强度等级的混凝土，但是因降低混凝土强度等级而将筏板厚度增加，水化热影响因此也会加剧。规范并未规定筏形基础混凝土强度等级的上限，《大体积混凝土施工标准》GB 50496—2018 第 3.0.2 条规定，大体积混凝土的设计强度等级宜为 C25～C50。《高层建筑混凝土结构技术规程》JGJ 3—2010 第 3.2.2 条规定，现浇非预应力混凝土楼盖结构的强度等级不宜高于 C40。因此，考虑经济性及混凝土水化热影响，我们一般建议将筏板混凝土取为 C40。

下面比较筏形基础混凝土强度等级 C35 和 C40 的区别。

表 1-33 是混凝土轴心抗拉强度的设计值，从表 1-32 可以看出，C40 混凝土的轴心抗拉强度设计值 f_t 较 C35 增加了 8.92%，但是 C40 混凝土的造价比 C35 仅略高一点（作者在武汉当地询价，C40 混凝土造价仅比 C35 高 4.56%）。如果将筏板混凝土强度等级由 C35 改为 C40，满足冲切计算的筏板厚度可以减小，为满足 0.15% 配筋率筏板钢筋也会减少〔筏板配筋率不受混凝土强度的影响，即不像梁、板等受弯构件那样，配筋率由 0.2% 和 45（f_t/f_y）% 双控，因此混凝土强度等级提高，配筋率不会改变，配筋率仍为 0.15%〕。因此，筏形基础采用 C40 会有更高的经济性。

混凝土轴心抗拉强度的设计值（N/mm²） 表 1-33

强度	混凝土强度等级													
	C15	C20	C25	C30	C35	C40	C45	C50	C55	C60	C65	C70	C75	C80
f_t	0.91	1.10	1.27	1.43	1.57	1.71	1.80	1.89	1.96	2.04	2.09	2.14	2.18	2.22

1.12 哪些独立基础需要验算受剪切承载力？如何验算独立基础受剪承载力？

《建筑地基基础设计规范》GB 50007—2011 第 8.2.7 条规定，对基础底面短边尺寸小于或等于柱宽加两倍基础有效高度的柱下独立基础，以及墙下条形基础，应验算柱（墙）与基础交接处的基础受剪切承载力；第 8.2.9 条规定，当基础底面短边尺寸小于或等于柱宽加两倍基础有效高度时，应按式（1-58）、式（1-59）验算柱与基础交接处截面受剪承载力：

$$V_s \leqslant 0.7\beta_{hs} f_t A_0 \qquad (1\text{-}58)$$

$$\beta_{hs} = (800/h_0)^{1/4} \qquad (1\text{-}59)$$

式中：V_s——相应于作用的基本组合时，柱与基础交接处的剪力设计值（kN），图 1-66 中的阴影面积乘以基底平均净反力；

β_{hs}——受剪切承载力截面高度影响系数，当 $h_0 < 800\mathrm{mm}$ 时，取 $h_0 = 800\mathrm{mm}$；当 $h_0 > 2000\mathrm{mm}$ 时，取 $h_0 = 2000\mathrm{mm}$；

h_0——验算截面处基础的有效截面面积（m^2）。当验算截面为阶形或锥形时，可将其截面折算成矩形截面，截面的折算宽度和截面的有效高度按《建筑地基基础设计规范》GB 50007—2011 附录 U 计算。

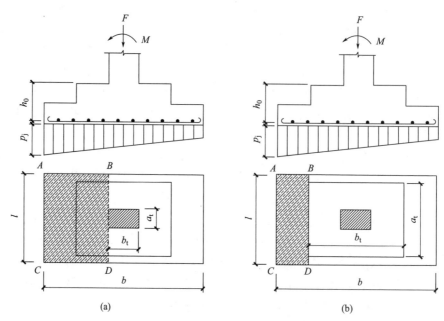

图 1-66　验算阶形基础受剪切承载力示意
(a) 柱与基础交接处；(b) 基础变阶处

《建筑地基基础设计规范》GB 50007—2011 第 8.2.8 条、第 8.2.9 条的条文说明指出，为保证柱下独立基础双向受力状态，基础底面两个方向的边长一般都保持在相同或相近的范围内，试验结果和大量工程实践表明，当冲切破坏锥体落在基础底面以内时，此类基础的截面高度由受冲切承载力控制。本规范编制时所作的计算分析和比较也表明，符合本规范要求的双向受力独立基础，其剪切所需的截面有效面积一般都能满足要求，无需进行受剪承载力验算。考虑到实际工作中柱下独立基础底面两个方向的边长比值有可能大于 2，此时基础的受力状态接近于单向受力，柱与基础交接处不存在受冲切的问题，仅需对基础进行斜截面受剪承载力验算。因此，本次规范修订时，补充了基础底面短边尺寸小于柱宽加两倍基础有效高度时，验算柱与基础交接处基础受剪承载力的条款。

从规范的条文说明可以看出，当基础底面短边尺寸大于柱宽加两倍基础有效高度时

［图 1-67（a）］，冲切破坏锥体落在基础底面以内，此类基础的截面高度由受冲切承载力控制，无需进行受剪承载力验算。

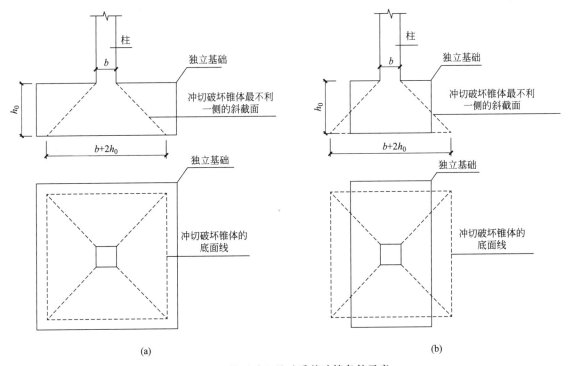

图 1-67 柱下独立基础受剪验算条件示意

（a）基础短边尺寸＞$b+2h_0$；（b）基础短边尺寸＜$b+2h_0$

当基础底面短边尺寸小于柱宽加两倍基础有效高度时 ［图 1-67（b）］，冲切破坏锥体落在基础底面以外，柱下独立基础底面两个方向的边长比值有可能大于 2，此时基础的受力状态接近于单向受力，柱与基础交接处不存在受冲切的问题，仅需对基础进行斜截面受剪承载力验算。

关于柱下独立基础受剪，需要讨论以下几个问题：

（1）基础底面短边尺寸大于或等于柱宽加两倍基础有效高度的柱下独立基础，基础长边尺寸大于短边尺寸两倍 ［图 1-68（a）］，是否需要验算独立基础受剪承载力？

基础底面短边尺寸大于或等于柱宽加两倍基础有效高度的柱下独立基础，此时冲切破坏锥体落在基础底面以内，确定此类基础的截面高度时，肯定需要进行冲切验算；但是柱下独立基础底面两个方向的边长比值大于 2 时，此时基础的受力状态接近于单向受力，还应进行基础的受剪验算。

《混凝土结构设计规范》GB 50010—2010（2015 年版）第 6.3.3 条也规定，不配置箍筋和弯起钢筋的一般板类受弯构件，其斜截面受剪承载力应符合下列规定：

$$V \leqslant 0.7\beta_h f_t b h_0 \tag{1-60}$$

$$\beta_h = (800/h_0)^{1/4} \tag{1-61}$$

式中：β_h——截面高度影响系数：当 $h_0 < 800$mm 时，取 $h_0 = 800$mm；当 $h_0 > 2000$mm 时，取 $h_0 = 2000$mm。

其条文说明指出，对第 6.3.3 条中的一般板类受弯构件，主要指受均布荷载作用下的单向板和双向板需按单向板计算的构件。

《建筑地基基础设计规范》GB 50007—2011 主要编制人员也建议，基础底面短边尺寸大于或等于柱宽加两倍基础有效高度的柱下独立基础，基础长边尺寸大于短边尺寸两倍 [图 1-68（a）]，既需要验算独立基础受剪承载力、又需要验算独立基础受冲切承载力。

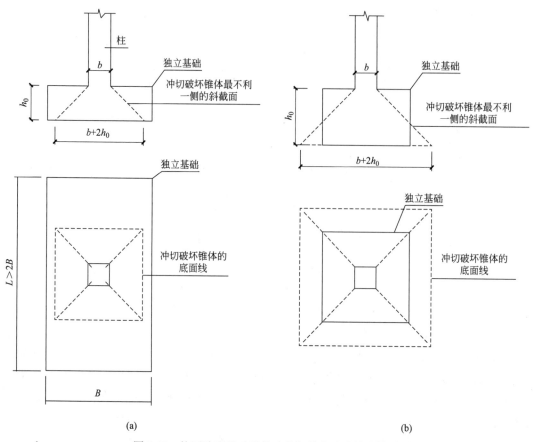

(a)   (b)

图 1-68　柱下独立基础受剪验算条件的两种特殊情况

（a）基础短边尺寸 $B > b + 2h_0$，但基础长边尺寸 $L > 2B$；（b）基础短边、长边尺寸均 $< b + 2h_0$

（2）基础底面短边、长边尺寸均小于或等于柱宽加两倍基础有效高度的柱下独立基础 [图 1-68（b）]，是否需要验算独立基础受剪承载力？

有微信公众号说《建筑地基基础设计规范》GB 50007—2011 的主编对此问题给出的答复是：如果基础两底边尺寸均小于柱宽加两倍基础有效高度（即基础底面完全笼罩于冲切破坏锥体之内），该基础类型已从扩展基础改变为无筋扩展基础，基础的破坏形态为材料的剪切破坏（强度破坏）。

《建筑地基基础设计规范》GB 50007—2011 第 8.1.1 条规定，混凝土基础单侧扩展范围内基础底面处的平均压力值超过 300kPa 时，尚应进行抗剪验算。其条文说明指出，当基础单侧扩展范围内基础底面处的平均压力值超过 300kPa 时，应按下式验算墙（柱）边缘或变阶处的受剪承载力：

$$V_s \leqslant 0.366 f_t A \tag{1-62}$$

式中：V_s——相应于作用的基本组合时的地基土平均净反力产生的沿墙（柱）边缘或变阶处的剪力设计值（kN）；

　　A——沿墙（柱）边缘或变阶处基础的垂直截面面积（m²）。当验算截面为阶形时其截面折算宽度按《建筑地基基础设计规范》GB 50007—2011 附录 U 计算。

上式是根据材料力学、素混凝土抗拉强度设计值以及基底反力为直线分布的条件下确定的，适用于除岩石以外的地基。由于试验数据少，且因我国岩石类别较多，目前尚不能提供有关此类基础的受剪承载力验算公式，因此有关岩石地基上无筋扩展基础的台阶宽高比应结合各地区经验确定。很显然，无筋扩展基础的受剪承载力验算公式 $V_s \leqslant 0.366 f_t A$，与配筋扩展基础的承载力验算公式 $V_s \leqslant 0.7\beta_{hs} f_t A_0$ 比较，忽略了受剪切承载力截面高度影响系数 β_{hp}，无筋扩展基础的剪切系数为 0.366，约为配筋扩展基础剪切系数 0.7 的一半。因此，在剪力设计值相同的情况下，无筋扩展基础的基础高度约为配筋扩展基础高度的 2 倍。

目前 PKPM 软件对基础两底边尺寸均小于柱宽加两倍基础有效高度的柱下独立基础（刚性基础），按照公式 $V_s \leqslant 0.7\beta_{hs} f_t A_0$ 进行了受剪承载力计算，PKPM 软件柱下独立基础受剪承载力验算菜单如图 1-69 所示。

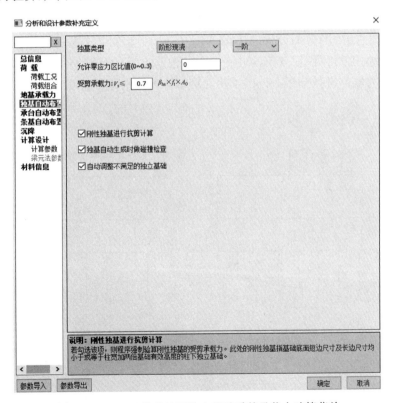

图 1-69　PKPM 软件柱下独立基础受剪承载力验算菜单

对基础两底边尺寸均小于柱宽加两倍基础有效高度的柱下独立基础（刚性基础），受剪承载力验算，是按照公式 $V_s \leqslant 0.7\beta_{hs} f_t A_0$、还是 $V_s \leqslant 0.366 f_t A$ 计算？

重庆市工程建设标准《建筑地基基础设计规范》DBJ50-047—2016 规范编制组进行了 6 个无筋扩展基础的实物试验，试验结果表明无筋扩展基础出现裂缝时的控制断面的剪力

值均大于 $0.7f_tA_0$，因此重庆市《建筑地基基础设计规范》DBJ50-047—2016 采用 $V_s \leqslant 0.7f_tA_0$ 作为抗剪的验算公式。

作者就此问题也与《建筑地基基础设计规范》GB 50007—2011 主要编制人员进行了沟通，规范主要编制人员给出的建议是，如果柱下独立基础配置了钢筋，仍然可以按照有筋扩展基础的受剪承载力公式 $V_s \leqslant 0.7\beta_{hs}f_tA_0$ 进行计算。

（3）受剪承载力公式 $V_s \leqslant 0.7\beta_{hs}f_tA_0$ 中剪力设计值 V_s 如何取值？

《建筑地基基础设计规范》GB 50007—2011 第 8.2.9 条的条文说明指出，计算斜截面受剪承载力时，验算截面的位置，各国规范的规定不尽相同。美国规范 ACI 318 取距支座边缘 h_0 处的剪力作为验算的剪力设计值。我国混凝土结构设计规范对均布荷载作用下的板类受弯构件，其斜截面受剪承载力的验算位置一律取支座边缘处，剪力设计值一律取支座边缘处的剪力。对于单向受力的基础底板，按照我国混凝土设计规范的受剪承载力公式验算，计算截面从板边退出 h_0 算得的板厚小于美国 ACI 318 规范，而验算断面取梁边或墙边时算得的板厚则大于美国 ACI 318 规范。

广东省标准《建筑地基基础设计规范》DBJ 15-31—2016 第 9.2.9 条也给出了柱下独立基础的受剪承载力验算公式 $V_s \leqslant 0.7\beta_{hs}f_tA_0$，但规定剪力设计值 V_s 取距柱边 $h_0/2$ 处或距变阶处 $h_0/2$ 处的剪力设计值。很显然，取距柱边 $h_0/2$ 处的剪力设计值［图 1-70（a）］，要小于柱边处的剪力设计值［图 1-70（b）］。其 9.2.7 条的条文说明指出，国家标准《混凝土结构设计规范》GB 50010—2010 根据大量的试验结果，以支座边的剪力值即最大剪力值为依据进行分析，得出了承受均布荷载为主的无腹筋一般受弯构件的受剪承

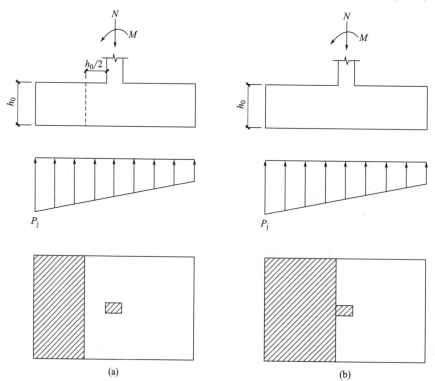

图 1-70　柱下独立基础受剪承载力验算剪力设计值取值

（a）广东省标准 DBJ 15-31—2016；（b）国家标准 GB 50007—2011

载力计算公式。美国规范《钢筋混凝土房屋建筑规范》ACI 318-05 把受剪验算截面定于距支座边 h_0 处。国家标准《建筑地基基础设计规范》GB 50007—2011 扩展基础的受剪承载力验算，剪力设计值取支座边（与国家标准《混凝土结构设计规范》GB 50010—2010 一致），筏形基础的受剪承载力验算，剪力设计值取距支座边 h_0 处（与美国规范 ACI 318-05 一致）。虽然基础下地基土反力有集中效应，底板与地基土间存在摩擦力作用等有利因素，但也只能是某种工程地质条件下某种基础形式的一种定性判断。结合长期以来广东省的工程实践，广东省标准《建筑地基基础设计规范》DBJ 15-31—2016 将受剪截面验算定于距支座边 $h_0/2$ 处。

各规范构件受剪承载力验算公式及剪力设计值取值见表 1-34。

各规范构件受剪承载力验算公式及剪力设计值取值 表 1-34

规范		受剪承载力验算公式	剪力设计值取值
《混凝土结构设计规范》GB 50010—2010		$V \leqslant 0.7\beta_h f_t bh_0$	取支座边
《钢筋混凝土房屋建筑规范》ACI 318-05		$V \leqslant \phi \sqrt{f_c'} lh_0/6$	距支座边 h_0 处
《建筑地基基础设计规范》GB 50007—2011	柱下独立基础	$V_s \leqslant 0.7\beta_{hs} f_t A_0$	取支座边
	梁板式筏基	$V_s \leqslant 0.7\beta_{hs} f_t (l_{n2} - 2h_0)h_0$	距支座边 h_0 处
	平板式筏基	$V_s \leqslant 0.7\beta_{hs} f_t b_w h_0$	距支座边 h_0 处
《建筑地基基础设计规范》DBJ 15-31—2016	柱下独立基础	$V_s \leqslant 0.7\beta_{hs} f_t A_0$	距支座边 $h_0/2$ 处
	梁板式筏基	$V_s \leqslant 0.7\beta_{hs} f_t (l_{n2} - h_0)h_0$	距支座边 $h_0/2$ 处
	平板式筏基	验算受弯、受冲切承载力，不需要验算受剪承载力	

柱下独立基础受剪承载力验算时，剪力设计值到底如何取？《建筑地基基础设计规范》GB 50007—2011 主要编制人员回复如下：《混凝土结构设计规范》GB 50010—2010 一般板类受弯构件的受剪承载力验算公式，是基于薄板单元的抗剪计算。《建筑地基基础设计规范》GB 50007—2011 柱下独立基础受剪承载力验算公式，参照《混凝土结构设计规范》GB 50010—2010 一般板类受弯构件的受剪承载力验算公式，但是没有考虑到基础作为厚板对抗剪承载力的有利影响。《建筑地基基础设计规范》GB 50007—2011 主要编制人员建议，在进行柱下独立基础受剪承载力验算时，可以参照广东省《建筑地基基础设计规范》DBJ 15-31—2016 柱下独立基础受剪承载力验算公式，将剪力设计值取至距柱边 $h_0/2$ 处，减小剪力设计值。

（4）受剪承载力公式 $V_s \leqslant 0.7\beta_{hs} f_t A_0$ 中的系数 0.7 是否可以修改？

PKPM 软件、YJK 软件在计算独立基础受剪时，均将受剪承载力公式 $V_s \leqslant 0.7\beta_{hs} f_t A_0$ 中 0.7 的系数放开，可以由设计人员自行填写。PKPM、YJK 软件柱下独立基础受剪承载力验算菜单如图 1-69、图 1-71 所示。

重庆市工程建设标准《建筑地基基础设计规范》DBJ50-047—2016 第 8.2.9 条规定，当基础置于完整、较完整、较破碎的岩石地基上时，柱边或墙边缘以及变阶处基础受剪承载力验算按式（1-63）计算：

$$V \leqslant 0.7 \frac{(8-2\lambda)}{3} \beta_{hs} f_t bh_0 \qquad (1-63)$$

式中：V ——相当于作用的基本组合时的地基土单位面积净反力产生的截面剪力设计值，

其值等于设计截面外侧基底面积上净反力的总和；

β_{hs}——截面高度影响系数，基础高度 h 小于 800mm 时取 1.0，h 大于 2000mm 时取 0.9，其间按线性内插法取用；

λ——基础对应的台阶宽度 a 与台阶高度 h_0 之比，当 $\lambda > 2.5$ 时取 $\lambda = 2.5$；当 $\lambda < 1.0$ 时取 $\lambda = 1.0$。

当基础置于破碎、极破碎岩石地基上或土质地基上时，柱边或墙边缘以及变阶处的基础受剪承载力验算按《建筑地基基础设计规范》GB 50007—2011 的有关要求进行。

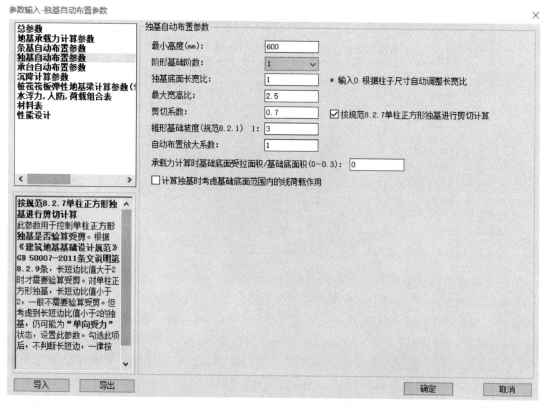

图 1-71　YJK 软件柱下独立基础受剪承载力验算菜单

由式（1-63）可以看出，当 $\lambda = 1.0$ 时，式（1-63）简化为 $V \leqslant 1.4\beta_{hs}f_tbh_0$，剪切系数为 1.4，为国家标准《建筑地基基础设计规范》GB 50007—2011 剪切系数 0.7 的 2 倍；当 $\lambda = 2.5$ 时，式（1-63）简化为 $V \leqslant 0.7\beta_{hs}f_tbh_0$，与国家标准《建筑地基基础设计规范》GB 50007—2011 公式一致。考虑到大部分基础宽高比 λ 介于 1.0～2.5 之间，按重庆规范计算的置于岩石地基上的基础高度通常要小于国家规范计算的结果。

文献 [21] 指出，在土质地基上的钢筋混凝土扩展基础中的独立柱基和墙下条形基础，多由冲切承载力验算确定基础高度，受剪承载力验算一般不起控制作用；在岩石地基上设计扩展基础，如果充分利用岩石地基承载力，则基底面积相对较小，当基础处于完整、较完整的硬质岩上时，因岩石单轴抗压强度和基础混凝土抗压强度相近，基础受力过程中会发生近似于混凝土局部受压的劈裂破坏或材料强度破坏而不会发生剪切破坏。但贵州省的基础置于较破碎岩上较多，特别是基础置于软质岩石及岩溶地区上时，只做冲切验算而不做抗剪验算的基础高度偏小（表1-35），存在一定隐患，且作为嵌固端时似有不妥。但如按国家标准《建筑地基基础设计规范》GB 50007—2011受剪承载力验算公式$V_s \leqslant 0.7\beta_{hs}f_tA_0$验算受剪承载力，因未考虑剪跨比对受剪承载力的影响，计算所得的基础高度偏大。

例如，对如图1-72所示的轴心受压混凝土柱下独立基础示意图（柱截面为1300mm×1300mm，轴压力设计值$F=32000$kN，基顶埋深为2.1m，基础采用C30混凝土）按国家标准《建筑地基基础设计规范》GB 50007—2011第8.2.9条中受剪承载力公式计算不同地基承载力上基础高度，计算结果如表1-35所示。由表1-35可见，当地基承载力特征值$f_a > 1500$kPa时，按国家标准《建筑地基基础设计规范》GB 50007—2011第8.2.9条受剪承载力公式$V_s \leqslant 0.7\beta_{hs}f_tA_0$所求得的基础高度偏大，不合理也不经济。

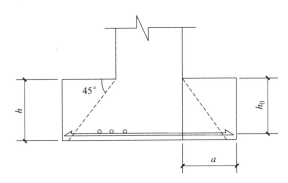

图1-72 轴心受压混凝土柱下独立基础示意图

计算得到的基础高度　　　　　　　　　　　　　　　　　　　表1-35

地基承载力特征值(kPa)	750	1500	2500	3500	4500	5500
正方形基础边长(mm)	6500	4200	3200	2700	2400	2100
台阶宽度a(mm)	2600	1450	950	700	550	400
基底净反力设计值(kPa)	703	1760	3070	4335	5501	7202
剪力设计值(kN)	11881	10718	9335	8193	7261	6049
不考虑受剪计算的基础高度(mm)	1600	1500	1000	750	600	400
考虑受剪计算的基础高度(mm)	2050	2900	3290	3420	3400	3600

因此《贵州建筑地基基础设计规范》DBJ52/45—2018按照严格控制混凝土斜截面主拉应力小于允许值，参考《混凝土结构设计规范》GB 50010—2010中悬臂深受弯构件和牛腿有关规定$\left(V \leqslant 0.7\dfrac{8-l_0/h}{3}f_tbh_0\right)$，提出考虑剪跨比影响的独立基础受剪承载力计算公式[22]。

《贵州建筑地基基础设计规范》DBJ52/45—2018规定，扩展基础的计算应符合现行国家标准《建筑地基基础设计规范》GB 50007和《混凝土结构设计规范》GB 50010的有关要求。当基础置于岩石地基上时，应验算柱边或墙边缘以及变阶处基础受剪承载力：

1）岩体基本质量等级为Ⅰ、Ⅱ级时，受剪承载力可按式（1-64）计算：

$$V_s \leqslant 1.4\frac{4-\lambda}{3}f_tbh_0 \tag{1-64}$$

2) 岩体基本质量等级为Ⅲ级时，受剪承载力可按式（1-65）计算：

$$V_s \leqslant 1.4 \frac{4-\lambda}{3} \beta_{hs} f_t b h_0 \tag{1-65}$$

3) 岩体基本质量等级为Ⅳ级时，受剪承载力可按式（1-66）计算：

$$V_s \leqslant (1+0.16\lambda) \frac{4-\lambda}{3} \beta_{hs} f_t b h_0 \tag{1-66}$$

式中，V_s——相应于荷载作用基本组合时的地基土单位面积净反力产生的截面剪力设计值（kN）；其值等于计算截面外侧基底面积上净反力的总和；

β_{hs}——截面高度影响系数，$\beta_{hs} = (800/h_0)^{1/4}$，当 $h_0 < 800$mm 时，取 $h_0 = 800$mm；当 $h_0 > 2000$mm 时，取 $h_0 = 2000$mm；

λ——基础台阶宽度 a 与台阶高度 h 之比，当 $\lambda > 2.5$ 时取 $\lambda = 2.5$；当 $\lambda < 1.0$ 时取 $\lambda = 1.0$。

由式（1-64）～（1-66）可以看出，当 $\lambda = 1.0$ 时，剪切系数为 1.4、$1.4\beta_{hs}$、$1.16\beta_{hs}$，高于国家标准《建筑地基基础设计规范》GB 50007—2011 剪切系数 $0.7\beta_{hs}$；当 $\lambda = 2.5$ 时，剪切系数为 0.7、$0.7\beta_{hs}$，与国家标准《建筑地基基础设计规范》GB 50007—2011 剪切系数 $0.7\beta_{hs}$ 基本一致。考虑到大部分基础宽高比 λ 为 1.0～2.5，按贵州规范计算的置于岩石地基上的基础高度通常要小于国家规范计算的结果。

《贵州建筑地基基础设计规范》DBJ52/45—2018 对轴心受压混凝土柱下扩展基础（柱 1300mm×1300mm，轴压力设计值 $F = 32000$kN，基础混凝土强度等级为 C30），用不同的方法计算基础高度（表 1-36）。比较其结果可以看到，按《贵州建筑地基基础设计规范》DBJ52/45—2018 计算的基础高度均比不考虑抗剪计算的高度大，而且随地基承载力的提高，增大的幅度愈大。

用不同的方法计算基础高度（取 $h = h_0 + 50$）　　　　　　　　　表 1-36

地基承载力特征值（kPa）	1500	2500	3500	4500
正方形基础边长（mm）	4200	3200	2700	2400
台阶宽度（mm）	1450	950	700	550
基底净反力设计值（kPa）	1760	3070	4335	5501
剪力设计值（kN）	10718	9335	8193	7261
不考虑受剪计算的基础高度 h（mm）	1500	1000	750	600
按 GB 50007—2011 受剪公式计算的基础高度 h（mm）	2900	3290	3420	3400
按贵州标准 DBJ52/45—2018 受剪公式计算的基础高度 h（mm）	1500	1670	1730	1730

由表 1-36 可以看出，按《贵州建筑地基基础设计规范》DBJ52/45—2018 计算的基础高度，小于按《建筑地基基础设计规范》GB 50007—2011 计算的基础高度。为验证安全性，在工程现场作了两组静载试验。试件设计荷载为 1000kN，地基承载力特征值为 4000kPa、混凝土强度等级按 C30 计算，扩展基础底面尺寸为 550mm×550mm，计算基础高度为 300mm，底板钢筋按构造配 3Φ10@200。加载最大达 1800kN，试件尺寸见图 1-73、试验结果统计见表 1-37），试验结果显示，基础均未出现裂缝或产生剪切破坏。

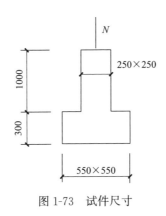

图 1-73 试件尺寸

试验结果统计   表 1-37

组数	试件号	加载时混凝土强度等级	最大荷载 N(kN)	最大基底压力 (kPa)	未继续加载原因
1	1 号	C40	1450	4800	柱顶端局压开裂
	2 号	C40	1800	6000	堆载不足
2	1 号	C50	1630	5400	柱顶端局压开裂
	2 号	C50	1800	6000	堆载不足
	3 号	C20	1800	6000	1270kN 时柱顶端局压开裂,堆载不足
	4 号	C30	1450	4800	柱顶端局压开裂
	5 号	C30	970	3200	混凝土浇筑有空洞,柱顶端局压开裂

综上,当基础置于完整、较完整、较破碎的岩石地基上时,可以参照《贵州建筑地基基础设计规范》DBJ52/45—2018、重庆市工程建设标准《建筑地基基础设计规范》DBJ50-047—2016,将受剪承载力公式 $V_s \leqslant 0.7\beta_{hs}f_tA_0$ 中的系数 0.7 予以修改。

1.13 采用 YJK 软件进行柱下独立基础受冲切承载力验算,按照柱下独立基础受冲切承载力公式冲切满足要求,而按照平板式筏基柱下冲切验算公式冲切则不满足要求?是不是因为柱下独立基础受冲切承载力验算公式没有考虑不平衡弯矩影响、平板式筏基柱下冲切验算公式考虑了不平衡弯矩影响?

某柱下独立基础采用 YJK 软件进行计算。柱截面为 500mm×500mm,柱底轴力设计值为 $N = 4333.1$kN,弯矩设计值为 $M_y = 185.4$kN·m。基础平面尺寸为 4900mm×4900mm,基础高度为 750mm,基础混凝土强度等级为 C40。独立基础冲切验算的"构件信息"结果见图 1-74(a),冲切验算的抗力/荷载(R/S)为 1.05,满足冲切验算的要求;但是点击"单柱冲切"计算时,冲切验算结果见图 1-74(b),冲切验算的抗力/荷载(R/S)为 0.89,不满足冲切验算的要求。

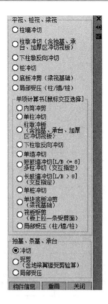

冲切验算

```
*──────────────────────────────────────────────────────────────────*
* 以下输出柱(墙)下独立基础冲切锥体各侧面的验算结果                        *
* 依据规范: 建筑地基基础设计规范GB50007-2011第8.2.8条                     *
* 验算公式: Fl <= 0.7 * βhp * ft * am * h0                              *
*           am = (at + ab) / 2                                        *
*           Fl = pj * Al                                              *
* STEP:     锥侧面包含的台阶数目, 柱墙边缘截面对应总台阶数                 *
* Direct:   冲切锥最不利一侧的法线方向(X+, X-, Y+, Y-)                   *
* Comb:     最不利冲切力对应的组合号                                     *
* Fl:       相应于作用的基本组合时作用在Al上的地基土净反力设计值(kPa)      *
* βhp:      受冲切承载力截面高度影响系数                                 *
* ft:       混凝土轴心抗拉强度设计值(MPa)                                *
* ftk:      混凝土轴心抗拉强度标准值(MPa)                                *
* am:       冲切破坏锥体一侧(+X -X +Y -Y)的计算长度(mm)                  *
* h0:       冲切验算截面的有效高度(mm)                                   *
* at:       冲切破坏锥体一侧斜截面的上边长(mm)                           *
* ab:       冲切破坏锥体一侧斜截面在基础底面积范围内的下边长(mm)          *
* 当45度冲切锥的底面落到独基底面之外时, 不验算冲切                        *
* 依据混凝土结构设计规范11.1.6条规定, 地震组合下受冲切承载力除以0.85       *
*──────────────────────────────────────────────────────────────────*
```

锥侧编号	STEP	Direct	Comb	Fl	βhp	ft(k)	am	h0	at	ab	R/S	验算结果
No.1	1	x+	(3)	884.9	1.00	1.71	1200	700	500	1900	1.14	满足
No.2	1	x-	(3)	955.9	1.00	1.71	1200	700	500	1900	1.05	满足
No.3	1	y+	(3)	920.4	1.00	1.71	1200	700	500	1900	1.09	满足
No.4	1	y-	(3)	920.4	1.00	1.71	1200	700	500	1900	1.09	满足

地基承载力验算

```
*──────────────────────────────────────────────────────────────────*
* 依据规范: 建筑与市政地基基础通用规范GB55003-2021第4.2.1条、第4.2.2条  *
*           建筑抗震设计规范GB50011-2010第4.2.3条, 第4.2.4条           *
* 验算公式: 非地震组合, pk,avg <= fa, pk,max <= 1.2*fa                  *
*           地震组合,   pk,avg <= fa*ξa, pk,max <= 1.2*fa*ξa           *
* 地基承载力特征值依据建筑地基基础设计规范GB50007-2011第5.2.4条确定       *
* 计算公式: fa = fak + ηb*γ*(b-3) + ηd*γm*(d-0.5)                      *
*──────────────────────────────────────────────────────────────────*
* 以下输出独立基础的平均、最大、最小基底压力(kPa), 及零压力区面积的比例    *
* pk,avg:   基底压力平均值(kPa)                                        *
* pk,max:   基底压力最大值(kPa)                                        *
* pk,min:   基底压力最小值(kPa)                                        *
* fa:       修正后的地基承载力(kPa)                                     *
* faE:      调整后的地基抗震承载力(kPa)                                 *
* AVG:      按平均基底压力验算是否满足                                   *
* MAX:      按最大基底压力验算是否满足                                   *
* A0/A:     按零压力区百分比验算是否满足                                 *
* E:        地震组合标记                                               *
*──────────────────────────────────────────────────────────────────*
```

组合号	Pk,avg	Pk,max	Pk,min	fa(fa*ξa)	AVG	MAX	A0/A(%)
(2)	157.6	164.8	150.4	180.0	满足	满足	0.0

(a)

图1-74　YJK柱下独立基础冲切计算结果（一）

（a）按照柱下独立基础受冲切承载力公式

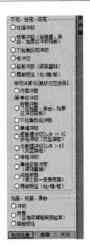

基本说明

```
* ------------------------------------------------------------ *
* 以下输出平板式筏基的冲切验算结果(考虑不平衡弯矩)              *
*  依据规范: 建筑地基基础设计规范GB50007-2011第8.4.7条          *
*            混凝土结构设计规范GB50010-2010附录F                *
*  依据建筑桩基规范5.9.7条规定,圆柱截面bc=0.8*dc换算成方柱截面 *
*  依据混凝土结构设计规范11.1.6条规定,地震组合下受冲承载力除以0.85 *
*  依据人民防空地下室设计规范4.2.3条规定,人防组合下混凝土强度设计值予以调整 *
*  本程序将GB50007-2011公式(8.4.7-1)扩充为双向受弯            *
*  τ = FL/(um*h0) + α sx*Munb, x*cABx/Isx + α sy*Munb, y*cABy/Isy *
*  τ max <= 0.7*(0.4+1.2/β s)*β hp*ft                          *
*  α sx = 1-1/[1+2/3*sqrt(c1/c2)]                              *
*  α sy = 1-1/[1+2/3*sqrt(c2/c1)]                              *
*  式中x和y是指冲切临界截面的主形心轴                           *
*  构件编号: Z-*表示柱, W-*表示墙                               *
* ------------------------------------------------------------ *
```

冲切类型   中柱冲板
构件编号   Z-4
冲切锥形成方法   先凸包后偏移(简图参见屏幕)
是否考虑不平衡弯矩 考虑

荷载信息

```
* ------------------------------------------------------------ *
* 以下输出整体坐标系下的荷载和反力(凸多边形重心G处的合力)      *
*  Fz:   竖向力(kN)                                            *
*  Mx:   绕X轴的不平衡弯矩(kN-m)                               *
*  My:   绕Y轴的不平衡弯矩(kN-m)                               *
*  R:    冲切锥桩土反力(kN)                                    *
* ------------------------------------------------------------ *
```

组合号   Fz   Mx   My   R
(3)   4333.1   -0.0   -185.4   0.0

```
* ------------------------------------------------------------ *
* 以下输出冲切临界截面局部坐标系下的竖向冲切力和不平衡弯矩(重心g处的合力) *
*  FL:       竖向冲切力(kN)                                    *
*  Munb, x:  绕x轴的不平衡弯矩(kN-m)                           *
*  Munb, y:  绕y轴的不平衡弯矩(kN-m)                           *
*  竖向冲切力 =(上部荷载 - 桩土反力) * 冲切力放大系数          *
*  冲切力放大系数,边柱取1.1,角柱取1.2,其他都取1.0            *
* ------------------------------------------------------------ *
```

组合号   Fl   Munb, x Munb, y
(3)   4333.1   -0.0   -185.4

验算结果

```
* 以下输出临界截面周边各点上的剪应力验算结果                    *
* PO,NI:  点号                                                *
* Comb:   最不利内力组合的冲切力(kN)                           *
* Fl:     用到不利组合的冲切力(kN)                             *
* Munb, x: 绕x轴不平衡弯矩设计值(kN-m)                         *
* Munb, y: 绕y轴不平衡弯矩设计值(kN-m)                         *
* um:     冲切临界截面1/2两倍的周长(mm)                        *
* h0:     冲切截面的有效高度(mm)                               *
* α sx, α sy: x向和y向不平衡弯矩通过偏心剪力来传递的分配系数    *
* cABx, cABy: 冲切临界截面形心至验算点的距离(mm)               *
* Isx, Isy: 冲切临界截面对其形心的极惯性矩(m4)                 *
* β s:    冲切临界截面长边短边比值                             *
* β hp:   截面高度影响系数                                     *
* ft:     混凝土轴心抗拉强度设计值(MPa)                        *
* ftk:    混凝土轴心抗拉强度标准值(MPa)                        *
* R/S:    冲切安全系数,小于1.0时不满足要求                     *
*         当有剪力墙横跨冲切间时,不验算冲切,R/S输出80.00      *
```

POINT	Comb	Fl	Munb, x	Munb, y	um	h0	α sx	α sy	cABx	cABy	Isx	Isy	β s	β hp	ft(k)	R/S	验算结果
1	(3)	4333.1	-0.0	-185.4	4800	700	0.40	0.40	-600	-600	0.8750	0.8750	2.00	1.00	1.71	0.97	不满足
2	(3)	4333.1	-0.0	-185.4	4800	700	0.40	0.40	-600	600	0.8750	0.8750	2.00	1.00	1.71	0.97	不满足
3	(3)	4333.1	-0.0	-185.4	4800	700	0.40	0.40	600	600	0.8750	0.8750	2.00	1.00	1.71	0.89	不满足
4	(3)	4333.1	-0.0	-185.4	4800	700	0.40	0.40	600	-600	0.8750	0.8750	2.00	1.00	1.71	0.89	不满足

(b)

图 1-74　YJK 柱下独立基础冲切计算结果(二)

(b)按照平板式筏基柱下冲切验算公式

《建筑地基基础设计规范》GB 50007—2011 第 8.2.8 条规定，柱下独立基础的受冲切承载力应按下列公式验算：

$$F_1 \leqslant 0.7\beta_{hp}f_t a_m h_0 \tag{1-67}$$

$$a_m = (a_t + a_b)/2 \tag{1-68}$$

$$F_1 = p_j A_1 \tag{1-69}$$

式中，p_j——扣除基础自重及其上土重后相应于作用的基本组合时的地基土单位面积净反力（kPa），对偏心受压基础可取基础边缘处最大地基土单位面积净反力；

A_1——冲切验算时取用的部分基底面积（m^2）（图 1-75 中的阴影面积 ABCDEF）；

F_1——相应于作用的基本组合时作用在 A_1 上的地基土净反力设计值（kPa）；

其余参数意义详见《建筑地基基础设计规范》GB 50007—2011。

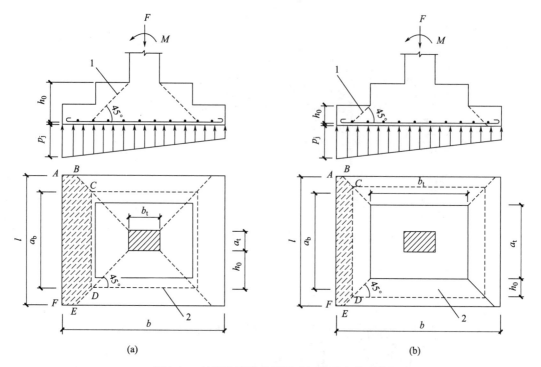

图 1-75　计算阶形基础的受冲切承载力截面位置
(a) 柱与基础交接处；(b) 基础变阶处
1—冲切破坏锥体最不利一侧的斜截面；2—冲切破坏锥体的底面线

《建筑地基基础设计规范》GB 50007—2011 第 8.4.7 条规定，平板式筏基柱下冲切验算时应考虑作用在冲切临界截面重心上的不平衡弯矩产生的附加剪力。距柱边 $h_0/2$ 处冲切临界截面的最大剪应力 τ_{max} 应按式（1-70）～式（1-72）进行计算，内柱冲切临界截面示意图如图 1-76 所示。

$$\tau_{max} = \frac{F_1}{u_m h_0} + \alpha_s \frac{M_{unb}c_{AB}}{I_s} \tag{1-70}$$

$$\tau_{max} \leqslant 0.7(0.4 + 1.2/\beta_s)\beta_{hp}f_t \tag{1-71}$$

$$\alpha_s = 1 - \frac{1}{1 + \frac{2}{3}\sqrt{\left(\frac{c_1}{c_2}\right)}} \tag{1-72}$$

式中，F_1——相应于作用的基本组合时的冲切力（kN），对内柱取轴力设计值减去筏板冲切破坏锥体内的基底净反力设计值；对边柱和角柱，取轴力设计值减去筏板冲切临界截面范围内的基底净反力设计值；

u_m——距柱边缘不小于 $h_0/2$ 处冲切临界截面的最小周长（m）；

h_0——筏板的有效高度（m）；

M_{unb}——作用在冲切临界截面重心上的不平衡弯矩设计值（kN·m）；

其余参数意义详见《建筑地基基础设计规范》GB 50007—2011。

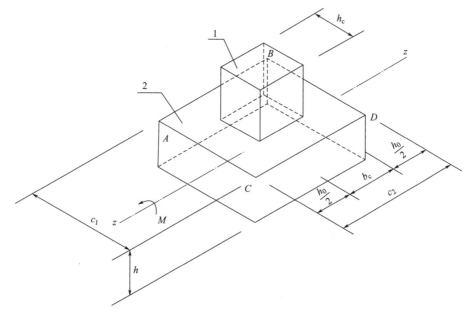

图 1-76　内柱冲切临界截面示意图
1—柱；2—筏板

《建筑地基基础设计规范》GB 50007—2011 第 8.4.7 条的条文说明指出，N. W. Hanson 和 J. M. Hanson 在他们的《混凝土板柱之间剪力和弯矩的传递》试验报告中指出：板与柱之间的不平衡弯矩传递，一部分不平衡弯矩是通过临界截面周边的弯曲应力 T 和 C 来传递，而一部分不平衡弯矩则通过临界截面上的偏心剪力对临界截面重心产生的弯矩来传递的，板与柱不平衡弯矩传递示意图如图 1-77 所示。因此，在验算距柱边 $h_0/2$ 处的冲切临界截面剪应力时，除需考虑竖向荷载产生的剪应力外，尚应考虑作用在冲切临界截面重心上的不平衡弯矩所产生的附加剪应力。公式（1-70）右侧第一项是根据现行国家标准《混凝土结构设计规范》GB 50010 在集中力作用下的冲切承载力计算公式换算而得，右侧第二项是引自美国 ACI 318 规范中有关的计算规定。

《混凝土结构设计规范》GB 50010—2010 第 6.5.6 条也有类似考虑不平衡弯矩的规定：在竖向荷载、水平荷载作用下，当考虑板柱节点计算截面上的剪应力传递不平衡弯矩时，其集中反力设计值 F_1 应以等效集中反力设计值 $F_{1,eq}$ 代替，$F_{1,eq}$ 可按《混凝土结构设

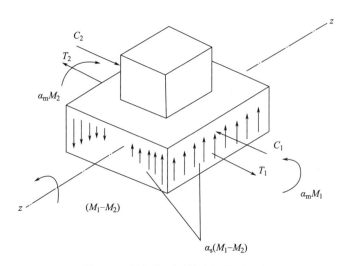

图 1-77　板与柱不平衡弯矩传递示意

计规范》GB 50010—2010 附录 F 的规定计算。

为什么平板式筏基冲切计算考虑不平衡弯矩 M_{unb}，而单个独立基础冲切计算却没有不平衡弯矩 M_{unb}？这是因为：独立基础在偏压（图 1-75 中既有轴力 F、又有弯矩 M）情况下，反力已经分布不均匀了，用来计算冲切力的 p_j 取基础边缘处最大地基土单位面积净反力，已经体现不平衡弯矩。从现实考虑也是如此，独立基础的范围很小，周围没有约束；但是筏板不一样，筏板很大，冲切锥体的周围被它本身约束着，不平衡弯矩不会体现在土的反力上而是作用在约束它的板上。因此，柱下独立基础的冲切本质上是考虑了不平衡弯矩 M_{unb}，只不过表达的形式不同。

为什么 YJK 软件按照柱下独立基础计算的受冲切承载力，与按照平板式筏基柱下冲切计算结果不一样？

由图 1-74（b）可以看出，YJK 软件按照平板式筏基柱下冲切计算时，将冲切力 F_l 直接取为柱底轴力 4333.1kN，而没有减去筏板冲切破坏锥体内的基底净反力。下面按照平板式筏基柱下冲切计算公式，手工进行冲切力验算复核。

筏板有效高度：

$h_0 = 700\text{mm} = 0.7\text{m}$

冲切临界截面的边长：

$c_1 = c_2 = h_c + h_0 = 500 + 700 = 1200(\text{mm}) = 1.2(\text{m})$

冲切临界截面的周长：

$u_m = 2c_1 + 2c_2 = 2 \times 1200 + 2 \times 1200 = 4800(\text{mm}) = 4.8(\text{m})$

冲切临界截面对其重心的极惯性矩：

$$I_s = \frac{c_1 h_0^3}{6} + \frac{c_1^3 h_0}{6} + \frac{c_2 h_0 c_1^2}{2} = \frac{1200 \times 700^3}{6} + \frac{1200^3 \times 700}{6} + \frac{1200^3 \times 700}{2}$$
$$= 8.75 \times 10^{11}(\text{mm}^4) = 0.875(\text{m}^4)$$

沿弯矩作用方向，冲切临界截面重心至冲切临界截面最大剪应力点的距离：

$$c_{AB} = \frac{c_1}{2} = \frac{1200}{2} = 600(\text{mm}) = 0.6(\text{m})$$

不平衡弯矩通过冲切临界截面上的偏心剪力来传递的分配系数:

$$\alpha_s = 1 - \cfrac{1}{1 + \cfrac{2}{3}\sqrt{\left(\cfrac{c_1}{c_2}\right)}} = 1 - \cfrac{1}{1 + \cfrac{2}{3}\sqrt{\left(\cfrac{1200}{1200}\right)}} = 0.4$$

筏板冲切破坏锥体面积:

$$A = (h_c + 2h_0)^2 = (500 + 2 \times 700)^2 = 3610000(\mathrm{mm}^2) = 3.61(\mathrm{m}^2)$$

筏板冲切破坏锥体内基底净反力设计值:

$$1.3 p_{k,avg} A = 1.3 \times 157.6 \times 3.61 \approx 739.62(\mathrm{kN})$$

相应于作用的基本组合时的冲切力:

$$F_l = N - 1.3 p_{k,avg} A = 4333.1 - 739.62 = 3593.48(\mathrm{kN})$$

由于对称关系,柱截面形心与冲切临界截面重心重合,因此作用在冲切临界截面重心上的不平衡弯矩设计值,取柱底弯矩即可:

$$M_{unb} = M_y = 185.4(\mathrm{kN \cdot m})$$

距柱边 $h_0/2$ 处冲切临界截面的最大剪应力:

$$\tau_{max} = \frac{F_l}{u_m h_0} + \alpha_s \frac{M_{unb} c_{AB}}{I_s} = \frac{3593.48}{4.8 \times 0.7} + 0.4 \times \frac{185.4 \times 0.6}{0.875} \approx 1120.34(\mathrm{kPa})$$

柱截面长边与短边的比值:

$$\beta_s = 1.0 < 2.0, \text{ 取 } \beta_s = 2.0$$

受冲切承载力截面高度影响系数:

$$\beta_{hp} = 1.0$$

混凝土轴心抗拉强度设计值:

$$f_t = 1710\mathrm{kPa}$$

冲切抗力:

$$0.7(0.4 + 1.2/\beta_s)\beta_{hp} f_t = 0.7 \times (0.4 + 1.2/2.0) \times 1.0 \times 1710 = 1197(\mathrm{kPa})$$

满足 $\tau_{max} \leqslant 0.7(0.4 + 1.2/\beta_s)\beta_{hp} f_t$。

抗力/荷载:

$$R/S = 1197/1120.34 \approx 1.07$$

与 YJK 软件计算的柱下独立基础冲切 $R/S = 1.05$ 基本相当。

YJK 软件冲切力没有减去筏板冲切破坏锥体内的基底净反力。手工复核如下:

相应于作用的基本组合时的冲切力:

$$F_l = N = 4333.1\mathrm{kN}$$

距柱边 $h_0/2$ 处冲切临界截面的最大剪应力:

$$\tau_{max} = \frac{F_l}{u_m h_0} + \alpha_s \frac{M_{unb} c_{AB}}{I_s} = \frac{4333.1}{4.8 \times 0.7} + 0.4 \times \frac{185.4 \times 0.6}{0.875} \approx 1340.47(\mathrm{kPa})$$

冲切抗力:

$$0.7(0.4 + 1.2/\beta_s)\beta_{hp} f_t = 0.7 \times (0.4 + 1.2/2.0) \times 1.0 \times 1710 \approx 1197(\mathrm{kPa})$$

不满足 $\tau_{max} \leqslant 0.7(0.4 + 1.2/\beta_s)\beta_{hp} f_t$。

抗力/荷载:

$$R/S = 1197/1340.47 \approx 0.89$$

与 YJK 软件输出结果一致。

下面按照柱下独立基础冲切计算公式，手工进行冲切力验算复核，计算柱下独立基础受冲切承载力示意图如图 1-78 所示。

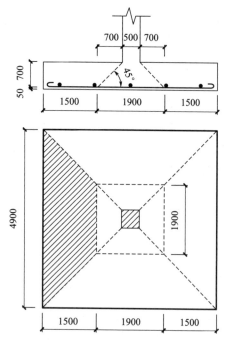

图 1-78 计算柱下独立基础受冲切承载力示意图

冲切破坏锥体最不利一侧斜截面的上边长取柱宽：

$a_t = 500\text{mm} = 0.5\text{m}$

冲切破坏锥体最不利一侧斜截面在基础底面积范围内的下边长，取柱宽加两倍基础有效高度：

$a_b = 500 + 2 \times 700 = 1900(\text{mm}) = 1.9(\text{m})$

冲切破坏锥体最不利一侧计算长度：

$a_m = (a_t + a_b)/2 = (0.5 + 1.9)/2 = 1.2(\text{m})$

筏板有效高度：

$h_0 = 700(\text{mm}) = 0.7(\text{m})$

受冲切承载力截面高度影响系数：

$\beta_{hp} = 1.0$

冲切抗力：

$0.7\beta_{hp}f_t a_m h_0 = 0.7 \times 1.0 \times 1710 \times 1.2 \times 0.7 = 1005.48(\text{kN})$

基础底面的抵抗矩：

$$W = \frac{1}{6} \times 4.9 \times 4.9^2 \approx 19.61(\text{m}^2)$$

扣除基础自重及其上土重后相应于作用的基本组合时的地基土单位面积净反力，对偏心受压基础可取基础边缘处最大地基土单位面积净反力：

$$p_j = \frac{N}{A} + \frac{M_y}{W} = \frac{4333.1}{4.9 \times 4.9} + \frac{185.4}{19.61} \approx 189.92(\text{kPa})$$

冲切验算时取用的部分基底面积（图 1-78 中的阴影面积）：

$$A_l = \frac{1}{2} \times (1.9 + 4.9) \times 1.5 = 5.1(\text{m}^2)$$

相应于作用的基本组合时作用在 A_l 上的地基土净反力设计值：

$$F_l = p_j A_l = 189.92 \times 5.1 \approx 968.59(\text{kN})$$

满足 $F_l \leqslant 0.7 \beta_{hp} f_t a_m h_0$。

抗力/荷载：

$$R/S = 1005.48/968.59 \approx 1.04$$

与 YJK 软件输出结果 1.05 基本一致。

参 考 文 献

[1] 《建筑地基基础设计规范理解与应用》编委会. 建筑地基基础设计规范理解与应用（第二版）[M].
    北京：中国建筑工业出版社，2012.

[2] 白生翔. 钢筋混凝土扩展基础设计方法的改进建议 [J]. 工业建筑，2005，35（2）：88-92.

[3] 贵州省住房与城乡建设厅. 贵州建筑地基基础设计规范：DBJ52/T045—2018 [S]. 北京：中国建
    筑工业出版社，2018.

[4] 刘金波，李文平，刘民易，等. 建筑地基基础设计禁忌及实例 [M]. 北京：中国建筑工业出版
    社，2013.

[5] 黄熙龄. 高层建筑厚筏反力及变形特征试验研究 [J]. 岩土工程学报，2002，24（2）：131-136.

[6] 宫剑飞. 并列双塔楼框架厚筏基础变形特征及基底反力分析 [J]. 建筑科学，1999，15（3）：
    19-28.

[7] 宫剑飞. 非并列双塔楼框架厚筏基础变形特征及基底反力分析 [J]. 建筑科学，2000，16（2）：
    21-26.

[8] 李广信，张丙印，于玉贞. 土力学（第2版）[M]. 北京：清华大学出版社，2013.

[9] 周景星，李广信，张建红，等. 基础工程（第3版）[M]. 北京：清华大学出版社，2015.

[10] 刘金波，黄强. 建筑桩基技术规范理解与应用 [M]. 北京：中国建筑工业出版社，2008.

[11] 李广信. 漫画土力学 [M]. 北京：人民交通出版社，2019.

[12] 顾晓鲁，钱鸿缙，刘慧珊，等. 地基与基础（第三版）[M]. 北京：中国建筑工业出版社，2003.

[13] 王曙光，刘刚. 抗拔桩的分段配筋设计 [J]. 建筑结构，2006，36（S）：47-49.

[14] 杜毛毛. 混凝土结构设计规范短期裂缝宽度计算比较 [J]. 建筑结构，2017，47（24）：71-75.

[15] 中国建筑科学研究院. 钢筋混凝土构件试验数据集（85年设计规范背景资料续编）[M]. 北京：
    中国建筑工业出版社，1985.

[16] 李扬. 混凝土结构裂缝控制的安全度设置水平研究 [D]. 武汉：武汉大学，2013.

[17] 宫剑飞，黄熙龄，滕延京，等. 整体大面积筏板基础地基变形原位测试分析及变形控制设计
    [R]. 北京：中国建筑科学研究院，2010.

[18] 刘朋辉. 复杂高层建筑厚筏基础反力及变形试验研究 [D]. 北京：中国建筑科学研究院，2013.

[19] 宫剑飞，侯光瑜，周圣斌，等. 整体大面积筏板基础沉降特点及筏板弯矩计算 [J]. 岩土工程学
    报，2014，36（9）：1631-1639.

[20] 中国建筑西南设计研究院有限公司. 结构设计统一技术措施 [M]. 北京：中国建筑工业出版
    社，2020.

[21] 赖庆文，孙红林. 山区岩石地基基础设计问题探讨 [J]. 建筑结构，2016，46（23）：95-100.

[22] 赖庆文，张洪生，孙红林. 岩石地基基础受剪计算方法探讨 [J]. 工业建筑，2002，32（8）：
    32-34.

第二章　钢筋混凝土结构

2.1　钢筋混凝土柱是否需要限制长细比？钢筋混凝土柱计算时是否需要考虑 $P\text{-}\Delta$ 效应？

对于钢结构柱，《钢结构设计标准》GB 50017—2017、《高层民用建筑钢结构技术规程》JGJ 99—2015、《建筑抗震设计规范》GB 50011—2010（2016 版）规定了其长细比限值，具体见本书表 3-11。那钢筋混凝土柱是否需要限制其长细比？

表 2-1 为《混凝土结构设计规范》GB 50010—2010（2015 版）与《混凝土结构设计规范》GB 50010—2002 钢筋混凝土柱计算方法的对比，我们从中寻找钢筋混凝土柱是否需要限制长细比的答案。

《混凝土结构设计规范》GB 50010—2010 与《混凝土结构设计规范》
GB 50010—2002 钢筋混凝土柱计算方法对比　　　　　　　表 2-1

规范	《混凝土结构设计规范》GB 50010—2010(2015 版)	《混凝土结构设计规范》GB 50010—2002
初始偏心距	$e_i = e_0 + e_a$	$e_i = e_0 + e_a$
附加偏心距	$e_a = \max\{20\text{mm}, h/30\}$	$e_a = \max\{20\text{mm}, h/30\}$
轴向压力对截面重心的偏心距	$e_0 = M/N$	$e_0 = M/N$
轴向压力作用点至纵向普通受拉钢筋的合力点的距离	$e = e_i + \dfrac{h}{2} - a$	$e = \eta e_i + \dfrac{h}{2} - a$
是否需要考虑受压构件的挠曲效应（$P\text{-}\delta$ 效应）	同一主轴方向的杆端弯矩比 M_1/M_2 不大于 0.9 且轴压比不大于 0.9，长细比满足 $l_c/i \leqslant 34 - 12(M_1/M_2)$ 时，可不考虑 $P\text{-}\delta$ 效应。（规范明确指出 M_1、M_2 为考虑 $P\text{-}\Delta$ 效应后的弯矩设计值）条文说明 6.2.3 条指出：在结构中常见的反弯点位于柱高中部的偏压构件中，这种二阶效应虽能增大构件除两端区域外各截面的曲率和弯矩，但增大后的弯矩通常不可能超过柱两端控制截面的弯矩。因此，在这种情况下，$P\text{-}\delta$ 效应不会对杆件截面的偏心受压承载能力产生不利影响。但是，在反弯点不在杆件高度范围内（即沿杆件长度均为同号弯矩）的较细长且轴压比偏大的偏压构件中，经 $P\text{-}\delta$ 效应增大后的杆件中部弯矩有可能超过柱端控制截面的弯矩。此时，就必须在截面设计中考虑 $P\text{-}\delta$ 效应的附加影响	—

规范	《混凝土结构设计规范》GB 50010—2010（2015 版）	《混凝土结构设计规范》GB 50010—2002
考虑受压构件的挠曲效应（P-δ 效应）后弯矩设计值	$M = C_m \eta_{ns} M_2$ （$C_m \eta_{ns}$ 小于 1.0 时取 1.0）	—
考虑重力二阶效应（P-Δ 效应）后弯矩设计值	简化方法： $M = M_{ns} + \eta_s M_s$ M_s——引起结构侧移的荷载或作用所产生的一阶弹性分析构件端弯矩设计值； M_{ns}——不引起结构侧移的荷载产生的一阶弹性分析构件端弯矩设计值。 有限元方法： 考虑混凝土开裂对构件刚度的影响。 （详见规范 5.3.4 条）	—
构件端截面偏心距调节系数	$C_m = 0.7 + 0.3 \dfrac{M_1}{M_2}$ （小于 0.7 时取 0.7）	—
弯矩增大系数/偏心距增大系数	$\eta_{ns} = 1 + \dfrac{1}{1300(M_2/N + e_a)/h_0}\left(\dfrac{l_c}{h}\right)^2 \zeta_c$ （小于 1.0 时取 1.0）	$\eta = 1 + \dfrac{1}{1400 e_i/h_0}\left(\dfrac{l_0}{h}\right)^2 \zeta_1 \zeta_2$ （当偏心受压构件的长细比 $l_0/i \leqslant 17.5$ 时，可取 $\eta = 1.0$）
截面曲率修正系数	$\zeta_c = \dfrac{0.5 f_c A}{N}$	$\zeta_1 = \dfrac{0.5 f_c A}{N}$
构件长细比对截面曲率的影响系数	—	$\zeta_2 = 1.15 - 0.01 \dfrac{l_0}{h}$
计算长度系数	现浇楼盖：底层 1.0H，其余楼层 1.25H	现浇楼盖：底层 1.0H，其余楼层 1.25H。当水平荷载产生的弯矩设计值占总弯矩设计值的 75％以上时，框架柱的计算长度 l_0 可按下列两个公式计算，并取其中的较小值： $l_0 = [1 + 0.15(\psi_u + \psi_1)]H$ $l_0 = (2 + 0.2\psi_{min})H$ ψ_u、ψ_1——柱的上端、下端节点处交汇的各柱线刚度之和与交汇的各梁线刚度之和的比值；ψ_{min}——比值 ψ_u、ψ_1 中的较小值
内力计算是否考虑二阶效应	6.2.17 条文说明：对偏心受压构件二阶效应的计算方法进行了修订，即除排架结构柱以外，不再采用 η-l_0 法。新修订的方法主要希望通过计算机进行结构分析时一并考虑由结构侧移引起的二阶效应。即在进行截面设计时，其内力已经考虑了二阶效应	1. 各类混凝土结构中的偏心受压构件，均应在其正截面受压承载力计算中考虑结构侧移（即 P-Δ 效应）和构件挠曲（即 P-δ 效应）引起的附加内力（规范 7.3.9 条）。 2. 在确定偏心受压构件的内力设计值时，可近似考虑二阶弯矩对轴向压力偏心距的影响，将轴向压力对截面重心的初始偏心距

规范	《混凝土结构设计规范》GB 50010—2010（2015 版）	《混凝土结构设计规范》GB 50010—2002
内力计算是否考虑二阶效应	6.2.17 条文说明：对偏心受压构件二阶效应的计算方法进行了修订，即除排架结构柱以外，不再采用 $\eta-l_0$ 法。新修订的方法主要希望通过计算机进行结构分析时一并考虑由结构侧移引起的二阶效应。即在进行截面设计时，其内力已经考虑了二阶效应	e_i 乘以偏心距增大系数 $\eta = 1 + \dfrac{1}{1400e_i/h_0}$ $\left(\dfrac{l_0}{h}\right)^2 \zeta_1\zeta_2$。 （规范 7.3.10 条文说明：式 $l_0/h \leqslant 30$ 时，与试验结果符合较好；当 $l_0/h > 30$ 时，因控制截面的应变值减小，钢筋和混凝土达不到各自的强度设计值，属于细长柱，破坏时接近弹性失稳，采用偏心距增大系数公式计算，其误差较大；建议采用模型柱法或其他可靠方法计算。） 3. 规范 7.3.11 条文说明：国内外近年来对框架结构中二阶效应规律的分析，研究表明，由竖向荷载在发生侧移的框架中引起的 P-Δ 效应只增大由水平荷载在柱端控制截面中引起的一阶弯矩 M_h，原则上不增大由竖向荷载在该截面中引起的一阶弯矩 M_v。因此，框架柱端控制截面中考虑了二阶效应后的总弯矩应表示为：$M = M_v + \eta_s M_h$，式中的 η_s 为反映二阶效应增大 M_h 幅度的弯矩增大系数，它所采用的计算长度原则上可以取由无侧向支点且竖向荷载作用在梁柱节点上的框架在其失稳临界状态下挠曲线反弯点之间的距离，其近似表达式即为公式 $l_0 = [1 + 0.15(\psi_u + \psi_l)]H$、$l_0 = (2 + 0.2\psi_{\min})H$，并取两式中的较小值

从表 2-1 可以看出：

（1）《混凝土结构设计规范》GB 50010—2002 中，偏心距增大系数 $\eta = 1 + \dfrac{1}{1400e_i/h_0}\left(\dfrac{l_0}{h}\right)^2\zeta_1\zeta_2$，规范第 7.3.10 条的条文说明指出，当 $l_0/h \leqslant 30$ 时，与试验结果符合较好；当 $l_0/h > 30$ 时，因控制截面的应变值减小，钢筋和混凝土达不到各自的强度设计值，属于细长柱，破坏时接近弹性失稳，采用偏心距增大系数公式计算，其误差较大；建议采用模型柱法或其他可靠方法计算。而《混凝土结构设计规范》GB 50010—2010（2015 版）中，弯矩增大系数 $\eta_{ns} = 1 + \dfrac{1}{1300(M_2/N + e_a)/h_0}\left(\dfrac{l_c}{h}\right)^2\zeta_c$，规范则没有规定其适用条件。

以正方形柱为例，我们按照《混凝土结构设计规范》GB 50010—2002 规定的 $l_0/h \leqslant 30$，推导钢筋混凝土柱长细比的限值。

钢筋混凝土柱长细比：

$$l_0/i = l_0 / \sqrt{I/A} = l_0 / \sqrt{\left(\frac{1}{12}bh^3\right)/(bh)} = 2\sqrt{3}\, l_0/h \leqslant 2\sqrt{3} \times 30 = 60\sqrt{3} \approx 103.92$$

因此，钢筋混凝土柱长细比小于等于 103（等效于 $l_0/h \leqslant 30$）时，《混凝土结构设计规范》GB 50010—2002 的偏心距增大系数 $\eta = 1 + \dfrac{1}{1400 e_i/h_0}\left(\dfrac{l_0}{h}\right)^2 \zeta_1 \zeta_2$ 计算精度较高。如果长细比大于 103（等效于 $l_0/h > 30$）时，不建议采用偏心距增大系数 $\eta = 1 + \dfrac{1}{1400 e_i/h_0}\left(\dfrac{l_0}{h}\right)^2 \zeta_1 \zeta_2$ 进行计算，而是采用模型柱法或其他可靠方法计算。关于模型柱的方法，读者可以参考文献 [1] ～ [3]。

（2）《混凝土结构设计规范》GB 50010—2002 规定各类混凝土结构中的偏心受压构件，均应在其正截面变压承载力计算中考虑结构侧移（即 $P\text{-}\Delta$ 效应）和构件挠曲（即 $P\text{-}\delta$ 效应）引起的附加内力。规范采用 $\eta - l_0$ 法（即计算长度系数法），通过放大偏心距 e_i 为 $\eta e_i = \eta(e_0 + e_a)$，考虑 $P\text{-}\delta$ 和 $P\text{-}\Delta$ 效应，偏心距增大系数公式 $\eta = 1 + \dfrac{1}{1400 e_i/h_0}\left(\dfrac{l_0}{h}\right)^2 \zeta_1 \zeta_2$ 中 l_0 为计算长度，当水平荷载产生的弯矩设计值占总弯矩设计值的 75% 以上时，框架柱的计算长度按 $l_0 = [1 + 0.15(\psi_u + \psi_l)]H$、$l_0 = (2 + 0.2\psi_{\min})H$ 取小值。规范实质就是通过计算长度 l_0 来考虑 $P\text{-}\Delta$ 效应，如果水平荷载产生的弯矩设计值小于总弯矩设计值的 75%，则计算长度为 1.25 或 1.0，即不考虑 $P\text{-}\Delta$ 效应。

（3）《混凝土结构设计规范》GB 50010—2010（2015 版）对偏心受压构件二阶效应的计算方法进行了修订，即除排架结构柱以外，不再采用 $\eta - l_0$ 法（即计算长度系数法）。新修订的方法主要希望通过计算机在进行结构分析时一并考虑由结构侧移引起的二阶效应（即 $P\text{-}\Delta$ 效应）。即在进行截面设计时，其内力已经考虑了二阶效应。至于 $P\text{-}\delta$ 效应，则通过公式 $M = C_m \eta_{ns} M_2$ 考虑。而且规范明确指出 M_2 为考虑 $P\text{-}\Delta$ 效应后弯矩设计值。

下面通过一个算例，说明《混凝土结构设计规范》GB 50010—2002、《混凝土结构设计规范》GB 50010—2010（2015 版）计算钢筋混凝土框架柱的区别。

[算例 2.1] 某 6 层钢筋混凝土框架结构，层高 3200mm，位于 8 度 0.20g 地区，地震分组第一组，场地土类别Ⅱ类。结构平面布置图见图 2-1，以图中第 5 层框架柱为例，采用 PKPM 计算。SATWE 构件内力信息见图 2-2，SATWE 结构整体稳定验算结果见图 2-3。由图 2-3 可知，SATWE 根据《高层建筑混凝土结构技术规程》JGJ 3—2010 第 5.4.1 条，结构满足 $D_i \geqslant 20 \sum\limits_{j=i}^{n} G_j/h_i$，可以不考虑 $P\text{-}\Delta$ 效应。

（1）按照《混凝土结构设计规范》GB 50010—2002 计算柱配筋（不考虑 $P\text{-}\Delta$ 效应）
偏心受压构件的截面曲率修正系数：

$$\zeta_1 = \frac{0.5 f_c A}{N} = \frac{0.5 \times 14.3 \times 600 \times 600}{1934.56 \times 10^3} \approx 1.33 > 1.0, \quad 取 \zeta_1 = 1.0$$

水平荷载产生的弯矩设计值占总弯矩设计值的 75% 以上，柱的上端、下端节点处交汇的各柱线刚度之和与交汇的各梁线刚度之和的比值：

$$\psi_u = \psi_l = \frac{2 \times (3.0 \times 10^4 \times \frac{1}{12} \times 600 \times 600^3/3200)}{2 \times (3.0 \times 10^4 \times \frac{1}{12} \times 300 \times 600^3/8400)} = 5.25$$

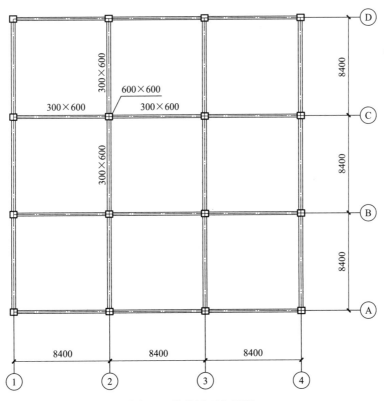

图 2-1 结构平面布置图

计算长度：

$l_0 = [1 + 0.15(\psi_u + \psi_1)]H = [1 + 0.15 \times (5.25 + 5.25)] \times 3200 = 8240 \text{(mm)}$

$l_0 = (2 + 0.2\psi_{min})H = (2 + 0.2 \times 5.25) \times 3200 = 9760 \text{(mm)}$

取 $l_0 = 8240 \text{(mm)}$，则：

$l_0/h = 8240/600 = 13.73 < 15$，$\zeta_2 = 1.0$

回转半径：

$$i = \sqrt{I/A} = \sqrt{\frac{1}{12} \times 600 \times 600^3 / (600 \times 600)} \approx 173.21 \text{(mm)}$$

$l_0/i = 8240/173.21 \approx 47.57 > 17.5$，需要计算偏心距增大系数。

轴向压力对截面重心的偏心距：

$e_0 = M/N = 619.07 \times 10^6 / (1934.56 \times 10^3) = 320 \text{(mm)}$

附加偏心距：

$e_a = \max\{20, 600/30\} = 20 \text{(mm)}$

初始偏心距：

$e_i = e_0 + e_a = 320 + 20 = 340 \text{(mm)}$

纵向普通受拉钢筋和受压钢筋的合力点至截面近边缘的距离：

$a = a'_s = \dfrac{25}{2} + 20 + 10 = 42.5 \text{(mm)}$

标准内力信息

* 荷载工况(01)---恒荷载(DL)
* 荷载工况(02)---活荷载(LL)
* 荷载工况(03)---X向风荷载(WX)
* 荷载工况(04)---Y向风荷载(WY)
* 荷载工况(05)---X向地震(EX)
* 荷载工况(06)---Y向地震(EY)

荷载工况	Axial	Shear-X	Shear-Y	MX-Bottom	MY-Bottom	MX-Top	MY-Top
(1)DL	-1788.46	-12.18	12.18	-17.61	-17.61	21.38	21.38
(2)LL	-280.69	-2.08	2.08	-3.02	-3.02	3.64	3.64
(3)WX	-0.18	12.18	0.00	-0.01	16.53	0.01	-22.45
(4)WY	0.18	0.00	12.18	-16.53	0.01	22.45	-0.01
(5)EX	4.43	167.28	0.04	-0.07	237.39	0.07	-299.63
(6)EY	-4.43	0.04	167.28	-237.39	0.07	299.63	-0.07

构件设计属性信息

构件两端约束标志	两端刚接
构件属性信息	普通柱,混凝土柱
柱配筋计算原则	单偏压
抗震等级	二级
构造措施抗震等级	二级
是否人防	非人防构件
长度系数	$C_x=1.25$ $C_y=1.25$

构件设计验算信息

Asxt, Asxb --- 矩形截面B边上下端单边配筋面积(含两根角筋)
Asyt, Asyb --- 矩形截面H边上下端单边配筋面积(含两根角筋)
Asxt0, Asxb0 --- 矩形截面B边上下端单边计算配筋面积(含两根角筋)
Asyt0, Asyb0 --- 矩形截面H边上下端单边计算配筋面积(含两根角筋)
Asvx, Asvx0 --- 矩形截面B边加密区配箍面积和非加密区配箍面积
Asvy, Asvy0 --- 矩形截面H边加密区配箍面积和非加密区配箍面积

项目	内容				
轴压比:	(29)	N=-2320.3	Uc=0.45 ≤ 0.75(限值)		
	《高规》6.4.2条给出轴压比限值.				
剪跨比(简化算法):	Rmd=2.88				
	《高规》6.2.6条:反弯点位于柱高中部的框架柱,剪跨比可取柱净高与计算方向2倍柱截面有效高度之比值				
主筋:	B边底部(34)	N=-1934.56	Mx=491.59	My=28.54	Asxb=1019.03 Asxb0=535.08
	B边顶部(34)	N=-1934.56	Mx=619.07	My=34.66	Asxt=1085.16 Asxt0=1085.16
	H边底部(33)	N=-1934.56	Mx=28.54	My=491.59	Asyb=1019.03 Asyb0=535.09
	H边顶部(33)	N=-1934.56	Mx=34.66	My=619.07	Asyt=1085.16 Asyt0=1085.16
箍筋:	(29)	N=-2320.32	Vx=454.99	Vy=-30.83	Asvx=183.70 Asvx0=113.74

图 2-2 SATWE 构件内力信息

```
=======================================================================
结构整体稳定验算结果
=======================================================================
   层号    X向刚度      Y向刚度       层高      上部重量      X刚重比      Y刚重比
    1    0.776E+06   0.776E+06    3.20     71957.     34.50       34.50
    2    0.464E+06   0.464E+06    3.20     59964.     24.77       24.77
    3    0.429E+06   0.429E+06    3.20     47971.     28.65       28.65
    4    0.425E+06   0.425E+06    3.20     35978.     37.79       37.79
    5    0.427E+06   0.427E+06    3.20     23986.     56.96       56.96
    6    0.405E+06   0.405E+06    3.20     11993.    108.00      108.00
```
该结构刚重比Di*Hi/Gi大于10,能够通过高规(5.4.4)的整体稳定验算
该结构刚重比Di*Hi/Gi大于20,可以不考虑重力二阶效应

图 2-3 SATWE 结构整体稳定验算结果

截面有效高度：

$$h_0 = h - a = 600 - 42.5 = 557.5 \text{(mm)}$$

偏心距增大系数：

$$\eta = 1 + \frac{1}{1400 e_i/h_0} \left(\frac{l_0}{h}\right)^2 \zeta_1 \zeta_2 = 1 + \frac{1}{1400 \times 340/557.5} \times \left(\frac{8240}{600}\right)^2 \times 1.0 \times 1.0 \approx 1.221$$

轴向压力作用点至纵向普通受拉钢筋的合力点的距离：

$$e = \eta e_i + \frac{h}{2} - a = 1.221 \times 340 + \frac{600}{2} - 42.5 \approx 672.6 \text{(mm)}$$

假定截面为大偏心受压，则截面相对受压区高度：

$$\xi = \gamma_{RE} N / \alpha_1 f_c b h_0 = 0.8 \times 1934.56 \times 10^3 / (1.0 \times 14.3 \times 600 \times 557.5) \approx 0.324 < \xi_b = 0.518$$

截面为大偏心受压，则混凝土受压区高度：

$$x = \gamma_{RE} N / \alpha_1 f_c b = 0.8 \times 1934.56 \times 10^3 / (1.0 \times 14.3 \times 600) \approx 180.38 \text{(mm)}$$

单侧钢筋面积：

$$A_s = A_s' = \frac{\gamma_{RE} N e - \alpha_1 f_c b x (h_0 - x/2)}{f_y'(h_0 - a_s')}$$

$$= \frac{0.8 \times 1934.56 \times 10^3 \times 672.6 - 1.0 \times 14.3 \times 600 \times 180.38 \times (557.5 - 180.38/2)}{360 \times (557.5 - 42.5)}$$

$$\approx 1713.65 \text{(mm}^2)$$

（2）按照《混凝土结构设计规范》GB 50010—2010（2015 版）计算柱配筋（不考虑 P-Δ 效应）

因反弯点在柱中，绝对值较小端柱弯矩设计值取负值，同一主轴方向的杆端弯矩 M_1/M_2 为负值，小于 0.9 框架柱的长细比：

$$l_c/i = 1.25 \times 3200/173.21 \approx 23.09 < 34$$

说明：此处计算长度系数取 1.25 其实存在争议。《混凝土结构设计规范》GB 50010—2010（2015 年版）第 6.2.20 条的条文说明指出，本规范第 6.2.20 条第 2 款表 6.2.20-2 中框架柱的计算长度 l_0 主要用于计算轴心受压框架柱稳定系数 φ，以及计算偏心受压构件裂缝宽度的偏心距增大系数时采用。很显然，《混凝土结构设计规范》GB 50010—2010（2015 年版）中框架柱的计算长度 l_0 并不会影响框架柱内力和配筋，框架柱的计算长度 l_0 仅仅是为了计算轴心受压框架柱稳定系数 φ，以及计算偏心受压构件裂缝宽度的偏心距增

大系数时采用。

当轴压比 $0.45 < 0.9$ 时，不需要考虑轴向压力在挠曲杆件中产生的附加弯矩影响（即不用考虑 $P\text{-}\delta$ 效应）。

轴向压力对截面重心的偏心距：

$$e_0 = M/N = 619.07 \times 10^6 / (1934.56 \times 10^3) = 320 (\text{mm})$$

附加偏心距：

$$e_a = \max\{20, 600/30\} = 20 (\text{mm})$$

初始偏心距：

$$e_i = e_0 + e_a = 320 + 20 = 340 (\text{mm})$$

轴向压力作用点至纵向普通受拉钢筋的合力点的距离：

$$e = e_i + \frac{h}{2} - a = 340 + \frac{600}{2} - 42.5 = 597.5 (\text{mm})$$

假定截面为大偏心受压，则截面相对受压区高度：

$$\xi = \gamma_{RE} N / \alpha_1 f_c b h_0 = 0.8 \times 1934.56 \times 10^3 / (1.0 \times 14.3 \times 600 \times 557.5)$$

$$\approx 0.324 < \xi_b = 0.518$$

截面为大偏心受压，则混凝土受压区高度：

$$x = \gamma_{RE} N / \alpha_1 f_c b = 0.8 \times 1934.56 \times 10^3 / (1.0 \times 14.3 \times 600) \approx 180.38 (\text{mm})$$

单侧钢筋面积：

$$A_s = A_s' = \frac{\gamma_{RE} Ne - \alpha_1 f_c bx (h_0 - x/2)}{f_y'(h_0 - a_s')}$$

$$= \frac{0.8 \times 1934.56 \times 10^3 \times 597.5 - 1.0 \times 14.3 \times 600 \times 180.38 \times (557.5 - 180.38/2)}{360 \times (557.5 - 42.5)}$$

$$\approx 1086.75 (\text{mm}^2)$$

（3）按照《混凝土结构设计规范》GB 50010—2010（2015 版）计算柱配筋（考虑 $P\text{-}\Delta$ 效应）

考虑 $P\text{-}\Delta$ 效应后，SATWE 构件内力信息见图 2-4。

构件设计验算信息

Asxt, Asxb —— 矩形截面B边上下端单边配筋面积(含两根角筋)
Asyt, Asyb —— 矩形截面H边上下端单边配筋面积(含两根角筋)
Asxt0, Asxb0 —— 矩形截面B边上下端单边计算配筋面积(含两根角筋)
Asyt0, Asyb0 —— 矩形截面H边上下端单边计算配筋面积(含两根角筋)
Asvx, Asvx0 —— 矩形截面B边加密区配箍面积和非加密区配箍面积
Asvy, Asvy0 —— 矩形截面H边加密区配箍面积和非加密区配箍面积

项目	内容				
轴压比:	(29)	N=-2320.2	Uc=0.45 ≤ 0.75(限值)		
	《高规》6.4.2条给出轴压比限值。				
剪跨比(简化算法):	Rmd=2.88				
	《高规》6.2.6条: 反弯点位于柱高中部的框架柱,剪跨比可取柱净高与计算方向2倍柱截面有效高度之比值				
主筋:	B边底部(34)	N=-1934.56	Mx=503.78	My=28.53	Asxb=1019.03 Asxb0=587.68
	B边顶部(34)	N=-1934.56	Mx=636.68	My=34.66	Asxt=1161.14 Asxt0=1161.14
	H边底部(33)	N=-1934.56	Mx=28.53	My=503.78	Asyb=1019.03 Asyb0=587.69
	H边顶部(33)	N=-1934.56	Mx=34.66	My=636.68	Asyt=1161.15 Asyt0=1161.15
箍筋:	(29)	N=-2320.32	Vx=467.09	Vy=-30.83	Asvx=183.70 Asvx0=120.56

图 2-4 SATWE 构件内力信息

因反弯点在柱中，绝对值较小端柱弯矩设计值取负值，同一主轴方向的杆端弯矩 M_1/M_2 为负值，小于 0.9。框架柱的长细比：

$$l_c/i = 1.25 \times 3200/173.21 \approx 23.09 < 34$$

仍然不需要考虑轴向压力在挠曲杆件中产生的附加弯矩影响（即不用考虑 $P\text{-}\delta$ 效应）。轴向压力对截面重心的偏心距：

$$e_0 = M/N = 636.68 \times 10^6/(1934.56 \times 10^3) \approx 329.11(\text{mm})$$

附加偏心距：

$$e_a = \max\{20, 600/30\} = 20(\text{mm})$$

初始偏心距：

$$e_i = e_0 + e_a = 329.11 + 20 = 349.11(\text{mm})$$

轴向压力作用点至纵向普通受拉钢筋的合力点的距离：

$$e = e_i + \frac{h}{2} - a = 349.11 + \frac{600}{2} - 42.5 = 606.61(\text{mm})$$

假定截面为大偏心受压，则截面相对受压区高度：

$$\xi = \gamma_{RE} N/\alpha_1 f_c b h_0 = 0.8 \times 1934.56 \times 10^3/(1.0 \times 14.3 \times 600 \times 557.5) = 0.324 < \xi_b = 0.518$$

截面为大偏心受压，则混凝土受压区高度：

$$x = \gamma_{RE} N/\alpha_1 f_c b = 0.8 \times 1934.56 \times 10^3/(1.0 \times 14.3 \times 600) = 180.38(\text{mm})$$

单侧钢筋面积：

$$
\begin{aligned}
A_s = A_s' &= \frac{\gamma_{RE} Ne - \alpha_1 f_c bx(h_0 - x/2)}{f_y'(h_0 - a_s')} \\
&= \frac{0.8 \times 1934.56 \times 10^3 \times 606.61 - 1.0 \times 14.3 \times 600 \times 180.38 \times (557.5 - 180.38/2)}{360 \times (557.5 - 42.5)} \\
&\approx 1162.79(\text{mm}^2)
\end{aligned}
$$

《混凝土结构设计规范》GB 50010—2002 与《混凝土结构设计规范》GB 50010—2010（2015 版）钢筋混凝土柱计算算例对比见表 2-2。

《混凝土结构设计规范》GB 50010—2002 与《混凝土结构设计规范》
GB 50010—2010（2015 版）钢筋混凝土柱计算算例对比　　　　表 2-2

规范	《混凝土结构设计规范》GB 50010—2002	《混凝土结构设计规范》GB 50010—2010	
		考虑 $P\text{-}\Delta$ 效应	不考虑 $P\text{-}\Delta$ 效应
柱上下端弯矩	$M_1 = 491.59\text{kN} \cdot \text{m}$ $M_2 = 619.07\text{kN} \cdot \text{m}$	$M_1 = 503.78\text{kN} \cdot \text{m}$ $M_2 = 636.68\text{kN} \cdot \text{m}$	$M_1 = 491.59\text{kN} \cdot \text{m}$ $M_2 = 619.07\text{kN} \cdot \text{m}$
柱轴力	1934.56kN	1934.56kN	1934.56kN
计算长度系数	2.575	1.25	1.25
计算长度	8240mm	4000mm	4000mm
轴向压力对截面重心的偏心距 e_0	320mm	329.11mm	320mm
附加偏心距 e_a	20mm	20mm	20mm

续表

规范	《混凝土结构设计规范》 GB 50010—2002	《混凝土结构设计规范》GB 50010—2010	
		考虑 P-Δ 效应	不考虑 P-Δ 效应
初始偏心距 e_i	340mm	349.11mm	340mm
偏心距增大系数 η	1.221	不需要考虑 P-δ 效应	不需要考虑 P-δ 效应
轴向压力作用点至纵向普通受拉钢筋的合力点的距离 e	672.6mm	606.61mm	597.5mm
单侧钢筋面积 $A_s = A_s'$	1713.65mm²	1162.79mm²	1086.75mm²
钢筋比值	157.69%	107%	100%

很显然，根据《混凝土结构设计规范》GB 50010—2002，水平荷载产生的弯矩设计值占总弯矩设计值的 75% 以上，框架柱的计算长度按 $l_0 = [1 + 0.15(\psi_u + \psi_l)]H$、$l_0 = (2 + 0.2\psi_{\min})H$ 取小值（计算长度系数远大于 1.25），以此来考虑 P-Δ 效应。采用 η-l_0 法（即计算长度系数法），通过放大偏心距 e_i 为 $\eta e_i = \eta(e_0 + e_a)$，同时考虑 P-δ 和 P-Δ 效应，偏心距增大系数公式 $\eta = 1 + \dfrac{1}{1400 e_i / h_0}\left(\dfrac{l_0}{h}\right)^2 \zeta_1 \zeta_2$ 中 l_0 为计算长度。

但是根据《高层建筑混凝土结构技术规程》JGJ 3—2010 第 5.4.1 条，结构不需要考虑重力二阶效应（P-Δ 效应）；又根据《混凝土结构设计规范》GB 50010—2010（2015 版）第 6.2.3 条，不用考虑 P-δ 效应。因此，根据《混凝土结构设计规范》GB 50010—2010（2015 版）不考虑 P-Δ 效应，框架柱计算配筋远小于《混凝土结构设计规范》GB 50010—2002。

由［算例 2.1］可以看出，根据《高层建筑混凝土结构技术规程》JGJ 3—2010 第 5.4.1 条判断结构是否需要考虑重力二阶效应（即我们常说的 P-Δ 效应），如果满足 $EJ_d \geqslant 2.7 H^2 \sum\limits_{i=1}^{n} G_i$（剪力墙结构、框架-剪力墙结构、板柱剪力墙结构、筒体结构）、$D_i \geqslant 20 \sum\limits_{j=i}^{n} G_j / h_i$（框架结构）就不考虑 P-Δ 效应，这样做，对于钢筋混凝土框架柱的计算是存在风险的。

文献［4］中有对比《混凝土结构设计规范》GB 50010—2002 和《混凝土结构设计规范》GB 50010—2010（2015 版）框架柱的算例。柱截面 400mm×500mm，纵向钢筋合力点至截面近边缘的距离 $a_s = 40$mm，计算长度 $l_{0x} = 5500$mm，混凝土强度等级 C30，纵向钢筋强度设计值 $f_y = 360$N/mm²，截面设计压力 $N = 400$kN，下端设计弯矩 $M = 240$kN·m，上端设计弯矩 $M = -200$kN·m。算例结果表明（见表 2-3），反弯点在柱中间的普通框架柱，《混凝土结构设计规范》GB 50010—2010（2015 版）与《混凝土结构设计规范》GB 50010—2002 配筋结果相当。但是文献［4］得出这一结论是基于计算长度为定值，即《混凝土结构设计规范》GB 50010—2010（2015 版）与《混凝土结构设计规范》GB 50010—2002 均取一样的计算长度系数。如果水平荷载产生的弯矩设计值占总弯矩设计值的 75% 以上，《混凝土结构设计规范》GB 50010—2002 计算长度系数会远大于《混凝土结构设计规范》GB 50010—2010（2015 版），配筋值也会远大于《混凝土结构设计规范》GB 50010—2010（2015 版）（见表 2-3）。

采用《混凝土结构设计规范》GB 50010—2002 与《混凝土结构设计规范》
GB 50010—2010（2015 版）钢筋混凝土柱计算算例对比　　　表 2-3

规范	偏心距增大系数	$e = \eta e_i + \dfrac{h}{2} - a$ $e = e_i + \dfrac{h}{2} - a$	钢筋面积 A_s
《混凝土结构设计规范》 GB 50010—2002	$\eta = 1.06$	869mm	1189.83mm^2
《混凝土结构设计规范》 GB 50010—2010（2015 版）	$C_m \eta_{ns} = 0.75 < 1.0$ 取 1.0	830mm	1084.66mm^2

《混凝土结构设计规范》GB 50010—2010（2015 版）抛弃旧规范计算长度系数法，完全按照美国 ACI318-08 规范二阶效应方法（P-Δ 效应计算在结构内力分析时考虑，P-δ 效应在构件计算时考虑），此时，如果工程师按照《混凝土结构设计规范》GB 50010—2010（2015 版）计算框架柱配筋，结构内力分析时不考虑 P-Δ 效应，是存在安全隐患的。

综上所述：只要结构中有钢筋混凝土框架柱，则一定要勾选 P-Δ 效应，两点理由回顾如下：

（1）《混凝土结构设计规范》GB 50010—2010（2015 版）第 6.2.3 条中判断柱是否需要考虑轴向压力在该方向挠曲杆件中产生的附加弯矩影响（即 P-δ 效应）时，M_1、M_2 为考虑 P-Δ 效应后的弯矩值。

（2）《混凝土结构设计规范》GB 50010—2010（2015 版）第 6.2.17 第 3 款条文说明指出，新修订的方法取消计算长度系数方法，就是希望通过计算机进行结构分析时一并考虑由结构侧移引起的二阶效应（P-Δ 效应）。即在进行截面设计时，其内力已经考虑了二阶效应。

虽然《混凝土结构设计规范》GB 50010—2010（2015 版）已经明确柱在截面设计时，其内力已经考虑了二阶效应，但是规范仍然有很多前后矛盾的地方。

《混凝土结构设计规范》GB 50010—2010（2015 版）第 5.3.4 条规定，当结构的二阶效应可能使作用效应显著增大时，在结构分析中应考虑二阶效应的不利影响。混凝土结构的重力二阶效应可采用有限元分析方法计算，也可采用本规范附录 B 的简化方法。当采用有限元分析方法时，宜考虑混凝土构件开裂对构件刚度的影响。

《混凝土结构设计规范》GB 50010—2010（2015 版）第 6.2.17 条中指出，计算轴向压力对截面重心的偏心距 $e_0 = M/N$ 时，当需要考虑二阶效应时，M 为按本规范第 5.3.4 条、第 6.2.4 条确定的弯矩设计值。

很显然，规范以上两条规定与其"进行柱截面设计时，其内力已经考虑了二阶效应"的思想前后矛盾。这也是今后规范需要修订的地方。

另外对于细长柱（长细比 l_0/i 大于 103、长高比 $l_0/h > 30$ 的柱），《混凝土结构设计规范》GB 50010—2002 指出偏心距增大系数公式 $\eta = 1 + \dfrac{1}{1400 e_i/h_0}\left(\dfrac{l_0}{h}\right)^2 \zeta_1 \zeta_2$ 误差较大，建议采用模型柱法或其他可靠方法计算。但是《混凝土结构设计规范》GB 50010—2010

（2015 版）对细长柱如何计算只字未提[5]，这也是今后规范需要修订的地方。

2.2 钢筋混凝土梁剪扭截面超限如何调整？钢筋混凝土结构的平衡扭转和协调扭转有什么区别？

《混凝土结构设计规范》GB 50010—2010（2015 版）第 6.4.1 条规定，在弯矩、剪力和扭矩共同作用下，h_w/b 不大于 6 的矩形、T 形、I 形截面和 h_w/t_w 不大于 6 的箱形截面构件，其截面应符合下列条件：

当 h_w/b（或 h_w/t_w）不大于 4 时

$$\frac{V}{bh_0} + \frac{T}{0.8W_t} \leqslant 0.25\beta_c f_c \tag{2-1}$$

当 h_w/b（或 h_w/t_w）等于 6 时

$$\frac{V}{bh_0} + \frac{T}{0.8W_t} \leqslant 0.2\beta_c f_c \tag{2-2}$$

当 h_w/b（或 h_w/t_w）大于 4 但小于 6 时，按线性内插法确定。当 h_w/b 大于 6 或 h_w/t_w 大于 6 时，受扭构件的截面尺寸要求及扭曲截面承载力计算应符合专门规定。

公式中各符号的意义详见《混凝土结构设计规范》GB 50010—2010（2015 版）。工程设计中，经常出现钢筋混凝土梁不满足式（2-1）、式（2-2）的情况，也就是我们常说的钢筋混凝土梁剪扭截面超限。下面以一个简单算例，介绍钢筋混凝土梁剪扭截面超限的两种调整方法。图 2-5 是钢筋混凝土梁剪扭截面超限算例，图 2-5（a）中钢筋混凝土框架梁

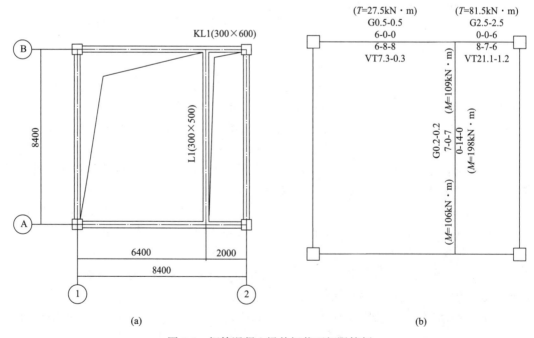

图 2-5　钢筋混凝土梁剪扭截面超限算例

（a）结构平面布置图；（b）YJK 软件配筋结果

KL1 采用 YJK 软件进行计算，配筋结果见图 2-5（b），括号内 T 为梁扭矩、M 为梁弯矩。梁混凝土强度等级为 C40。

YJK 软件提示钢筋混凝土梁 KL1 截面不满足剪扭要求，YJK 软件输出钢筋混凝土梁 KL1 剪扭截面超限信息见图 2-6。针对 KL1 剪扭截面超限，有以下两种方法推荐：

```
剪扭验算: (1)V=-127.7  T=-81.5  N=-47.3  ast=2101  astcal=2101  ast1=114
非加密区箍筋面积: 243
**位置:1 (组合号:1) 截面不满足剪扭要求 V/b/h0+T/0.8/Wt=5.29>0.25*β c*fc=4.78    《混凝土结构设计规范》6.4.1
**位置:2 (组合号:1) 截面不满足剪扭要求 V/b/h0+T/0.8/Wt=5.30>0.25*β c*fc=4.78    《混凝土结构设计规范》6.4.1
**位置:3 (组合号:1) 截面不满足剪扭要求 V/b/h0+T/0.8/Wt=5.31>0.25*β c*fc=4.78    《混凝土结构设计规范》6.4.1
**位置:4 (组合号:1) 截面不满足剪扭要求 V/b/h0+T/0.8/Wt=5.32>0.25*β c*fc=4.78    《混凝土结构设计规范》6.4.1
**位置:5 (组合号:1) 截面不满足剪扭要求 V/b/h0+T/0.8/Wt=5.33>0.25*β c*fc=4.78    《混凝土结构设计规范》6.4.1
**位置:6 (组合号:1) 截面不满足剪扭要求 V/b/h0+T/0.8/Wt=5.34>0.25*β c*fc=4.78    《混凝土结构设计规范》6.4.1
**位置:7 (组合号:1) 截面不满足剪扭要求 V/b/h0+T/0.8/Wt=5.35>0.25*β c*fc=4.78    《混凝土结构设计规范》6.4.1
**位置:8 (组合号:1) 截面不满足剪扭要求 V/b/h0+T/0.8/Wt=5.35>0.25*β c*fc=4.78    《混凝土结构设计规范》6.4.1
**位置:9 (组合号:1) 截面不满足剪扭要求 V/b/h0+T/0.8/Wt=5.36>0.25*β c*fc=4.78    《混凝土结构设计规范》6.4.1
```

图 2-6 YJK 软件输出钢筋混凝土梁 KL1 剪扭截面超限信息

（1）次梁 L1 弯矩调幅

由图 2-5（b）可知，KL1 扭矩较大（扭矩 $T=81.5$kN·m），导致剪扭截面验算超限，即 $\frac{V}{bh_0}+\frac{T}{0.8W_t}>0.25\beta_c f_c$。主框架梁 KL1 的扭矩 T 由次梁 L1 的梁端支座负弯矩 M 产生，如果将次梁 L1 的梁端支座负弯矩 M 进行弯矩调幅，就可以降低主框架梁 KL1 的扭矩 T 值。是否能够将次梁的负弯矩进行调幅呢？

工程师熟知，钢筋混凝土框架梁可以进行负弯矩调幅。《高层建筑混凝土结构技术规程》JGJ 3—2010 第 5.2.3 条规定，在竖向荷载作用下，可考虑框架梁端塑性变形内力重分布对梁端负弯矩乘以调幅系数进行调幅，并应符合下列规定：

1）装配整体式框架梁端负弯矩调幅系数可取为 0.7~0.8，现浇框架梁端负弯矩调幅系数可取为 0.8~0.9；

2）框架梁端负弯矩调幅后，梁跨中弯矩应按平衡条件相应增大；

3）应先对竖向荷载作用下框架梁的弯矩进行调幅，再与水平作用产生的框架梁弯矩进行组合；

4）截面设计时，框架梁跨中截面正弯矩设计值不应小于竖向荷载作用下按简支梁计算的跨中弯矩设计值的 50%。

其条文说明指出，在竖向荷载作用下，框架梁端负弯矩往往较大，配筋困难，不便于施工和保证施工质量。因此允许考虑塑性变形内力重分布对梁端负弯矩进行适当调幅。

那钢筋混凝土次梁能否考虑塑性变形内力重分布对梁端负弯矩进行适当调幅？《混凝土结构设计规范》GB 50010—2010（2015 版）第 5.4.3 条规定，钢筋混凝土梁支座或节点边缘截面的负弯矩调幅幅度不宜大于 25%；弯矩调整后的梁端截面相对受压区高度不应超过 0.35，且不宜小于 0.10。其条文说明指出，采用基于弹性分析的塑性内力重分布方法进行弯矩调幅时，弯矩调整的幅度及受压区的高度均应满足本条的规定，以保证构件出现塑性铰的位置有足够的转动能力并限制裂缝宽度。

因此我们可以将钢筋混凝土次梁 L1 支座负弯矩调幅，调幅系数取为 0.75，再复核主框架梁 KL1 的剪扭截面。需要说明的是，将 L1 负弯矩调幅系数修改为 0.75，L1 的支座负弯矩由 109kN·m 减小为 82kN·m、跨中正弯矩由 198kN·m 增加为 225kN·m［图

2-7（a）]，但是 KL1 的扭矩并没有变化，仍为 81.5kN·m［图 2-7（a）］，KL1 的剪扭截面仍然超限。

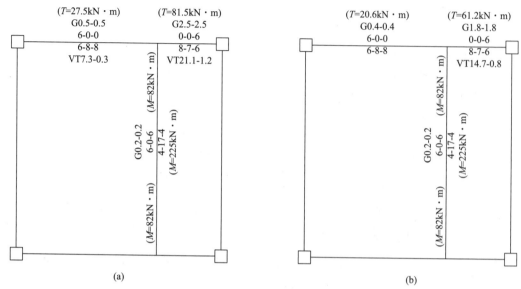

图 2-7　次梁 L1 支座负弯矩调幅后 YJK 软件输出结果（弯矩调幅系数 0.75）
（a）L1 支座负弯矩调幅 0.75；（b）L1 支座负弯矩调幅 0.75、KL1 扭矩折减 0.75

将钢筋混凝土次梁 L1 支座负弯矩进行 0.75 倍调幅的同时、需要将 KL1 的扭矩折减系数调整为 0.75，KL1 的配筋结果输出见图 2-7（b）。此时，KL1 的剪扭截面验算不超限 YJK 软件 KL1 剪扭截面验算详细信息（扭矩折减系数 0.75）见图 2-8。

```
N-B=14 (I=1000010, J=1000012) (1)B*H(mm)=300*600
Lb=2.00(m) Cover= 20(mm) Nfb=2 Nfb_gz=2 Rcb=40.0 Fy=360 Fyv=360
砼梁 C40 框架梁 调幅梁 矩形
livec=1.000  tf=0.850  nj=0.750
η v=1.200
                -1-     -2-     -3-     -4-     -5-     -6-     -7-     -8-     -9-
-M(kNm)          0       0       0       0       0      -9     -42     -77    -111
LoadCase       ( 0)    ( 0)    ( 0)    ( 0)    ( 0)    ( 1)    ( 1)    ( 1)    ( 1)
Top Ast          0       0       0       0       0     470     470     470     600
% Steel       0.00    0.00    0.00    0.00    0.00    0.26    0.26    0.26    0.36
+M(kNm)        155     123      99      83      66      50      34      17       0
LoadCase       ( 1)    ( 1)    ( 0)    ( 0)    ( 0)    ( 0)    ( 0)    ( 0)    ( 0)
Btm Ast        808     635     506     470     470     470     470     470     556
% Steel       0.48    0.38    0.30    0.26    0.26    0.26    0.26    0.26    0.31
V(kN)         -128    -129    -131    -132    -134    -135    -136    -138    -139
T(kNm)         -61     -61     -61     -61     -61     -61     -61     -61     -61
N(kN)          -47     -47     -47     -47     -47     -47     -47     -47     -47
LoadCase       ( 1)    ( 1)    ( 1)    ( 1)    ( 1)    ( 1)    ( 1)    ( 1)    ( 1)
Asv            172     173     173     174     175     175     176     177     178
Ast           1468    1468    1468    1468    1468    1468    1468    1468    1468
Rsv           0.57    0.58    0.58    0.58    0.58    0.58    0.59    0.59    0.59
剪扭验算: (1)V=-127.7  T=-61.2  N=-47.3  ast=1468  astcal=1468  ast1=79
非加密区箍筋面积: 174
```

图 2-8　YJK 软件 KL1 剪扭截面验算详细信息（扭矩折减系数 0.75）

主框架梁 KL1 剪扭截面验算手工复核如下：
受扭构件的截面受扭塑性抵抗矩：

$$W_t = \frac{b^2}{6}(3h - b) = \frac{300^2}{6} \times (3 \times 600 - 300) = 22500000 (\text{mm}^3)$$

$h_w/b < 4$ 剪扭截面验算：

$$\frac{V}{bh_0} + \frac{T}{0.8W_t} = \frac{127.7 \times 10^3}{300 \times 557.5} + \frac{61.2 \times 10^6}{0.8 \times 22500000} = 4.16 (\text{N/mm}^2) < 0.25\beta_c f_c$$
$$= 4.775 \text{N/mm}^2$$

次梁 L1 梁端截面相对受压区高度：

$$\frac{x}{h_0} = \frac{f_y A_s - f_y' A_s'}{\alpha_1 f_c b h_0} = \frac{360 \times 1640 - 360 \times 515}{1.0 \times 19.1 \times 300 \times 457.5} = 0.15 \in [0.1, 0.35]$$

满足规范"梁弯矩调整后的梁端截面相对受压区高度不应超过 0.35，且不宜小于 0.10"的规定。

（2）主框架梁 KL1 梁高减小、梁宽加大

在钢筋混凝土梁剪扭截面验算超限的情况下，一些工程师习惯将梁加高。比如本算例，将 KL1 梁截面由 300mm×600mm 调整为 300mm×700mm，其扭矩由 81.5kN•m 增加至 91.2kN•m，剪扭截面验算仍然超限 [图 2-9（a）]。

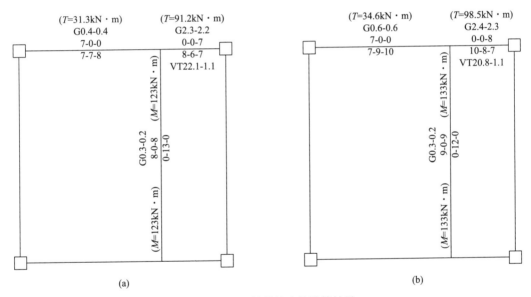

图 2-9 YJK 软件输出的计算结果

（a）KL1 梁截面 300mm×700mm；（b）KL1 梁截面 400mm×525mm

若保证梁截面 300mm×700mm（面积 210000mm²）的面积不变，将 KL1 梁截面调整为 400mm×525mm（面积 210000mm²），其扭矩虽然变大、达到 98.5kN•m，但此时剪扭截面验算不超限 [图 2-9（b）]。

我们考察受扭构件的截面受扭塑性抵抗矩，与梁高 h、梁宽 b 的关系。为增大受扭构件的截面受扭塑性抵抗矩，在保证梁截面面积 A 不变的前提下，到底是增大梁高 h 更有效、还是增大梁宽 b 更有效？

受扭构件的截面受扭塑性抵抗矩：

$$W_t = \frac{b^2}{6}(3h-b) = \frac{1}{2}hb^2 - \frac{1}{6}b^3 = \frac{A}{2}b - \frac{1}{6}b^3$$

将受扭构件的截面受扭塑性抵抗矩 W_t 对梁宽 b 求导：

$$\frac{dW_t}{db} = \frac{A}{2} - \frac{1}{6} \times 3b^2 = \frac{A}{2} - \frac{b^2}{2}$$

因梁宽一般小于梁高，即 $b<h$，所以：

$$\frac{dW_t}{db} = \frac{A}{2} - \frac{b^2}{2} = \frac{1}{2}(A-b^2) = \frac{1}{2}(bh-b^2) = \frac{1}{2}b(h-b) > 0$$

也就是说，保证面积 A 不变，W_t 为相对于梁宽 b 的增函数。即梁宽 b 越大，截面受扭塑性抵抗矩 W_t 也越大。

三种不同梁截面剪扭截面验算的结果见表 2-4，表中初始截面指 300mm×600mm 的梁截面。由表 2-4 可以看出：在保证梁截面面积 A 不变的前提下，增大梁宽 b、比增大梁高 h，对提高截面受扭塑性抵抗矩 W_t 更有效。

三种不同梁截面剪扭截面验算的结果　　　　表 2-4

梁截面(mm)	300×600	300×700	400×525
梁扭矩设计值(kN·m)	81.5	91.2	98.5
梁扭矩与初始截面比值	100%	112%	121%
受扭构件的截面受扭塑性抵抗矩(mm³)	22500000	27000000	31333333
受扭塑性抵抗矩与初始截面比值	100%	120%	139%

关于钢筋混凝土构件受扭设计，还有以下几个问题值得关注：

（1）次梁 L1 负弯矩调幅系数 0.75，主框架梁 KL1 扭矩折减 0.75。主框架梁扭矩折减有没有理论依据？

回答这个问题前，我们先了解下平衡扭转与协调扭转。钢筋混凝土结构构件的扭转，根据其扭转形成的原因，可以分为以下两种类型[6]：

1）平衡扭转

构件的扭转由平衡条件确定，其扭矩在梁内不会产生内力重分布。例如雨篷板对雨篷梁所产生的扭转，称为平衡扭转。

图 2-10（a）所示为平衡扭转计算简图的例子，其扭转属于静定结构体系，悬挑梁 CD 在荷载 q_1 作用下，在梁 C 端产生最大负弯矩 M_c；支承梁 A、B 两端与柱子固接，在 M_c 作用下，两端产生弹性扭矩 $T_A = T_B = M_c/2$，方向与 M_c 相反。此时，对 T_A 及 T_B 不能进行塑性调幅，也就是不会产生内力重分布，否则，由于梁 AB 的塑性变形，将使梁 CD 失去平衡。

2）协调扭转

在超静定结构中，由于相邻构件的弯曲转动受到支承梁的约束，在支承梁内引起扭转。例如两端与框架边柱刚接在一起的支承梁（框架结构边梁），当相邻构件（如次梁）受荷载作用产生弯曲转动时，支承梁随之产生约束扭转；该梁调幅后进行配筋时，在开裂后，其扭矩设计值可以相对减小，产生内力重分布。相应于调幅后的扭转，称为协调扭转。

图 2-10（b）为协调扭转计算简图的例子。在点 D 可以是简支的铰支座，也可以是连续的铰支座或固定端；整个结构属于超静定结构体系。梁 CD 一般是框架的次梁，当其产生弯曲变形后，在 C 端产生支座负弯矩 M_c。支承梁 AB 在 M_c 作用下产生弹性扭矩 $T_A=T_B=M_c/2$；此时，对 T_A 及 T_B 可以采用比弹性扭矩较小的设计值进行配筋设计，即所谓进行扭矩调幅。这样，在梁 A、B 两端形成塑性铰而产生内力重分布，使相应的 M_c 值亦随之减小，而梁 CD 的跨中弯矩却有所增加，从而对 A、B 两侧扭矩与梁 CD 跨中的弯矩进行合理的调整，使结构的配筋及布置更趋于合理和经济，同时也便利于施工。

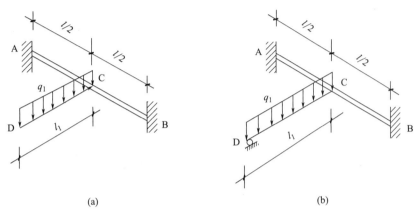

图 2-10　结构构件扭转类型计算简图举例
（a）平衡扭转；（b）协调扭转

我国以往的设计规范对协调扭转的设计方法未作具体的规定，《混凝土结构设计规范》GB 50010—2002 在受扭设计条文中，首次增加了协调扭转设计方法的内容。

《混凝土结构设计规范》GB 50010—2002 第 7.6.16 条规定，对属于协调扭转的钢筋混凝土结构构件，受相邻构件约束的支承梁的扭矩宜考虑内力重分布。考虑内力重分布后的支承梁，应按弯剪扭构件进行承载力计算。其条文说明指出，钢筋混凝土结构的扭转，应区分两种不同的类型：1）平衡扭转：由平衡条件引起的扭转，其扭矩在梁内不会产生内力重分布。2）协调扭转：由于相邻构件的弯曲转动受到支承梁的约束，在支承梁内引起的扭转，其扭矩会由于支承梁的开裂产生内力重分布而减小，条文给出了宜考虑内力重分布影响的原则要求。由试验可知，对独立的支承梁，当取扭矩调幅不超过 40% 时，按承载力计算满足要求且钢筋的构造符合本规范第 10.2.5 条和第 10.2.12 条的规定时，相应的裂缝宽度可满足规范规定的要求。为了简化计算，国外一些规范常取扭转刚度为零，即取扭矩为零的方法进行配筋。此时，为了保证支承构件有足够的延性和控制裂缝的宽度，就必须至少配置相当于开裂扭矩所需的构造钢筋。

很显然，《混凝土结构设计规范》GB 50010—2002 明确指出，扭矩调幅不超过 40%、即支承主框架梁扭矩折减系数 ≥0.6 时，相应的裂缝宽度可满足规范规定的要求。文献 [7] 对框架边梁进行了试验，其中有两根构件按协调扭转配筋。其中 BL-1 按 60% 的弹性扭矩值（即扭矩折减系数 0.6）设计；BL-2 由最小配筋率界限条件按 34% 的弹性扭矩值（即扭矩折减系数 0.34）设计，混凝土 C30，钢筋 HPB235 级，边框架梁 $b \times h=155\text{mm} \times 300\text{mm}$，次梁 $b_1 \times h_1=150\text{mm} \times 240\text{mm}$。边梁纵筋在截面上、下对称布置；箍筋沿梁全长配筋率相等，但在左、右两边区段箍筋直径和间距不同，用以测定间距对扭转斜裂缝的影响。试验结果分析表明：

1）构件加载后，在开裂前其内力按弹性规律增长；开裂后其扭转变形随荷载的增加而逐渐增大，反映出塑性特点。当加载至极限状态（相当于 100% 的设计荷载 P_s）时，试件 BL-1、BL-2 中，由次梁传给边梁的实测扭矩值分别为弹性扭矩的 80.6% 及 54.8%，即其能够承受的扭矩均超过了设计的扭矩值，同时在边梁两端固定支座处形成了"塑性铰"，边梁产生了内力重分布，说明构件的承载力满足设计要求的。

2）裂缝开展情况。构件自加载至开裂后，在扭矩和箍筋间距均较大的区段，出现了大致与边梁纵轴成 $45°$ 角的扭转斜裂缝。试验实测所得边框架梁斜裂缝最大宽度见表 2-5。由表 2-5 可知，在使用荷载情况下（约相当于 $0.5P_s$），两根构件边梁的斜裂缝最大宽度均未超过 $0.2\mathrm{mm}$，这是符合适用条件要求的。

边框架梁斜裂缝最大宽度 表 2-5

构件号	斜裂缝宽度（mm）		
	加载 $0.5P_s$	加载 $0.8P_s$	加载 $1.0P_s$
BL-1	0.10	0.4	1.3
BL-2	0.15	1.0	1.9

另外，此次试验仅限于次梁与边框架梁现浇，搁置在梁上的楼板为预制的情况。对梁板全部现浇的情况未进行研究。《混凝土结构设计规范》GB 50010—2002 根据以上的试验研究，在条文说明中指出：对独立的支承梁，扭矩调幅不超过 40%（即可取经调幅后的扭矩设计值不宜小于 0.6 倍的弹性扭矩设计值）时，相应的裂缝宽度能够满足规范规定的要求。

上述的独立支承梁，相当于框架梁、柱为现浇，而梁上的板为预制的情况；当框架的梁、板、柱均为现浇时，由于结构的整体刚度较好，在考虑内力重分布时，对扭矩的调幅值还可适当放松。结构构件扭转类型计算简图举例见图 2-11。

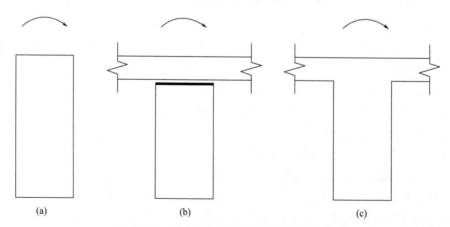

图 2-11　结构构件扭转类型计算简图举例

（a）梁上无楼板；（b）梁上预制板（独立支承梁）；（c）梁上有现浇混凝土楼板

《混凝土结构设计规范》GB 50010—2010（2015 版）第 9.2.10 条规定，在超静定结构中，考虑协调扭转而配置的箍筋，其间距不宜大于 $0.75b$（矩形截面的宽度）。

《混凝土结构设计规范》GB 50010—2002 明确指出，考虑协调扭转时梁扭矩折减系数不小于 0.6；《混凝土结构设计规范》GB 50010—2010（2015 版）没有给出考虑协调扭转时梁扭矩折减系数。但一些工程师在主梁出现剪扭截面超限时，直接将次梁梁端铰接，次梁梁端没有负弯矩，从而传给主梁的扭矩为零，主梁剪扭就不超限了。很显然这是不合理的做法。作者建议按照《混凝土结构设计规范》GB 50010—2010（2015 版）第 5.4.3 条规定，钢筋混凝土梁支座或节点边缘截面负弯矩调幅幅度不宜大于 25%；弯矩调整后的梁端截面相对受压区高度不应超过 0.35，且不宜小于 0.10。考虑协调扭转时主梁扭矩折减系数不小于 0.75。

值得注意的是，不能对托柱梁的扭矩考虑协调扭转进行塑性调幅，也就是由柱底弯矩产生的托柱梁扭矩，不会在梁内产生内力重分布。否则，托柱梁发生塑性变形，将使梁上柱失去平衡。也就是说，与图 2-10（a）中悬挑梁的支承主梁一样，托柱梁只能考虑平衡扭转。

（2）抗扭箍筋为什么要沿截面周边配置？

某钢筋混凝土梁，采用 YJK 软件进行计算，梁配筋简图见图 2-12（a），梁配筋详细信息见图 2-12（b）。图 2-13 为 YJK 软件钢筋混凝土梁配筋简图表达方式的说明。

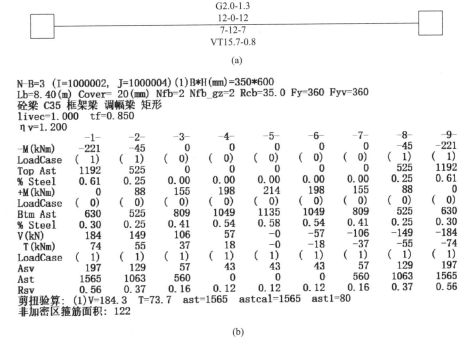

(a)

```
N-B=3 (I=1000002, J=1000004) (1)B*H(mm)=350*600
Lb=8.40(m) Cover= 20(mm) Nfb=2 Nfb_gz=2 Rcb=35.0 Fy=360 Fyv=360
砼梁 C35 框架梁 调幅梁 矩形
livec=1.000  tf=0.850
η v=1.200
```

	-1-	-2-	-3-	-4-	-5-	-6-	-7-	-8-	-9-
-M(kNm)	-221	-45	0	0	0	0	0	-45	-221
LoadCase	(1)	(1)	(0)	(0)	(0)	(0)	(0)	(1)	(1)
Top Ast	1192	525	0	0	0	0	0	525	1192
% Steel	0.61	0.25	0.00	0.00	0.00	0.00	0.00	0.25	0.61
+M(kNm)	0	88	155	198	214	198	155	88	0
LoadCase	(0)	(0)	(0)	(0)	(0)	(0)	(0)	(0)	(0)
Btm Ast	630	525	809	1049	1135	1049	809	525	630
% Steel	0.30	0.25	0.41	0.54	0.58	0.54	0.41	0.25	0.30
V(kN)	184	149	106	57	-0	-57	-106	-149	-184
T(kNm)	74	55	37	18	-0	-18	-37	-55	-74
LoadCase	(1)	(1)	(1)	(1)	(1)	(1)	(1)	(1)	(1)
Asv	197	129	57	43	43	43	57	129	197
Ast	1565	1063	560	0	0	0	560	1063	1565
Rsv	0.56	0.37	0.16	0.12	0.12	0.12	0.16	0.37	0.56

```
剪扭验算: (1)V=184.3  T=73.7  ast=1565  astcal=1565  ast1=80
非加密区箍筋面积: 122
```

(b)

图 2-12　YJK 软件输出梁配筋信息

(a) 梁配筋简图；(b) 梁配筋详细信息

此钢筋混凝土梁的箍筋该如何配置？有工程师将此梁加密区的箍筋配置为 $\Phi 8@100$（4），其理由是 1Φ8 钢筋的截面面积为 0.503cm^2，四肢箍的箍筋面积为：

$$A_{sv} = 4 \times 0.503 = 2.012(\text{cm}^2) > 2.0\text{cm}^2$$

很显然，这位工程师没有理解 A_{st1} 的含义。《混凝土结构设计规范》GB 50010—2010

$$GAsv\text{-}Asv0$$

$$Asu1 — Asu2 — Asu3$$

$$Asd1 — Asd2 — Asd3$$

$$（VTAst—Ast1）$$

其中：

Asu1、Asu2、Asu3 ——为梁上部左端、跨中、右端配筋面积（cm²）；

Asd1、Asd2、Asd3 ——为梁下部左端、跨中、右端配筋面积（cm²）；

Asv ——为梁加密区抗剪箍筋面积和剪扭箍筋面积的较大值（cm²）；

Asv0 ——为梁非加密区抗剪箍筋面积和剪扭箍筋面积的较大值（cm²）；

Ast、Ast1 ——为梁剪扭配筋时的受扭纵筋面积和抗扭箍筋沿周边布置的单肢箍筋面积

（cm²），只针对于混凝土梁，若 Ast 和 Ast1 都为零，则不输出这一行；

G、VT ——为箍筋和剪扭配筋标志。

图 2-13　YJK 软件钢筋混凝土梁配筋简图表达方式的说明

（2015 版）第 6.4.8 条规定，一般剪扭构件，在剪力和扭矩共同作用下的矩形截面剪扭构件，其受剪扭承载力应符合下列规定：

1）受剪承载力

$$V \leqslant (1.5 - \beta_t)(0.7 f_t b h_0 + 0.05 N_{p0}) + f_{yv} \frac{A_{sv}}{s} h_0 \tag{2-3}$$

$$\beta_t = \frac{1.5}{1 + 0.5 \dfrac{V W_t}{T b h_0}} \tag{2-4}$$

式中：A_{sv} ——受剪承载力所需的箍筋截面面积；

β_t ——一般剪扭构件混凝土受扭承载力降低系数：当 β_t 小于 0.5 时，取 0.5；当 β_t 大于 1.0 时，取 1.0。

2）受扭承载力：

$$T \leqslant \beta_t \left(0.35 f_t + 0.05 \frac{N_{p0}}{A_0} \right) W_t + 1.2 \sqrt{\zeta} f_{yv} \frac{A_{st1} A_{cor}}{s} \tag{2-5}$$

式中：A_{st1} ——受扭计算中沿截面周边配置的箍筋单肢截面面积。

其余符号意义详见《混凝土结构设计规范》GB 50010—2010（2015 版）。

A_{st1} 与 A_{sv} 不同的地方是，A_{st1} 为受扭计算中沿截面周边配置的箍筋单肢截面面积；而 A_{sv} 为受剪承载力所需的全部箍筋截面面积。A_{st1} 为什么是沿截面周边配置的箍筋单肢截面面积？图 2-14 为受扭构件的受力性能，由图 2-14 可以看出，沿截面周边配置的箍筋才可以提高混凝土梁的受扭承载力，而配置在截面中部的箍筋则不能提高混凝土梁的受扭承载力（但是配置在截面中部的箍筋可以提供混凝土梁的受剪承载力）。

下面手工复核梁的箍筋配置。

受扭构件的截面受扭塑性抵抗矩：

$$W_t = \frac{b^2}{6}(3h - b) = \frac{350^2}{6} \times (3 \times 600 - 350) \approx 29604166.67 (\text{mm}^3)$$

剪力设计值：

$V = 184.3 \text{kN}$

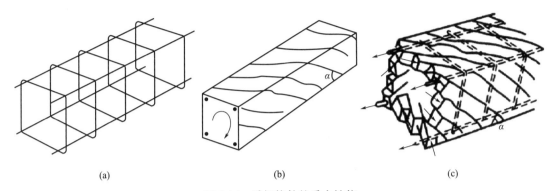

(a)　　　　　　　　　　　(b)　　　　　　　　　　(c)

图 2-14　受扭构件的受力性能

（a）抗扭箍筋骨架；（b）受扭构件的裂缝；（c）受扭构件的空间桁架模型

扭矩设计值：

$T = 73.7\text{kN} \cdot \text{m}$

一般剪扭构件混凝土受扭承载力降低系数：

$$\beta_\text{t} = \frac{1.5}{1 + 0.5 \dfrac{VW_\text{t}}{Tbh_0}} = \frac{1.5}{1 + 0.5 \times \dfrac{184.3 \times 10^3 \times 29604166.67}{73.7 \times 10^6 \times 350 \times 557.5}} \approx 1.26 > 1.0$$

取 $\beta_\text{t} = 1.0$，混凝土强度等级 C35，混凝土轴心抗拉强度设计值：

$f_\text{t} = 1.57\text{N/mm}^2$

$$A_\text{sv} \geqslant \frac{V - (1.5 - \beta_\text{t})(0.7 f_\text{t} bh_0 + 0.05 N_\text{p0})}{f_\text{yv} h_0} s$$

$$= \frac{184.3 \times 10^3 - (1.5 - 1.0) \times (0.7 \times 1.57 \times 350 \times 557.5 + 0)}{360 \times 557.5} \times 100$$

$$\approx 38.41(\text{mm}^2)$$

箍筋内表面范围内截面核心部分的短边尺寸：

$b_\text{cor} = 350 - 65 = 285(\text{mm})$

箍筋内表面范围内截面核心部分的长边尺寸：

$h_\text{cor} = 600 - 65 = 535(\text{mm})$

截面核心部分的面积：

$A_\text{cor} = b_\text{cor} h_\text{cor} = 285 \times 535 = 152475(\text{mm}^2)$

（说明：YJK 软件取箍筋内表面尺寸为梁截面减去 65mm）

　　YJK 软件取受扭的纵向普通钢筋与箍筋的配筋强度比值 $\zeta = 1.2$（说明：在计算抗扭单肢箍 A_stl 时，就需要用到配筋强度比 ζ。而配筋强度比 ζ 是按《混凝土结构设计规范》GB 50010—2010（2015 版）中式（6.4.4-2）$\zeta = \dfrac{f_\text{y} A_\text{stl} s}{f_\text{yv} A_\text{stl} u_\text{cor}}$，用抗扭单肢箍 A_stl 和抗扭纵筋 A_stl 计算得到。这个过程相当于用两个方程、求解三个未知数。为了能够求解，程序对配筋强度比 ζ 取了默认值。《混凝土结构设计规范》GB 50010—2010（2015 版）第 6.4.4 条的条文说明指出，试验表明，当 ζ 值在 0.5～2.0 范围内，钢筋混凝土受扭构件破坏时，其纵筋和箍筋基本能达到屈服强度。为稳妥起见，取限制条件为 $0.6 \leqslant \zeta \leqslant 1.7$。当 $\zeta >$

1.7 时取 1.7。当 ζ 接近 1.2 时为钢筋达到屈服的最佳值。YJK 软件取受扭的纵向普通钢筋与箍筋的配筋强度比值 $\zeta=1.2$；而 PKPM 软件取受扭的纵向普通钢筋与箍筋的配筋强度比值 $\zeta=1.0$。

受扭计算中沿截面周边配置的箍筋单肢截面面积：

$$A_{stl} \geqslant \frac{T-\beta_t(0.35f_t+0.05\frac{N_{p0}}{A_0})W_t}{1.2\sqrt{\zeta}f_{yv}A_{cor}}s$$

$$=\frac{73.7\times10^6-1.0\times(0.35\times1.57+0)\times29604166.67}{1.2\times\sqrt{1.2}\times360\times152475}\times100$$

$$\approx 79.60(\text{mm}^2)$$

与 YJK 软件输出的结果 80mm^2 一致。

剪扭箍筋面积总值为：

$$2A_{stl}+A_{sv}=2\times79.60+38.41=197.61\text{mm}^2\approx2.0(\text{cm}^2)$$

与 YJK 软件输出的结果 2.0cm^2 一致。

由以上计算过程可以看出，YJK 软件输出的箍筋面积 A_{sv} 已经包含了外围两个单肢的抗扭箍筋，加上受剪需要的箍筋。因外围需要的单肢抗扭箍筋面积为 0.8cm^2，将箍筋配置为 Φ8@100（4），其外围单肢箍筋的面积仅为 0.503cm^2，不满足外围单肢抗扭箍筋计算的要求，即使箍筋总面积 $4\times0.503=2.012$（cm^2），大于计算的总箍筋面积 2.0cm^2。为满足外围需要的单肢抗扭箍筋面积为 0.8cm^2，外围的箍筋应为 Φ12（箍筋面积 1.13cm^2）。此梁加密区箍筋应配置为外围箍筋 Φ12@100（2）＋内部箍筋 Φ8@100（2），为了方便施工，一般 4 肢箍筋取的直径相同，所以该梁加密区箍筋可配置为 Φ12@100（4），梁剪扭箍筋配置简图如图 2-15 所示。

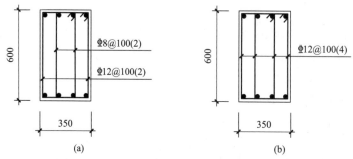

图 2-15 梁剪扭箍筋配置简图

（a）外箍、内箍直径不同；（b）外箍、内箍直径相同

受扭纵筋面积手工复核如下：

截面核心部分的周长：

$$u_{cor}=2(b_{cor}+b_{cor})=2\times(285+535)=1640(\text{mm})$$

受扭计算中取对称布置的全部纵向普通钢筋截面面积：

$$A_{stl}=\frac{\zeta f_{yv}A_{stl}u_{cor}}{f_ys}=\frac{1.2\times360\times79.6\times1640}{360\times100}\approx1566.53(\text{mm}^2)$$

与 YJK 软件输出的结果 1565mm² 基本一致。计算出来的抗扭纵筋配置到梁的周边即可。

（3）有楼板梁时扭矩折减系数如何考虑？

《高层建筑混凝土结构技术规程》JGJ 3—2010 第 5.2.4 条规定，高层建筑结构楼面梁受扭计算时应考虑现浇楼盖对梁的约束作用。当计算中未考虑现浇楼盖对梁扭转的约束作用时，可对梁的计算扭矩予以折减。梁扭矩折减系数应根据梁周围楼盖的约束情况确定。其条文说明指出，高层建筑结构楼面梁受楼板（有时还有次梁）的约束作用，无约束的独立梁极少。当结构计算中未考虑楼盖对梁扭转的约束作用时，梁的扭转变形和扭矩计算值过大，与实际情况不符，抗扭设计也比较困难，因此可对梁的计算扭矩予以适当折减。计算分析表明，扭矩折减系数与楼盖（楼板和梁）的约束作用和梁的位置密切相关，折减系数的变化幅度较大，本规程不便给出具体的折减系数，应由设计人员根据具体情况进行确定。

PKPM 软件和 YJK 软件将有楼板的梁扭矩折减系数取为 0.4。文献［8］采用 SAP2000 的壳单元、梁单元分别模拟楼板和梁柱，对普通整浇钢筋混凝土梁板体系在竖向荷载作用下的扭矩进行计算分析，得到以下结论：

1）其他条件一定的情况下，随着板厚增大，梁扭矩折减系数取值变小，这主要由于整体浇筑，板将对边主梁扭转，起到反方向的约束作用，楼板厚度的增加，导致楼板反方向约束扭转的作用加强，所受扭矩值自然减小；简而言之即：板厚的不同，对边主梁的约束也不同，楼板厚度越大，约束也会变强。

2）不同跨度、不同主次梁截面的模型，梁扭矩折减系数取值不同，这说明次梁对边梁扭矩有一定的贡献。

3）同一模型中，不同高度、不同位置梁的扭矩折减系数取值相差无几。

文献［8］给出建议，一般工程中梁扭矩折减系数取 0.4 是合理可取的。但是一些复杂结构的取值还有待进一步的研究确定，应该根据实际工程具体问题具体解决。

（4）地震作用工况下出现扭矩的梁，扭矩截面承载力如何计算？

某钢筋混凝土梁，采用 YJK 软件进行计算，YJK 软件输出梁构件详细信息见图 2-16。由图 2-16（a）可以看出，X 方向风荷载工况下，梁扭矩标准值 $T_{Wx} = 50.4$kN·m；X 方向地震作用工况下，梁扭矩标准值 $T_{Ex} = 95.3$kN·m。由图 2-16（b）、图 2-16（c）可以看出，11 号组合"1.3 恒载＋1.05 活载＋1.5X 正向风荷载"梁扭矩设计值 $T = 1.5T_{Wx} = 1.5 \times 50.4 = 75.6$kN·m，且此荷载组合下梁的剪扭截面验算超限。

然而，11 号组合并非梁扭矩设计值的最大组合。以 27 号组合"1.3 恒载＋0.65 活载＋1.4X 方向地震作用"为例，梁扭矩设计值 $T = 1.4T_{Ex} = 1.4 \times 95.3 = 133.42$kN·m ＞ 75.6kN·m。但是软件却没有对地震作用下产生的扭矩进行截面承载力计算。这是为什么呢？

表 2-6 为《混凝土结构设计规范》GB 50010—2010（2015 年版）混凝土构件承载力计算公式，表 2-7 为《混凝土结构设计规范》GB 50010—2010（2015 年版）钢筋混凝土结构构件的承载力抗震调整系数。

标准内力信息

  EX —— X方向地震作用下的标准内力
  EY —— Y方向地震作用下的标准内力
 +WX —— +X方向风荷载作用下的标准内力
 −WX —— −X方向风荷载作用下的标准内力
 +WY —— +Y方向风荷载作用下的标准内力
 −WY —— −Y方向风荷载作用下的标准内力
  DL —— 恒载作用下的标准内力
  LL —— 活载作用下的标准内力
  LL1 —— 考虑活载随机作用时梁负弯矩包络的标准内力
  LL2 —— 考虑活载随机作用时梁正弯矩包络的标准内力

  前面加*表示调整前内力

梁标准内力输出
iCase : 工况名称
Vmax : 梁主平面内各截面上的剪力最大值
Nmax : 梁主平面内各截面上的轴力最大值
Tmax : 梁主平面内各截面上的扭矩最大值
Myi, Myj: 梁主平面外 I, J 两端的弯矩
Vymax : 梁主平面外的最大剪力
N−B   : 梁编号
Lb   : 梁长度
Node−i, Node−j: 梁左右节点号
M−i(i=I, 1, 2, ..., 7, J): 梁从左到右 8 等分截面上的面内弯矩
V−i(i=I, 1, 2, ..., 7, J): 梁从左到右 8 等分截面上的面内剪力

水平力工况 （地震力和风荷载）

(iCase)	M−I	M−J	Vmax	Nmax	Tmax	Myi	Myj	Vymax		

竖向力工况

| (iCase) | M−I | M−1 | M−2 | M−3 | M−4 | M−5 | M−6 | M−7 | M−J | Nmax |
	V−i	V−1	V−2	V−3	V−4	V−5	V−6	V−7	V−j	Tmax
*(EX)	−0.0	−0.0	0.0	−0.0	95.3	27.4	−37.7	−16.1		
(EX)	−0.0	−0.0	0.0	−0.0	95.3	27.4	−37.7	−16.1		
*(EY)	107.1	−143.5	−54.2	24.0	0.0	−0.0	0.0	0.0		
(EY)	107.1	−143.5	−54.2	24.0	0.0	−0.0	0.0	0.0		
*(+WX)	0.0	0.0	−0.0	−0.0	50.4	18.2	−25.1	−10.7		
(+WX)	0.0	0.0	−0.0	−0.0	50.4	18.2	−25.1	−10.7		
*(−WX)	−0.0	−0.0	0.0	0.0	−50.4	−18.2	25.1	10.7		
(−WX)	−0.0	−0.0	0.0	0.0	−50.4	−18.2	25.1	10.7		
*(+WY)	54.4	−50.4	−25.9	12.9	0.0	−0.0	0.0	0.0		
(+WY)	54.4	−50.4	−25.9	12.9	0.0	−0.0	0.0	0.0		
*(−WY)	−54.4	50.4	25.9	−12.9	−0.0	0.0	−0.0	−0.0		
(−WY)	−54.4	50.4	25.9	−12.9	−0.0	0.0	−0.0	−0.0		
*(DL)	−371.9	−230.7	−91.3	46.4	182.2	316.2	448.5	578.9	707.6	−83.3
(DL)	−316.1	−174.9	−35.5	102.1	238.0	372.0	504.2	634.7	763.3	−83.3
*(DL)	280.7	277.2	273.6	270.1	266.5	263.0	259.4	255.9	252.4	0.0
(DL)	280.7	277.2	273.6	270.1	266.5	263.0	259.4	255.9	252.4	0.0
*(LL)	−14.1	−8.9	−3.7	1.5	6.7	11.8	17.0	22.2	27.4	−3.1
(LL)	−12.0	−6.8	−1.6	3.6	8.8	14.0	19.1	24.3	29.5	−3.1
*(LL)	10.2	10.2	10.2	10.2	10.2	10.2	10.2	10.2	10.2	0.0
(LL)	10.2	10.2	10.2	10.2	10.2	10.2	10.2	10.2	10.2	0.0

(a)

图 2-16　YJK 软件输出梁构件详细信息（一）

(a) 梁标准内力信息

```
---------------------------------------------------------------
N-B=2 (I=1000003, J=1000007) (1)B*H(mm)=350*800
Lb=4.05(m) Cover= 20(mm) Nfb=2 Nfb_gz=2 Rcb=30.0 Fy=360 Fyv=360
砼梁 C30 框架梁 调幅梁 矩形
livec=1.000  tf=0.850
 η v=1.200
            -1-     -2-     -3-     -4-     -5-     -6-     -7-     -8-     -9-
-M(kNm)     -505    -296    -143    0       0       0       0       0       0
LoadCase    ( 14)   ( 14)   ( 30)   ( 0)    ( 0)    ( 0)    ( 0)    ( 0)    ( 0)
Top Ast     1974    1150    700     0       0       0       0       0       700
% Steel     0.74    0.43    0.25    0.00    0.00    0.00    0.00    0.00    0.25
+M(kNm)     0       96      190     284     376     515     712     907     1099
LoadCase    ( 0)    ( 0)    ( 0)    ( 0)    ( 0)    ( 14)   ( 14)   ( 14)   ( 14)
Btm Ast     840     700     722     1097    1482    2096    3202    4376    5550
% Steel     0.30    0.25    0.27    0.41    0.56    0.79    1.25    1.71    2.16
V(kN)       376     371     366     362     357     353     348     343     339
T(kNm)      76      76      76      76      76      76      76      76      76
N(kN)       -112    -112    -112    -112    -112    -112    -112    -112    -112
LoadCase    ( 11)   ( 11)   ( 11)   ( 11)   ( 11)   ( 11)   ( 11)   ( 11)   ( 11)
Asv         195     194     192     190     189     187     185     184     182
Ast         1327    1327    1327    1327    1327    1327    1327    1327    1327
Rsv         0.56    0.55    0.55    0.54    0.54    0.53    0.53    0.52    0.52
剪扭验算: (15)V=280.7 T=75.6 N=-83.3 ast=1327 astcal=1327 ast1=54
非加密区箍筋面积: 190
**位置:1 (组合号:11) 截面不满足剪扭要求 V/b/h0+T/0.8/Wt=3.67>0.25*β c*fc=3.58    《混凝土结构设计规范》6.4.1
**位置:2 (组合号:11) 截面不满足剪扭要求 V/b/h0+T/0.8/Wt=3.66>0.25*β c*fc=3.58    《混凝土结构设计规范》6.4.1
**位置:3 (组合号:11) 截面不满足剪扭要求 V/b/h0+T/0.8/Wt=3.64>0.25*β c*fc=3.58    《混凝土结构设计规范》6.4.1
**位置:4 (组合号:11) 截面不满足剪扭要求 V/b/h0+T/0.8/Wt=3.62>0.25*β c*fc=3.58    《混凝土结构设计规范》6.4.1
**位置:5 (组合号:11) 截面不满足剪扭要求 V/b/h0+T/0.8/Wt=3.60>0.25*β c*fc=3.58    《混凝土结构设计规范》6.4.1
**位置:6 (组合号:11) 截面不满足剪扭要求 V/b/h0+T/0.8/Wt=3.59>0.25*β c*fc=3.58    《混凝土结构设计规范》6.4.1
```

(b)

Ncm	V-D	V-L	+X-W	-X-W	+Y-W	-Y-W	X-E	Y-E	Z-E	R-F	TEM	CRN
1	1.30	1.50	—	—	—	—	—	—	—	—	—	—
2	1.00	1.50	—	—	—	—	—	—	—	—	—	—
3	1.30	—	1.50	—	—	—	—	—	—	—	—	—
4	1.30	—	—	1.50	—	—	—	—	—	—	—	—
5	1.30	—	—	—	1.50	—	—	—	—	—	—	—
6	1.30	—	—	—	—	1.50	—	—	—	—	—	—
7	1.30	1.50	0.90	—	—	—	—	—	—	—	—	—
8	1.30	1.50	—	0.90	—	—	—	—	—	—	—	—
9	1.30	1.50	—	—	0.90	—	—	—	—	—	—	—
10	1.30	1.50	—	—	—	0.90	—	—	—	—	—	—
11	1.30	1.05	1.50	—	—	—	—	—	—	—	—	—
12	1.30	1.05	—	1.50	—	—	—	—	—	—	—	—
13	1.30	1.05	—	—	1.50	—	—	—	—	—	—	—
14	1.30	1.05	—	—	—	1.50	—	—	—	—	—	—
15	1.00	—	1.50	—	—	—	—	—	—	—	—	—
16	1.00	—	—	1.50	—	—	—	—	—	—	—	—
17	1.00	—	—	—	1.50	—	—	—	—	—	—	—
18	1.00	—	—	—	—	1.50	—	—	—	—	—	—
19	1.00	1.50	0.90	—	—	—	—	—	—	—	—	—
20	1.00	1.50	—	0.90	—	—	—	—	—	—	—	—
21	1.00	1.50	—	—	0.90	—	—	—	—	—	—	—
22	1.00	1.50	—	—	—	0.90	—	—	—	—	—	—
23	1.00	1.05	1.50	—	—	—	—	—	—	—	—	—
24	1.00	1.05	—	1.50	—	—	—	—	—	—	—	—
25	1.00	1.05	—	—	1.50	—	—	—	—	—	—	—
26	1.00	1.05	—	—	—	1.50	—	—	—	—	—	—
27	1.30	0.65	—	—	—	—	1.40	—	—	—	—	—
28	1.30	0.65	—	—	—	—	-1.40	—	—	—	—	—
29	1.30	0.65	—	—	—	—	—	1.40	—	—	—	—
30	1.30	0.65	—	—	—	—	—	-1.40	—	—	—	—
31	1.00	0.50	—	—	—	—	1.40	—	—	—	—	—
32	1.00	0.50	—	—	—	—	-1.40	—	—	—	—	—
33	1.00	0.50	—	—	—	—	—	1.40	—	—	—	—
34	1.00	0.50	—	—	—	—	—	-1.40	—	—	—	—

(c)

图 2-16　YJK 软件输出梁构件详细信息（二）

（b）梁构件设计验算信息；（c）荷载组合分项系数

《混凝土结构设计规范》GB 50010—2010（2015年版）混凝土构件承载力计算公式　　表 2-6

验算项			非地震作用组合	地震作用组合
正截面承载力	正截面受弯承载力		$M \leqslant \alpha_1 f_c bx\left(h_0 - \dfrac{x}{2}\right) + f'_y A'_s(h_0 - a'_s)$	$M \leqslant \dfrac{1}{\gamma_{RE}}\left[\alpha_1 f_c bx\left(h_0 - \dfrac{x}{2}\right) + f'_y A'_s(h_0 - a'_s)\right]$
	正截面受压承载力	轴压	$N \leqslant 0.9\varphi(f_c A + f'_y A'_s)$	$N \leqslant \dfrac{1}{\gamma_{RE}}[0.9\varphi(f_c A + f'_y A'_s)]$
		偏压	$N \leqslant \alpha_1 f_c bx + f'_y A'_s - \sigma_s A_s$ $Ne \leqslant \alpha_1 f_c bx\left(h_0 - \dfrac{x}{2}\right) + f'_y A'_s(h_0 - a'_s)$	$N \leqslant \dfrac{1}{\gamma_{RE}}[\alpha_1 f_c bx + f'_y A'_s - \sigma_s A_s]$ $Ne \leqslant \dfrac{1}{\gamma_{RE}}\left[\alpha_1 f_c bx\left(h_0 - \dfrac{x}{2}\right) + f'_y A'_s(h_0 - a'_s)\right]$
	正截面受拉承载力	轴拉	$N \leqslant f_y A_s$	$N \leqslant \dfrac{1}{\gamma_{RE}}(f_y A_s)$
		小偏拉	$Ne \leqslant f_y A'_s(h_0 - a'_s)$ $Ne' \leqslant f_y A_s(h'_0 - a_s)$	$Ne \leqslant \dfrac{1}{\gamma_{RE}}[f_y A'_s(h_0 - a'_s)]$ $Ne' \leqslant \dfrac{1}{\gamma_{RE}}[f_y A_s(h'_0 - a_s)]$
		大偏拉	$N \leqslant f_y A_s - f'_y A'_s - \alpha_1 f_c bx$ $Ne \leqslant \alpha_1 f_c bx\left(h_0 - \dfrac{x}{2}\right) + f'_y A'_s(h_0 - a'_s)$	$N \leqslant \dfrac{1}{\gamma_{RE}}[f_y A_s - f'_y A'_s - \alpha_1 f_c bx]$ $Ne \leqslant \dfrac{1}{\gamma_{RE}}\left[\alpha_1 f_c bx\left(h_0 - \dfrac{x}{2}\right) + f'_y A'_s(h_0 - a'_s)\right]$
斜截面承载力	梁 受剪承载力	受剪截面	$V \leqslant 0.25\beta_c f_c bh_0$（$h_w/b \leqslant 4$） $V \leqslant 0.2\beta_c f_c bh_0$（$h_w/b \geqslant 6$）	$V_b \leqslant \dfrac{1}{\gamma_{RE}}(0.20\beta_c f_c bh_0)$（宽高比≤2.5） $V_b \leqslant \dfrac{1}{\gamma_{RE}}(0.15\beta_c f_c bh_0)$（宽高比>2.5）
		配置箍筋	$V \leqslant \alpha_{cv} f_t bh_0 + f_{yv}\dfrac{A_{sv}}{s}h_0$	$V_b \leqslant \dfrac{1}{\gamma_{RE}}\left(0.6\alpha_{cv} f_t bh_0 + f_{yv}\dfrac{A_{sv}}{s}h_0\right)$
		配置箍筋和弯起钢筋	$V \leqslant \alpha_{cv} f_t bh_0 + f_{yv}\dfrac{A_{sv}}{s}h_0 + 0.8 f_y A_{sb}\sin\alpha_s$	无公式

续表

验算项			非地震作用组合	地震作用组合
斜截面承载力	柱(单向)	受剪截面	无公式	$V_c \leq \dfrac{1}{\gamma_{RE}}(0.20\beta_c f_c bh_0)$（剪跨比>2的框架柱） $V_c \leq \dfrac{1}{\gamma_{RE}}(0.15\beta_c f_c bh_0)$（剪跨比≤2的框架柱、框支柱）
		受剪承载力 偏压	$V \leq \dfrac{1.75}{\lambda+1}f_t bh_0 + f_{yv}\dfrac{A_{sv}}{s}h_0 + 0.07N$	$V_c \leq \dfrac{1}{\gamma_{RE}}\left[\dfrac{1.05}{\lambda+1}f_t bh_0 + f_{yv}\dfrac{A_{sv}}{s}h_0 + 0.056N\right]$
		受剪承载力 偏拉	$V \leq \dfrac{1.75}{\lambda+1}f_t bh_0 + f_{yv}\dfrac{A_{sv}}{s}h_0 - 0.2N$	$V_c \leq \dfrac{1}{\gamma_{RE}}\left[\dfrac{1.05}{\lambda+1}f_t bh_0 + f_{yv}\dfrac{A_{sv}}{s}h_0 - 0.2N\right]$
	柱(双向)	受剪截面	$V_x \leq 0.25\beta_c f_c bh_0\cos\theta$ $V_y \leq 0.25\beta_c f_c bh_0\sin\theta$	$V_x \leq \dfrac{1}{\gamma_{RE}}(0.2\beta_c f_c bh_0\cos\theta)$ $V_y \leq \dfrac{1}{\gamma_{RE}}(0.2\beta_c f_c bh_0\sin\theta)$
		受剪承载力	$V_x \leq \dfrac{V_{ux}}{\sqrt{1+\left(\dfrac{V_{ux}\tan\theta}{V_{uy}}\right)^2}}$ $V_y \leq \dfrac{V_{uy}}{\sqrt{1+\left(\dfrac{V_{uy}}{V_{ux}\tan\theta}\right)^2}}$ $V_{ux} = \dfrac{1.75}{\lambda_x+1}f_t bh_0 + f_{yv}\dfrac{A_{svx}}{s}h_0 + 0.07N$ $V_{uy} = \dfrac{1.75}{\lambda_y+1}f_t bh_0 + f_{yv}\dfrac{A_{svy}}{s}b_0 + 0.07N$	$V_x \leq \dfrac{V_{ux}}{\sqrt{1+\left(\dfrac{V_{ux}\tan\theta}{V_{uy}}\right)^2}}$ $V_y \leq \dfrac{V_{uy}}{\sqrt{1+\left(\dfrac{V_{uy}}{V_{ux}\tan\theta}\right)^2}}$ $V_{ux} = \dfrac{1}{\gamma_{RE}}\left[\dfrac{1.05}{\lambda_x+1}f_t bh_0 + f_{yv}\dfrac{A_{svx}}{s}h_0 + 0.056N\right]$ $V_{uy} = \dfrac{1}{\gamma_{RE}}\left[\dfrac{1.05}{\lambda_y+1}f_t bh_0 + f_{yv}\dfrac{A_{svy}}{s}b_0 + 0.056N\right]$
	剪力墙	受剪截面	$V \leq 0.25\beta_c f_c bh_0$	$V_w \leq \dfrac{1}{\gamma_{RE}}(0.20\beta_c f_c bh_0)$（剪跨比>2.5） $V_w \leq \dfrac{1}{\gamma_{RE}}(0.15\beta_c f_c bh_0)$（剪跨比≤2.5）

验算项			非地震作用组合	地震作用组合
剪力墙	斜截面承载力 受剪承载力	偏压	$V \le \dfrac{1}{\lambda - 0.5}\left(0.5 f_t b h_0 + 0.13 N \dfrac{A_w}{A}\right) + f_{yv}\dfrac{A_{sh}}{s}h_0$	$V_w \le \dfrac{1}{\gamma_{RE}}\left[\dfrac{1}{\lambda - 0.5}\left(0.4 f_t b h_0 + 0.1 N \dfrac{A_w}{A}\right) + 0.8 f_{yv}\dfrac{A_{sh}}{s}h_0\right]$
		偏拉	$V \le \dfrac{1}{\lambda - 0.5}\left(0.5 f_t b h_0 - 0.13 N \dfrac{A_w}{A}\right) + f_{yv}\dfrac{A_{sh}}{s}h_0$	$V_w \le \dfrac{1}{\gamma_{RE}}\left[\dfrac{1}{\lambda - 0.5}\left(0.4 f_t b h_0 - 0.1 N \dfrac{A_w}{A}\right) + 0.8 f_{yv}\dfrac{A_{sh}}{s}h_0\right]$
	受剪截面		$V \le 0.25\beta_c f_c b h_0$ （$h_w/b \le 4$） $V \le 0.2\beta_c f_c b h_0$ （$h_w/b \ge 6$）	$V_{wb} \le \dfrac{1}{\gamma_{RE}}(0.20\beta_c f_c b h_0)$ （跨高比>2.5） $V_{wb} \le \dfrac{1}{\gamma_{RE}}(0.15\beta_c f_c b h_0)$ （跨高比≤2.5）
连梁	受剪承载力		$V \le 0.7 f_t b h_0 + f_{yv}\dfrac{A_{sv}}{s}h_0$	$V_{wb} \le \dfrac{1}{\gamma_{RE}}\left(0.42 f_t b h_0 + f_{yv}\dfrac{A_{sv}}{s}h_0\right)$ （跨高比>2.5） $V_{wb} \le \dfrac{1}{\gamma_{RE}}\left(0.38 f_t b h_0 + 0.9 f_{yv}\dfrac{A_{sv}}{s}h_0\right)$ （跨高比≤2.5）
	受剪截面		无公式	$V_j \le \dfrac{1}{\gamma_{RE}}(0.3\eta_j\beta_c f_c b_j h_j)$
梁柱节点核心区	受剪承载力		无公式	$V_j \le \dfrac{1}{\gamma_{RE}}\left(0.9\eta_j f_t b_j h_j + f_{yv}A_{svj}\dfrac{h_{b0}-a_s'}{s}\right)$ （9度一级框架） $V_j \le \dfrac{1}{\gamma_{RE}}\left(1.1\eta_j f_t b_j h_j + 0.05\eta_j N \dfrac{b_j}{b_c} + f_{yv}A_{svj}\dfrac{h_{b0}-a_s'}{s}\right)$ （其他情况）
扭曲截面承载力	弯剪扭截面		$\dfrac{V}{bh_0} + \dfrac{T}{0.8 W_t} \le 0.25\beta_c f_c$ （$h_w/b \le 4$） $\dfrac{V}{bh_0} + \dfrac{T}{0.8 W_t} \le 0.2\beta_c f_c$ （$h_w/b = 6$）	无公式

124

续表

验算项			非地震作用组合	地震作用组合
扭曲截面承载力	纯扭构件受扭承载力		$T \leqslant 0.35 f_t W_t + 1.2\sqrt{\zeta} f_{yv} \dfrac{A_{stl} A_{cor}}{s}$	无公式
	轴扭构件受扭承载力	轴压扭	$T \leqslant \left(0.35 f_t + 0.07 \dfrac{N}{A}\right) W_t + 1.2\sqrt{\zeta} f_{yv} \dfrac{A_{stl} A_{cor}}{s}$	
		轴拉扭	$T \leqslant \left(0.35 f_t - 0.2 \dfrac{N}{A}\right) W_t + 1.2\sqrt{\zeta} f_{yv} \dfrac{A_{stl} A_{cor}}{s}$	
	剪扭构件受剪承载力		$V \leqslant 0.7(1.5 - \beta_t) f_t b h_0 + f_{yv} \dfrac{A_{sv}}{s} h_0$ $T \leqslant 0.35 \beta_t f_t W_t + 1.2\sqrt{\zeta} f_{yv} \dfrac{A_{stl} A_{cor}}{s}$	
	轴剪扭构件受剪承载力	轴压剪扭	$V \leqslant (1.5 - \beta_t)\left(\dfrac{1.75}{\lambda+1} f_t b h_0 + 0.07N\right) + f_{yv} \dfrac{A_{sv}}{s} h_0$ $T \leqslant \beta_t \left(0.35 f_t + 0.07 \dfrac{N}{A}\right) W_t + 1.2\sqrt{\zeta} f_{yv} \dfrac{A_{stl} A_{cor}}{s}$	
		轴拉剪扭	$V \leqslant (1.5 - \beta_t)\left(\dfrac{1.75}{\lambda+1} f_t b h_0 - 0.2N\right) + f_{yv} \dfrac{A_{sv}}{s} h_0$ $T \leqslant \beta_t \left(0.35 f_t - 0.2 \dfrac{N}{A}\right) W_t + 1.2\sqrt{\zeta} f_{yv} \dfrac{A_{stl} A_{cor}}{s}$	
受冲切承载力	受冲切截面	不配置箍筋或弯起钢筋	$F_l \leqslant 0.7 \beta_h f_t \eta u_m h_0$	无公式
		配置箍筋或弯起钢筋	$F_l \leqslant 1.2 f_t \eta u_m h_0$	$F_l \leqslant \dfrac{1}{\gamma_{RE}}(1.2 f_t \eta u_m h_0)$
	受冲切承载力		$F_l \leqslant 0.5 f_t \eta u_m h_0 + 0.8 f_{yv} A_{svu} + 0.8 f_y A_{sbu} \sin\alpha$	$F_l \leqslant \dfrac{1}{\gamma_{RE}}(0.3 f_t \eta u_m h_0 + 0.8 f_{yv} A_{svu})$

125

续表

验算项		非地震作用组合	地震作用组合
局部受压承载力	局部受压截面	$F_l \le 1.35\beta_c\beta_l f_c A_{ln}$	无公式
	局部受压承载力	$F_l \le 0.9(\beta_c\beta_l f_c + 2\alpha\rho_v\beta_{cor}f_{yv})A_{ln}$	

说明：1. 以上承载力计算公式均不考虑预应力；

2. 《混凝土结构设计规范》GB 50010—2010（2015年版）第 11.1.6 条规定，考虑地震组合验算混凝土结构构件的承载力时，正截面抗震承载力应按《混凝土结构设计规范》GB 50010—2010（2015年版）第 6.2 节的规定计算，但应在相关计算公式右端项除以相应的承载力抗震调整系数 γ_{RE}。

《混凝土结构设计规范》GB 50010—2010（2015 年版）钢筋混凝土结构构件的承载力抗震调整系数

表 2-7

结构构件类别	正截面承载力计算					斜截面承载力计算	受冲切承载力计算	局部受压承载力计算
	受弯构件	偏心受压柱		偏心受拉构件	剪力墙	各类构件及框架节点		
		轴压比小于 0.15	轴压比不小于 0.15					
γ_{RE}	0.75	0.75	0.8	0.85	0.85	0.85	0.85	1.0

注：预埋件锚筋截面计算的承载力抗震调整系数 γ_{RE} 应取为 1.0。

由表 2-6、表 2-7 可以看出，对于钢筋混凝土受扭构件，规范并没有给出其承载力抗震调整系数 γ_{RE}，也没有给出地震作用工况下的扭曲截面承载力计算公式。

那么对于地震作用工况下出现扭矩的钢筋混凝土梁，如何计算其扭曲截面承载力？《混凝土结构设计规范》GB 50010—2010（2015 年版）主要编制人员答复，目前尚没有地震作用下出现扭矩的钢筋混凝土梁扭曲截面承载力的研究成果，规范正在完善。对于地震作用工况下出现扭矩的钢筋混凝土梁，其扭曲截面承载力计算可按照非地震作用工况的计算公式、并考虑承载力抗震调整系数 γ_{RE}。

对于本算例，$h_w/b \leqslant 4$，按照 $\dfrac{V}{bh_0} + \dfrac{T}{0.8W_t} \leqslant \dfrac{1}{\gamma_{RE}}(0.25\beta_c f_c)$ 复核剪扭截面（γ_{RE} 取为 0.85）。

受扭构件的截面受扭塑性抵抗矩：

$$W_t = \frac{b^2}{6}(3h - b) = \frac{350^2}{6} \times (3 \times 800 - 350) = 41854166.67 \text{（mm}^3\text{）}$$

$h_w/b < 4$，剪扭截面验算：

$$\frac{V}{bh_0} + \frac{T}{0.8W_t} = \frac{280.7 \times 10^3}{350 \times 757.5} + \frac{133.42 \times 10^6}{0.8 \times 41854166.67} = 5.04 \text{（N/mm}^2\text{）}$$

$$> \frac{1}{\gamma_{RE}}(0.25\beta_c f_c) = 4.21 \text{N/mm}^2$$

剪扭截面验算超限。

综上，对于地震作用工况下出现较大扭矩的钢筋混凝土梁（尤其是梁上无钢筋混凝土楼板时），应特别注意验算其剪扭截面。

2.3 改变墙身竖向分布钢筋配筋率，为什么剪力墙暗柱纵筋会变化？《高层建筑混凝土结构技术规程》JGJ 3—2010 第 7.2.8、《混凝土结构设计规范》GB 50010—2010（2015 版）第 6.2.19 条剪力墙暗柱纵筋计算方法有什么不同？

某剪力墙住宅，剪力墙抗震等级为四级，采用 YJK 软件进行计算。墙身竖向分布钢筋配筋率为 0.35％时，剪力墙暗柱纵筋面积为 1488.3mm²；墙身竖向分布钢筋配筋率为 0.2％

时，剪力墙暗柱纵筋面积为 1908mm²，YJK 软件输出剪力墙配筋信息如图 2-17 所示。

```
N-WC=5 (I=26000024 J=26000019) B*H*Lwc(m)=0.20*3.80*4.20
Cover= 15(mm) aa=200(mm) Nfw=4 Nfw_gz=4 Rcw=40.0 Fy=360 Fyv=360 Fyw=360 Rwv=0.35
砼墙 C40
livec=1.000  jzx=1.051, jzy=1.076
η mu=1.000   η vu=1.000   η md=1.000   η vd=1.000
( 32)M=   -7374.0 V=   -1689.1 λ w= 1.213
      Nu=  -8379.4 Uc=0.43
( 40)M=   -6332.2 N=   -1730.6 As=       1488.3
( 32)V=   -1689.1 N=   -3713.8 Ash=      125.9 AshCal=      125.9 Rsh= 0.31
抗剪承载力: WS_XF=   1437.71   WS_YF=       0.00
```

(a)

```
N-WC=5 (I=26000024 J=26000019) B*H*Lwc(m)=0.20*3.80*4.20
Cover= 15(mm) aa=200(mm) Nfw=4 Nfw_gz=4 Rcw=40.0 Fy=360 Fyv=360 Fyw=360 Rwv=0.20
砼墙 C40
livec=1.000  jzx=1.051, jzy=1.076
η mu=1.000   η vu=1.000   η md=1.000   η vd=1.000
( 32)M=   -7374.0 V=   -1689.1 λ w= 1.213
      Nu=  -8379.4 Uc=0.43
( 40)M=   -6332.2 N=   -1730.6 As=       1908.0
( 32)V=   -1689.1 N=   -3713.8 Ash=      125.9 AshCal=      125.9 Rsh= 0.31
抗剪承载力: WS_XF=   1437.71   WS_YF=       0.00
```

(b)

图 2-17　YJK 软件输出剪力墙配筋信息

(a) 墙身竖向分布钢筋配筋率为 0.35%；(b) 墙身竖向分布钢筋配筋率为 0.2%

改变墙身竖向分布钢筋配筋率，为什么剪力墙暗柱纵筋会变化？下面手工计算复核此剪力墙暗柱纵向钢筋。

(1)《高层建筑混凝土结构技术规程》JGJ 3—2010 第 7.2.8 条方法

假定截面为大偏心受压。在极限状态下，墙肢截面相对受压区高度 ξ 不大于其界限相对受压区高度 ξ_b 时，为大偏心受压破坏。

采用以下假定建立墙肢截面大偏心受压承载力计算公式[9]：①截面变形符合平截面假定；②不考虑受拉混凝土的作用；③受压区混凝土的应力图用等效矩形应力图替换，应力达到 $\alpha_1 f_c$（f_c 为混凝土轴心抗压强度，α_1 为与混凝土强度等级有关的等效矩形应力图的应力系数）；④墙肢端部的竖向受拉、受压钢筋屈服；⑤从受压区边缘算起 $1.5x$（x 为等效矩形应力图受压区高度）范围以外的受拉竖向分布钢筋全部屈服并参与受力计算，$1.5x$ 范围以内的竖向分布钢筋未受拉屈服或为受压，不参与受力计算。大偏心受压墙肢截面应变和应力分布如图 2-18 所示。由上述假定，根据 $\sum N=0$ 和 $\sum M=0$ 两个平衡条件，建立方程。

对称配筋，$A_s = A'_s$，由 $\sum N = 0$ 可得：

$$N = \alpha_1 f_c b_w x - f_{yw} \frac{A_{sw}}{h_{w0}}(h_{w0} - 1.5x) \tag{2-6}$$

计算等效矩形应力图受压区高度：

$$x = \frac{N + f_{yw} A_{sw}}{\alpha_1 f_c b_w + 1.5 f_{yw} A_{sw}/h_{w0}} \tag{2-7}$$

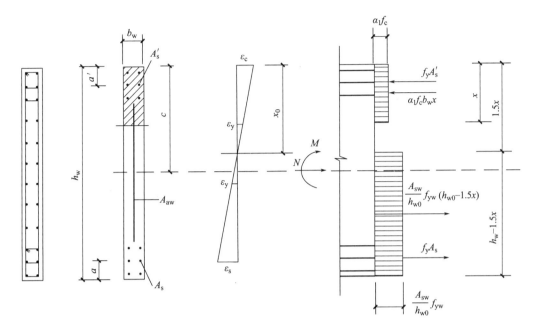

图 2-18 大偏心受压墙肢截面应变和应力分布

对受压区中心取矩，由 $\sum M = 0$ 可得：

$$M = f_{yw} \frac{A_{sw}}{h_{w0}}(h_{w0} - 1.5x)\left(\frac{h_{w0}}{2} + \frac{x}{4}\right) + N\left(\frac{h_{w0}}{2} - \frac{x}{2}\right) + f_y A_s(h_{w0} - a') \qquad (2\text{-}8)$$

忽略式中 x^2 项，化简后得：

$$M = \frac{f_{yw} A_{sw}}{2} h_{w0}\left(1 - \frac{x}{h_{w0}}\right)\left(1 + \frac{N}{f_{yw} A_{sw}}\right) + f_y A_s(h_{w0} - a') \qquad (2\text{-}9)$$

上式第一项是竖向分布钢筋抵抗的弯矩 M_{sw}，第二项是边缘构件暗柱竖向钢筋抵抗的弯矩 M_0，分别为：

$$M_{sw} = \frac{f_{yw} A_{sw}}{2} h_{w0}\left(1 - \frac{x}{h_{w0}}\right)\left(1 + \frac{N}{f_{yw} A_{sw}}\right) \qquad (2\text{-}10)$$

$$M_0 = f_y A_s(h_{w0} - a') \qquad (2\text{-}11)$$

截面承载力验算要求：

$$M \leqslant M_0 + M_{sw} \qquad (2\text{-}12)$$

因此，边缘构件暗柱竖向钢筋面积：

$$A_s \geqslant \frac{M - M_{sw}}{f_y(h_{w0} - a')} \qquad (2\text{-}13)$$

本算例中，剪力墙截面高度 $h_w = 3800\text{mm}$，剪力墙抗震等级四级，构造边缘构件长度为 400mm，竖向钢筋合力点到受压区边缘的距离：$a' = 400/2 = 200\text{mm}$；剪力墙截面有效高度 $h_{w0} = h_w - a' = 3800 - 200 = 3600(\text{mm})$；墙身竖向分布钢筋配置高度：

$h_{sw} = h_{w0} - a' = 3600 - 200 = 3400(\text{mm})$；控制内力为地震作用组合，应考虑承载力抗震调整系数 γ_{RE}：

1）剪力墙竖向分布钢筋配筋率 $\rho_w = 0.35\%$

沿剪力墙截面腹部均匀配置的竖向分布钢筋面积：

$A_{sw} = \rho_w b_w h_{sw} = 0.35\% \times 200 \times 3400 = 2380 (\text{mm}^2)$

计算等效矩形应力图受压区高度：

$$x = \frac{\gamma_{RE}N + f_{yw}A_{sw}}{\alpha_1 f_c b_w + 1.5 f_{yw}A_{sw}/h_{w0}} = \frac{0.85 \times 1730.6 \times 10^3 + 360 \times 2380}{1.0 \times 19.1 \times 200 + 1.5 \times 360 \times 2380/3600}$$

$$\approx 557.29(\text{mm}) > 2a' = 400(\text{mm})$$

$$x < \xi_b h_{w0} = 0.518 \times 3600 = 1864.8(\text{mm})$$

竖向分布钢筋抵抗的弯矩：

$$M_{sw} = \frac{f_{yw}A_{sw}}{2} h_{w0} \left(1 - \frac{x}{h_{w0}}\right) \left(1 + \frac{\gamma_{RE}N}{f_{yw}A_{sw}}\right)$$

$$= \frac{360 \times 2380}{2} \times 3600 \times \left(1 - \frac{557.29}{3600}\right) \times \left(1 + \frac{0.85 \times 1730.6 \times 10^3}{360 \times 2380}\right)$$

$$= 3541425383(\text{N} \cdot \text{mm})$$

边缘构件暗柱竖向钢筋面积：

$$A_s \geqslant \frac{\gamma_{RE}M - M_{sw}}{f_y(h_{w0} - a')} = \frac{0.85 \times 6332.2 \times 10^6 - 3541425383}{360 \times (3600 - 200)} \approx 1504.04(\text{mm}^2)$$

与 YJK 软件输出结果基本一致。

2）剪力墙竖向分布钢筋配筋率 $\rho_w = 0.2\%$

沿剪力墙截面腹部均匀配置的竖向分布钢筋面积：

$A_{sw} = \rho_w b_w h_{sw} = 0.2\% \times 200 \times 3400 = 1360(\text{mm}^2)$

计算等效矩形应力图受压区高度：

$$x = \frac{\gamma_{RE}N + f_{yw}A_{sw}}{\alpha_1 f_c b_w + 1.5 f_{yw}A_{sw}/h_{w0}} = \frac{0.85 \times 1730.6 \times 10^3 + 360 \times 1360}{1.0 \times 19.1 \times 200 + 1.5 \times 360 \times 1360/3600}$$

$$\approx 487.23(\text{mm}) > 2a' = 400(\text{mm})$$

$$x < \xi_b h_{w0} = 0.518 \times 3600 = 1864.8(\text{mm})$$

竖向分布钢筋抵抗的弯矩：

$$M_{sw} = \frac{f_{yw}A_{sw}}{2} h_{w0} \left(1 - \frac{x}{h_{w0}}\right) \left(1 + \frac{\gamma_{RE}N}{f_{yw}A_{sw}}\right)$$

$$= \frac{360 \times 1360}{2} \times 3600 \times \left(1 - \frac{487.23}{3600}\right) \times \left(1 + \frac{0.85 \times 1730.6 \times 10^3}{360 \times 1360}\right)$$

$$= 3051463995(\text{N} \cdot \text{mm})$$

边缘构件暗柱竖向钢筋面积：

$$A_s \geqslant \frac{\gamma_{RE}M - M_{sw}}{f_y(h_{w0} - a')} = \frac{0.85 \times 6332.2 \times 10^6 - 3051463995}{360 \times (3600 - 200)} \approx 1904.33(\text{mm}^2)$$

与 YJK 软件输出结果基本一致。

剪力墙竖向分布钢筋不同配筋率对应的暗柱纵筋计算过程见表 2-8。由表 2-8 可以看出，剪力墙竖向分布钢筋配筋率越高、剪力墙竖向分布钢筋抵抗的弯矩越大，边缘构件暗柱竖向钢筋抵抗的弯矩就越小、边缘构件暗柱竖向钢筋面积也越小。

剪力墙竖向分布钢筋不同配筋率对应的暗柱纵筋计算　　　　表 2-8

剪力墙竖向分布钢筋配筋率 ρ_w	剪力墙竖向分布钢筋面积 A_{sw} (mm²)	计算等效矩形应力图受压区高度 x (mm)	剪力墙竖向分布钢筋抵抗的弯矩 M_{sw} (kN·m)	剪力墙弯矩设计值 M (kN·m)	边缘构件暗柱竖向钢筋抵抗的弯矩 M_0 (kN·m)	边缘构件暗柱竖向钢筋面积 A_s (mm²)
0.35%	2380	557.29	3541.42	6332.2	1840.95	1504.04
0.2%	1360	487.23	3051.46		2330.91	1904.33

（2）《混凝土结构设计规范》GB 50010—2010（2015 版）第 6.2.19 条方法

《高层建筑混凝土结构技术规程》JGJ 3—2010 第 7.2.8 条规定，矩形、T 形、I 形偏心受压剪力墙墙肢的正截面受压承载力应符合现行国家标准《混凝土结构设计规范》GB 50010 的有关规定，也可按式（7.2.8-1）～（7.2.8-13）计算。

按《混凝土结构设计规范》GB 50010—2010（2015 版）第 6.2.19 条方法手工复核边缘构件暗柱配筋。

轴向压力对截面重心的偏心距：

$e_0 = M/N = 6332.2 \times 10^6 / (1730.6 \times 10^3) \approx 3658.96$（mm）

附加偏心距：

$e_a = \max\{20，3800/30\} = 126.67$（mm）

初始偏心距：

$e_i = e_0 + e_a = 3658.96 + 126.67 = 3785.63$（mm）

轴向压力作用点至纵向普通受拉钢筋的合力点的距离：

$$e = e_i + \frac{h_w}{2} - a = 3785.63 + \frac{3800}{2} - 200 = 5485.63 \text{mm}$$

均匀配置纵向普通钢筋区段的高度与截面有效高度的比值：

$\omega = h_{sw}/h_{w0} = 3400/3600 \approx 0.94$

1）剪力墙竖向分布钢筋配筋率 $\rho_w = 0.35\%$

沿剪力墙截面腹部均匀配置的竖向分布钢筋面积：

$A_{sw} = \rho_w b_w h_{sw} = 0.35\% \times 200 \times 3400 = 2380$（mm²）

假定截面为大偏心受压，由《混凝土结构设计规范》GB 50010—2010（2015 版）中公式（6.2.19-1）、（6.2.19-3）得：

$$\gamma_{RE} N = \alpha_1 f_c \xi b_w h_{w0} + \left(1 + \frac{\xi - \beta_1}{0.5\beta_1\omega}\right) f_{yw} A_{sw}$$

截面相对受压区高度：

$$\xi = \frac{\gamma_{RE} N + \dfrac{f_{yw} A_{sw}}{0.5\omega} - f_{yw} A_{sw}}{\alpha_1 f_c b_w h_{w0} + \dfrac{f_{yw} A_{sw}}{0.5\beta_1\omega}} = \frac{0.85 \times 1730.6 \times 10^3 + \dfrac{360 \times 2380}{0.5 \times 0.94} - 360 \times 2380}{1.0 \times 19.1 \times 200 \times 3600 + \dfrac{360 \times 2380}{0.5 \times 0.8 \times 0.94}}$$

$= 0.152 < \xi_b = 0.518$

沿剪力墙截面腹板均匀配置的纵向钢筋的内力对 A_s 重心的力矩：

$$M_{sw} = \left[0.5 - \left(\frac{\xi - \beta_1}{\beta_1 \omega}\right)^2\right] f_{yw} A_{sw} h_{sw} = \left[0.5 - \left(\frac{0.152 - 0.8}{0.8 \times 0.94}\right)^2\right] \times 360 \times 2380 \times 3400$$
$$= -706520615.7(\text{N} \cdot \text{mm})$$

边缘构件暗柱竖向钢筋面积：

$$A_s = A_s' = \frac{\gamma_{RE} Ne - \alpha_1 f_c \xi (1 - 0.5\xi) b_w h_{w0}^2 - M_{sw}}{f_y'(h_{w0} - a')}$$

$$= \frac{0.85 \times 1730.6 \times 10^3 \times 5485.63 - 1.0 \times 19.1 \times 0.152 \times (1 - 0.5 \times 0.152) \times 200 \times 3600^2 + 706520615.7}{360 \times (3600 - 200)}$$

$$= 1489.17(\text{mm}^2)$$

与 YJK 软件输出结果一致。

2）剪力墙竖向分布钢筋配筋率 $\rho_w = 0.2\%$

沿剪力墙截面腹部均匀配置的竖向分布钢筋面积：

$$A_{sw} = \rho_w b_w h_{sw} = 0.2\% \times 200 \times 3400 = 1360(\text{mm}^2)$$

假定截面为大偏心受压，由《混凝土结构设计规范》GB 50010—2010（2015 版）中公式（6.2.19-1）、（6.2.19-3）得：

$$\gamma_{RE} N = \alpha_1 f_c \xi b_w h_{w0} + \left(1 + \frac{\xi - \beta_1}{0.5\beta_1 \omega}\right) f_{yw} A_{sw}$$

截面相对受压区高度：

$$\xi = \frac{\gamma_{RE} N + \frac{f_{yw} A_{sw}}{0.5\omega} - f_{yw} A_{sw}}{\alpha_1 f_c b_w h_{w0} + \frac{f_{yw} A_{sw}}{0.5\beta_1 \omega}} = \frac{0.85 \times 1730.6 \times 10^3 + \frac{360 \times 1360}{0.5 \times 0.94} - 360 \times 1360}{1.0 \times 19.1 \times 200 \times 3600 + \frac{360 \times 1360}{0.5 \times 0.8 \times 0.94}}$$

$$\approx 0.134 < \xi_b = 0.518$$

沿剪力墙截面腹板均匀配置的纵向钢筋的内力对 A_s 重心的力矩：

$$M_{sw} = \left[0.5 - \left(\frac{\xi - \beta_1}{\beta_1 \omega}\right)^2\right] f_{yw} A_{sw} h_{sw} = \left[0.5 - \left(\frac{0.134 - 0.8}{0.8 \times 0.94}\right)^2\right] \times 360 \times 1360 \times 3400$$
$$= -473349031.2(\text{N} \cdot \text{mm})$$

边缘构件暗柱竖向钢筋面积：

$$A_s = A_s' = \frac{\gamma_{RE} Ne - \alpha_1 f_c \xi (1 - 0.5\xi) b_w h_{w0}^2 - M_{sw}}{f_y'(h_{w0} - a')}$$

$$= \frac{0.85 \times 1730.6 \times 10^3 \times 5485.63 - 1.0 \times 19.1 \times 0.134 \times (1 - 0.5 \times 0.1341) \times 200 \times 3600^2 + 473349031.2}{360 \times (3600 - 200)}$$

$$= 1922.61(\text{mm}^2)$$

与 YJK 软件输出结果一致。

由本算例可以看出，《高层建筑混凝土结构技术规程》JGJ 3—2010 第 7.2.8、《混凝土结构设计规范》GB 50010—2010（2015 版）第 6.2.19 条剪力墙暗柱纵筋计算方法，得到的剪力墙暗柱纵筋结果非常接近。

2.4 开洞剪力墙的洞口边，如何配置边缘构件？

开洞剪力墙的洞口边，是否要设置约束边缘构件，应根据连梁与墙肢相对刚度确定[10]。剪力墙截面端部和洞口的边缘构件如图 2-19 所示。

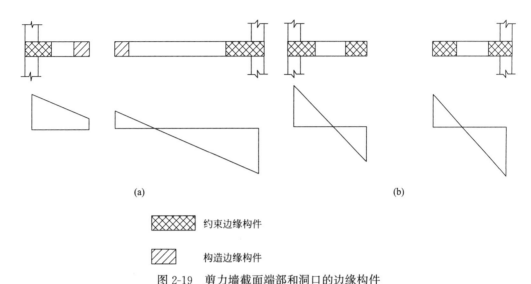

约束边缘构件

构造边缘构件

图 2-19　剪力墙截面端部和洞口的边缘构件
(a) 剪力墙应力分布接近直线的剪力墙；(b) 墙肢拉、压应力较大的剪力墙

图 2-19（a）的剪力墙洞口小、连梁跨高比小，墙肢应力分布接近直线，端部约束边缘构件的长度可按全截面计算，而洞口边缘处应力不大，不需要设置约束边缘构件，洞口边设置构造边缘构件即可。

图 2-19（b）的剪力墙洞口大、连梁跨高比大，墙肢应力呈锯齿形分布，洞口边应力大，需要设置约束边缘构件，端部约束边缘构件的长度可按一个墙肢计算。

严格地说，应该通过计算确定洞口边是否需要设置约束边缘构件，一般情况下也可以从概念判断洞口边的应力属于哪种情况，或者用联肢墙的整体系数 α 的大小来判断，α 较小时，洞口边需要设置约束边缘构件；α 较大时，洞口边不需要设置约束边缘构件，仅设置构造边缘构件即可。双肢剪力墙的整体系数 α 由下式确定：

$$\alpha = H\sqrt{\frac{6}{Th(I_1+I_2)} \cdot I_1 \frac{c^2}{a^3}} \tag{2-14}$$

式中：H、h ——剪力墙的总高和层高；

I_1、I_2、I_1 ——两个墙肢和连梁的惯性矩；

a、c ——洞口净宽的一半和墙肢重心到重心距离的一半；

T ——墙肢轴向变形影响系数。

$$T = \frac{I-(I_1+I_2)}{I} \tag{2-15}$$

I ——剪力墙截面总惯性矩。

2.5 剪力墙连梁对称配筋计算与非对称配筋计算，结果为什么不一样？剪力墙连梁到底是按对称配筋计算、还是按非对称配筋计算？

采用 YJK 软件进行某剪力墙连梁的计算，YJK 软件中有"连梁按对称配筋设计"的勾选项，YJK 软件连梁对称配筋设计菜单见图 2-20，YJK 软件输出连梁配筋结果见图 2-21，YJK 软件输出连梁详细设计信息见图 2-22。图 2-21（a）、图 2-22（a）分别为连梁对称配筋的配筋结果、配筋详细设计信息；图 2-21（b）、图 2-22（b）分别为连梁非对称配筋的配筋结果、配筋详细设计信息。对称配筋和非对称配筋，连梁的计算结果为什么不一致？

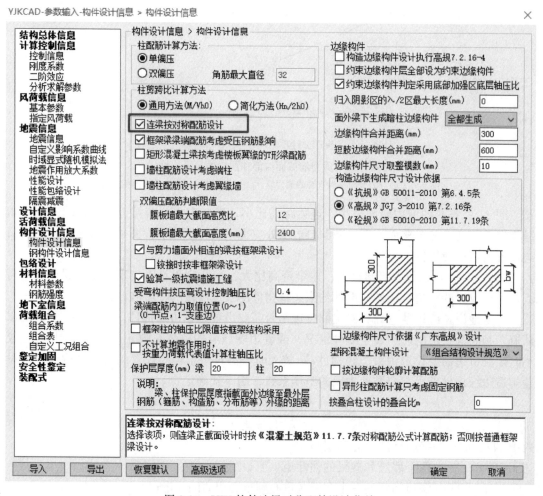

图 2-20　YJK 软件连梁对称配筋设计菜单

下面手工计算复核此剪力墙连梁纵向钢筋。

（1）连梁对称配筋

《混凝土结构设计规范》GB 50010—2010（2015 版）第 11.7.7 条规定，筒体及剪力

```
    G1.5-1.4                          G1.5-1.4
    12-5-12                           13-5-13
═══════════════════════        ═══════════════════════
─────────────────────────      ─────────────────────────
─────────────────────────      ─────────────────────────
═══════════════════════        ═══════════════════════
    12-9-12                           10-8-10

      (a)                              (b)
```

图 2-21　YJK 软件输出连梁配筋结果

(a) 连梁对称配筋；(b) 连梁非对称配筋

```
--------------------------------------------------------
N-WB=2 (I=26000058, J=26000063) (1)B*H(mm)=200*900
Lwb=2.60(m) Cover=20(mm) Nfwb=4 Nfwb_gz=4 Rcwb=40.0 Fy=360 Fyv=360
砼梁 C40 连梁
stif_w=1.000  stif_s=0.700  jzx=1.046, jzy=1.104
η v=1.000
              -1-    -2-    -3-    -4-    -5-    -6-    -7-    -8-    -9-
-M(kNm)       -470   -350   -233   -121   -15    -121   -233   -350   -471
LoadCase     ( 34)  ( 34)  ( 34)  ( 34)  (  4)  ( 29)  ( 29)  ( 29)  ( 29)
Top Ast       1202   893    596    470    470    470    597    894    1203
% Steel       0.70   0.52   0.35   0.26   0.26   0.26   0.35   0.52   0.70
+M(kNm)        0      0      0      0      0      0      0      0      0
LoadCase     (  0)  (  0)  (  0)  (  0)  (  0)  (  0)  (  0)  (  0)  (  0)
Btm Ast       1202   893    596    470    470    470    597    894    1203
% Steel       0.70   0.52   0.35   0.26   0.26   0.26   0.35   0.52   0.70
V(kN)         670    656    642    628   -615   -629   -643   -657   -670
LoadCase     ( 34)  ( 34)  ( 34)  ( 34)  ( 29)  ( 29)  ( 29)  ( 29)  ( 29)
Asv           145    141    137    133    129    133    137    141    145
Rsv           0.72   0.70   0.68   0.67   0.65   0.67   0.69   0.70   0.72
```

(a)

```
--------------------------------------------------------
N-WB=2 (I=26000058, J=26000063) (1)B*H(mm)=200*900
Lwb=2.60(m) Cover=20(mm) Nfwb=4 Nfwb_gz=4 Rcwb=40.0 Fy=360 Fyv=360
砼梁 C40 连梁
stif_w=1.000  stif_s=0.700  jzx=1.046, jzy=1.104
η v=1.000
              -1-    -2-    -3-    -4-    -5-    -6-    -7-    -8-    -9-
-M(kNm)       -470   -350   -233   -121   -15    -121   -233   -350   -471
LoadCase     ( 34)  ( 34)  ( 34)  ( 34)  (  4)  ( 29)  ( 29)  ( 29)  ( 29)
Top Ast       1225   893    585    470    470    470    586    894    1226
% Steel       0.71   0.52   0.34   0.26   0.26   0.26   0.34   0.52   0.71
+M(kNm)        382    289    192    92     0      92     192    289    382
LoadCase     ( 37)  ( 37)  ( 37)  ( 37)  (  0)  ( 42)  ( 42)  ( 42)  ( 42)
Btm Ast       980    731    480    470    470    470    480    731    980
% Steel       0.57   0.43   0.28   0.26   0.26   0.26   0.28   0.43   0.57
V(kN)         670    656    642    628   -615   -629   -643   -657   -670
LoadCase     ( 34)  ( 34)  ( 34)  ( 34)  ( 29)  ( 29)  ( 29)  ( 29)  ( 29)
Asv           145    141    137    133    129    133    137    141    145
Rsv           0.72   0.70   0.68   0.67   0.65   0.67   0.69   0.70   0.72
```

(b)

图 2-22　YJK 软件输出连梁详细设计信息

(a) 连梁对称配筋；(b) 连梁非对称配筋

墙洞口连梁，当采用对称配筋时，其正截面受弯承载力应符合下列规定：

$$M_b \leqslant \frac{1}{\gamma_{RE}}[f_y A_s(h_0 - a'_s) + f_{yd} A_{sd} z_{sd} \cos\alpha] \qquad (2\text{-}16)$$

式中：M_b——考虑地震组合的剪力墙连梁梁端弯矩设计值；

f_y——纵向钢筋抗拉强度设计值；

f_{yd}——对角斜筋抗拉强度设计值；

A_s——单侧受拉纵向钢筋截面面积；

A_{sd}——单向对角斜筋截面面积，无斜筋时取 0；

z_{sd}——计算截面对角斜筋至截面受压区合力点的距离；

α——对角斜筋与梁纵轴线夹角；

h_0——连梁截面有效高度。

《混凝土结构设计规范》GB 50010—2010（2015 版）第 11.7.7 条的条文说明指出，剪力墙及筒体的洞口连梁因跨度通常不大，竖向荷载相对偏小，主要承受水平地震作用产生的弯矩和剪力。其中，弯矩作用的反弯点位于跨中，各截面所受的剪力基本相等。在地震反复作用下，连梁通常采用上、下纵向钢筋用量基本相等的配筋方式，在受弯承载力极限状态下，梁截面的受压区高度很小，如忽略截面中纵向构造钢筋的作用，正截面受弯承载力计算时截面的内力臂可近似取为截面有效高度 h_0 与 a_s' 的差值。在设置有斜筋的连梁中，受弯承载力中应考虑穿过连梁端截面顶部和底部的斜向钢筋在梁端截面中的水平分量的抗弯作用。

以连梁右端支座截面为例计算，剪力墙连梁梁端弯矩设计值（29 号荷载组合，地震工况）：

$$M_b = 471kN \cdot m$$

无对角斜筋，$A_{sd} = 0$

连梁截面有效高度：

$$h_0 = 900 - 20 - 10 - 25/2 = 857.5 \text{（mm）}$$

单侧受拉纵向钢筋截面面积：

$$A_s \geqslant \frac{\gamma_{RE}M_b}{f_y(h_0 - a_s')} = \frac{0.75 \times 471 \times 10^6}{360 \times (857.5 - 42.5)} \approx 1203.99 \text{（mm}^2\text{）}$$

与 YJK 软件输出结果 1203mm² 基本一致。

（2）连梁非对称配筋

连梁非对称配筋时，按照《混凝土结构设计规范》GB 50010—2010（2015 版）第 6.2.10 条计算：

$$M \leqslant \frac{1}{\gamma_{RE}}\left[\alpha_1 f_c bx\left(h_0 - \frac{x}{2}\right) + f_y'A_s'(h_0 - a_s')\right] \tag{2-17}$$

$$\alpha_1 f_c bx = f_y A_s - f_y'A_s' \tag{2-18}$$

1）连梁右端截面支座负筋

单筋截面，截面抵抗矩系数：

$$\alpha_s = \frac{\gamma_{RE}M}{\alpha_1 f_c bh_0^2} = \frac{0.75 \times 471 \times 10^6}{1.0 \times 19.1 \times 200 \times 857.5^2} \approx 0.1258$$

截面相对受压区高度：

$$\xi = 1 - \sqrt{1 - 2\alpha_s} = 1 - \sqrt{1 - 2 \times 0.1258} \approx 0.1349 < \xi_b = 0.518$$

混凝土受压区高度：

$$x = \xi h_0 = 0.1349 \times 857.5 \approx 115.68(mm) > 2a_s' = 2 \times 42.5 = 85 \text{（mm）}$$

受拉区钢筋截面面积：

$$A_s = \frac{\alpha_1 f_c b\xi h_0}{f_y} = \frac{1.0 \times 19.1 \times 200 \times 0.1349 \times 857.5}{360} \approx 1227.46 \text{（mm}^2\text{）}$$

与 YJK 软件输出结果 1226mm² 基本一致。

2）连梁底部正筋

单筋截面，截面抵抗矩系数

$$\alpha_s = \frac{\gamma_{RE}M}{\alpha_1 f_c b h_0^2} = \frac{0.75 \times 382 \times 10^6}{1.0 \times 19.1 \times 200 \times 857.5^2} \approx 0.102$$

截面相对受压区高度：

$$\xi = 1 - \sqrt{1 - 2\alpha_s} = 1 - \sqrt{1 - 2 \times 0.102} \approx 0.1078 < \xi_b = 0.518$$

混凝土受压区高度：

$$x = \xi h_0 = 0.1078 \times 857.5 = 92.45 (mm) > 2a'_s = 2 \times 42.5 = 85 (mm)$$

受拉区钢筋截面面积：

$$A_s = \frac{\alpha_1 f_c b \xi h_0}{f_y} = \frac{1.0 \times 19.1 \times 200 \times 0.1078 \times 857.5}{360} = 980.88 (mm^2)$$

与 YJK 软件输出结果 980mm² 基本一致。

考虑地震作用的反复性，建议连梁采用上、下纵向钢筋用量相等的配筋方式，也就是对称配筋的方式。

2.6 为什么 YJK 软件柱配筋结果与手算结果不符？什么是钢筋的包兴格效应？

采用 YJK 软件进行某框架结构的计算。图 2-23 为 YJK 软件输出框架柱设计信息。根据内力结果手工复核此框架柱配筋：

（1）x 方向柱配筋：

轴力设计值 $N = 1244.6$kN（拉力）

弯矩设计值 $M_x = 246.8$kN·m

按偏心受拉构件计算，构件受拉偏心距：

$$e_0 = \frac{M_x}{N} = \frac{246.8 \times 10^6}{1244.6 \times 10^3} \approx 198.30 (mm) < \frac{h}{2} - a'_s = \frac{600}{2} - 42.5 = 257.5 (mm)$$

为小偏心受拉构件。轴向拉力作用点至受压区纵向钢筋合力点的距离：

$$e' = \frac{h}{2} + e_0 - a'_s = \frac{600}{2} + 198.3 - 42.5 \approx 455.80 (mm)$$

采用对称配筋，根据《混凝土结构设计规范》GB 50010—2010（2015 版）中公式（6.2.23-2），单侧钢筋面积：

$$A_s = \frac{\gamma_{RE}Ne'}{f_y(h'_0 - a_s)} = \frac{0.85 \times 1244.6 \times 10^3 \times 455.8}{360 \times (600 - 42.5 - 42.5)} \approx 2600.84 (mm^2)$$

与 YJK 软件输出结果 3251mm² 不一致。

（2）y 方向柱配筋

轴力设计值 $N = 1238.6$kN（拉力）

弯矩设计值 $M_y = 77.4$（kN·m）

按偏心受拉构件计算，构件受拉偏心距：

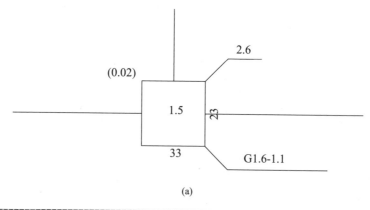

(a)

```
---------------------------------------------------------------------
N-C=13   (I=1000018, J=13)(1)B*H(mm)=600*600
Cover= 20(mm) Cx=1.00 Cy=1.00 Lcx=6.00(m) Lcy=6.00(m) Nfc=2 Nfc_gz=2 Rcc=40.0 Fy=360 Fyv=360
砼柱 C40 矩形
livec=1.000
η mu=1.000    η vu=1.300    η md=1.500    η vd=1.950
λ c=5.381
( 30)Nu=    -131.3  Uc= 0.02  Rs= 2.79(%)  Rsv= 0.60(%)    Asc=    254
( 13)N=     -55.9  Mx=        99.6  My=      -4.6  Asxt=       1019  Asxt0=        466
( 31)N=     -39.8  Mx=        56.0  My=     -30.5  Asyt=       1019  Asyt0=         85
( 29)N=    1244.6  Mx=     -246.8  My=      -0.5  Asxb=       3251  Asxb0=       3251
( 27)N=    1238.6  Mx=     -181.9  My=      77.4  Asyb=       2271  Asyb0=       2271
( 27)N=    1238.6  Vx=        27.0  Vy=      61.8  Ts=       -2.3  Asvx=       161 Asvx0=       103
( 27)N=    1238.6  Vx=        27.0  Vy=      61.8  Ts=       -2.3  Asvy=       161 Asvy0=       103
节点核芯区设计结果:
( 27) N=       0.0  Vjx=      101.6  Asvjx=          142  Asvjxcal=          0
( 29) N=       0.0  Vjy=      313.2  Asvjy=          142  Asvjycal=          0

抗剪承载力: CB_XF=    203.44  CB_YF=    287.85
```

(b)

图 2-23　YJK 软件输出框架柱设计信息

(a) 柱配筋结果；(b) 柱详细设计信息

$$e_0 = \frac{M_y}{N} = \frac{77.4 \times 10^6}{1238.6 \times 10^3} \approx 62.49 \, (\mathrm{mm}) < \frac{h}{2} - a_s' = \frac{600}{2} - 42.5 = 257.5 \, (\mathrm{mm})$$

为小偏心受拉构件。轴向拉力作用点至受压区纵向钢筋合力点的距离：

$$e' = \frac{h}{2} + e_0 - a_s' = \frac{600}{2} + 62.49 - 42.5 = 319.99 \, (\mathrm{mm})$$

采用对称配筋，根据《混凝土结构设计规范》GB 50010—2010（2015 版）中公式
（6.2.23-2），单侧钢筋面积：

$$A_s = \frac{\gamma_{RE} N e'}{f_y(h_0' - a_s)} = \frac{0.85 \times 1238.6 \times 10^3 \times 319.99}{360 \times (600 - 42.5 - 42.5)} \approx 1817.09 \, (\mathrm{mm}^2)$$

与 YJK 软件输出结果 2271mm² 不一致。

为什么手工复核的柱配筋与 YJK 软件计算结果不一致？

《建筑抗震设计规范》GB 50011—2010（2016 版）第 6.3.8 条规定，边柱、角柱及抗震墙端柱在小偏心受拉时，柱内纵筋总截面面积应比计算值增加 25%。其条文说明指出，当框架柱在地震作用组合下处于小偏心受拉状态时，柱的纵筋总截面面积应比计算值增加 25%，是为了避免柱的受拉纵筋屈服后再受压时，由于包兴格效应导致纵筋压屈。

金属材料预先加载产生少量塑性变形，而后再同向产生塑性变形，屈服强度升高；反

向产生塑性变形，屈服强度降低的现象称为包辛格效应。这一现象是包辛格（J. Bauschinger）于 1886 年在金属材料的力学性能实验中发现的。

本算例框架柱为边框柱，且处于小偏心受拉状态，因此，柱内纵筋总截面面积应比计算值增加 25%。

x 方向柱钢筋面积为 $1.25 \times 2600.84 = 3251.05$（$mm^2$），与 YJK 软件输出结果 $3251mm^2$ 完全一致。

y 方向柱钢筋面积为 $1.25 \times 1817.09 = 2271.36$（$mm^2$），与 YJK 软件输出结果 $2271mm^2$ 完全一致。

参 考 文 献

［1］ 乔伟，陆道渊．"模型柱"法设计细长柱［J］．建筑结构，2009，39（S1）：494-497.

［2］ 张光玮．重庆大剧院细长柱试验研究［D］．重庆：重庆大学，2006.

［3］ 王依群，孙福萍．双向偏压钢筋混凝土细长柱的配筋计算［J］．建筑结构，2010，40（3）：85-88.

［4］ 夏绪勇，徐有邻．新旧混凝土规范构件配筋设计比较［J］．建筑结构，2011，41（11）：145-147.

［5］ 王依群．混凝土结构设计计算算例［M］．北京：中国建筑工业出版社，2012.

［6］ 王振东，贾益纲．钢筋混凝土结构构件协调扭转的设计方法——《混凝土结构设计规范》（GB 50010）受扭专题背景介绍（三）［J］．建筑结构，2004，34（7）：60-64.

［7］ 贾益纲．钢筋混凝土框架边梁的试验研究［D］．哈尔滨：哈尔滨建筑工程学院，1985.

［8］ 张艳如，李云贵．梁扭矩折减系数的取值研究［J］．建筑结构，2011，41（S1）：992-997.

［9］ 钱稼茹，赵作周，纪晓东，等．高层建筑结构设计（第三版）［M］．北京：中国建筑工业出版社，2018.

［10］ 方鄂华．高层建筑钢筋混凝土结构概念设计（第2版）［M］．北京：机械工业出版社，2014.

第三章 钢结构

3.1 《钢结构设计标准》GB 50017—2017 第 5.2.1 条指出，框架及
支撑结构整体初始几何缺陷代表值的最大值 Δ_0 可通过在每层
柱顶施加假想水平力 H_{ni} 等效考虑。但第 5.2.1 条的条文说明
指出，对于框架结构也可通过在框架每层柱的柱顶作用附加
的假想水平力 H_{ni} 来替代整体初始几何缺陷。框架-支撑结构
的整体初始几何缺陷到底如何考虑？框架-支撑结构能否采用
二阶 P-Δ 弹性分析方法？

1994 年，Bridge 等为了避免复杂计算长度的确定，在结构上加上假想荷载，进行二阶弹性内力分析，计算长度就可以取几何长度[1]。我国《钢结构设计规范》GB 50017—2003 参照 ASCE 的方法，首次将"每层柱顶附加考虑假想水平力以考虑结构初始缺陷"列进了规范条文。《钢结构设计规范》GB 50017—2003 第 3.2.8 条假想水平力的公式为（式中 α_y 为钢材强度影响系数）：

$$H_{ni} = \frac{\alpha_y Q_i}{250}\sqrt{0.2+\frac{1}{n_s}} \tag{3-1}$$

《钢结构设计标准》GB 50017—2017 认为假想水平力取值大小即是使得结构侧向变形为初始侧移值时所对应的水平力，与钢材强度没有直接关系，因此取消了《钢结构设计规范》GB 50017—2003 中钢材强度影响系数 α_y，给出假想水平力的计算式（3-2），图 3-1 为框架结构整体初始几何缺陷代表值及等效水平力。

$$H_{ni} = \frac{G_i}{250}\sqrt{0.2+\frac{1}{n_s}} \tag{3-2}$$

由式（3-2），《钢结构设计标准》GB 50017—2017 得到框架及支撑结构整体初始几何缺陷代表值：

$$\Delta_i = \frac{H_{ni}h_i}{G_i} = \frac{h_i}{250}\sqrt{0.2+\frac{1}{n_s}} \tag{3-3}$$

《钢结构设计标准》GB 50017—2017 第 5.2.1 条的条文说明更是明确指出，结构整体初始几何缺陷值也可通过在框架每层柱的柱顶作用附加的假想水平力 H_{ni} 来替代整体初始几何缺陷。条文均针对框架结构而言。结构整体初始几何缺陷代表值 [式（3-3）]、假想水平力 [式（3-2）] 是否适用于有支撑的框架？

童根树通过分析单层单跨和 5 跨的支撑框架，考虑材料弹塑性和各种初始缺陷，提出

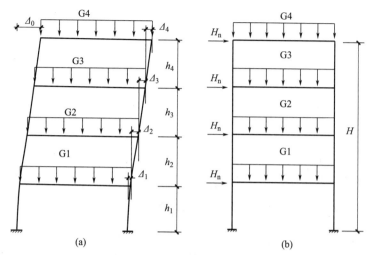

图 3-1 框架结构整体初始几何缺陷代表值及等效水平力

（a）框架整体初始几何缺陷代表值；（b）框架结构等效水平力

了多种荷载条件下通用的假想荷载近似公式 $Q_n = 0.45\% \sqrt{f_y/235} \sum P_{ui}$，其中 P_{ui} 为取规范公式得到的无侧移屈曲极限荷载[2]。

综合以上分析，对于框架-支撑结构，不建议用式（3-3）考虑结构整体初始几何缺陷值，也不建议通过在框架每层柱的柱顶作用附加的假想水平力 H_{ni}［式（3-2）］来替代整体初始几何缺陷。

《钢结构设计标准》GB 50017—2017 第 8.3.1 条第 2 款规定，当支撑结构（支撑桁架、剪力墙等）满足公式 $S_b \geqslant 4.4 \left[\left(1 + \dfrac{100}{f_y}\right) \sum N_{bi} - \sum N_{0i} \right]$ 时为强支撑框架，此时框架柱的计算长度系数 μ 可按无侧移框架柱的计算长度系数确定。

表 3-1 为 PKPM 软件计算某框架-支撑结构一阶弹性分析与设计、二阶 $P\text{-}\Delta$ 弹性分析与设计和直接分析设计法计算的结果[3]。

PKPM 软件计算某框架-支撑结构一阶弹性分析与设计、二阶 $P\text{-}\Delta$ 弹性分析与设计和直接分析设计法计算结果　　　　　　表 3-1

计算方法		一阶弹性分析与设计	二阶 $P\text{-}\Delta$ 弹性分析与设计	直接分析设计法
钢柱 GZ1 强度验算	强度应力比	0.87	0.89	0.89
	应力比对应的内力	$N=6012\text{kN}$, $M_x=19\text{kN}\cdot\text{m}$, $M_y=308\text{kN}\cdot\text{m}$	$N=6179\text{kN}$, $M_x=21\text{kN}\cdot\text{m}$, $M_y=309\text{kN}\cdot\text{m}$	$N=6179\text{kN}$, $M_x=49\text{kN}\cdot\text{m}$, $M_y=290\text{kN}\cdot\text{m}$
钢柱 GZ1 平面内稳定验算	平面内稳定应力比	0.77	0.84	0.96
	应力比对应的内力	$N=6012\text{kN}$, $M_x=19\text{kN}\cdot\text{m}$, $M_y=308\text{kN}\cdot\text{m}$	$N=6179\text{kN}$, $M_x=21\text{kN}\cdot\text{m}$, $M_y=309\text{kN}\cdot\text{m}$	$N=6179\text{kN}$, $M_x=49\text{kN}\cdot\text{m}$, $M_y=290\text{kN}\cdot\text{m}$

续表

计算方法		一阶弹性分析与设计	二阶 P-Δ 弹性分析与设计	直接分析设计法
钢柱 GZ1 平面外稳定验算	平面外稳定应力比	0.77	0.85	0.97
	应力比对应的内力	$N=6012\text{kN}$, $M_x=19\text{kN}\cdot\text{m}$, $M_y=308\text{kN}\cdot\text{m}$	$N=6179\text{kN}$, $M_x=21\text{kN}\cdot\text{m}$, $M_y=309\text{kN}\cdot\text{m}$	$N=6179\text{kN}$, $M_x=49\text{kN}\cdot\text{m}$, $M_y=290\text{kN}\cdot\text{m}$
计算长度系数	X 方向	0.71	1.00	—
	Y 方向	0.66	1.00	—
钢支撑 GZC1 强度验算	强度应力比	0.34	0.35	0.71
	应力比对应的内力	$N=2087\text{kN}$, $M_x=0\text{kN}\cdot\text{m}$, $M_y=0\text{kN}\cdot\text{m}$	$N=2150\text{kN}$, $M_x=0\text{kN}\cdot\text{m}$, $M_y=0\text{kN}\cdot\text{m}$	$N=2147\text{kN}$, $M_x=45\text{kN}\cdot\text{m}$, $M_y=82\text{kN}\cdot\text{m}$
钢支撑 GZC1 平面内稳定验算	平面内稳定应力比	0.54	0.56	0.76
	应力比对应的内力	$N=2087\text{kN}$, $M_x=0\text{kN}\cdot\text{m}$, $M_y=0\text{kN}\cdot\text{m}$	$N=2150\text{kN}$, $M_x=0\text{kN}\cdot\text{m}$, $M_y=0\text{kN}\cdot\text{m}$	$N=2147\text{kN}$, $M_x=45\text{kN}\cdot\text{m}$, $M_y=82\text{kN}\cdot\text{m}$
钢支撑 GZC1 平面外稳定验算	平面外稳定应力比	1.05	1.09	0.82
	应力比对应的内力	$N=2087\text{kN}$, $M_x=0\text{kN}\cdot\text{m}$, $M_y=0\text{kN}\cdot\text{m}$	$N=2150\text{kN}$, $M_x=0\text{kN}\cdot\text{m}$, $M_y=0\text{kN}\cdot\text{m}$	$N=2147\text{kN}$, $M_x=45\text{kN}\cdot\text{m}$, $M_y=82\text{kN}\cdot\text{m}$

从表 3-1 可以看出,稳定验算(平面内、平面外),一阶弹性分析与设计得到的应力,比二阶 P-Δ 弹性分析与设计得到的应力还小。其原因就是一阶弹性分析与设计按照式 $S_b \geq 4.4\left[\left(1+\dfrac{100}{f_y}\right)\sum N_{bi} - \sum N_{0i}\right]$ 判断结构为强支撑,因此其计算长度系数小于 1.0,x、y 方向分别为 0.71、0.66;而二阶 P-Δ 弹性分析与设计方法,软件强制将计算长度系数设置为 1.0。一阶弹性分析与设计方法,内力、计算长度系数、稳定系数 φ 均小于二阶 P-Δ 弹性分析与设计方法,因此平面内、平面外稳定应力比,一阶弹性分析与设计方法小于二阶 P-Δ 弹性分析与设计方法。

PKPM 软件采用二阶 P-Δ 弹性分析与设计方法计算框架-支撑结构时有以下两点值得注意:

(1) 如果采用二阶 P-Δ 弹性分析与设计,软件强制将构件计算长度系数取为 1.0,而不根据公式 $S_b \geq 4.4\left[\left(1+\dfrac{100}{f_y}\right)\sum N_{bi} - \sum N_{0i}\right]$ 判断是否为强支撑。如果为强支撑,则为无侧移框架柱,柱计算长度系数小于 1.0。

(2) 框架-支撑结构考虑结构整体初始几何缺陷(P-Δ_0),通过在每层柱顶施加假想水平力 $H_{ni} = \dfrac{G_i}{250}\sqrt{0.2 + \dfrac{1}{n_s}}$ 欠妥。

综合以上分析,对于框架-支撑结构,建议尽量将支撑设计为支撑结构层侧移刚度满

足公式 $S_b \geqslant 4.4\left[\left(1+\dfrac{100}{f_y}\right)\sum N_{bi} - \sum N_{0i}\right]$，用一阶弹性分析方法进行分析，框架柱的计算长度系数 μ 可按无侧移框架柱的计算长度系数确定；对于不满足公式 $S_b \geqslant 4.4\left[\left(1+\dfrac{100}{f_y}\right)\sum N_{bi} - \sum N_{0i}\right]$ 的部分楼层，用一阶弹性分析方法进行分析，框架柱的计算长度系数 μ 按有侧移框架柱的计算长度系数确定。框架类型如图 3-2 所示。

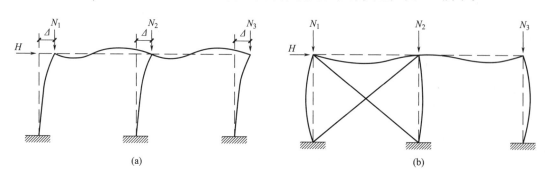

图 3-2　框架类型

（a）有侧移框架；（b）无侧移框架

3.2 《高层民用建筑钢结构技术规程》JGJ 99—2015 第 7.3.2 条第 4 款规定，当框架柱的计算长度系数取 1.0，或取无侧移失稳对应的计算长度系数时，应保证支撑能对框架的侧向稳定提供支承作用，支撑构件的应力比 ρ 应满足 $\rho \leqslant 1-3\theta_i$；《钢结构设计标准》GB 50017—2017 第 8.3.1 条规定，对于有支撑框架，当支撑结构（支撑桁架、剪力墙等）满足公式 $S_b \geqslant 4.4\left[\left(1+\dfrac{100}{f_y}\right)\sum N_{bi} - \sum N_{0i}\right]$ 时为强支撑框架，此时框架柱的计算长度系数 μ 可按无侧移框架柱的计算长度系数确定。框架-支撑结构设计中如何判断框架柱为无侧移框架柱？

《高层民用建筑钢结构技术规程》JGJ 99—2015 第 7.3.2 条第 4 款条文说明对公式 $\rho \leqslant 1-3\theta_i$ 进行了推导，摘录如下：

框架-支撑（含延性墙板）结构体系，存在两种相互作用，一种是线性的，在内力分析的层面上得到自动的考虑，另一种是稳定性方面的，例如一个没有承受水平力的结构，其中框架部分发生失稳，必然带动支撑架一起失稳，或者在当支撑架足够刚强时，框架首先发生无侧移失稳。

水平力使支撑受拉屈服，则它不再有刚度为框架提供稳定性方面的支持，此时框架柱的稳定性，按原支撑框架考虑。

但是，如果希望支撑架对框架提供稳定性支持，则对支撑架的要求就是两个方面的叠加：既要承担水平力，还要承担对框架柱提供支撑，使框架柱的承载力从有侧移失稳的承载力增加到无侧移失稳的承载力。

研究表明，这两种要求是叠加的，如式（3-4）、式（3-5）所示：

$$\frac{S_{\text{ith}}}{S_i} + \frac{Q_i}{Q_{iy}} \leqslant 1 \qquad (3\text{-}4)$$

$$S_{\text{ith}} = \frac{3}{h_i}\left(1.2\sum_{j=1}^{m}N_{jb} - \sum_{j=1}^{m}N_{ju}\right), i = 1, 2, \cdots, n \qquad (3\text{-}5)$$

式中：Q_i——第 i 层承受的总水平力（kN）；

$\quad\quad Q_{iy}$——第 i 层支撑能够承受的总水平力（kN）；

$\quad\quad S_i$——支撑架在第 i 层的层抗侧刚度（kN/mm）；

$\quad\quad S_{\text{ith}}$——为使框架柱从有侧移失稳转化为无侧移失稳所需要的支撑架的最小刚度（kN/mm）；

$\quad\quad N_{jb}$——框架柱按照无侧移失稳的计算长度系数决定的压杆承载力（kN）；

$\quad\quad N_{ju}$——框架柱按照有侧移失稳的计算长度系数决定的压杆承载力（kN）；

$\quad\quad h_i$——所计算楼层的层高（mm）；

$\quad\quad m$——本层的柱子数量，含摇摆柱。

《钢结构设计规范》GB 50017—2003 采用了表达式 $S_b \geqslant 3\left(1.2\sum N_{bi} - \sum N_{0i}\right)$，其中，侧移刚度 S_b 是产生单位侧移倾角的水平力。当改用单位位移的水平力表示时，应除以所计算楼层高度 h_i，因此采用式（3-5）。

为了方便应用，式（3-5）进行如下简化：

① 式（3-5）括号内的有侧移承载力略去，同时 1.2 也改为 1.0，这样得到：

$$S_{\text{ith}} = \frac{3}{h_i}\sum_{j=1}^{m}N_{ib} \qquad (3\text{-}6)$$

② 式（3-6）的无侧移失稳承载力用各个柱子的轴力代替，代入式（3-4）得到：

$$3\frac{\sum N_i}{S_i h_i} + \frac{Q_i}{Q_{iy}} \leqslant 1 \qquad (3\text{-}7)$$

而 $\dfrac{\sum N_i}{S_i h_i}$ 就是二阶效应系数 θ，$\dfrac{Q_i}{Q_{iy}}$ 就是支撑构件的承载力被利用的百分比，简称利用比，俗称应力比。

对弯曲型支撑架，也有类似于式（3-4）的公式，因此公式 $\rho \leqslant 1 - 3\theta_i$ 适用于任何支撑架。

其实《高层民用建筑钢结构技术规程》JGJ 99—2015 以上推导过程是有问题的。理由如下：

（1）《高层民用建筑钢结构技术规程》JGJ 99—2015 第 7.3.2 条条文说明指出：式 $\theta_i = \dfrac{\sum N \cdot \Delta u}{\sum H \cdot h_i}$ 只适用于剪切型结构（框架结构），弯剪型和弯曲型计算公式复杂，采用计算机分析更加方便。《钢结构设计标准》GB 50017—2017 也有此规定，对于弯剪型和弯曲型结构，二阶效应系数应按公式 $\theta_i = \dfrac{1}{\eta_{\text{cr}}}$ 计算。但是《高层民用建筑钢结构技术规程》

JGJ 99—2015 第 7.3.2 条条文说明在推导框架-支撑结构公式 $\rho \leqslant 1 - 3\theta_i$ 时指出：$\dfrac{\sum N_i}{S_i h_i}$ $\left(\text{与公式}\ \dfrac{\sum N \cdot \Delta u}{\sum H \cdot h_i}\ \text{相同}\right)$ 就是二阶效应系数 θ。很明显就是将 $\theta_i = \dfrac{\sum N \cdot \Delta u}{\sum H \cdot h_i}$ 也用于了框架-支撑结构。这是不合理的。

（2）《钢结构设计标准》GB 50017—2017 已经将《钢结构设计规范》GB 50017—2003 强支撑判别式由 $S_b \geqslant 3(1.2 \sum N_{bi} - \sum N_{0i})$ 修改为 $S_b \geqslant 4.4 \left[\left(1 + \dfrac{100}{f_y}\right) \sum N_{bi} - \sum N_{0i}\right]$。《高层民用建筑钢结构技术规程》JGJ 99—2015 还利用《钢结构设计规范》GB 50017—2003 强支撑判别公式 $S_b \geqslant 3(1.2 \sum N_{bi} - \sum N_{0i})$ 不适合。

综合以上分析，对于框架-支撑结构，建议按照《钢结构设计标准》GB 50017—2017 强支撑公式 $S_b \geqslant 4.4 \left[\left(1 + \dfrac{100}{f_y}\right) \sum N_{bi} - \sum N_{0i}\right]$ 确定框架柱为无侧移，不建议按照《高层民用建筑钢结构技术规程》JGJ 99—2015 公式 $\rho \leqslant 1 - 3\theta_i$ 确定框架柱为无侧移。

3.3 《钢结构设计标准》GB 50017—2017 第 5.5.1 条规定，采用直接分析设计法时，不需要按计算长度法进行构件受压稳定承载力验算。但是《钢结构设计标准》GB 50017—2017 第 5.5.7 条又规定，当构件可能产生侧向失稳时，按公式 $\dfrac{N}{Af} + \dfrac{M_x^{\mathrm{II}}}{\varphi_b W_x f} + \dfrac{M_y^{\mathrm{II}}}{M_{cy}} \leqslant 1.0$ 进行构件截面承载力验算。为什么直接分析设计法还需要考虑梁的整体稳定系数 φ_b？

《钢结构设计标准》GB 50017—2017 参考欧洲钢结构设计规范[4] *Eurocode 3—Design of steel structures* 和美国钢结构设计规范 AISC 360-16[5] *Specification for Structural Steel Buildings*，首次将直接分析设计法（美国规范称为 Direct Analysis Method 方法，简称 DM 方法）引入规范。香港理工大学陈绍礼教授是较早研究直接分析法的学者[6]，其编制的 NIDA 软件是目前经香港特别区政府认可的唯一的一个可进行钢结构直接分析的软件，有着强大的非线性分析功能。

直接分析设计法应采用考虑二阶 $P\text{-}\Delta$ 效应（重力荷载在水平作用位移效应上引起的二阶效应，也称结构的重力二阶效应）和 $P\text{-}\delta$ 效应（轴向压力在挠曲杆件中产生的二阶效应，也称构件的重力二阶效应），同时考虑结构整体初始几何缺陷（$P\text{-}\Delta_0$）和构件的初始缺陷（$P\text{-}\delta_0$）、节点连接刚度及其他对结构稳定性有显著影响的因素，允许材料的弹塑性发展和内力重分布，获得各种荷载设计值（作用）下的内力和标准值（作用）下的位移，同时在分析的所有阶段，各结构构件的设计均应符合《钢结构设计标准》GB 50017—2017 第 6～第 8 章的有关规定，但不需要按计算长度法进行构件受压稳定承载力验算（此处仅针对柱和支撑，不包括梁的弯扭稳定应力验算）。由于直接分析设计法已经在分析过程中考虑了一阶弹性设计中计算长度所要考虑的因素，故再不需要进行基于计算长度的稳定性验算了。

一阶弹性分析与设计、二阶 P-Δ 弹性分析与设计、直接分析设计法对比见表 3-2。

一阶弹性分析与设计、二阶 P-Δ 弹性分析与设计、直接分析设计法对比　　表 3-2

分析设计方法		分析阶段				设计阶段		
		结构整体初始几何缺陷$(P\text{-}\Delta_0)$	结构的重力二阶效应$(P\text{-}\Delta)$	构件初始缺陷$(P\text{-}\delta_0)$	构件的重力二阶效应$(P\text{-}\delta)$	计算长度系数 μ	稳定系数 φ	设计弯矩
一阶弹性分析与设计		无	无	无	无	附录 E[(2)]	附录 D[(2)]	分析弯矩Ⅰ
二阶 P-Δ 弹性分析与设计	内力放大法[(1)]	假想水平力	对一阶弯矩放大	无	无	≤1.0[(3)]	附录 D[(2)]	分析弯矩Ⅱ
	几何刚度有限元法	假想水平力	几何刚度有限元法	无	无	≤1.0[(3)]	附录 D[(2)]	分析弯矩Ⅱ
直接分析设计法		假想水平力	几何刚度有限元法	假想均布荷载	构件细分[(4)]	无	1.0	分析弯矩Ⅱ＋假想均布荷载引起的弯矩

说明：

(1) 内力放大法仅适用于框架结构。

(2) 均指《钢结构设计标准》GB 50017—2017。

(3) 二阶 P-Δ 弹性分析与设计时，构件计算长度系数一般取 1.0。但是当结构无侧移影响时，如近似一端固接、一端铰接的柱子，其计算长度系数小于 1.0。

《钢结构设计标准》GB 50017—2017 第 5.5.7 条规定：

(1) 构件有足够侧向支撑以防止侧向失稳时：

$$\frac{N}{Af}+\frac{M_x^{\text{Ⅱ}}}{M_{cx}}+\frac{M_y^{\text{Ⅱ}}}{M_{cy}}\leqslant 1.0 \tag{3-8}$$

(2) 当构件可能产生侧向失稳时：

$$\frac{N}{Af}+\frac{M_x^{\text{Ⅱ}}}{\varphi_b W_x f}+\frac{M_y^{\text{Ⅱ}}}{M_{cy}}\leqslant 1.0 \tag{3-9}$$

式中：$M_x^{\text{Ⅱ}}$、$M_y^{\text{Ⅱ}}$——分别为绕 x 轴、y 轴的二阶弯矩设计值，可由结构分析直接得到（N·mm）；

φ_b——梁的整体稳定系数，应按《钢结构设计标准》GB 50017—2017 附录 C 确定。

为什么当构件可能产生侧向失稳时，还需要考虑梁的整体稳定系数 φ_b？

其原因是直接分析法在结构分析阶段无法考虑梁的整体稳定这样的失稳，简支钢梁丧失整体稳定全貌见图 3-3，因此需要在构件设计中用梁的整体稳定系数 φ_b 考虑。

尤其是对于 H 形钢柱，弯矩大、轴力小时，钢柱很容易出现绕弱轴弯曲侧移失稳，因此除了验算式（3-8）外，还需要验算式（3-9）。也就是说直接分析设计法，可以解决压弯构件的稳定系数 φ 的问题，但是不能解决压弯构件的整体稳定系数 φ_b 的问题。

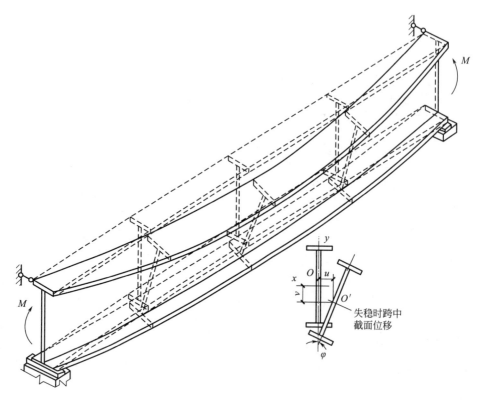

图 3-3 简支钢梁丧失整体稳定全貌

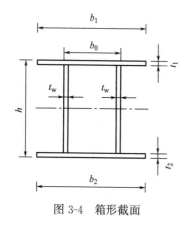

图 3-4 箱形截面

当钢柱为箱形截面时，不存在强、弱轴，不太可能出现绕弱轴弯曲侧移失稳。而且《钢结构设计标准》GB 50017—2017 第 6.2.4 条规定，当箱形截面简支梁截面（图 3-4）尺寸满足 $h/b_0 \leqslant 6$，$l_1/b_0 \leqslant 95\varepsilon_k^2$ 时，可不计算整体稳定性，l_1 为受压翼缘侧向支承点间的距离（梁的支座处视为有侧向支承）。夏志斌、姚谏《钢结构原理与设计》一书中指出：这两个条件在实际工程中很容易做到，因此规范甚至没有给出箱形截面简支梁整体稳定系数的计算方法。当箱型钢柱满足这两个条件，其整体稳定系数 φ_b 可取为 1.0。

直接分析法有以下两种方式：

（1）不考虑材料弹塑性发展

不考虑材料弹塑性发展时，结构分析应限于第一个塑性铰的形成，对应的荷载水平不应低于荷载设计值，不允许进行内力重分布。

二阶 P-Δ-δ 弹性分析是直接分析法的一种特例，也是常用的一种分析手段。该方法不考虑材料非线性，只考虑几何非线性（P-Δ 效应、P-δ 效应），以第一塑性铰为准则，不允许进行内力重分布。

PKPM 软件中"弹性直接分析设计方法"就属于这种方法。

（2）按二阶弹塑性分析

直接分析法按二阶弹塑性分析时宜采用塑性铰法或塑性区法。塑性铰形成的区域，构件和节点应有足够的延性保证以便内力重分布，允许一个或者多个塑性铰产生，构件的极限状态应根据设计目标及构件在整个结构中的作用来确定。

1）采用塑性铰法进行直接分析设计时，除考虑结构整体初始几何缺陷和构件的初始缺陷外，当受压构件所受轴力大于 $0.5Af$ 时，其弯曲刚度还应乘以刚度折减系数 0.8。因塑性铰法一般只将塑性集中在构件两端，而假定构件的中段保持弹性，当轴力较大时通常高估其刚度，为考虑该效应，故需折减其刚度。

2）采用塑性区法进行直接分析设计时，应按不小于 1/1000 的出厂加工精度考虑构件的初始几何缺陷，并考虑初始残余应力。

PKPM 软件选用弹性直接分析设计方法时，有"考虑柱、支撑侧向失稳"的勾选项，PKPM 软件弹性直接分析设计方法参数如图 3-5 所示。不勾选此项，软件按照 $\dfrac{N}{Af}+\dfrac{M_x^{\mathrm{II}}}{M_{cx}}+\dfrac{M_y^{\mathrm{II}}}{M_{cy}}\leqslant 1.0$ 进行计算；勾选此项，软件按照 $\dfrac{N}{Af}+\dfrac{M_x^{\mathrm{II}}}{\varphi_b W_x f}+\dfrac{M_y^{\mathrm{II}}}{M_{cy}}\leqslant 1.0$ 计算。当钢柱为箱形柱，且截面尺寸满足 $h/b_0\leqslant 6$，$l_1/b_0\leqslant 95\varepsilon_k^2$ 时，可不勾选此项；当钢柱为 H 形钢柱时，必须勾选此项。下面以一个 PKPM 算例为例，比较勾选、不勾选此项，钢柱的计算结果。

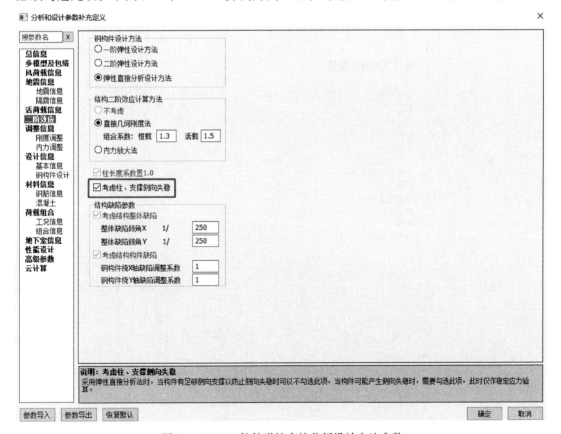

图 3-5　PKPM 软件弹性直接分析设计方法参数

8 度 0.20g 地区 12 层钢框架，框架结构平面布置图见图 3-6。钢号为 Q355B，钢框架抗震等级为二级。采用 PKPM 2021（V1.3 版本）程序计算。

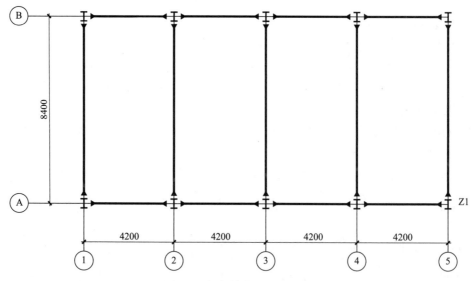

图 3-6　框架结构平面布置图

以第八层角柱 Z1 为例，钢柱 Z1 构件信息见图 3-7。不勾选"考虑柱、支撑侧向失稳"、勾选"考虑柱、支撑侧向失稳"时钢柱 Z1 构件设计验算信息见图 3-8、图 3-9。

构件几何材料信息

层号	IST=8
塔号	ITOW=1
单元号	IELE=5
构件种类标志(KELE)	柱
上节点号	J1=96
下节点号	J2=85
构件材料信息(Ma)	钢
长度（m）	DL=3.00
截面类型号	Kind=1
截面名称	H400×300×16×20
钢号	355
净毛面积比	Rnet=1.00

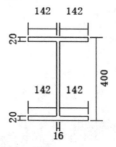

图 3-7　钢柱 Z1 构件信息

从图 3-8、图 3-9 可以看出，不勾选"考虑柱、支撑侧向失稳"时钢柱 Z1 验算不超限；勾选"考虑柱、支撑侧向失稳"时钢柱 Z1 面外稳定应力比验算超限。

构件设计验算信息

Px:　　x向梁与柱全塑性承载力比

Py:　　y向梁与柱全塑性承载力比

项目	内容
轴压比：	(18)　N=-1221.0　　Uc=0.23
强度验算：	(18)　N=-1221.05　Mx=-340.23　My=56.40　F1/f=0.94
平面内稳定验算：	(0)　N=0.00　Mx=0.00　My=0.00　F2/f=0.00
平面外稳定验算：	(0)　N=0.00　Mx=0.00　My=0.00　F3/f=0.00

项目	内容
X向长细比=	λ_x= 17.96 ≤ 56.95
Y向长细比	λ_y= 42.11 ≤ 56.95
	《高钢规》7.3.9条：钢框架柱的长细比，一级不应大于$60\sqrt{\frac{235}{f_y}}$，二级不应大于$70\sqrt{\frac{235}{f_y}}$，三级不应大于$80\sqrt{\frac{235}{f_y}}$，四级及非抗震设计不应大于$100\sqrt{\frac{235}{f_y}}$ 《钢结构设计标准》GB 50017—2017 7.4.6、7.4.7条给出构件长细比限值 程序最终限值取两者较严值
宽厚比=	b/tf= 7.10 ≤ 8.95 《高钢规》7.4.1条给出宽厚比限值 《钢结构设计标准》GB 50017—2017 3.5.1条给出宽厚比限值 程序最终限值取两者的较严值
高厚比=	h/tw= 22.50 ≤ 36.61 《高钢规》7.4.1条给出高厚比限值 《钢结构设计标准》GB 50017—2017 3.5.1条给出高厚比限值 程序最终限值取两者的较严值
钢柱强柱弱梁验算：	X向　(18)　N=-1221.05　Px=1.90 Y向　(18)　N=-1221.05　Py=0.63 《抗规》8.2.5-1条 钢框架节点左右梁端和上下柱端的全塑性承载力，除下列情况之一外，应符合下式要求： 柱所在楼层的受剪承载力比相邻上一层的受剪承载力高出25% 柱轴压比不超过0.4，或$N_2 \le \phi A_c f$(N_2为2倍地震作用下的组合轴力设计值) 与支撑斜杆相连的节点 等截面梁 $\sum W_{pc}\left(f_{yc}-\dfrac{N}{A_c}\right) \ge \eta \sum W_{pb}f_{yb}$ 端部翼缘变截面梁 $\sum W_{pc}\left(f_{yc}-\dfrac{N}{A_c}\right) \ge \sum (\eta W_{pb}f_{yb}+V_{pb}s)$
受剪承载力：	CB_XF=178.49　CB_YF=541.14 《钢结构设计标准》GB 50017—2017 10.3.4

图 3-8　不勾选"考虑柱、支撑侧向失稳"时钢柱 Z1 构件设计验算信息

下面对钢框架柱软件输出结果进行手工算验证。

（1）强度应力比：

$$\frac{N}{Af}+\frac{M_x^{\text{II}}}{M_{cx}}+\frac{M_y^{\text{II}}}{M_{cy}} \le 1.0 \tag{3-10}$$

控制内力组合为非地震组合：

$$N=1221.05\text{kN}, \quad M_x^{\text{II}}=340.23\text{kN}\cdot\text{m}, \quad M_y^{\text{II}}=56.40\text{kN}\cdot\text{m}$$

H 形截面，宽厚比等级 S1，γ_x=1.05，γ_y=1.20

$$W_x=2479.04\text{cm}^3, \quad W_y=600.81\text{cm}^3, \quad A=177.6\text{cm}^2$$

不考虑材料弹塑性发展（不考虑材料非线性，只考虑几何非线性）：

构件设计验算信息

Px: x向梁与柱全塑性承载力比
Py: y向梁与柱全塑性承载力比

项目	内容
轴压比:	(18) N=-1221.0 Uc=0.23
强度验算:	(18) N=-1221.05 Mx=-340.23 My=56.40 F1/f=0.94
平面内稳定算算:	(18) N=-1221.05 Mx=-340.23 My=56.40 F2/f=0.96
平面外稳定验算:	(15) N=-1056.55 Mx=-96.37 My=125.86 F3/f=1.04

项目	内容
X向长细比=	λ_x= 17.96 ≤ 56.95
Y向长细比	λ_y= 42.11 ≤ 56.95
	《高钢规》7.3.9条：钢框架柱的长细比，一级不应大于$60\sqrt{\frac{235}{f_y}}$，二级不应大于$70\sqrt{\frac{235}{f_y}}$，
	三级不应大于$80\sqrt{\frac{235}{f_y}}$，四级及非抗震设计不应大于$100\sqrt{\frac{235}{f_y}}$
	《钢结构设计标准》GB 50017—2017 7.4.6、7.4.7条给出构件长细比限值
	程序最终限值取两者较严值
宽厚比=	b/tf= 7.10 ≤ 8.95
	《高钢规》7.4.1条给出宽厚比限值
	《钢结构设计标准》GB 50017—2017 3.5.1条给出宽厚比限值
	程序最终限值取两者的较严值
高厚比=	h/tw= 22.50 ≤ 36.61
	《高钢规》7.4.1条给出高厚比限值
	《钢结构设计标准》GB 50017—2017 3.5.1条给出高厚比限值
	程序最终限值取两者的较严值
钢柱强柱弱梁验算：	X向 (18) N=-1221.05 Px=1.90
	Y向 (18) N=-1221.05 Py=0.63
	《抗规》8.2.5-1条 钢框架节点左右梁端和上下柱端的全塑性承载力，除下列情况之一外，应符合下式要求：
	柱所在楼层的受剪承载力比相邻上一层的受剪承载力高出25%；
	柱轴压比不超过0.4，或$N_2 \leqslant \phi A_c f$(N_2为2倍地震作用下的组合轴力设计值)
	与支撑斜杆相连的节点
	等截面梁：
	$\sum W_{pc}\left(f_{yc}-\dfrac{N}{A_c}\right) \geqslant \eta \sum W_{pb}f_{yb}$
	端部翼缘变截面梁：
	$\sum W_{pc}\left(f_{yc}-\dfrac{N}{A_c}\right) \geqslant \sum (\eta W_{pb}f_{yb} + V_{pb}s)$
受剪承载力：	CB_XF=178.49 CB_YF=541.14
	《钢结构设计标准》GB 50017—2017 10.3.4

超限类别(307) 面外稳定验算超限：(15)Mx= -96. My= 126. N= -1057. F3= 3.0600E+05 > F= 2.9500E+05

图 3-9 勾选"考虑柱、支撑侧向失稳"时钢柱 Z1 构件设计验算信息

$$M_{cx}=\gamma_x W_x f=1.05 \times 2479.04 \times 10^3 \times 295 \div 10^6 = 767.88 \ (\text{kN} \cdot \text{m})$$

$$M_{cy}=\gamma_y W_y f=1.20 \times 600.81 \times 10^3 \times 295 \div 10^6 = 212.69 \ (\text{kN} \cdot \text{m})$$

$$\frac{N}{Af}+\frac{M_x^{\text{II}}}{M_{cx}}+\frac{M_y^{\text{II}}}{M_{cy}}=\frac{1221.05 \times 10^3}{177.6 \times 10^2 \times 295}+\frac{340.23}{767.88}+\frac{56.40}{212.69} \approx 0.94$$

与软件输出结果一致。

（2）平面内稳定应力比：

$$\frac{N}{Af} + \frac{M_x^{\mathrm{II}}}{\varphi_b W_x f} + \frac{M_y^{\mathrm{II}}}{M_{cy}} \leqslant 1.0 \tag{3-11}$$

控制内力组合为非地震组合：

$$N = 1221.05\mathrm{kN}, \quad M_x^{\mathrm{II}} = 340.23\mathrm{kN \cdot m}, \quad M_y^{\mathrm{II}} = 56.40\mathrm{kN \cdot m}$$

受压翼缘侧向支撑点之间的距离：

$$l_1 = 3000\mathrm{mm}$$

参数：

$$\xi = \frac{l_1 t_1}{b_1 h} = \frac{3000 \times 20}{300 \times 400} = 0.5$$

梁整体稳定的等效弯矩系数：

$$\beta_b = 1.75 - 1.05\left(\frac{M2}{M1}\right) + 0.3\left(\frac{M2}{M1}\right)^2 = 1.75 - 1.05 + 0.3 = 1 \leqslant 2.3$$

毛截面对 y 轴的回转半径：

$$i_y = 71.2\mathrm{mm}$$

侧向支承点间对截面弱轴 y-y 的长细比：

$$\lambda_y = \frac{l_1}{i_y} = \frac{3000}{71.2} \approx 42.135$$

截面不对称影响系数：

$$\eta_b = 0$$

整体稳定系数：

$$\varphi_b = \beta_b \frac{4320}{\lambda_y^2} \cdot \frac{Ah}{W_x}\left[\sqrt{1 + \left(\frac{\lambda_y t_1}{4.4h}\right)^2} + \eta_b\right]\varepsilon_k^2$$

$$= 1 \times \frac{4320}{42.135^2} \times \frac{17760 \times 400}{2479040} \times \left[\sqrt{1 + \left(\frac{42.135 \times 20}{4.4 \times 400}\right)^2} + 0\right] \times \frac{235}{355} \approx 5.12 > 0.6$$

$$\varphi_b' = 1.07 - \frac{0.282}{\varphi_b} = 1.07 - \frac{0.282}{5.12} \approx 1.01 > 1.0$$

取 $\varphi_b = 1.0$。

平面内稳定应力比：

$$\frac{N}{Af} + \frac{M_x^{\mathrm{II}}}{\varphi_b W_x f} + \frac{M_y^{\mathrm{II}}}{M_{cy}} = \frac{1221.05 \times 10^3}{177.6 \times 10^2 \times 295} + \frac{340.23 \times 10^6}{1.0 \times 2479.04 \times 10^3 \times 295} + \frac{56.40}{212.69} \approx 0.96$$

与软件输出结果一致。

（3）平面外稳定应力比：

$$\frac{N}{Af} + \frac{M_x^{\mathrm{II}}}{M_{cx}} + \frac{M_y^{\mathrm{II}}}{\varphi_b W_y f} \leqslant 1.0 \tag{3-12}$$

控制内力组合为非地震组合：

$$N = 1056.55\mathrm{kN}, \quad M_x^{\mathrm{II}} = 96.37\mathrm{kN \cdot m}, \quad M_y^{\mathrm{II}} = 125.86\mathrm{kN \cdot m}$$

$$\frac{N}{Af} + \frac{M_x^{\mathrm{II}}}{M_{cx}} + \frac{M_y^{\mathrm{II}}}{\varphi_b W_y f} = \frac{1056.55 \times 10^3}{177.6 \times 10^2 \times 295} + \frac{96.37}{767.88} + \frac{125.86 \times 10^6}{1.0 \times 600.81 \times 10^3 \times 295} \approx 1.04$$

与软件输出结果一致。

综上，按照直接分析设计方法设计钢柱，当钢柱为箱形柱，且截面尺寸满足 $h/b_0 \leqslant$

6，$l_1/b_0 \leqslant 95\varepsilon_k^2$ 时，按照公式 $\dfrac{N}{Af}+\dfrac{M_x^{\text{II}}}{M_{cx}}+\dfrac{M_y^{\text{II}}}{M_{cy}} \leqslant 1.0$ 进行钢柱截面承载力验算，PKPM 软件选用弹性直接分析设计方法时，不勾选"考虑柱、支撑侧向失稳"；当钢柱为 H 形钢柱时，按照公式 $\dfrac{N}{Af}+\dfrac{M_x^{\text{II}}}{\varphi_b W_x f}+\dfrac{M_y^{\text{II}}}{M_{cy}} \leqslant 1.0$ 进行钢柱截面承载力验算，PKPM 软件选用弹性直接分析设计方法时，勾选"考虑柱、支撑侧向失稳"。

3.4 采用直接分析设计法设计框架-支撑结构时，铰接的支撑除了有轴力外，为什么还有弯矩？

某 10 层钢框架-支撑结构，标准层结构平面布置图见图 3-10，结构立面图见图 3-11。钢支撑 GZC 截面为 H300×300×14×20，钢号为 Q355B。采用 PKPM2021（V1.3 版本）程序、弹性直接分析设计方法进行计算。

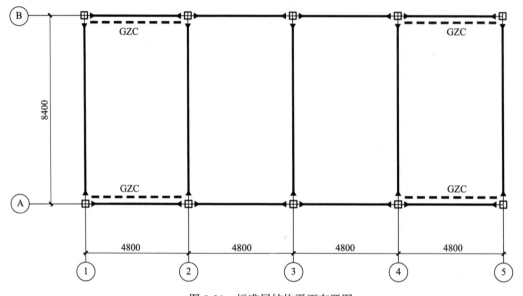

图 3-10　标准层结构平面布置图

一层钢支撑 GZC 两端铰接，构件设计属性信息图见图 3-12。构件设计验算信息图见图 3-13。

由图 3-13 可以看出，两端铰接的钢支撑除了有轴力 N 外，还有弯矩 M_x、M_y。为什么两端铰接的支撑会出现弯矩？

《钢结构设计标准》GB 50017—2017 第 5.2.2 条规定，构件的初始缺陷代表值可按式（3-13）计算确定，该缺陷值包括了残余应力的影响 [图 3-14（a）]。构件的初始缺陷也可采用假想均布荷载进行等效简化计算，假想均布荷载可按式（3-14）确定 [图 3-14（b）]。

$$\delta_0 = e_0 \sin\frac{\pi x}{l} \tag{3-13}$$

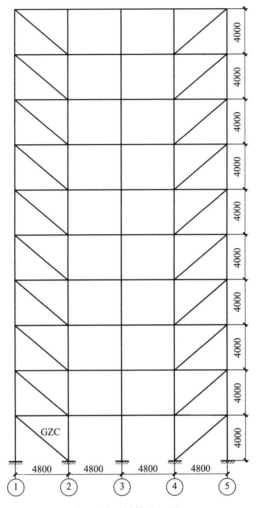

图 3-11　结构立面图

构件设计属性信息

构件两端约束标志	两端铰接
构件属性信息	普通支撑,普通钢支撑
抗震等级	二级
构造措施抗震等级	二级
是否人防	非人防构件
是否单拉杆	否
长度系数	Cx=1.00　Cy=1.00
活荷内力折减系数	1.00
地震作用放大系数	X向: 1.00　Y向: 1.00
薄弱层地震内力调整系数	X向: 1.00　Y向: 1.00
剪重比调整系数	X向: 1.00　Y向: 1.04
二道防线调整系数	X向: 1.00　Y向: 1.00
风荷载内力调整系数	X向: 1.00　Y向: 1.00
地震作用下转换柱剪力弯矩调整系数	X向: 1.00　Y向: 1.00
刚度调整系数	X向: 1.00　Y向: 1.00
所在楼层二阶效应系数	X向: 0.01　Y向: 0.15
构件的应力比上限	F1_MAX=1.00　F2_MAX=1.00　F3_MAX=1.00
结构重要性系数	1.00

图 3-12　构件设计属性信息图

构件设计验算信息

项目	内容
强度验算：	(17) N=-919.82 Mx=-17.70 My=-23.93 F1/f=0.35
平面内稳定验算：	(17) N=-919.82 Mx=-17.70 My=-23.93 F2/f=0.35
平面外稳定验算：	(17) N=-919.82 Mx=-17.70 My=-23.93 F3/f=0.37
X向长细比=	λx= 48.83 ≤ 97.63
Y向长细比	λy= 82.34 ≤ 97.63

项目	内容
	《高钢规》7.5.2条：中心支撑斜杆的长细比，按压杆设计时，不应大于$120\sqrt{\dfrac{235}{f_y}}$，
	非抗震设计和四级采用拉杆设计时，其长细比不应大于180。
	《钢结构设计标准》GB 50017—2017 7.4.6、7.4.7条给出构件长细比限值
宽厚比=	程序最终限值取两者较严值
	b/tf= 7.15 ≤ 7.32
	《高钢规》7.5.3条给出宽厚比值
	《钢结构设计标准》GB 50017—2017 7.3.1条给出宽厚比限值
	程序最终限值取两者的较严值
高厚比=	h/tw= 18.57 ≤ 21.15
	《高钢规》7.5.3条给出高厚比限值
	《钢结构设计标准》GB 50017—2017 7.3.1条给出高厚比限值
	程序最终限值取两者的较严值
受剪承载力：	CB_XF=740.29 CB_YF=0.00
	《钢结构设计标准》GB 50017—2017

图 3-13 构件设计验算信息图

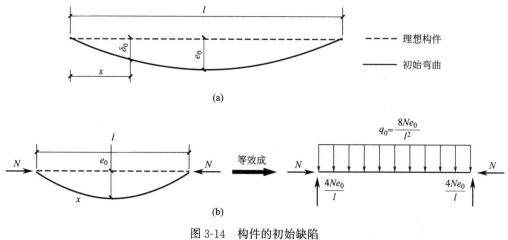

(a)

(b)

图 3-14 构件的初始缺陷

（a）等效几何缺陷；（b）假想均布荷载

$$q_0 = \frac{8Ne_0}{l^2} \tag{3-14}$$

式中：δ_0——离构件端部 x 处的初始变形值（mm）；

e_0——构件中点处的初始变形值（mm）；

x——离构件端部的距离（mm）；

l——构件的总长度（mm）；

q_0——等效分布荷载（N/mm）

N——构件承受的轴力标准值（N）。

构件初始弯曲缺陷值 e_0/l，当采用直接分析不考虑材料弹塑性发展时（即二阶 P-Δ-δ 弹性分析，不考虑材料非线性，只考虑几何非线性），构件综合缺陷代表值见表3-3；当采用直接分析考虑材料弹塑性发展时，应满足塑性铰法和塑性区法的要求。

构件综合缺陷代表值　　　　　　　　　　　　　　　表 3-3

对应于《钢结构设计标准》GB 50017—2017 表 7.2.1-1 和表 7.2.1-2 中的截面分类	二阶分析采用的 e_0/l 值
a 类	1/400
b 类	1/350
c 类	1/300
d 类	1/250

构件的初始几何缺陷形状可用正弦波来模拟，构件初始几何缺陷代表值由柱子失稳曲线拟合而来，故《钢结构设计标准》GB 50017—2017 针对不同的截面和主轴，给出了 4 个值，分别对应 a、b、c、d 四条柱子失稳曲线。为了便于计算，构件的初始几何缺陷也可用均布荷载和支座反力代替。

PKPM 软件采用弹性直接分析设计方法时，不考虑材料弹塑性发展时，即二阶 P-Δ-δ 弹性分析，不考虑材料非线性，只考虑几何非线性。软件在考虑构件的初始缺陷（P-δ_0）时，采用假想均布荷载进行等效简化计算，在支撑杆件上加上了假想均布荷载 $q_0 = \dfrac{8Ne_0}{l^2}$，因此两端铰接的支撑杆件出现了弯矩。

查《钢结构设计标准》GB 50017—2017 表 7.2.1-1，对 x 轴，属于 b 类截面：

$$e_{0x}/l = 1/350$$

钢支撑构件的总长度：

$$l = \sqrt{4800^2 + 4000^2} \approx 6248.20 \ (\text{mm})$$

等效均布荷载：

$$q_{0x} = \frac{8Ne_{0x}}{l^2} = \frac{8N}{l} \cdot \frac{e_{0x}}{l} = \frac{8 \times 919.82 \times 10^3}{6248.20} \times \frac{1}{350} \approx 3.365 \ (\text{N/mm})$$

钢支撑自重：

$$g = 1.21992 \text{N/mm}$$

x 方向弯矩，x 方向弯矩计算简图如图 3-15 所示。

$$M_x = \frac{1}{8} q_{0x} l^2 + \frac{1}{8}(1.3g)\, l_x^2 = \frac{1}{8} \times 3.365 \times 6248.20^2 + \frac{1}{8} \times (1.3 \times 1.21992) \times 4800^2$$

$$\approx 21.00 \ (\text{kN} \cdot \text{m})$$

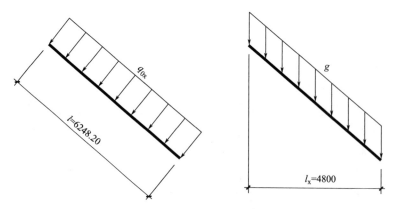

图 3-15　x 方向弯矩计算简图
（a）假想均布荷载；（b）钢支撑自重均布荷载

查《钢结构设计标准》GB 50017—2017 表 7.2.1-1，对 y 轴，保守的取为 c 类截面（假定翼缘为剪切边，而非焰切边）：

$$e_{0y}/l = 1/300$$

等效均布荷载：

$$q_{0y} = \frac{8Ne_{0y}}{l^2} = \frac{8N}{l} \cdot \frac{e_{0y}}{l} = \frac{8 \times 919.82 \times 10^3}{6248.20} \times \frac{1}{300} \approx 3.9257\,(\text{N/mm})$$

y 方向弯矩：

$$M_y = \frac{1}{8}q_{0y}l^2 = \frac{1}{8} \times 3.9257 \times 6248.20^2 \approx 19.16\,(\text{kN·m})$$

计算出来的弯矩，与软件输出结果略有差异。原因是：软件是按整体有限元计算，支座是有刚度的弹簧。

3.5 顶部无楼板的钢框架梁整体稳定验算超限，加钢次梁后，钢框架梁整体稳定验算通过。钢次梁可以认为是钢框架梁的侧向支撑吗？

某超高层钢框架-钢筋混凝土核心筒结构，因底层局部设置两层通高大堂，二层部分钢框架梁顶板没有设置楼板。二层结构平面图见图 3-16。

采用 PKPM 2021（V1.3 版本）程序进行计算。无钢次梁时 GKL1 计算结果见图 3-17（a），显然 GKL1 整体稳定验算超限（整体稳定应力比为 1.09）；加两根钢次梁时 GKL1 计算结果见图 3-17（b），GKL1 整体稳定应力比降为 0.51，整体稳定验算不超限。

图 3-18（a）无钢次梁时 GKL1 构件几何材料信息；图 3-18（b）为加两根钢次梁时 GKL1 构件几何材料信息。图 3-19（a）为无钢次梁时 GKL1 构件设计验算信息；图 3-19（b）为加两根钢次梁时 GKL1 构件设计验算信息。

下面手工复核 GKL1 的稳定应力比。GKL1 的稳定应力比手工复核过程见表 3-4。

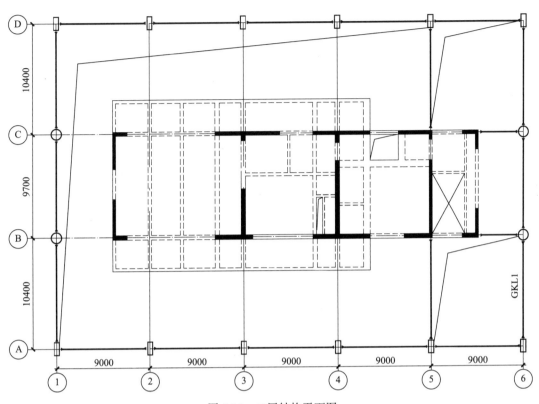

图 3-16 二层结构平面图

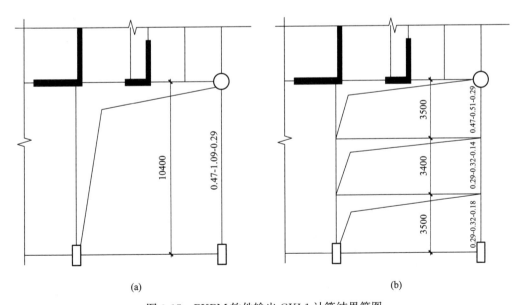

(a)　　　　　　　　　　　　(b)

图 3-17 PKPM 软件输出 GKL1 计算结果简图

（a）无钢次梁时 GKL1 计算结果；（b）加两根钢次梁时 GKL1 计算结果

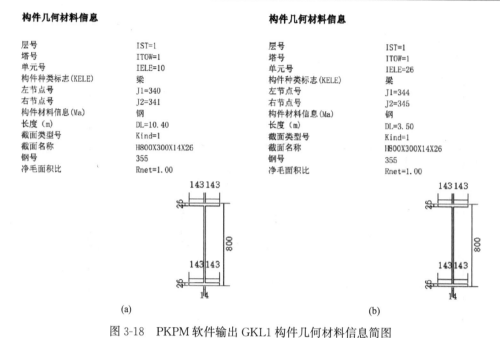

图 3-18 PKPM 软件输出 GKL1 构件几何材料信息简图
（a）无钢次梁时 GKL1 构件几何材料信息；（b）加两根钢次梁时 GKL1 构件几何材料信息

构件设计验算信息

1 -M ------ 各个计算截面的最大负弯矩

2 +M ------ 各个计算截面的最大正弯矩

3 Shear ----- 各个计算截面的剪力

4 N-T ----- 最大轴拉力(kN)

5 N-C ----- 最大轴压力(kN)

	-I-	-1-	-2-	-3-	-4-	-5-	-6-	-7-	-J-
-M	-10.11	0.00	0.00	0.00	0.00	0.00	0.00	-443.57	-1050.62
LoadCase	79	1	1	1	1	1	1	75	75
+M	0.00	345.51	564.86	647.95	594.78	405.35	79.66	0.00	0.00
LoadCase	1	80	80	80	80	80	80	1	1
Shear	325.99	221.16	116.34	11.51	-100.11	-204.94	-309.77	-414.60	-519.42
LoadCase	80	80	80	80	75	75	75	75	75
N-T	0.00	0.00	0.00	0.00	0.00	0.00	0.00	0.00	0.00
N-C	0.00	0.00	0.00	0.00	0.00	0.00	0.00	0.00	0.00
强度验算	(21) N=0.00, M=-1018.10, F1/f=0.47								
稳定验算	(21) N=0.00, M=-1018.10, F2/f=1.09								
抗剪验算	(21) V=-516.27, F3/fv=0.29								
下翼缘稳定	正则化长细比 r=0.53, 不进行下翼缘稳定计算								
宽厚比	b/tf=5.50 ≤ 8.14								
	《抗规》8.3.2条给出宽厚比限值								
	《钢结构设计标准》GB 50017—2017 3.5.1条给出宽厚比限值								
	程序最终限值取两者的较严值								
高厚比	h/tw=53.43 ≤ 56.95								
	《抗规》8.3.2条给出高厚比限值								
	《钢结构设计标准》GB 50017—2017 3.5.1条给出高厚比限值								
	程序最终限值取两者的较严值								

超限类别(305) 面内稳定应力超限：（21）M= -1018. F2= 3.2287E+05 ＞ f= 2.9500E+05

(a)

图 3-19 PKPM 软件输出 GKL1 构件设计验算信息简图（一）

（a）无钢次梁时 GKL1 构件设计验算信息

构件设计验算信息

1 -M ------ 各个计算截面的最大负弯矩
2 +M ------ 各个计算截面的最大正弯矩
3 Shear --- 各个计算截面的剪力
4 N-T ------ 最大轴拉力(kN)
5 N-C ------ 最大轴压力(kN)

	-1-	-1-	-2-	-3-	-4-	-5-	-6-	-7-	-J-
-M	0.00	0.00	0.00	-109.65	-267.02	-439.94	-628.28	-832.05	-1051.25
LoadCase	1	1	1	75	76	76	76	76	76
+M	315.91	207.62	83.91	0.00	0.00	0.00	0.00	0.00	0.00
LoadCase	80	80	80	1	1	1	1	1	1
Shear	-236.63	-271.90	-307.17	-342.44	-377.72	-412.99	-448.26	-483.53	-518.80
LoadCase	76	76	76	76	76	76	76	76	76
N-T	0.00	0.00	0.00	0.00	0.00	0.00	0.00	0.00	0.00
N-C	0.00	0.00	0.00	0.00	0.00	0.00	0.00	0.00	0.00
强度验算	(22) N=0.00, M=-1019.25, F1/f=0.47								
稳定验算	(22) N=0.00, M=-1019.25, F2/f=0.51								
抗剪验算	(22) V=-515.70, F3/fv=0.29								
下翼缘稳定	正则化长细比 r=0.39, 不进行下翼缘稳定计算								
宽厚比	b/tf=5.50 ≤ 8.14 《抗规》8.3.2条给出宽厚比限值 《钢结构设计标准》GB 50017—2017 3.5.1条给出宽厚比限值 程序最终限值取两者的较严值								
高厚比	h/tw=53.43 ≤ 56.95 《抗规》8.3.2条给出高厚比限值 《钢结构设计标准》GB 50017—2017 3.5.1条给出高厚比限值 程序最终限值取两者的较严值								

(b)

图 3-19 PKPM 软件输出 GKL1 构件设计验算信息简图（二）

（b）加两根钢次梁时 GKL1 构件设计验算信息

GKL1 的稳定应力比手工复核过程　　　　　　　　　　　　　表 3-4

	无钢次梁时 GKL1 稳定应力比计算	加设两根钢次梁时 GKL1 稳定应力比计算
梁受压翼缘侧向支承点之间的距离（mm）	$l_1 = 10400$	$l_1 = 3500$
梁受压翼缘厚度（mm）	$t_1 = 26$	
梁截面的全高（mm）	$h = 800$	
受压翼缘的宽度（mm）	$b_1 = 300$	
按受压最大纤维确定的梁毛截面模量（mm³）	$W_x = 7063830$	
参数	$\xi = \dfrac{l_1 t_1}{b_1 h} = \dfrac{10400 \times 26}{300 \times 800} \approx 1.127 < 2.0$	$\xi = \dfrac{l_1 t_1}{b_1 h} = \dfrac{3500 \times 26}{300 \times 800} \approx 0.379 < 2.0$
梁整体稳定的等效弯矩系数	$\beta_b = 0.69 + 0.13\xi$ $= 0.69 + 0.13 \times 1.127 = 0.83651$	$\beta_b = 0.69 + 0.13\xi$ $= 0.69 + 0.13 \times 0.379 = 0.73927$

续表

	无钢次梁时 GKL1 稳定应力比计算	加设两根钢次梁时 GKL1 稳定应力比计算
截面不对称影响系数	$\eta_b = 0$	
梁毛截面对 y 轴的回转半径(mm)	$i_y = 67$	
在侧向支承点间对截面弱轴 y-y 的长细比	$\lambda_y = \dfrac{l_1}{i_y} = \dfrac{10400}{67} \approx 155.22$	$\lambda_y = \dfrac{l_1}{i_y} = \dfrac{3500}{67} \approx 52.24$
梁的毛截面面积(mm²)	$A = 26072$	
梁的整体稳定系数	$\varphi_b = \beta_b \dfrac{4320}{\lambda_y^2} \cdot \dfrac{Ah}{W_x} \left[\sqrt{1 + \left(\dfrac{\lambda_y t_1}{4.4h} \right)^2} + \eta_b \right] \varepsilon_k^2$ $= 0.446 < 0.6$	$\varphi_b = \beta_b \dfrac{4320}{\lambda_y^2} \cdot \dfrac{Ah}{W_x} \left[\sqrt{1 + \left(\dfrac{\lambda_y t_1}{4.4h} \right)^2} + \eta_b \right] \varepsilon_k^2$ $= 2.452 > 0.6$
修正后梁的整体稳定系数	—	$\varphi_b' = 1.07 - \dfrac{0.282}{\varphi_b} = 1.07 - \dfrac{0.282}{2.452} \approx 0.955$
绕强轴作用的最大弯矩设计值(kN·m)	$M_x = 1018.10$	$M_x = 1019.25$
稳定应力比	$\dfrac{M_x}{\varphi_b W_x f} = 1.096$	$\dfrac{M_x}{\varphi_b' W_x f} = 0.51$

从表 3-4 可以看出,加设两根钢次梁后,GKL1 稳定应力比由 1.09 降为 0.51,主要原因就是梁受压翼缘侧向支承点之间的距离 l_1 由 10400mm 减少为 3500mm。那么加设的两根次梁,能不能作为 GKL1 的侧向支撑呢?

《钢结构设计标准》GB 50017—2017 第 6.2.6 条规定,用作减小梁受压翼缘自由长度的侧向支撑,其支撑力应将梁的受压翼缘视为轴心压杆计算。其条文说明指出,减小梁侧向计算长度的支撑,应设置在受压翼缘,此时对支撑的设计可以参照本标准第 7.5.1 条用于减小压杆计算长度的侧向支撑。

《钢结构设计标准》GB 50017—2017 第 7.5.1 条规定,用作减小轴心受压构件自由长度的支撑,应能承受沿被撑构件屈曲方向的支撑力,其值应按下列方法计算(本算例加设两根钢次梁,因此仅列出《钢结构设计标准》GB 50017—2017 第 7.5.1 条第 2 款的计算方法):

长度为 l 的单根柱设置 m 道等间距及间距不等但与平均间距相比相差不超过 20% 的支撑时,各支撑点的支撑力 F_{bm} 应按式(3-15)计算,单根柱设置支撑时的支撑力(以 $m = 2$ 为例,见图 3-20):

$$F_{bm} = \dfrac{N}{42\sqrt{m+1}} \tag{3-15}$$

式中:N——被撑构件的最大轴心压力(N)。

很显然,规范对于用作减小梁受压翼缘自由长度的侧向支撑,其支撑承载力提出了要求。那么对于本算例,加设的两根钢次梁满足了规范支撑承载力的要求,是否就认为加设

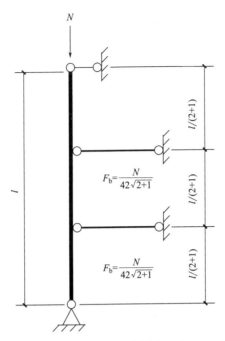

图 3-20　单根柱设置支撑时的支撑力（以 $m=2$ 为例）

的两根钢次梁可以作为 GKL1 的侧向支撑？

《钢结构设计规范理解与应用》[7] 对于侧向支撑给出了如图 3-21 所示的跨中有侧向支撑的梁。跨中有侧向支承的梁，假定侧向支承点处梁截面无侧向位移和扭转，侧向自由长度 l_1 应取为侧向支撑点间距离。

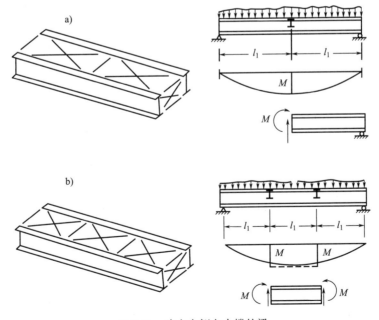

图 3-21　跨中有侧向支撑的梁

《钢结构设计规范理解与应用》更是明确指出，对于楼盖梁，如果次梁上有刚性铺板连牢，则次梁通常可视为主梁的侧向支撑。如果次梁上没有密铺的刚性铺板，除次梁应计算整体稳定外，次梁对主梁的支撑作用也不能考虑。如欲减小主梁的侧向自由长度，应在相邻梁受压翼缘之间设置横向水平支撑，梁的支撑体系如图 3-22 所示，支撑横杆可用次梁代替。这样，位于支撑节点处的次梁，就可视为主梁的侧向支撑构件。

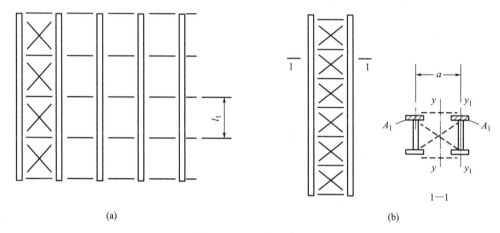

图 3-22　梁的支撑体系

综上分析，仅加设钢次梁不能作为主梁的侧向支撑构件。相邻梁受压翼缘之间设置横向水平支撑，次梁仅作支撑横杆。这样，位于支撑节点处的次梁，就可视为主梁的侧向支承构件。

关于梁的侧向支承，还需说明以下几点：

1）横向水平支撑杆件以及撑杆设置在梁的受压翼缘时，可认为能防止梁的侧弯和扭转；如果设置在梁的形心处，则只能阻止梁的侧移，但不能防止扭转；如果支撑杆件只设置在受拉翼缘上，效果就更差。后两种情况都不能视为梁的有效侧向支承。图 3-23 为简支钢梁丧失整体稳定全貌，从图 3-23 可以看出，简支梁的整体失稳，主要原因就是上翼缘，梁朝向面外侧弯和扭转，因此将横向水平支撑杆件以及撑杆设置在梁的受压翼缘时，可以有效防止梁的整体失稳。

2）有的资料[8] 指出，横向支撑桁架的水平刚度 EI_y 应等于或大于主梁刚度 EI_{y1} 的 25 倍，横向支撑桁架才能作为主梁的有效侧向支承。如果主梁的截面高度较大，应考虑像屋架那样设置空间稳定的支撑体系。

3）主梁侧增设的次梁，虽然不能算作主梁的有效侧向支承，但是增设的次梁可以提高主梁的稳定承载能力，但是提高的程度很难具体量化。当次梁连接于主梁腹板时，主梁的扭转不仅由它的抗扭刚度来抵抗，还由次梁的抗弯刚度来抵抗，次梁提高主梁稳定承载力示意图见图 3-24，这就大大提高了主梁的稳定承载力[9]。

4）当次梁坐落在主梁顶面时，次梁对主梁的稳定性有两方面的作用：一是有利作用，即主梁的扭转受到次梁的约束；二是不利作用，次梁受荷变形而在支座处有转角，会使主梁受扭。根据文献［10］报告的试验结果，当次梁在主梁上的支撑面遍布主梁宽度时［图 3-25（a）、图 3-25（b）］，且主梁在次梁下面有横向加劲肋，那么次梁的约束作用接

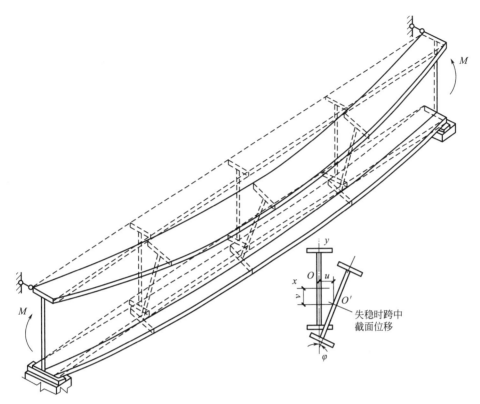

图 3-23　简支钢梁丧失整体稳定全貌

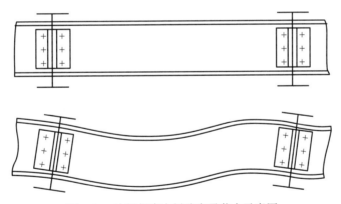

图 3-24　次梁提高主梁稳定承载力示意图

近于完全的支撑，此时如果所有次梁水平刚度 EI_y 等于或大于主梁刚度 EI_{y1} 的 25 倍时，则次梁可以作为主梁的有效侧向支撑。

如果次梁的支承面宽度不及主梁翼缘宽度的一半，且主梁不设加劲肋［图 3-25（c）］，那么次梁对主梁几乎没有约束作用，这种构造方式应尽量避免，而且这种构造还会使主梁受扭。

5）当铺板密铺在梁的受压翼缘上并与其牢固相连，能阻止梁受压翼缘的侧向位移时，可不计算梁的整体稳定性。

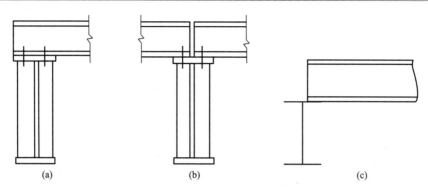

图 3-25　次梁对主梁稳定性影响

现浇的钢筋混凝土板和梁上翼缘之间的摩擦力，一半足以阻止梁侧向弯曲和扭转［图 3-26（a）］。预制的钢筋混凝土板，约束作用不如现浇板，需要在梁翼缘上焊接剪力键，并将预制板间空隙用砂浆填实［图 3-26（b）］。压型钢板铺于钢梁上，混凝土浇于压型钢板上，这时应有一定数量的连接件将压型钢板固定于梁翼缘［图 3-26（c）］。

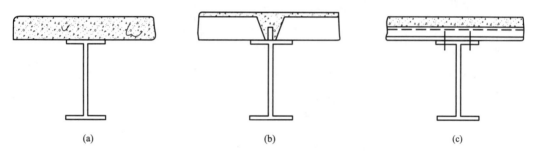

图 3-26　钢筋混凝土楼板对梁的约束作用

仅铺有压型钢板的钢梁上铺压型钢板的钢梁（图 3-27），板对梁侧向弯曲和扭转的约束作用不如浇有混凝土的楼板。压型钢板主要靠剪切刚度来约束主梁，因此还应要求压型钢板在平面内具有足够的剪切刚度和剪切强度[9]。

图 3-27　上铺压型钢板的钢梁

6）当钢梁整体稳定验算超限时，将钢梁由 H 形钢梁改为箱形截面梁是一种有效的办法。文献［11］采用如图 3-28（a）所示的双轴对称带耳箱形截面，残余应力则假定为二次抛物线分布［图 3-28（b）］，最大残余拉应力 σ_{rt} 采用为最大残余压应力 σ_{rc} 绝对值的两倍；荷载分别采用纯弯矩、集中荷载或均布荷载作用在上翼缘或下翼缘。计算分析表明，由于闭口截面的抗扭刚度较大，在一般的截面尺寸情况下，只要满足强度条件和刚度条

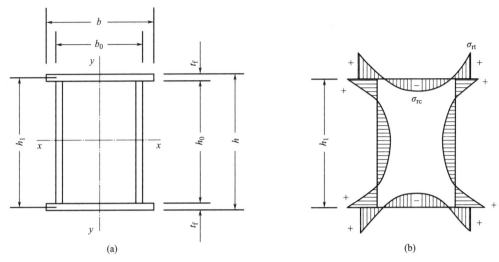

图 3-28 带耳箱形截面及残余应力

件，就不必进行整体稳定验算。

文献［11］最后偏于安全地归纳为，只要箱形截面满足 $h/b_0 \leqslant 6$，$l_1/b_0 \leqslant 95 \cdot \dfrac{235}{f_y}$时，可不计算整体稳定性，$l_1$ 为受压翼缘侧向支承点间的距离。由于上述条件很容易满足，所以《钢结构设计标准》GB 50017—2017 附录 C 甚至都没有给出箱形截面梁的整体稳定系数 φ_b。

3.6 《钢结构设计标准》GB 50017—2017 第 6.2.5 规定，当简支梁仅腹板与相邻构件相连，钢梁稳定性计算时侧向支承点距离应取实际距离的 1.2 倍。《高层民用建筑钢结构技术规程》JGJ 99—2015 第 7.1.2 条规定，当梁在端部仅以腹板与柱（或主梁）相连时，梁的整体稳定系数 φ_b（$\varphi_b > 0.6$ 时的 φ_b'）应乘以降低系数 0.85。我们在设计顶部无楼板简支钢次梁时，应该选用哪本规范进行稳定性设计？

《钢结构设计标准》GB 50017—2017 第 6.2.5 条规定，梁的支座处应采取构造措施，以防止梁端截面的扭转。当简支梁仅腹板与相邻构件相连，钢梁稳定性计算时侧向支承点距离应取实际距离的 1.2 倍。其条文说明解释为：梁端支座，弯曲铰支容易理解也容易达成，扭转铰支却往往被疏忽，因此本条特别规定。对仅腹板连接的钢梁，因为钢梁腹板容易变形，抗扭刚度小，并不能保证梁端截面不发生扭转，因此在稳定性计算时，计算长度应放大。

国标图集《〈钢结构设计标准〉图示》20G108-3 对《钢结构设计标准》GB 50017—2017 第 6.2.5 条解释见图 3-29。

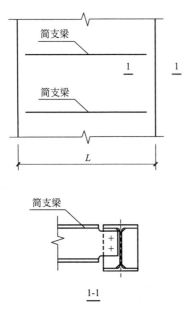

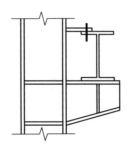

6.2.5图示2　防止梁端截面扭转措施示意一

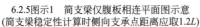

1-1

6.2.5图示1　简支梁仅腹板相连平面图示意
(简支梁稳定性计算时侧向支承点距离应取1.2*L*)

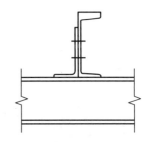

6.2.5图示3　防止梁端截面扭转措施示意二

图 3-29　《〈钢结构设计标准〉图示》20G108-3 对《钢结构设计标准》GB 50017—2017 第 6.2.5 条的解释

　　《高层民用建筑钢结构技术规程》JGJ 99—2015 第 7.1.2 条规定，当梁在端部仅以腹板与柱（或主梁）相连时，梁的整体稳定系数 φ_b（$\varphi_b > 0.6$ 时的 φ_b'）应乘以降低系数 0.85。其条文说明解释为：支座处仅以腹板与柱（或主梁）相连的梁，由于梁端截面不能保证完全没有扭转，故在验算整体稳定时，φ_b 应乘以 0.85 的降低系数。

　　两本规范都强调，梁仅腹板与支撑构件（柱或主梁）相连（简支连接），梁端截面不能保证不发生扭转，因此，稳定性计算时，应留够安全度。《高层民用建筑钢结构技术规程》JGJ 99—2015 将梁的整体稳定系数 φ_b 乘以 0.85 的折减系数，《钢结构设计标准》GB 50017—2017 是将梁受压翼缘侧向支承点之间的距离乘以 1.2，其实质也是降低整体稳定系数 φ_b。

　　因此，当框架梁与柱铰接（仅腹板相连），计算框架梁整体稳定性时，应将框架梁的整体稳定系数 φ_b 乘以 0.85 的折减系数，或将框架梁受压翼缘侧向支承点之间的距离乘以 1.2。当次梁与主梁柱铰接（仅腹板相连），计算次梁整体稳定性时，应将次梁的整体稳定系数 φ_b 乘以 0.85 的折减系数，或将次梁受压翼缘侧向支承点之间的距离乘以 1.2。

　　下面以一道算例，分别以《高层民用建筑钢结构技术规程》JGJ 99—2015 和《钢结构设计标准》GB 50017—2017 计算梁的整体稳定性。以图 3-30（a）中 GL1 为例，钢梁上均无混凝土铺板（楼板开洞），PKPM 软件输出 GL1 计算结果见图 3-30（b）。

$$\varphi_b = \beta_b \frac{4320}{\lambda_y^2} \cdot \frac{Ah}{W_x} \left[\sqrt{1 + \left(\frac{\lambda_y t_1}{4.4h} \right)^2} + \eta_b \right] \varepsilon_k^2 \qquad (3\text{-}16)$$

$$\lambda_y = \frac{l_1}{i_y} \qquad (3\text{-}17)$$

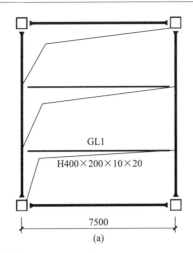

(a)

构件几何材料信息

层号	IST=1
塔号	ITOW=1
单元号	IELE=4
构件种类标志(KELE)	梁
左节点号	J1=7
右节点号	J2=8
构件材料信息(Ma)	钢
长度（m）	DL=7.50
截面类型号	Kind=1
截面参数(m)	B*H*B1*B2*H1*B3*B4*H2
	=0.010*0.400*0.095*0.095*0.020*0.095*0.095*0.020
钢号	345
净毛面积比	Rnet=1.00

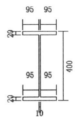

	-I-	-1-	-2-	-3-	-4-	-5-	-6-	-7-	-J-
-M	0.00	0.00	0.00	0.00	0.00	0.00	0.00	0.00	0.00
LoadCase	1	1	1	1	1	1	1	1	1
+M	0.00	114.15	202.61	256.07	273.90	256.07	202.61	114.15	0.00
LoadCase	1	1	1	1	1	1	1	1	1
Shear	129.97	110.77	76.03	38.02	0.00	-38.02	-76.03	-110.77	-129.97
LoadCase	1	1	1	1	1	1	1	1	1
N-T	0.00	0.00	0.00	0.00	0.00	0.00	0.00	0.00	0.00
N-C	0.00	0.00	0.00	0.00	0.00	0.00	0.00	0.00	0.00
强度验算	(1) N=0.00, M=273.90, F1/f=0.54								
稳定验算	(1) N=0.00, M=273.90, F2/f=0.89								
抗剪验算	(1) V=129.97, F3/fv=0.21								
下翼缘稳定	正则化长细比 r=0.44， 不进行下翼缘稳定计算								
宽厚比	b/tf=4.75 ≤ 12.38								
	《钢结构设计标准》 GB 50017—2017 3.5.1条给出宽厚比限值								
高厚比	h/tw=36.00 ≤ 102.34								
	《钢结构设计标准》 GB 50017—2017 3.5.1条给出梁的高厚比限值								

(b)

图 3-30 梁整体稳定性验算算例

（a）结构平面布置图；（b）PKPM 软件输出结果

（1）《高层民用建筑钢结构技术规程》JGJ 99—2015：

$$\xi = \frac{l_1 t_1}{b_1 h} = \frac{7500 \times 20}{200 \times 400} = 1.875$$

梁整体稳定的等效弯矩系数：

$$\beta_b = 0.69 + 0.13\xi = 0.69 + 0.13 \times 1.875 = 0.93375$$

$$i_y = 47.9 \text{mm}, \quad \lambda_y = \frac{l_1}{i_y} = \frac{7500}{47.9} \approx 156.58$$

$$A = 11600 \text{mm}^2, \quad W_x = 1639730 \text{mm}^3, \quad \eta_b = 0$$

$$\varphi_b = \beta_b \frac{4320}{\lambda_y^2} \cdot \frac{Ah}{W_x} \left[\sqrt{1 + \left(\frac{\lambda_y t_1}{4.4h} \right)^2} + \eta_b \right] \varepsilon_k^2$$

$$= 0.93375 \times \frac{4320}{156.58^2} \times \frac{11600 \times 400}{1639730} \times \left[\sqrt{1 + \left(\frac{156.58 \times 20}{4.4 \times 400} \right)^2} + 0 \right] \times \frac{235}{345} \approx 0.64728 > 0.6$$

$$\varphi_b' = 1.07 - \frac{0.282}{\varphi_b} = 1.07 - \frac{0.282}{0.64728} \approx 0.63433$$

稳定应力比：

$$\left(\frac{M_x}{\varphi_b' W_x} \right) / f = \left(\frac{273.9 \times 10^6}{0.85 \times 0.63433 \times 1639730} \right) / 295 \approx 1.05$$

与软件输出稳定应力比 0.89 不一致。

（2）《钢结构设计标准》GB 50017—2017：

$$\xi = \frac{l_1 t_1}{b_1 h} = \frac{1.2 \times 7500 \times 20}{200 \times 400} = 2.25$$

梁整体稳定的等效弯矩系数：

$$\beta_b = 0.95$$

$$i_y = 47.9 \text{mm}, \quad \lambda_y = \frac{l_1}{i_y} = \frac{1.2 \times 7500}{47.9} \approx 187.89$$

$$\varphi_b = \beta_b \frac{4320}{\lambda_y^2} \cdot \frac{Ah}{W_x} \left[\sqrt{1 + \left(\frac{\lambda_y t_1}{4.4h} \right)^2} + \eta_b \right] \varepsilon_k^2$$

$$= 0.95 \times \frac{4320}{187.89^2} \times \frac{11600 \times 400}{1639730} \times \left[\sqrt{1 + \left(\frac{187.89 \times 20}{4.4 \times 400} \right)^2} + 0 \right] \times \frac{235}{345} \approx 0.5283 < 0.6$$

稳定应力比：

$$\left(\frac{M_x}{\varphi_b W_x} \right) / f = \left(\frac{273.9 \times 10^6}{0.5283 \times 1639730} \right) / 295 \approx 1.07$$

与软件输出稳定应力比 0.89 不一致。

（3）PKPM 软件稳定应力比计算时，未考虑将梁的整体稳定系数 φ_b 折减，也未考虑将梁受压翼缘侧向支承点之间的距离乘以 1.2。

PKPM 软件稳定应力比：

$$\left(\frac{M_x}{\varphi_b W_x} \right) / f = \left(\frac{273.9 \times 10^6}{0.63433 \times 1639730} \right) / 295 \approx 0.89$$

与软件输出稳定应力比一致。

（4）有工程师提出，是否应将《钢结构设计标准》GB 50017—2017"梁受压翼缘侧向支承点之间的距离乘以 1.2"与《高层民用建筑钢结构技术规程》JGJ 99—2015"将梁的整体稳定系数 φ_b 乘以 0.85 的折减系数"同时考虑。作者觉得不需要，因为两本规范调整方法的本质是一样的，即梁端截面不能保证不发生扭转时，稳定性计算应留够安全度。作者建议钢梁整体稳定性验算，将《钢结构设计标准》GB 50017—2017 和《高层民用建筑钢结构技术规程》JGJ 99—2015 取包络即可，不需要同时考虑。针对此问题，作者也与《钢结构设计标准》GB 50017—2017 主要编制人员沟通过，规范编制人员也同意作者观点。

如果同时考虑《钢结构设计标准》GB 50017—2017"梁受压翼缘侧向支承点之间的距离乘以 1.2"与《高层民用建筑钢结构技术规程》JGJ 99—2015"将梁的整体稳定系数 φ_b 乘以 0.85 的折减系数"，则稳定应力比：

$$\left(\frac{M_x}{\varphi_b W_x}\right)/f = \left(\frac{273.9 \times 10^6}{0.85 \times 0.5283 \times 1639730}\right)/295 \approx 1.26$$

钢梁 GL1 整体稳定性验算结果汇总见表 3-5。

钢梁 GL1 整体稳定性验算结果汇总　　　　　　表 3-5

程序或执行规范	PKPM	执行 JGJ 99—2015	执行 GB 50017—2017	同时执行 JGJ 99—2015 和 GB 50017—2017
梁受压翼缘侧向支承点之间的距离（mm）	7500	7500	9000	9000
稳定系数	0.63433	0.5392	0.5283	0.4491
稳定应力比	0.89	1.05	1.07	1.26

3.7　钢框架柱要限制轴压比吗？

钢筋混凝土柱、矩形钢管混凝土柱、型钢混凝土柱，规范都限制了其轴压比，使柱具有良好的延性和耗能能力。那么钢框架柱需要限制轴压比吗？

《高层民用建筑钢结构技术规程》JGJ 99—2015 第 7.3.3 条规定，钢框架柱的抗震承载力验算，应符合下列规定：

（1）除下列情况之一外，节点左右梁端和上下柱端的全塑性承载力应满足式（3-18）、式（3-19）的要求：

1）柱所在楼层的受剪承载力比相邻上一层的受剪承载力高出 25%；

2）柱轴压比不超过 0.4；

3）柱轴力符合 $N_2 \leqslant \varphi A_c f$ 时（N_2 为 2 倍地震作用下的组合轴力设计值）；

4）与支撑斜杆相连的节点。

（2）等截面梁与柱连接时：

$$\sum W_{pc}(f_{yc} - N/A_c) \geqslant \sum (\eta f_{yb} W_{pb}) \tag{3-18}$$

（3）梁端加强型连接或骨式连接的端部变截面梁与柱连接时：

$$\sum W_{pc}(f_{yc} - N/A_c) \geqslant \sum (\eta f_{yb} W_{pb1} + M_v) \tag{3-19}$$

式中：W_{pc}、W_{pb}——计算平面内交汇于节点的柱和梁的塑性截面模量（mm^3）；

$\qquad\qquad W_{pb1}$——梁塑性铰所在截面的梁塑性截面模量（mm^3）；

$\qquad\quad f_{yc}$、f_{yb}——柱和梁钢材的屈服强度（N/mm^2）；

$\qquad\qquad\quad N$——按设计地震作用组合得出的柱轴力设计值（N）；

$\qquad\qquad\quad A_c$——框架柱的截面面积（mm^2）；

$\qquad\qquad\quad \eta$——强柱系数，一级取 1.15，二级取 1.10，三级取 1.05，四级取 1.0；

$\qquad\qquad\quad M_v$——梁塑性铰剪力对梁端产生的附加弯矩（$N \cdot mm$），$M_v = V_{pb} \cdot x$；

$\qquad\qquad\quad V_{pb}$——梁塑性铰剪力（N），$V_{pb} = 2M_{pb}/(l - 2x)$，$M_{pb} = f_y W_{pb}$；

$\qquad\qquad\quad x$——塑性铰至柱面的距离（mm），塑性铰可取梁端部变截面翼缘的最小处。骨式连接取 $(0.5 \sim 0.75)b_f + (0.30 \sim 0.45)h_b$，$b_f$ 和 h_b 分别为梁翼缘宽度和梁截面高度。梁端加强型连接可取加强板的长度加四分之一梁高。如有试验依据时，也可按试验取值。

《高层民用建筑钢结构技术规程》JGJ 99—2015 第 7.3.4 条规定，框筒结构柱应满足式（3-20）的要求：

$$\frac{N_c}{A_c f} \leqslant \beta \tag{3-20}$$

式中：N_c——框筒结构柱在地震作用组合下的最大轴向压力设计值（N）；

$\qquad\quad A_c$——框筒结构柱截面面积（mm^2）；

$\qquad\quad f$——框筒结构柱钢材的强度设计值（N/mm^2）；

$\qquad\quad \beta$——系数，一、二、三级时取 0.75，四级时取 0.80。

在实际工程中，特别是采用框筒结构时，"强柱弱梁"验算式（3-18）、（3-19）往往难以普遍满足，若为此加大柱截面，使工程的用钢量增加较多，是很不经济的。此时允许按式（3-20）验算柱的轴压比。日本一般规定柱的轴压比不大于 0.6 时，不要求控制强柱弱梁，20 世纪 80 年代末，日本在北京京城大厦和京广中心的高层钢结构设计中，规定柱的轴压比不大于 0.67，不要求控制强柱弱梁。因日本无抗震承载力抗震调整系数 γ_{RE}，参考日本轴压比不大于 0.6 不要求控制强柱弱梁得到：

$$N_c \leqslant 0.6 A_c \frac{f}{\gamma_{RE}} \tag{3-21}$$

即 $\qquad\qquad\qquad \dfrac{N_c}{A_c f} \leqslant \dfrac{0.6}{\gamma_{RE}} = \dfrac{0.6}{0.75} = 0.8 \tag{3-22}$

与结构的延性设计综合考虑，《高层民用建筑钢结构技术规程》JGJ 99—2015 第 7.3.4 条，偏于安全的规定系数 β，一、二、三级时取 0.75，四级时取 0.80。

根据规范的意图，支撑斜杆相连的节点未验算"强柱弱梁"，设计中均应按照式（3-20）验算柱的轴压比。下面以作者设计的中国石油乌鲁木齐大厦第 8 层某支撑节点（支撑节点见图 3-31）为例，比较"强柱弱梁"验算和钢柱轴压比验算，钢柱截面经济性的差别。

钢梁塑性截面模量：

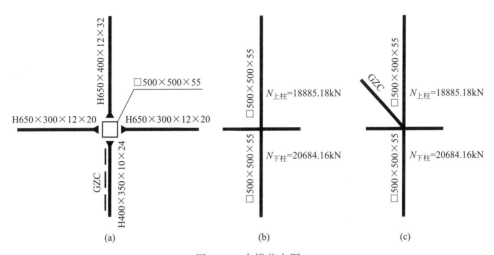

图 3-31 支撑节点图

（a）平面图；（b）XZ 立面图；（b）YZ 立面图

$$W_{pb左} = W_{pb右} = Bt_f(H - t_f) + \frac{1}{4}(H - 2t_f)^2 t_w$$

$$= 300 \times 20 \times (650 - 20) + \frac{1}{4} \times (650 - 2 \times 20)^2 \times 12 = 4896300 \ （mm^3）$$

X 方向钢梁全塑性抵抗矩：

$$\sum(\eta f_{yb} W_{pb}) = 2 \times 1.1 \times 335 \times 4896300 \times 10^{-6} \approx 3608.57 \ （kN \cdot m）$$

$$W_{pb上} = Bt_f(H - t_f) + \frac{1}{4}(H - 2t_f)^2 t_w$$

$$= 400 \times 32 \times (650 - 32) + \frac{1}{4} \times (650 - 2 \times 32)^2 \times 12 = 8940588 \ （mm^3）$$

$$W_{pb下} = Bt_f(H - t_f) + \frac{1}{4}(H - 2t_f)^2 t_w$$

$$= 350 \times 24 \times (400 - 24) + \frac{1}{4} \times (400 - 2 \times 24)^2 \times 10 = 3468160 \ （mm^3）$$

Y 方向钢梁全塑性抵抗矩：

$$\sum(\eta f_{yb} W_{pb}) = 1.1 \times 335 \times (8940588 + 3468160) \times 10^{-6} \approx 4572.62 \ （kN \cdot m）$$

钢柱塑性截面模量：

$$W_{pc} = Bt_f(H - t_f) + \frac{1}{2}(H - 2t_f)^2 t_w$$

$$= 500 \times 55 \times (500 - 55) + \frac{1}{2}(500 - 2 \times 55)^2 \times 55 = 16420250 \ （mm^3）$$

钢柱截面面积：

$$A_c = 97900 mm^2$$

钢柱轴力设计值：

$$N_{下柱} = 20684.16 kN, \quad N_{上柱} = 18885.18 kN$$

钢柱全塑性抵抗矩：

$$\sum W_{pc}(f_{yc} - N/A_c)$$

$$= 16420250 \times [(325 - 20684.16 \times 10^3/97900) + (325 - 18885.18 \times 10^3/97900)]$$

$$\approx 4036.41 \ (kN \cdot m)$$

X 方向钢梁全塑性抵抗矩/钢柱全塑性抵抗矩 = 3608.57/4036.41 ≈ 0.89，Y 方向钢梁全塑性抵抗矩/钢柱全塑性抵抗矩 = 4572.62/4036.41 ≈ 1.13。很显然，Y 方向"强柱弱梁"验算不满足规范要求，需要调整柱截面。将柱截面调整为□500×500×60，重新验算"强柱弱梁"（假定柱轴力不变）。

钢柱塑性截面模量：

$$W_{pc} = Bt_f(H - t_f) + \frac{1}{2}(H - 2t_f)^2 t_w$$

$$= 500 \times 60 \times (500 - 60) + \frac{1}{2}(500 - 2 \times 60)^2 \times 60 = 17532000 \ (mm^3)$$

钢柱截面面积：

$$A_c = 105600 \ (mm^2)$$

钢柱轴力设计值：

$$N_{下柱} = 20684.16kN, \quad N_{上柱} = 18885.18kN$$

钢柱全塑性抵抗矩：

$$\sum W_{pc}(f_{yc} - N/A_c)$$

$$= 17532000 \times [(325 - 20684.16 \times 10^3/105600) + (325 - 18885.18 \times 10^3/105600)]$$

$$\approx 4826.39 \ (kN \cdot m)$$

X 方向钢梁全塑性抵抗矩/钢柱全塑性抵抗矩 = 3608.57/4826.39 ≈ 0.75，Y 方向钢梁全塑性抵抗矩/钢柱全塑性抵抗矩 = 4572.62/4826.39 ≈ 0.95，满足"强柱弱梁"的验算。

对本例题计算结果"强柱弱梁"见表 3-6。由表 3-6 可以看出：若要满足"强柱弱梁"的要求，需要增大柱截面，增加型钢重量百分比为 7.86%。但是根据规范规定，与支撑相连的柱不需要验算"强柱弱梁"，则可以节省钢材用量。

"强柱弱梁"验算结果　　　　　　　　　　　　表 3-6

钢柱截面	钢梁全塑性抵抗矩/钢柱全塑性抵抗矩		钢柱轴压比	钢柱重量	增加型钢重量百分比(%)
	X 方向	Y 方向			
□500×500×55	0.89	1.13	0.73<0.75	768.52kg/m	—
□500×500×60	0.75	0.95	0.68<0.75	829.96kg/m	7.86%

综合以上分析，规范规定框筒钢柱轴压比小于 0.75 和 0.80，其实是为了节省钢材的用量。但是规范在"强柱弱梁"验算以及框筒钢柱轴压比的规定上，显得有些逻辑混乱。正确的理解应该是：

（1）对于与支撑相连的节点，如果钢柱轴压比小于 0.75（一、二、三级抗震等级）、0.8（四级抗震等级），则可以不验算"强柱弱梁"；

（2）为节省钢材，与支撑相连的钢柱应满足轴压比小于 0.75（一、二、三级抗震等级）、0.8（四级抗震等级）；

（3）限制与支撑相连钢柱轴压比，就是为了避免满足"强柱弱梁"而增大钢柱截面、浪费钢材；

（4）轴压比的限值不仅是规范中的框筒钢柱，而应该是所有与支撑相连的钢柱。

3.8 相比于《钢结构设计规范》GB 50017—2003，《钢结构设计标准》GB 50017—2017 为什么增加了截面板件宽厚比等级 S1～S5？

《钢结构设计标准》GB 50017—2017 第 3.5.1 条规定了压弯和受弯构件的截面板件宽厚比等级及限值。《建筑抗震设计规范》GB 50011—2010（2016 版）表 8.3.2、《高层民用建筑钢结构技术规程》JGJ 99—2015 表 7.4.1 也对钢框架梁、柱板件宽厚比限值做了规定。表 3-7 为板件宽厚比等级及限值，一级～四级，指框架柱、梁的抗震等级。

钢构件板件宽厚比大小直接决定了钢构件的承载力和受弯及压弯构件的塑性转动变形能力，因此钢构件截面的分类，是钢结构设计技术的基础，尤其是钢结构抗震设计方法的基础。根据截面承载力和塑性转动变形能力的不同，《钢结构设计标准》GB 50017—2017 将截面根据其板件宽厚比分为 5 个等级。

（1）S1 级：可达全截面塑性，保证塑性铰具有塑性设计要求的转动能力，且在转动过程中承载力不降低，称为一级塑性截面，也可称为塑性转动截面；此时图 3-32 所示的曲线 1 可以表示其弯矩-曲率关系，ϕ_{p2} 一般要求达到塑性弯矩 M_p 除以弹性初始刚度得到的曲率 ϕ_p 的 8～15 倍；

（2）S2 级截面：可达全截面塑性，但由于局部屈曲，塑性铰转动能力有限，称为二级塑性截面；此时的弯矩-曲率关系如图 3-32 所示的曲线 2，ϕ_{p1} 大约是 ϕ_p 的 2～3 倍；

（3）S3 级截面：翼缘全部屈服，腹板可发展不超过 1/4 截面高度的塑性，称为弹塑性截面；作为梁时，其弯矩-曲率关系如图 3-32 所示的曲线 3；

（4）S4 级截面：边缘纤维可达屈服强度，但由于局部屈曲而不能发展塑性，称为弹性截面；作为梁时，其弯矩-曲率关系如图 3-32 所示的曲线 4；

（5）S5 级截面：在边缘纤维达屈服应力前，腹板可能发生局部屈曲，称为薄壁截面；作为梁时，其弯矩-曲率关系如图 3-32 所示的曲线 5。

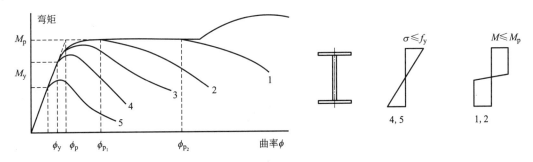

图 3-32　截面的分类及其转动能力

板件宽厚比等级及限值　　　　　　　　　　　　　　　表 3-7

构件	截面杆件宽厚比等级		S1 级(一级)[一级]	S2 级(二级)[二级]	S3 级(三级)[三级]	S4 级(四级)[四级]	S5 级(非抗震)[非抗震]
框架柱	H形截面	翼缘外伸部分	$9\varepsilon_k(10\varepsilon_k)[10\varepsilon_k]$	$11\varepsilon_k(11\varepsilon_k)[11\varepsilon_k]$	$13\varepsilon_k(12\varepsilon_k)[12\varepsilon_k]$	$15\varepsilon_k(13\varepsilon_k)[13\varepsilon_k]$	$20(—)[13\varepsilon_k]$
		腹板	$(33+13\alpha_0^{1.3})\varepsilon_k$ $(43)[43]$	$(38+13\alpha_0^{1.39})\varepsilon_k$ $(45)[45]$	$(40+18\alpha_0^{1.5})\varepsilon_k$ $(48)[48]$	$(45+25\alpha_0^{1.66})\varepsilon_k$ $(52)[52]$	$250(—)[52]$
	箱形截面壁板		$30\varepsilon_k(33\varepsilon_k)[33\varepsilon_k]$	$35\varepsilon_k(36\varepsilon_k)[36\varepsilon_k]$	$40\varepsilon_k(38\varepsilon_k)[38\varepsilon_k]$	$45\varepsilon_k(40\varepsilon_k)[40\varepsilon_k]$	$—(—)[40\varepsilon_k]$
	圆钢管径厚比		$50\varepsilon_k^2(—)[50\varepsilon_k^2]$	$70\varepsilon_k^2(—)[55\varepsilon_k^2]$	$90\varepsilon_k^2(—)[60\varepsilon_k^2]$	$100\varepsilon_k^2(—)[70\varepsilon_k^2]$	$—(—)[70\varepsilon_k^2]$
框架梁	H形截面	翼缘外伸部分	$9\varepsilon_k(9\varepsilon_k)[9\varepsilon_k]$	$11\varepsilon_k(9\varepsilon_k)[9\varepsilon_k]$	$13\varepsilon_k(10\varepsilon_k)[10\varepsilon_k]$	$15\varepsilon_k(11\varepsilon_k)[11\varepsilon_k]$	$20(—)[11\varepsilon_k]$
		腹板	$65\varepsilon_k(60\varepsilon_k)[60\varepsilon_k]$	$72\varepsilon_k(65\varepsilon_k)[65\varepsilon_k]$	$93\varepsilon_k(70\varepsilon_k)[70\varepsilon_k]$	$124\varepsilon_k(75\varepsilon_k)[75\varepsilon_k]$	$250(—)[75\varepsilon_k]$
	箱形截面	翼缘在梁腹板之间部分	$25\varepsilon_k(30\varepsilon_k)[30\varepsilon_k]$	$32\varepsilon_k(30\varepsilon_k)[30\varepsilon_k]$	$37\varepsilon_k(32\varepsilon_k)[32\varepsilon_k]$	$42\varepsilon_k(36\varepsilon_k)[36\varepsilon_k]$	$—(—)[36\varepsilon_k]$
		腹板	$65\varepsilon_k(60\varepsilon_k)[60\varepsilon_k]$	$72\varepsilon_k(65\varepsilon_k)[65\varepsilon_k]$	$93\varepsilon_k(70\varepsilon_k)[70\varepsilon_k]$	$124\varepsilon_k(75\varepsilon_k)[75\varepsilon_k]$	$250(—)[75\varepsilon_k]$

说明：

1. 框架梁出现轴压力时，H形截面、箱形截面腹板高厚比应满足《建筑抗震设计规范》GB 50011—2010（2016 版）表 8.3.2、《高层民用建筑钢结构技术规程》JGJ 99—2015 表 7.4.1 的规定。

2. 括号外数字摘自《钢结构设计标准》GB 50017—2017 表 3.5.1，（）内数字摘自《建筑抗震设计规范》GB 50011—2010（2016 版）表 8.3.2，[] 内数字摘自《高层民用建筑钢结构技术规程》JGJ 99—2015 表 7.4.1。

3. 其中参数 α_0 应按下式计算：

$$\alpha_0 = \frac{\sigma_{max} - \sigma_{min}}{\sigma_{max}}$$

式中：σ_{max}——腹板计算边缘的最大压应力（N/mm²）；

σ_{min}——腹板计算高度另一边缘相应的应力（N/mm²），压应力取正值，拉应力取负值。

《钢结构设计标准》GB 50017—2017 第 3.5.1 条规定截面板件宽厚比等级 S1～S5 的主要目的是以下两点：

（1）便于规范条文的阐述。

《钢结构设计规范》GB 50017—2003 关于截面板件宽厚比的规定分散在受弯构件、压弯构件的计算及塑性设计各章节中。表 3-8 为《钢结构设计规范》GB 50017—2003、《钢结构设计标准》GB 50017—2017 中板件宽厚比及限制对比，从表 3-8 可以看出，因《钢结构设计标准》GB 50017—2017 表 3.5.1 对各类构件宽厚比等级及限值作了统一规定，所以《钢结构设计标准》GB 50017—2017 在涉及板件宽厚比的规范条文表述上，要简洁很多。

板件宽厚比等级及限值对比　　　　表 3-8

构件	GB 50017—2003 条文	GB 50017—2017 条文	GB 50017—2017 板件宽厚比限值
受弯构件	$\dfrac{M_x}{\gamma_x W_{nx}}+\dfrac{M_y}{\gamma_y W_{ny}}\leqslant f$　(4.1.1) 当梁受压翼缘的自由外伸宽度与其厚度之比大于 $13\sqrt{235/f_y}$ 而不超过 $15\sqrt{235/f_y}$ 时,应取 $\gamma_x=1.0$	$\dfrac{M_x}{\gamma_x W_{nx}}+\dfrac{M_y}{\gamma_y W_{ny}}\leqslant f$ (6.1.1) 对工字形和箱形截面,当截面板件宽厚比等级为 S4 或 S5 级时,截面塑性发展系数应取为 1.0	受弯构件(梁)工字形截面翼缘 b/t S3 级:$13\varepsilon_k$ S4 级:$15\varepsilon_k$
压弯构件	$\dfrac{N}{A_n}\pm\dfrac{M_x}{\gamma_x W_{nx}}\pm\dfrac{M_y}{\gamma_y W_{ny}}\leqslant f$　(5.2.1) 当压弯构件受压翼缘的自由外伸宽度与其厚度之比大于 $13\sqrt{235/f_y}$ 而不超过 $15\sqrt{235/f_y}$ 时,应取 $\gamma_x=1.0$	$\dfrac{N}{A_n}\pm\dfrac{M_x}{\gamma_x W_{nx}}\pm\dfrac{M_y}{\gamma_y W_{ny}}\leqslant f$ (8.2.1-1) γ_x、γ_y——截面塑性发展系数,当截面板件宽厚比等级不满足 S3 级要求时,取 1.0	压弯构件(框架柱)H 形截面翼缘 b/t S3 级:$13\varepsilon_k$ S4 级:$15\varepsilon_k$
塑性设计	规范 9.1.4 条:塑性设计截面板件的宽厚比应满足: $\dfrac{b}{t}\leqslant 9\sqrt{\dfrac{235}{f_y}}$	规范 10.1.5 条规定,采用塑性及弯矩调幅设计的结构构件,形成塑性铰并发生塑性转动的截面,其截面板件宽厚比等级应采用 S1 级	压弯构件(框架柱)H 形截面翼缘 b/t、受弯构件(梁)工字形截面翼缘 b/t S1 级:$9\varepsilon_k$

（2）方便钢结构抗震性能化设计。

钢构件板件宽厚比大小直接决定了钢构件的承载力和受弯及压弯构件的塑性转动变形能力,因此钢构件截面的分类,是钢结构设计技术的基础,尤其是钢结构抗震设计方法的基础。

《钢结构设计标准》GB 50017—2017 中首次引入了钢结构抗震性能化设计的方法。钢结构抗震性能化设计的抗震设计准则如下:验算本地区抗震设防烈度的多遇地震作用的构件承载力和结构弹性变形（小震不坏）、根据其延性验算设防地震作用的承载力（中震可修）、验算其罕遇地震作用的弹塑性变形（大震不倒）。

按照《钢结构设计标准》GB 50017—2017 进行抗震性能化设计的钢结构,如果多遇地震（小震）承载力满足计算要求,而仅仅是构造（板件宽厚比、构件长细比）不满足《建筑抗震设计规范》GB 50011—2010（2016 版）的规定,若其延性验算设防地震（中震）作用的承载力仍可以满足要求,那么我们就可以根据不同的延性等级放松构件长细比、板件宽厚比的要求。

表 3-9 为不同延性等级对应的板件宽厚比等级，表 3-10 为不同延性等级框架柱长细比的限值。

不同延性等级对应的板件宽厚比等级　　　　　　　　　　　表 3-9

结构构件延性等级	V级	IV级	III级	II级	I级
截面板件宽厚比最低等级	S5	S4	S3	S2	S1
N_{E2}	—	$\leqslant 0.15Af$		$\leqslant 0.15Af_y$	
V_{pb}（未设置纵向加劲肋）	—	$\leqslant 0.5h_w t_w f_v$		$\leqslant 0.5h_w t_w f_{vy}$	

不同延性等级框架柱长细比的限值　　　　　　　　　　　表 3-10

结构构件延性等级	V级	IV级	I级、II级、III级
$N_p/(Af_y)\leqslant 0.15$	180	150	$120\varepsilon_k$
$N_p/(Af_y)>0.15$			$125[1-N_p/(Af_y)]\varepsilon_k$

3.9　如何用《钢结构设计标准》GB 50017—2017 进行抗震性能化设计？

我国的大部分项目抗震设计仅进行小震弹性的计算，只有少数项目进行大震的弹塑性变形验算。而设防地震对应的中震，是以抗震措施（强柱弱梁、强剪弱弯、强节点、各种系数调整、各种抗震构造措施等）来加以保证的。

目前钢结构抗震性能化设计，主要依据三本规范。《建筑抗震设计规范》GB 50011—2010（2016 版）首次将性能设计列入规范。依据震害，尽可能将结构构件在地震中的破坏程度，用构件的承载力和变形的状态做适当的定量描述，以作为性能设计的参考指标；《高层民用建筑钢结构技术规程》JGJ 99—2015 参照《高层建筑混凝土结构技术规程》JGJ 3—2010 的相关规定，结合高层民用建筑钢结构构件的特点，拟定了高层钢结构的抗震性能化设计要求；《钢结构设计标准》GB 50017—2017 在《钢结构设计规范》GB 50017—2003 基础上，新增了钢结构抗震性能化设计的内容。

众所周知，抗震设计的本质是控制地震作用施加给建筑物的能量，弹性变形与塑性变形（延性）均可消耗能量。在能量输入相同的条件下，结构延性越好，弹性承载力要求越低；反之，结构延性差，则弹性承载力要求高，《钢结构设计标准》GB 50017—2017 简称为"高延性-低承载力"和"低延性-高承载力"两种抗震设计思路，均可达到大致相同的设防目标。结构根据预先设定的延性等级确定对应的地震作用的设计方法，《钢结构设计标准》GB 50017—2017 称为"性能化设计方法"。采用低延性-高承载力思路设计的钢结构，在《钢结构设计标准》GB 50017—2017 中特指在规定的设防类别下延性要求最低的钢结构。

《钢结构设计标准》GB 50017—2017 多次提及延性，下面对延性这一概念作简要说明[12]。

延性是指构件和结构屈服后，具有承载力不降低或基本不降低、且有足够塑性变形能力的一种性能，一般用延性比表示延性即塑性变形能力的大小。塑性变形可以耗散地震能量，大部分抗震结构在中震作用下都有部分构件进入塑性状态而耗能，耗能性能也是延性好坏的一个指标。延性结构的塑性变形可以耗散地震能量，结构变形虽然会加大，但作用于结构的惯性力不会很快上升，内力也不会再加大，因此可降低对延性结构的承载力要求，也可以说，延性结构（高延性）是用它的变形能力（而不是承载力）抵抗强烈的地震作用；反之，如果结构的延性不好（低延性），则必须用足够大的承载力抵抗地震作用。后者（低延性）会多用材料，对于大多数抗震结构，高延性结构是一种经济的、合理而安全的设计对策。

需要特别强调的是，《钢结构设计标准》GB 50017—2017 抗震性能化设计适用于抗震设防烈度不高于 8 度（0.20g）的地区，结构高度不高于 100m 的框架结构、支撑结构和框架-支撑结构的构件和节点的抗震性能化设计。我国是一个多地震国家，性能化设计的适用面广，只要提出合适的性能目标，基本可适用于所有的结构，由于目前相关设计经验不多，《钢结构设计标准》GB 50017—2017 抗震性能化设计的适用范围暂时压缩在较小的范围内，在有可靠的设计经验和理论依据后，适用范围可放宽。

钢结构抗震性能化设计首先应对钢结构进行多遇地震（小震）作用下的验算，验算内容包含结构承载力及侧向变形是否满足《建筑抗震设计规范》GB 50011—2010（2016版）、《高层民用建筑钢结构技术规程》JGJ 99—2015 的要求，即查看结构构件的强度应力比、稳定应力比等是否均满足规范要求，同时查看结构在风和地震作用下的弹性层间位移角是否均满足规范的要求。只有在小震作用下承载力和变形满足要求才能进行抗震性能化设计。如果此时构件的宽厚比、高厚比及长细比均不满足《建筑抗震设计规范》GB 50011—2010（2016版）、《高层民用建筑钢结构技术规程》JGJ 99—2015 相应抗震等级的要求，则有必要进行性能化设计。如果按照《钢结构设计标准》GB 50017—2017 的某性能目标设计，满足了中震作用下承载力要求，可以按照对应的宽厚比等级及延性等级放松宽厚比、高厚比及长细比的限值。

对于按照性能化设计的结构，PKPM 软件在"多模型控制信息"下会自动形成"小震模型"和"新钢标中震模型"两个模型，分别进行小震与中震作用下的内力分析与承载力计算，最终将包络结果展示在主模型中。查看主模型计算结果，可以看到在主模型下包括了小震与中震模型的强度应力比、稳定应力比、长细比、宽厚比、轴压比及实际性能系数等结果。如果各项指标有超限，在程序中会标红提示。

3.10　某 H 形钢框架梁，抗震等级为二级。施工完成后，发现腹板板件宽厚比超《建筑抗震设计规范》GB 50011—2010（2016版）限值。是否需要做加固处理？

某工程为 10 层钢框架，7 度（0.15g）第一组，Ⅲ类场地，标准设防类，标准层结构平面图见图 3-33，钢材钢号为 Q355B，钢框架抗震等级为二级。采用 PKPM 程序计算。

第 10 层 GKL1 计算结果见图 3-34。

由图 3-34（a）可以看出，GKL1 应力比不大（弯曲正应力比 0.31、剪应力比 0.26），

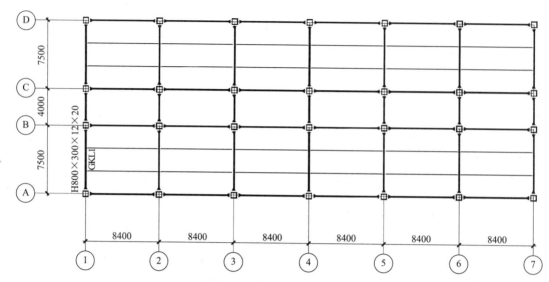

图 3-33　标准层结构平面图

软件也没有提示构件超限信息，也就是说 GKL1 构件承载能力没有问题。但是查看构件详细信息，发现钢梁腹板高厚比超过了《高层民用建筑钢结构技术规程》JGJ 99—2015 表 7.4.1 中抗震等级为二级的 H 形钢梁腹板高厚比的限值。因项目已经完工，GKL1 的腹板高厚比超规范限值，是否需要加固处理呢？

　　钢结构有"低承载力-高延性"和"高承载力-低延性"两种抗震设计思路。前者称为"耗能或延性"观点的抗震设计思路，主要靠结构延性吸收和耗散输入的地震能量；后者称为"弹性承载力（抗力）超强"的抗震设计思路，输入结构的能量由阻尼耗散以及较低延性吸收。两种抗震设计思路相辅相成，设计时采用何种思路取决于经济性。一般情况下"高承载力-低延性"的抗震设计思路，在结构的刚度（位移）需求或抗风设计中已赋予结构较大的超强和抗侧力能力，以至于在强烈地震（如"中震"）作用下都可处于弹性状态或接近弹性状态工作，有较好的经济性，这种情况通常在较低设防地区出现。而"低承载力-高延性"的设计思路适宜于高烈度区应用。即：抗震钢结构设计，可依据结构的弹性抗力水平来要求其延性水平，对不同的延性结构，可取用不同的地震作用设计值。依据上述两种抗震设计思路，按框架梁承受的地震作用情况选择其合适的板件宽厚比限值，对保证结构安全和节约钢材两方面都有重要工程实际意义[13]。

　　本算例中，GKL1 抗震等级为二级，按照《建筑抗震设计规范》GB 50011—2010（2016 版）、《高层民用建筑钢结构技术规程》JGJ 99—2015，对 GKL1 板件宽厚比提出了较高的延性要求，也就是较严格的腹板宽厚比限值。但是 GKL1 应力比较小（有较高的承载力），我们就可以根据《钢结构设计标准》GB 50017—2017 对结构进行抗震性能化设计，按照"高承载力-低延性"的抗震思路，降低 GKL1 的延性要求、放松 GKL1 腹板板件宽厚比限值。

　　下面详细介绍本工程采用 PKPM 软件进行抗震性能化设计的过程。

　　PKPM 软件 SATWE 模块的抗震性能化设计参数见图 3-35。各抗震性能化设计参数的分析如下：

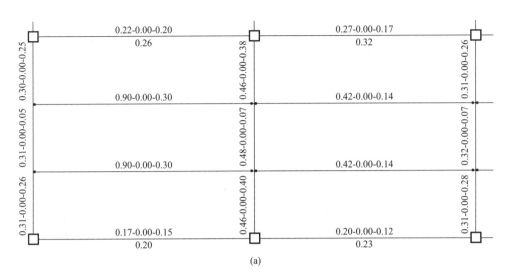

(a)

构件设计验算信息

1 -M ------- 各个计算截面的最大负弯矩
2 +M ------- 各个计算截面的最大正弯矩
3 Shear --- 各个计算截面的剪力
4 N-T ----- 最大轴拉力(kN)
5 N-C ----- 最大轴压力(kN)

	-I-	-1-	-2-	-3-	-4-	-5-	-6-	-7-	-J-
-M	-471.19	-373.20	-276.68	-182.12	-105.90	-33.55	0.00	0.00	0.00
LoadCase	50	50	50	50	74	74	1	1	1
+M	30.43	77.84	124.12	168.90	227.66	285.36	359.97	449.91	538.12
LoadCase	67	67	67	67	43	43	13	13	13
Shear	382.60	378.28	371.55	362.40	350.83	339.27	330.12	323.39	319.07
LoadCase	14	14	14	14	14	14	14	14	14
N-T	0.00	0.00	0.00	0.00	0.00	0.00	0.00	0.00	0.00
N-C	0.00	0.00	0.00	0.00	0.00	0.00	0.00	0.00	0.00
强度验算	(13) N=0.00, M=538.12, F1/f=0.31								
稳定验算	(0) N=0.00, M=0.00, F2/f=0.00								
抗剪验算	(14) V=378.28, F3/fv=0.26								
下翼缘稳定	正则化长细比 r=0.29, 不进行下翼缘稳定计算								
宽厚比	b/tf=7.20 ≤ 7.32								
	《高钢规》7.4.1条给出宽厚比限值								
	《钢结构设计标准》GB 50017—2017 3.5.1条给出宽厚比限值								
	程序最终限值取两者的较严值								
高厚比	h/tw=63.33 > 52.89 高厚比不满足构造要求								
	《高钢规》7.4.1条给出高厚比限值								
	《钢结构设计标准》GB 50017—2017 3.5.1条给出高厚比限值								
	程序最终限值取两者的较严值								

超限类别(303) 钢梁高厚比超限 : H/tw= 63.33 > H/tw_max= 52.89 Nb/AB/f= 0.0000E+00

(b)

图 3-34 第 10 层 GKL1 计算结果

（a）PKPM 输出钢梁应力比；（b）构件设计验算信息

（1）塑性耗能区承载性能等级

《钢结构设计标准》GB 50017—2017 表 17.1.4-1 为塑性耗能区承载性能等级参考选用表。其条文说明指出，由于地震的复杂性，表 17.1.4-1 仅作为参考，不需严格执行。抗震设计仅是利用有限的财力，使地震造成的损失控制在合理的范围内，设计者应根据国家制定的安全度标准，权衡承载力和延性，采用合理的承载性能等级。

本工程设防烈度 7 度 （0.15g）、高度≤50m，根据《钢结构设计标准》GB 50017—2017 表 17.1.4-1，塑性耗能区承载性能等级为性能 5～7，本算例选用性能 5。

（2）塑性耗能区的性能系数最小值

查《钢结构设计标准》GB 50017—2017 表 17.2.2-1，性能 5 对应的塑性耗能区的性能系数最小值为 0.45。按照《钢结构设计标准》GB 50017—2017 第 17.1.5 条的要求，关键构件的性能系数不应低于一般构件。其条文说明指出，柱脚、多高层钢结构中低于 1/3 总高度的框架柱、伸臂结构竖向桁架的立柱、水平伸臂与竖向桁架交汇区杆件、直接传递转换构件内力的抗震构件等都应按关键构件处理。关键构件和节点的性能系数不宜小于 0.55。

因此，此处"塑性耗能区的性能系数最小值"填为 0.45。本工程底部 4 层的钢柱为关键构件，在"层塔属性"菜单下，将底部 4 层钢柱性能系数修改为 0.55。

（3）结构构件延性等级

查《钢结构设计标准》GB 50017—2017 表 17.1.4-2，性能 5、标准设防类（丙类），结构构件最低延性等级为Ⅲ级。

（4）塑性耗能构件刚度折减系数

钢结构抗震设计的思路是进行塑性铰机构控制，由于非塑性耗能区构件和节点的承载力设计要求取决于结构体系及构件塑性耗能区的性能，因此《钢结构设计标准》GB 50017—2017 仅规定了构件塑性耗能区的抗震性能目标。对于框架结构，除单层和顶层框架外，塑性耗能区宜为框架梁端；对于支撑结构，塑性耗能区宜为成对设置的支撑；对于框架-中心支撑结构，塑性耗能区宜为成对设置的支撑、框架梁端；对于框架-偏心支撑结构，塑性耗能区宜为耗能梁段、框架梁端。

对于塑性耗能梁及塑性耗能支撑等构件，设计人员可根据选定的结构构件的性能等级，定义刚度折减系数，该刚度折减系数是针对中震模型下的，小震作用下不起作用。在 SATWE 程序中，如果选择框架结构，程序会自动判断所有的主梁为塑性耗能构件，定义的折减系数对于所有的主梁两端均起作用。如果是框架-支撑结构体系，程序同时判断默认所有的支撑构件与梁均为耗能支撑，该折减系数同样起作用。如果要修改塑性耗能构件单构件的刚度折减系数可以在"性能设计子模型（钢规）"菜单下，进行单个构件刚度折减系数的定义。

需要注意的是，如果没有进行中大震的弹塑性分析，实际上无法较为合理地确定塑性耗能构件的刚度折减系数，建议在一般情况下，该刚度折减系数偏于保守地按照不折减处理，也就是塑性耗能构件刚度折减系数取为 1.0。

（5）非塑性耗能区内力调整系数

按照《钢结构设计标准》GB 50017—2017，对于框架结构与框架-支撑中的非塑性耗能构件需要进行中震作用下的承载力验算，验算的时候对于中震情况下水平地震作用进行内力调整，该调整系数 β_e 与性能等级及结构体系有关。对于框架结构，非塑性耗能区内力调整系数为 1.1η_y，η_y 为钢材超强系数，查《钢结构设计标准》GB 50017—2017 表 17.2.2-3，塑性耗能区（梁）、弹性区（柱）钢材均为 Q345，钢材超强系数 η_y 取为 1.1。因此非塑性耗能区内力调整系数 β_e＝1.1η_y＝1.1×1.1＝1.21。

　　该处的非塑性耗能区内力调整系数是针对全楼的参数，但是实际工程中塑性耗能区对于不同楼层《钢结构设计标准》GB 50017—2017 要求是不同的。《钢结构设计标准》GB 50017—2017 第 17.2.5 第 3 款中明确要求"框架柱应按压弯构件计算，计算弯矩效应和轴力时，其非塑性耗能区内力调整系数不宜小于 $1.1\eta_y$。对框架结构，进行受剪计算时，剪力应按照《钢结构设计标准》GB 50017—2017 公式（17.2.5-5）计算；计算弯矩效应时，多高层钢结构底层柱的非塑性耗能区内力调整系数不应小于 1.35。"需要读者注意的是，软件"多高层钢结构底层柱不小于 1.35 倍的要求，用户应到层塔属性定义中调整修改"的提示是错误的。对于框架结构底层柱的"非塑性耗能区内力调整系数"SATWE 程序默认为 1.35，无需设计人员填入。

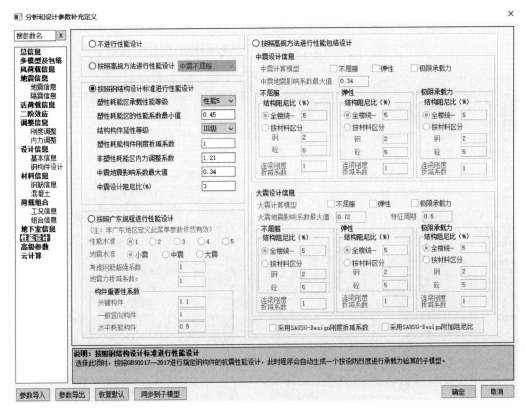

图 3-35　PKPM 软件 SATWE 模块的抗震性能化设计参数

　　（6）中震地震影响系数最大值

　　《建筑抗震设计规范》GB 50011—2010 第 3.10.3 条规定，对设计使用年限 50 年的结构，设防地震的地震影响系数最大值，7 度（0.15g）可采用 0.34。

　　（7）中震设计阻尼比

　　中震作用下程序默认的阻尼比为 2%，按照《钢结构设计标准》GB 50017—2017 第 17.2.1 条第 4 款所述，弹塑性分析的阻尼比可适当增加，采用等效线性化方法不宜大于 5%。如果使用弹塑性分析软件进行结构中震作用下的分析，可以根据输出的每条地震波的能量图，确定出每条地震波下结构中震弹塑性附加阻尼比。中震作用下的阻尼比可以取多条地震波中震计算的结构弹塑性附加阻尼比的平均值加上初始阻尼比。

本算例小震作用下阻尼比为 4%，偏于保守地将中震作用下阻尼比也取为 4%。

填完抗震性能化设计参数后，还需要在"钢构件设计"菜单下对钢构件宽厚比等级进行选择（图 3-36）。根据《钢结构设计标准》GB 50017—2017 表 17.3.4-1，延性等级 Ⅲ级，框架梁塑性耗能区（梁端）截面宽厚比等级为 S3 级。支撑板件宽厚比等级按《钢结构设计标准》GB 50017—2017 表 17.3.12 确定。

需要说明的是，《钢结构设计标准》GB 50017—2017 第 17.1.4 条第 5 款规定，当塑性耗能区的最低承载性能等级为性能 5、性能 6 或性能 7 时，通过罕遇地震下结构的弹塑性分析或按构件工作状态形成新的结构等效弹性分析模型，进行竖向构件的弹塑性层间位移角验算，应满足《建筑抗震设计规范》GB 50011—2010（2016 年版）的弹塑性层间位移角限值。本算例未进行罕遇地震作用下的弹塑性层间位移角验算，罕遇地震作用下的弹塑性层间位移角验算的具体方法，可以参看文献［14］《高层钢结构静力弹塑性分析》和《高层钢结构动力弹塑性分析》章节的内容。SATWE 钢构件设计信息参数。

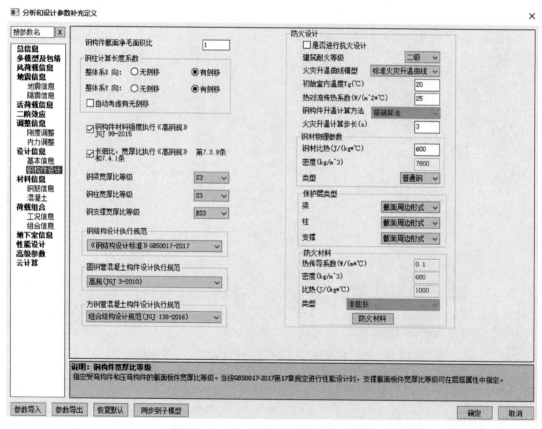

图 3-36　SATWE 钢构件设计信息参数

图 3-37 为 SATWE 中震钢梁 GKL1 设计验算信息。由图 3-37 可以看出，GKL1 满足中震作用下承载力要求，可以按照截面宽厚比等级为 S3 级放松腹板高厚比的限值，GKL1 腹板高厚比可以满足 S3 级的要求。不需要对 GKL1 腹板进行加固处理。

从本算例可以看出，在小震承载力满足要求的前提下，对结构进行抗震性能化设计，GKL1 腹板高厚比限值由《高层民用建筑钢结构技术规程》JGJ 99—2015 抗震等级二级的

包络子模型2″新钢标中震模型″信息

1. 设计属性(仅列出差异部分)

2. 设计验算信息

	-I-	-1-	-2-	-3-	-4-	-5-	-6-	-7-	-J-
-M	-366.30	-290.53	-215.88	-142.74	-71.50	-2.40	0.00	0.00	0.00
LoadCase	12	12	12	12	12	12	1	1	1
+M	0.00	33.70	83.23	131.25	177.38	221.37	263.46	304.04	343.50
LoadCase	1	11	11	11	11	11	11	11	11
Shear	244.22	241.22	237.00	231.56	224.89	218.23	212.79	208.57	205.57
LoadCase	12	12	12	12	12	12	12	12	12
N-T	0.00	0.00	0.00	0.00	0.00	0.00	0.00	0.00	0.00
N-C	0.00	0.00	0.00	0.00	0.00	0.00	0.00	0.00	0.00
强度验算	(12) N=0.00, M=-366.30, F1/f=0.18								
稳定验算	(0) N=0.00, M=0.00, F2/f=0.00								
抗剪验算	(12) V=241.22, F3/fv=0.14								
下翼缘稳定	正则化长细比 r=0.29, 不进行下翼缘稳定计算								
塑性耗能区轴力及限值	N=0.00, Nmax=934.56								
塑性耗能区剪力及限值	V=793.67, Vmax=798.00								
正则化长细比及限值	r=0.29, rmax=0.40								
实际性能系数	5.21≥0.45								
宽厚比	b/tf=7.20 ≤ 10.58								
	《钢结构设计标准》GB 50017—2017 3.5.1条给出宽厚比限值								
高厚比	h/tw=63.33 ≤ 75.67								
	《钢结构设计标准》GB 50017—2017 3.5.1条给出高厚比限值								

图 3-37 SATWE 中震钢梁 GKL1 设计验算信息

$65\varepsilon_k$,放松为《钢结构设计标准》GB 50017—2017 中 S3 级的 $93\varepsilon_k$。

3.11 钢框架柱承载力满足要求,但长细比超限如何处理?

规范对钢柱长细比限值的规定见表 3-11,由表 3-11 可以看出,不参与抵抗侧向力的轴心受压柱,长细比限值较松,限值长细比的目的主要是避免构件柔度太大,在本身自重作用下产生过大的挠度和运输、安装过程中造成弯曲。抗震的钢框架柱,长细比限值较严格,延性等级越高,要求长细比限值越严格。长细比较大的抗震钢框架柱,轴力越大,则结构承载能力和塑性变形能力越小,侧向刚度降低,易引起整体失稳,遭遇强烈地震时,框架柱有可能进入塑性,因此需要限制抗震钢框架柱的长细比。

由表 3-11 可以看出,当框架柱长细比大于 $125\varepsilon_k$ 时,框架柱长细比限值与钢号修正项 ε_k 无关。如结构构件延性等级为Ⅳ级时长细比限值为 150、结构构件延性等级为Ⅴ级时长细比限值为 180、轴心受压柱的长细比限值为 150(当杆件内力设计值不大于承载能力的 50%时,长细比限值为 200),这些长细比限值均与钢号修正项 ε_k 无关。

规范对钢柱长细比限值的规定   表 3-11

规范	长细比限值	规范条文说明
《建筑抗震设计规范》GB 50011—2010（2016 版）	第 8.3.1 条：框架柱的长细比，一级不应大于 $60\varepsilon_k$，二级不应大于 $80\varepsilon_k$，三级不应大于 $100\varepsilon_k$，四级不应大于 $120\varepsilon_k$（$\varepsilon_k = \sqrt{235/f_{ay}}$）	框架柱的长细比关系到钢结构的整体稳定。研究表明，钢结构高度加大时，轴力加大，竖向地震对框架柱的影响很大
	第 H.2.8 条：多层钢结构厂房框架柱的长细比不宜大于 150；当轴压比大于 0.2 时，不宜大于 $125(1\sim 0.8N/Af)\varepsilon_k$	框架柱长细比限值大小对钢结构耗钢量有较大影响。构件长细比增加，往往误解为承载力退化严重。其实，这时的比较对象是构件的强度承载力，而不是稳定承载力。构件长细比属于稳定设计的范畴（实质上是位移问题）。构件长细比愈大，设计可使用的稳定承载力则愈小。在此基础上的比较表明，长细比增加，并不表现出稳定承载力退化趋势加重的迹象。显然，框架柱的长细比增大，结构层间刚度减小，整体稳定性降低。但这些概念上已由结构的最大位移值、层间位移限值、二阶效应验算以及限制软弱层、薄弱层、平面和竖向布置的抗震概念措施等所控制。美国 AISC 钢结构规范在提示中述及受压构件的长细比不应超过 200，钢结构抗震规范未作规定；日本 BCJ 抗震规范规定柱的长细比不得超过 200。条文参考美国、欧洲、日本钢结构规范和抗震规范，结合我国钢结构设计习惯，对框架柱的长细比限值作出规定
《高层民用建筑钢结构技术规程》JGJ 99—2015	第 7.2.2 条：轴心受压柱的长细比不宜大于 $120\varepsilon_k$（$\varepsilon_k = \sqrt{235/f_y}$，$f_y$ 为钢材的屈服强度）	轴心受压柱一般为两端铰接，不参与抵抗侧向力的柱
	第 7.3.9 条：框架柱的长细比，一级不应大于 $60\varepsilon_k$，二级不应大于 $70\varepsilon_k$，三级不应大于 $80\varepsilon_k$，四级及非抗震设计不应大于 $100\varepsilon_k$（$\varepsilon_k = \sqrt{235/f_y}$，$f_y$ 为钢材的屈服强度）	框架柱的长细比关系到钢结构的整体稳定。研究表明，钢结构高度加大时，轴力加大，竖向地震对框架柱的影响很大。本条规定比现行国家标准《建筑抗震设计规范》GB 50011 的规定严格
《钢结构设计标准》GB 50017—2017	第 7.4.6 条：轴心受压柱的长细比不宜超过 150。当杆件内力设计值不大于承载能力的 50% 时，容许长细比值可取 200	构件容许长细比的规定，主要是避免构件柔度太大，在本身自重作用下产生过大的挠度和运输、安装过程中造成弯曲，以及在动力荷载作用下发生较大振动。对受压构件来说，由于刚度不足产生的不利影响远比受拉构件严重
	第 17.3.5 条：框架柱长细比宜符合下表要求 <table><tr><td>结构构件延性等级</td><td>V 级</td><td>IV 级</td><td>I 级、II 级、III 级</td></tr><tr><td>$N_p/(Af_y)\leqslant 0.15$</td><td>180</td><td>150</td><td>$120\varepsilon_k$</td></tr><tr><td>$N_p/(Af_y)>0.15$</td><td colspan="3">$125[1-N_p/(Af_y)]\varepsilon_k$</td></tr></table>	一般情况下，柱长细比越大、轴压比越大，则结构承载能力和塑性变形能力越小，侧向刚度降低，易引起整体失稳。遭遇强烈地震时，框架柱有可能进入塑性，因此有抗震设防要求的钢结构需要控制的框架柱长细比与轴压比相关。表中长细比的限值与日本 AIJ《钢结构塑性设计指针》的要求基本等价

压杆发生弹性屈曲或弹塑性屈曲，与长细比 λ 和弹性界线 f_p（可取为 $0.7f_y$）有关。定义临界长细比 $\lambda_E = \pi\sqrt{E/f_p} = \pi\sqrt{E/(0.7f_y)}$，当 $\lambda > \lambda_E$ 时为弹性屈曲范围；当 $\lambda < \lambda_E$ 时为弹塑性屈曲范围。

对 Q235，

$$\lambda_E = \pi\sqrt{E/(0.7f_y)} = 3.14 \times \sqrt{206 \times 10^3/(0.7 \times 235)} \approx 111.1 \approx 110(\varepsilon_k)$$

对 Q345，

$$\lambda_E = \pi\sqrt{E/(0.7f_y)} = 3.14 \times \sqrt{206 \times 10^3/(0.7 \times 345)} \approx 91.7 \approx 110(\varepsilon_k)$$

钢结构抗震设计时，长细比限值的钢号修正项 ε_k 大体是为了防止采用高强度钢材时，出现过小的截面，使构件承载力退化严重，或构件失稳而丧失承载力或位移过大。只有弹塑性屈曲的部分范围内要防止这种情况发生（$\lambda < \lambda_E \approx 110\varepsilon_k$），而弹性屈曲范围（$\lambda > \lambda_E \approx 110\varepsilon_k$）时则不会发生这种情况[15]。

《建筑抗震设计规范》GB 50011—2010（2016 版）第 H.2.8 的条文说明更是明确指出，当构件长细比不大于 $125\varepsilon_k$、也就是构件处于弹塑性屈曲范围时，长细比的钢号修正项 ε_k 才起作用；当构件长细比大于等于 $125\varepsilon_k$，也就是构件处于弹性屈曲范围时，长细比的钢号修正项 ε_k 不起作用。

钢框架柱承载力满足要求、但长细比超规范限值时，如果不增大钢框架柱截面，一般有以下三种处理方式解决钢框架柱长细比超限的问题：

（1）减小钢框架柱壁厚

算例 1：

某箱形钢框架柱，截面 □300×300×20×20，抗震等级三级，钢号 Q355B。PKPM 软件 □300×300×20×20 计算结果见图 3-38。

由图 3-38 可以看出，钢框架柱承载力满足要求，但是 x 方向长细比 82.86 超过了抗震等级三级长细比的限值（$125\varepsilon_k = 81.36$）。设计师将此钢箱柱壁厚加大到 25mm、截面修改为 □300×300×25×25，□300×300×25×25 计算结果见图 3-39。

由图 3-39 可以看出，钢框架柱截面由 □300×300×20×20 修改为 □300×300×25×25，x 方向长细比由 82.86 增大为 87.40，超过了抗震等级三级的限值（$125\varepsilon_k = 81.36$）。为什么加大壁厚，长细比更大了？

以图 3-40 箱形截面柱几何参数为例，计算其回转半径。

截面惯性矩：

$$I = \frac{1}{12}(B^4 - b^4) \tag{3-23}$$

截面面积：

$$A = B^2 - b^2 \tag{3-24}$$

截面回转半径：

$$i = \sqrt{I/A} = \sqrt{\frac{1}{12}\frac{(B^4 - b^4)}{(B^2 - b^2)}} = \sqrt{\frac{1}{12}(B^2 + b^2)} = \sqrt{\frac{1}{12}[B^2 + (B - 2t)^2]} \tag{3-25}$$

由回转半径公式可以看出，加大壁厚，也就是增大 t，回转半径 i 会变小。回转半径 i 变小，长细比 $\lambda = \mu l_0/i$ 就会变大。因此，钢柱长细比超限时，不应该加大壁厚，而应该减

构件几何材料信息

层号	IST=2
塔号	ITOW=1
单元号	IELE=1
构件种类标志(KELE)	柱
上节点号	J1=22
下节点号	J2=11
构件材料信息(Ma)	钢
长度（m）	DL=7.40
截面类型号	Kind=6
截面名称	箱300X300X20X20
钢号	355
净毛面积比	Rnet=1.00

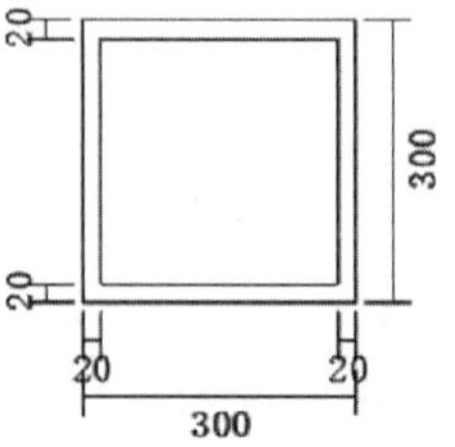

(a)

构件设计验算信息

Px: x向梁与柱全塑性承载力比

Py: y向梁与柱全塑性承载力比

项目	内容
轴压比:	(18) N=-133.2 Uc=0.02
强度验算:	(18) N=-133.20 Mx=-222.47 My=8.79 F1/f=0.40
平面内稳定验算:	(18) N=-133.20 Mx=-222.47 My=8.79 F2/f=0.42
平面外稳定验算:	(16) N=-120.64 Mx=-57.71 My=74.11 F3/f=0.18
X向长细比=	λ_x= 82.86 > 81.36
Y向长细比=	λ_y= 74.05 ≤ 81.36

项目	内容
	《抗规》8.3.1条：钢框架柱的长细比，一级不应大于 $60\sqrt{\frac{235}{f_y}}$，二级不应大于$80\sqrt{\frac{235}{f_y}}$，
	三级不应大于$100\sqrt{\frac{235}{f_y}}$，四级不应大于$120\sqrt{\frac{235}{f_y}}$，
	《钢结构设计标准》GB 50017—2017 7.4.6、7.4.7条给出构件长细比限值
	程序最终限值取两者较严值
宽厚比=	b/tf= 13.00 ≤ 24.41
	《抗规》8.3.2条给出宽厚比限值
	《钢结构设计标准》GB 50017—2017 3.5.1条给出宽厚比限值
	程序最终限值取两者的较严值
高厚比=	h/tw= 13.00 ≤ 30.92
	《抗规》8.3.2条给出高厚比限值
	《钢结构设计标准》GB 50017—2017 3.5.1条给出高厚比限值
	程序最终限值取两者的较严值
钢柱强柱弱梁验算:	X向 (18) N=-133.20 Px=1.16
	Y向 (18) N=-133.20 Py=1.16
	《抗规》8.2.5-1条 钢框架节点左右翼端和上下柱端的全塑性承载力，除下列情况之一外，应符合下式要求:
	柱所在楼层的受剪承载力比相邻上一层的受剪承载力高出25%;
	柱轴压比不超过0.4，或$N_2 \le \phi A_c f(N_2$为2倍地震作用下的组合轴力设计值)
	与支撑斜杆相连的节点
	等截面梁:
	$\sum W_{pc}\left(f_{yc} - \frac{N}{A_c}\right) \ge \eta \sum W_{pb} f_{yb}$
	端部翼缘变截面梁:
	$\sum W_{pc}\left(f_{yc} - \frac{N}{A_c}\right) \ge \sum \left(\eta W_{pb1} f_{yb} + V_{pb} s\right)$
受剪承载力:	CB_XF=197.71 CB_YF=197.71
	《钢结构设计标准》GB 50017—2017 10.3.4

超限类别(304) 长细比超限：Rmd= 82.86 > Rmd_max= 81.36

(b)

图 3-38 □300×300×20×20 计算结果

(a) 构件几何材料信息；(b) 构件设计验算信息

构件几何材料信息

层号	IST=2
塔号	ITOW=1
单元号	IELE=1
构件种类标志(KELE)	柱
上节点号	J1=22
下节点号	J2=11
构件材料信息(Ma)	钢
长度（m）	DL=7.40
截面类型号	Kind=6
截面名称	箱300X300X25X25
钢号	355
净毛面积比	Rnet=1.00

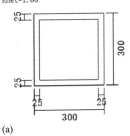

(a)

构件设计验算信息

Px:　x向梁与柱全塑性承载力比
Py:　y向梁与柱全塑性承载力比

项目	内容
轴压比：	(18)　N=-137.5　Uc=0.02
强度验算：	(18)　N=-137.48　Mx=-228.28　My=9.16　F1/f=0.35
平面内稳定验算：	(18)　N=-137.48　Mx=-228.28　My=9.16　F2/f=0.36
平面外稳定验算：	(16)　N=-124.54　Mx=-61.35　My=74.01　F3/f=0.16
X向长细比=	λ_x= 87.40 > 81.36
Y向长细比=	λ_y= 77.02 ≤ 81.36

项目	内容
	《抗规》8.3.1条：钢框架柱的长细比，一级不应大于$60\sqrt{\frac{235}{f_y}}$，二级不应大于$80\sqrt{\frac{235}{f_y}}$， 三级不应大于$100\sqrt{\frac{235}{f_y}}$，四级不应大于$120\sqrt{\frac{235}{f_y}}$ 《钢结构设计标准》GB 50017—2017 7.4.6、7.4.7条给出构件长细比限值 程序最终限值取两者较严值
宽厚比=	b/tf= 10.00 ≤ 24.41 《抗规》8.3.2条给出宽厚比限值 《钢结构设计标准》GB 50017—2017 3.5.1条给出宽厚比限值 程序最终限值取两者的较严值
高厚比=	h/tw= 10.00 ≤ 30.92 《抗规》8.3.2条给出高厚比限值 《钢结构设计标准》GB 50017—2017 3.5.1条给出高厚比限值 程序最终限值取两者的较严值
钢柱强柱弱梁验算：	X向　(18)　N=-137.48　Px=0.96 Y向　(18)　N=-137.48　Py=0.96
	《抗规》8.2.5-1条 钢框架节点左右梁端和上下柱端的全塑性承载力，除下列情况之一外，应符合下式要求： 柱所在楼层的受剪承载力比相邻上一层的受剪承载力高出25%； 柱轴压比不超过0.4，或$N_2 < \phi A_c f$（N_2为2倍地震作用下的组合轴力设计值） 与支撑斜杆相连的节点 等截面梁 $\sum W_{pc}\left(f_{yc} - \frac{N}{A_c}\right) \geq \eta \sum W_{pb}f_{yb}$ 端部翼缘变截面梁 $\sum W_{pc}\left(f_{yc} - \frac{N}{A_c}\right) \geq \sum(\eta W_{pb1}f_{yb} + V_{pb}s)$
受剪承载力：	CB_XF=238.64　CB_YF=238.64 《钢结构设计标准》GB 50017—2017 10.3.4
超限类别(304)	长细比超限：Rmd= 87.40 > Rmd_max= 81.36

(b)

图 3-39　□300×300×25×25 计算结果

（a）构件几何材料信息；（b）构件设计验算信息

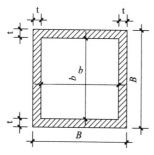

图 3-40 箱形截面柱几何参数

小壁厚，从而增大回转半径 i ，最终使长细比 $\lambda = \mu l_0 / i$ 减小。

将此钢箱柱壁厚减小为 14mm、截面由 □300×300× 20×20 修改为 □300×300×14×14，□300×300×14×14 计算结果见图 3-41。由图 3-41 可以看出，钢框架柱截面由 □300×300×20×20 修改为 □300×300×14×14，x 方向长细比由 82.86 减小为 76.90，满足抗震等级三级长细比的限值（$125\epsilon_k = 81.36$），减小钢柱壁厚，承载力仍能满足要求。

对于钢柱长细比略超规范限值，又不想增大钢柱截面，减小钢柱壁厚是解决钢柱长细比超限的有效方法。需要强调的是减小钢柱壁厚之后，钢柱承载力仍需要满足要求。

（2）对结构进行抗震性能化设计

算例 2：

某工程为 2 层钢框架，7 度（0.15g）第一组，Ⅲ类场地，标准设防类，结构平面布置图见图 3-42，钢材钢号为 Q355B。根据《建筑抗震设计规范》GB 50011—2010（2016版）第 3.3.3 条，建筑场地为Ⅲ、Ⅳ类时，对设计基本地震加速度为 0.15g 和 0.30g 的地区，宜分别按抗震设防烈度 8 度（0.20g）和 9 度（0.40g）时各抗震设防类别建筑的要求采取抗震构造措施，因此钢框架抗震构造措施的抗震等级为三级。采用 PKPM 程序计算。

构件几何材料信息

层号	IST=2
塔号	ITOW=1
单元号	IELE=1
构件种类标志(KELE)	柱
上节点号	J1=22
下节点号	J2=11
构件材料信息(Ma)	钢
长度（m）	DL=7.40
截面类型号	Kind=6
截面名称	箱300X300X14X14
钢号	355
净毛面积比	Rnet=1.00

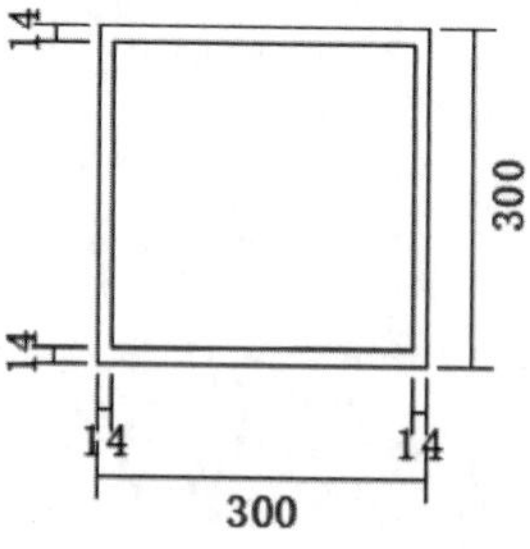

(a)

图 3-41　□300×300×14×14 计算结果（一）

（a）构件几何材料信息

构件设计验算信息

Px:　x向梁与柱全塑性承载力比

Py:　y向梁与柱全塑性承载力比

项目	内容
轴压比	(18)　N=-127.8　　Uc=0.03
强度验算:	(18)　N=-127.76　Mx=-212.52　My=8.16　F1/f=0.50
平面内稳定验算:	(18)　N=-127.76　Mx=-212.52　My=8.16　F2/f=0.52
平面外稳定验算:	(16)　N=-115.76　Mx=-51.22　My=74.36　F3/f=0.23
X向长细比=	λx= 76.90 ≤ 81.36
Y向长细比=	λy= 70.27 ≤ 81.36

项目	内容
	《抗规》8.3.1条: 钢框架柱的长细比,一级不应大于 $60\sqrt{\frac{235}{f_y}}$,二级不应大于 $80\sqrt{\frac{235}{f_y}}$,
	三级不应大于 $100\sqrt{\frac{235}{f_y}}$,四级不应大于 $120\sqrt{\frac{235}{f_y}}$
	《钢结构设计标准》GB 50017—2017 7.4.6、7.4.7条给出构件长细比值
	程序最终限值取两者较严值
宽厚比=	b/tf= 19.43 ≤ 24.41
	《抗规》8.3.2条给出宽厚比值
	《钢结构设计标准》GB 50017—2017 3.5.1条给出宽厚比限值
	程序最终限值取两者的较严值
高厚比=	h/tw= 19.43 ≤ 30.92
	《抗规》8.3.2条给出高厚比值
	《钢结构设计标准》GB 50017—2017 3.5.1条给出高厚比限值
	程序最终限值取两者的较严值
钢柱强柱弱梁验算:	X向　(18)　N=-127.76　Px=1.55
	Y向　(18)　N=-127.76　Py=1.55
	《抗规》8.2.5-1条 钢框架节点左右梁端和上下柱端的全塑性承载力,除下列情况之一之外,应符合下式要求:
	柱所在楼层的受剪承载力比相邻上一层的受剪承载力高出25%;
	柱轴压比不超过0.4,或 $N_2 ≤ \phi A_c f$(N_2为2倍地震作用下的组合轴力设计值)
	与支撑斜杆相连的节点
	等截面梁:
	$\sum W_{pc}\left(f_{yc} - \frac{N}{A_c}\right) \geq \eta \sum W_{pb}f_{yb}$
	端部翼缘变截面梁:
	$\sum W_{pc}\left(f_{yc} - \frac{N}{A_c}\right) \geq \sum (\eta W_{pb1}f_{yb} + V_{pb}s)$
受剪承载力:	CB_XF=148.45　　CB_YF=148.45
	《钢结构设计标准》GB 50017—2017 10.3.4

(b)

图 3-41　□300×300×14×14 计算结果(二)

(b)　构件设计验算信息

三层钢框架柱 GKZ1 计算结果见图 3-43。由图 3-43 可以看出,GKZ1 应力比较小,最大的平面内稳定应力比仅为 0.34;轴压比非常小,仅为 0.05。也就是说 GKL1 构件承载能力没有问题。但是 GKZ1 长细比超过了《建筑抗震设计规范》GB 50011—2010（2016版）中抗震等级三级框架柱 $100\varepsilon_k$ 的限值。

因为 GKZ1 应力比、轴压比均较小（有较高的承载力）,我们就可以根据《钢结构设计标准》GB 50017—2017 对结构进行抗震性能化设计,按照"高承载力-低延性"的抗震思路,降低 GKZ1 的延性要求、放松 GKZ1 长细比限值。

本工程设防烈度 7 度（0.15g）、高度≤50m,根据《钢结构设计标准》GB 50017—2017 表 17.1.4-1,塑性耗能区承载性能等级为性能 5～7,本算例选用性能 5。查《钢结构

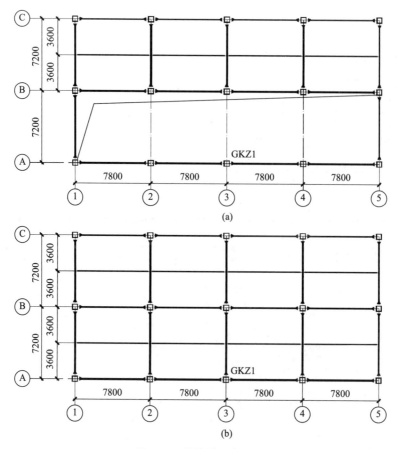

图 3-42 结构平面布置图

（a）二层结构平面；（b）屋面层结构平面

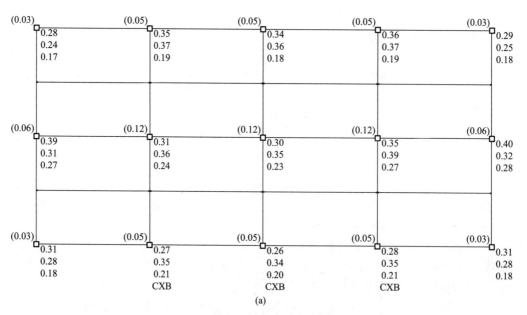

图 3-43 三层钢框架柱 GKZ1 计算结果（一）

（a）PKPM 输出钢柱计算结果

构件设计验算信息

Px:　x向梁与柱全塑性承载力比
Py:　y向梁与柱全塑性承载力比

项目	内容
轴压比	(24) N=-348.6　Uc=0.05
强度验算:	(36) N=-332.66　Mx=-165.93　My=0.42　F1/f=0.26
平面内稳定验算:	(36) N=-332.66　Mx=-165.93　My=0.42　F2/f=0.34
平面外稳定验算:	(78) N=-297.98　Mx=-97.07　My=90.41　F3/f=0.20
X向长细比=	λx= 94.98 ＞ 81.36
Y向长细比=	λy= 44.20 ≤ 81.36

项目	内容
	《抗规》8.3.1条: 钢框架柱的长细比, 一级不应大于$60\sqrt{\frac{235}{f_y}}$, 二级不应大于$80\sqrt{\frac{235}{f_y}}$, 三级不应大于$100\sqrt{\frac{235}{f_y}}$, 四级不应大于$120\sqrt{\frac{235}{f_y}}$。 《钢结构设计标准》GB 50017—2017 7.4.6、7.4.7条给出构件长细比限值 程序最终限值取两者较严值
宽厚比=	b/tf= 17.44 ≤ 30.92 《抗规》8.3.2条给出宽厚比限值 《钢结构设计标准》GB 50017—2017 3.5.1条给出宽厚比限值 程序最终限值取两者的较严值
高厚比=	h/tw= 17.44 ≤ 30.92 《抗规》8.3.2条给出高厚比限值 《钢结构设计标准》GB 50017—2017 3.5.1条给出高厚比限值 程序最终限值取两者的较严值
钢柱强柱弱梁验算:	X向 (24) N=-348.63 Px=2.11 Y向 (24) N=-348.63 Py=1.05
	《抗规》8.2.5-1条 钢框架节点左右梁端和上下柱端的全塑性承载力, 除下列情况之一之外, 应符合下式要求: 柱所在楼层的受剪承载力比相邻上一层的受剪承载力高出25％; 柱轴压比不超过0.4, 或 $N_2 ≤ φ A_f f$(N_2为2倍地震作用下的组合轴力设计值) 与支撑斜杆相连的节点 等截面梁: $\sum W_{pc}\left(f_{yc}-\frac{N}{A_c}\right) ≥ \eta \sum W_{pb}f_{yb}$ 端部翼缘变截面梁: $\sum W_{pc}\left(f_{yc}-\frac{N}{A_c}\right) ≥ \sum(\eta W_{pb}f_{yb}+V_{pb}s)$
受剪承载力:	CB_XF=369.99　CB_YF=369.99 《钢结构设计标准》GB 50017—2017 10.3.4

超限类别(304)　长细比超限 : Rmd= 94.98 ＞ Rmd_max= 81.36

(b)

图 3-43　三层钢框架柱 GKZ1 计算结果（二）

（b）构件设计验算信息

设计标准》GB 50017—2017 表 17.1.4-2，性能 5、标准设防类（丙类），结构构件最低延性等级为Ⅲ级。抗震性能化设计的过程从略，具体流程可参看 3.10 算例。

图 3-44 为 SATWE 中震钢柱 GKZ1 设计验算信息。由图 3-44 可以看出，GKZ1 满足中震作用下承载力要求，可以按照结构构件延性等级Ⅲ级放松框架柱长细比的限值，GKZ1 长细比可以满足延性等级Ⅲ级的要求。

从本算例可以看出，在小震承载力满足要求的前提下，对结构进行抗震性能化设计，GKZ1 长细比限值由《建筑抗震设计规范》GB 50011—2010（2016 版）抗震等级三级的 $100\varepsilon_k$，放松为《钢结构设计标准》GB 50017—2017 中延性等级Ⅲ级的 $120\varepsilon_k$（轴压比小于 0.15）。

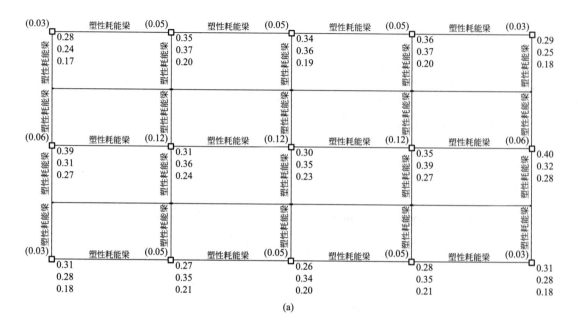

(a)

包络子模型2″新钢标中震模型″信息

1 设计属性(仅列出差异部分)

2 设计验算信息

项目	内容
轴压比:	(28) N=−247.3 Uc=0.03
强度验算:	(16) N=−229.30 Mx=−74.99 My=104.06 F1/f=0.22
平面内稳定验算:	(28) N=−247.26 Mx=−149.86 My=9.81 F2/f=0.25
平面外稳定验算:	(16) N=−229.30 Mx=−74.99 My=104.06 F3/f=0.20
X向长细比=	$\lambda_x = 94.98 \leqslant 97.63$
Y向长细比	$\lambda_y = 44.20 \leqslant 97.63$
	《钢结构设计标准》GB 50017—2017 17.3.5条给出框架柱长细比限值
钢柱强柱弱梁验算:	X向 (28) N=−247.26 Px=2.20
	Y向 (28) N=−247.26 Py=1.10
	《钢结构设计标准》GB 50017—2017 17.2.5条 柱端截面强度应符合下列规定:
	等截面梁:
	柱截面板件宽厚比为S1, S2时:
	$\sum W_{pc}\left(f_{yc}-\dfrac{N_p}{A_c}\right) \geqslant \eta \sum W_{pb}f_{yb}$
	柱截面板件宽厚比为S3, S4时:
	$\sum W_{Ec}\left(f_{yc}-\dfrac{N_p}{A_c}\right) \geqslant 1.1\,\eta_y \sum W_{Eb}f_{yb}$
	端部翼缘变截面的梁:
	柱截面板件宽厚比为S1, S2时:
	$\sum W_{Ec}\left(f_{yc}-\dfrac{N_p}{A_c}\right) \geqslant \eta_y\left(\sum W_{Eb}f_{yb}+V_{pb}s\right)$
	柱截面板件宽厚比为S3, S4时:
	$\sum W_{Ec}\left(f_{yc}-\dfrac{N_p}{A_c}\right) \geqslant 1.1\,\eta_y\left(\sum W_{Eb}f_{yb}+V_{pb}s\right)$
受剪承载力:	CB_XF=369.99 CB_YF=369.99
	《钢结构设计标准》GB 50017—2017 10.3.4

(b)

图 3-44 SATWE 中震钢柱 GKZ1 设计验算信息

(a) PKPM 输出钢柱中震计算结果;(b) 中震构件设计验算信息

　　长细比较大的抗震钢框架柱，轴力越大，则结构承载能力和塑性变形能力越小，侧向刚度降低，易引起整体失稳，遭遇强烈地震时，框架柱有可能进入塑性，因此需要限制抗震钢框架柱的长细比。以上为规范控制钢框架柱长细比的原因。对于本算例，对结构进行大震弹性计算，其承载能力仍满足要求，大震弹性钢柱应力比结果如图 3-45 所示，也就是说即使遭遇强烈地震，框架柱仍能保持弹性，不会失稳。因此，按照《钢结构设计标准》GB 50017—2017 进行抗震性能化设计，放松其长细比限值是可行的。

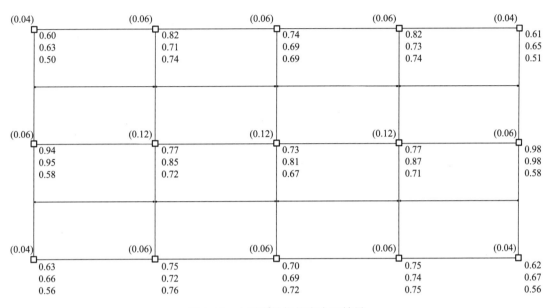

图 3-45　大震弹性钢柱应力比结果

　　（3）按照二阶 P-Δ 弹性分析与设计、直接分析设计法进行设计

　　算例 3：

　　以文献［3］第三章第二节钢框架算例为例，分别采用一阶弹性分析与设计、二阶 P-Δ 弹性分析与设计和直接分析设计法进行设计，计算结果见表 3-12。

采用一阶弹性分析与设计、二阶 P-Δ 弹性分析与设计和直接分析设计法计算结果　　表 3-12

计算方法		一阶弹性分析与设计	二阶 P-Δ 弹性分析与设计	直接分析设计法
强度验算	强度应力比	0.78	0.90	0.90
	应力比对应的内力	$N=4084\text{kN}$, $M_x=485\text{kN}\cdot\text{m}$, $M_y=0\text{kN}\cdot\text{m}$	$N=4084\text{kN}$, $M_x=601\text{kN}\cdot\text{m}$, $M_y=24\text{kN}\cdot\text{m}$	$N=4084\text{kN}$, $M_x=601\text{kN}\cdot\text{m}$, $M_y=24\text{kN}\cdot\text{m}$
平面内稳定验算	平面内稳定应力比	1.03	0.98	0.92
	应力比对应的内力	$N=4084\text{kN}$, $M_x=485\text{kN}\cdot\text{m}$, $M_y=0\text{kN}\cdot\text{m}$	$N=4084\text{kN}$, $M_x=601\text{kN}\cdot\text{m}$, $M_y=24\text{kN}\cdot\text{m}$	$N=4084\text{kN}$, $M_x=601\text{kN}\cdot\text{m}$, $M_y=24\text{kN}\cdot\text{m}$

计算方法		一阶弹性分析与设计	二阶 $P\text{-}\Delta$ 弹性分析与设计	直接分析设计法
平面外稳定验算	平面外稳定应力比	1.03	0.98	0.92
	应力比对应的内力	$N=4084\text{kN}$, $M_x=0\text{kN}\cdot\text{m}$, $M_y=485\text{kN}\cdot\text{m}$	$N=4084\text{kN}$, $M_x=24\text{kN}\cdot\text{m}$, $M_y=601\text{kN}\cdot\text{m}$	$N=4084\text{kN}$, $M_x=24\text{kN}\cdot\text{m}$, $M_y=601\text{kN}\cdot\text{m}$
计算长度系数	X 方向	1.61	1.00	—
	Y 方向	1.61	1.00	—
长细比	X 方向	58.81	36.58	—
	Y 方向	58.81	36.58	—
《高层民用建筑钢结构技术规程》JGJ 99—2015 长细比限值		57.77		

由表 3-12 可以看出，一阶设计方法长细比超过《高层民用建筑钢结构技术规程》JGJ 99—2015 长细比的限值，而二阶设计方法因为计算长度系数小，长细比小于规范限值；直接分析设计法不需要计算稳定系数 φ、从而也不需要计算长细比 λ。因此，当构件长细比不满足规范容许长细比时，可以选择二阶 $P\text{-}\Delta$ 弹性分析与设计、直接分析设计法。

需要说明的是，文献［16］指出长细比的要求对应于一阶弹性分析与设计方法，按一阶弹性分析设计时，均需要满足长细比要求。

对于钢框架结构，采用一阶弹性分析与设计方法时，钢框架柱的计算长度系数 μ 按有侧移框架柱的计算长度系数确定，计算长度系数 $\mu>1.0$；而采用二阶 $P\text{-}\Delta$ 弹性分析与设计方法时，钢框架柱的计算长度系数 $\mu=1.0$。因此，采用一阶弹性分析与设计方法计算出来的长细比，较二阶 $P\text{-}\Delta$ 弹性分析与设计方法计算出来的长细比大，文献［16］提出的按一阶弹性分析设计计算钢框架柱长细比，结果偏于不安全。

但是对于钢框架-支撑结构，当支撑结构（支撑桁架、剪力墙等）满足公式 $S_b\geqslant 4.4\left[\left(1+\dfrac{100}{f_y}\right)\sum N_{bi}-\sum N_{0i}\right]$ 时，为强支撑框架，此时框架柱的计算长度系数 μ 可按无侧移框架柱的计算长度系数确定，计算长度系数 $\mu<1.0$；而采用二阶 $P\text{-}\Delta$ 弹性分析与设计方法时，钢框架柱的计算长度系数 $\mu=1.0$。因此，采用一阶弹性分析与设计方法计算出来的长细比，较二阶 $P\text{-}\Delta$ 弹性分析与设计方法计算出来的长细比小，文献［16］提出的按一阶弹性分析设计计算钢框架柱长细比，结果偏于不安全。

童根树教授在他的《钢结构与钢-混凝土组合结构设计方法》中明确指出，在一阶分析设计法中，纯框架柱的计算长度系数是按照有侧移屈曲的模式取的，其值大于 1。二阶分析设计法中，框架柱的计算长度系数取 1，甚至可以按照无侧移屈曲模式来取值。这样导致不同的分析方法出现了不同的长细比。而在钢结构设计中，有长细比验算的要求。应该采用哪个长细比？答案是：一阶分析采用一阶分析的长细比，二阶分析采用二阶分析的长细比。如此一来，二阶分析的长细比容易满足长细比限值要求。之所以可以这样，要从对长细比进行限制的目的来分析。拉杆限制长细比的目的是避免运输过程中的损坏、使用过程中的下垂变形和有振动时厂房拉杆自身的振动。压杆限制长细比的目的则是保证最低的承载力、避免在压力作用下压杆鼓曲变形过大。在纯框架的二阶分析设计方法中，框架已经被施加了假想水平力，保证最低的侧向承载力的问题已经得到考虑，因此只需要保证框架柱本身的无侧移屈曲的承载力不要太低就可以了，所以可以采用计算长度系数1来计算长细比或长细比的验算。

《建筑抗震设计规范》GB 50011—2010（2016版）将钢框架柱的长细比限值列为强制性条文（《建筑与市政工程抗震通用规范》GB 55002—2021已将此长细比强条取消），但是长细比的计算方法，规范并没有区分一阶设计方法、二阶设计方法和直接分析设计法，这是规范需要明确的地方。

综上，钢框架柱承载力满足要求、但长细比超限时，如果不想增大钢框架柱截面，可以采取以下三种方法解决钢框架柱长细比超限的问题：（1）减小钢框架柱壁厚，可以增大钢框架柱的回转半径，以减小长细比；（2）对结构进行抗震性能化设计，采取"高承载力-低延性"的控制设计思路，放松钢框架柱的长细比限值；（3）对钢框架结构，按照二阶P-Δ弹性分析与设计、直接分析设计法进行设计，减小钢框架柱的计算长度系数以减小长细比。

3.12　某钢结构厂房，局部设有办公夹层。结构体系选择"多层钢结构厂房"时，钢框架柱长细比不超限；结构体系选择"钢框架结构"时，钢框架柱长细比超限。如何处理？

某厂房，局部设有办公夹层，抗震设防烈度为，8度（0.20g）地震分组第一组，Ⅱ类场地，标准设防类。结构平面图见图3-46，钢材钢号为Q355B。采用PKPM程序计算。

结构体系选择"多层钢结构厂房"时，钢框架柱设计验算信息见图3-47（a）；结构体系选择"钢框架结构"时，钢框架柱设计验算信息见图3-47（b）。

由图3-47可以看出，结构体系选择"多层钢结构厂房"和"钢框架结构"时，钢框架柱GKZ1的强度应力比、稳定应力比、轴压比、长细比一样，但是结构体系选择"多层钢结构厂房"时，钢框架柱长细比限值为150；结构体系选择"钢框架结构"时，钢框架柱长细比限值为81.36（也就是$100\varepsilon_k$）。Y方向长细比$\lambda_y = 131.51$，结构体系选择"多层钢结构厂房"时，长细比小于150，长细比不超限；结构体系选择"钢框架结构"时，长细比大于$100\varepsilon_k = 81.36$，长细比超限。

《建筑抗震设计规范》GB 50011—2010（2016版）第9.2.13条规定，单层钢结构厂房，框架柱的长细比，轴压比小于0.2时不宜大于150；轴压比不小于0.2时，不宜大于$120\sqrt{235 f_{ay}}$。

《建筑抗震设计规范》GB 50011—2010（2016版）第H.2.8条规定，多层钢结构厂房，框架柱的长细比不宜大于150；当轴压比大于0.2时，不宜大于$125(1-0.8N/Af)\sqrt{235 f_y}$。

《建筑抗震设计规范》GB 50011—2010（2016版）第H.2.8条的条文说明指出，框架柱长细比限值大小对钢结构耗钢量有较大影响。构件长细比增加，往往误解为承载力退化严重。其实，这时的比较对象是构件的强度承载力，而不是稳定承载力。构件长细比属于

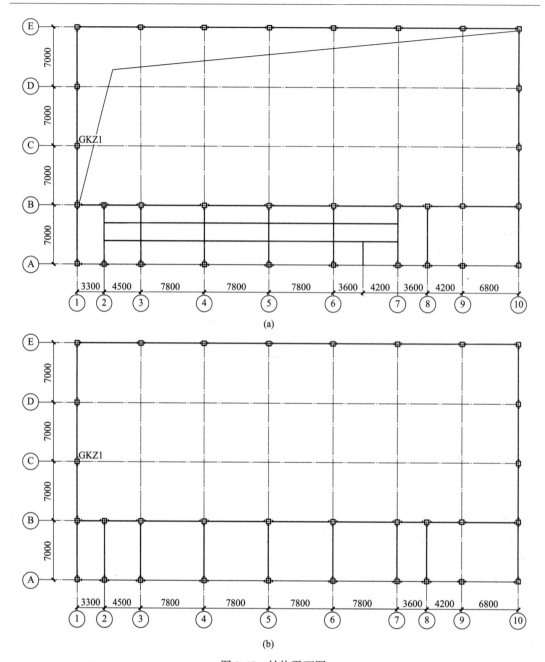

图 3-46　结构平面图

（a）局部夹层结构平面；（b）屋面层结构平面

稳定设计的范畴（实质上是位移问题）。构件长细比愈大，设计可使用的稳定承载力则愈小。在此基础上的比较表明，长细比增加，并不表现出稳定承载力退化趋势加重的迹象。

显然，框架柱的长细比增大，结构层间刚度减小，整体稳定性降低。但这些概念上已由结构的最大位移限值、层间位移限值、二阶效应验算以及限制软弱层、薄弱层、平面和竖向布置的抗震概念措施等所控制。美国 AISC 钢结构规范中指出受压构件的长细比不应超过 200，钢结构抗震规范未作规定；日本 BCJ 抗震规范规定柱的长细比不得超过 200。

构件设计验算信息

Px: x向梁与柱全塑性承载力比
Py: y向梁与柱全塑性承载力比

项目	内容
轴压比:	(21) N=−69.9 Uc=0.01
强度验算:	(36) N=−62.32 Mx=−44.06 My=−0.03 F1/f=0.07
平面内稳定验算:	(36) N=−62.32 Mx=−44.06 My=−0.03 F2/f=0.06
平面外稳定验算:	(75) N=−67.28 Mx=−3.39 My=36.92 F3/f=0.06
X向长细比=	λx= 47.74 ≤ 150.00
Y向长细比=	λy= 131.51 ≤ 150.00
	《钢结构设计标准》GB 50017—2017 7.4.6、7.4.7条给出构件长细比限值
宽厚比=	b/tf= 26.57 ≤ 31.38

项目	内容
高厚比=	《抗规》8.3.2条给出宽厚比限值 《钢结构设计标准》GB 50017—2017 3.5.1条给出宽厚比限值 程序最终限值取两者的较严值 h/t= 26.57 ≤ 31.36 《抗规》8.3.2条给出高厚比限值 《钢结构设计标准》GB 50017—2017 3.5.1条给出高厚比限值 程序最终限值取两者的较严值
钢柱强柱弱梁验算:	X向 (21) N=−69.91 Px=0.00 Y向 (21) N=−69.91 Py=1.10
	《抗规》8.2.5-1条 钢框架节点左右端梁和上下柱端的全塑性承载力，除下列情况之一外，应符合下式要求： 柱所在楼层的受剪承载力比相邻上一层的受剪承载力高出25%； 柱轴压比不超过0.4，或N₂≤φAcf(N₂为2倍地震作用下的组合轴力设计值) 与支撑斜杆相连的节点 等截面梁： $$\Sigma W_{pc}\left(f_{yc}-\frac{N}{A_c}\right)\geq \eta\Sigma W_{pb}f_{yb}$$ 端部翼缘变截面梁： $$\Sigma W_{pc}\left(f_{yc}-\frac{N}{A_c}\right)\geq \Sigma (\eta W_{pb1}f_{yb}+V_{pb}s)$$
受剪承载力:	CB_XF=413.69 CB_YF=413.69 《钢结构设计标准》GB 50017—2017 10.3.4

(a)

构件设计验算信息

Px: x向梁与柱全塑性承载力比
Py: y向梁与柱全塑性承载力比

项目	内容
轴压比:	(21) N=−69.6 Uc=0.01
强度验算:	(36) N=−62.03 Mx=−43.73 My=−0.03 F1/f=0.07
平面内稳定验算:	(36) N=−62.03 Mx=−43.73 My=−0.03 F2/f=0.06
平面外稳定验算:	(75) N=−67.00 Mx=−2.94 My=38.01 F3/f=0.06
X向长细比=	λx= 47.74 ≤ 81.36
Y向长细比=	λy= 131.51 > 81.36

项目	内容
宽厚比=	《抗规》8.3.1条：钢框架柱的长细比，一级不应大于60$\sqrt{\frac{235}{f_y}}$，二级不应大于80$\sqrt{\frac{235}{f_y}}$ 三级不应大于100$\sqrt{\frac{235}{f_y}}$，四级不应大于120$\sqrt{\frac{235}{f_y}}$ 《钢结构设计标准》GB 50017—2017 7.4.6、7.4.7条给出构件长细比限值 程序最终限值取两者较严值 b/tf= 26.57 ≤ 30.92 《抗规》8.3.2条给出宽厚比限值 《钢结构设计标准》GB 50017—2017 3.5.1条给出宽厚比限值 程序最终限值取两者的较严值
高厚比=	h/tw= 26.57 ≤ 30.92 《抗规》8.3.2条给出高厚比限值 《钢结构设计标准》GB 50017—2017 3.5.1条给出高厚比限值 程序最终限值取两者的较严值
钢柱强柱弱梁验算:	X向 (21) N=−69.62 Px=0.00 Y向 (21) N=−69.62 Py=1.07
	《抗规》8.2.5-1条 钢框架节点左右端梁和上下柱端的全塑性承载力，除下列情况之一外，应符合下式要求： 柱所在楼层的受剪承载力比相邻上一层的受剪承载力高出25%； 柱轴压比不超过0.4，或N₂≤φAcf(N₂为2倍地震作用下的组合轴力设计值) 与支撑斜杆相连的节点 等截面梁： $$\Sigma W_{pc}\left(f_{yc}-\frac{N}{A_c}\right)\geq \eta\Sigma W_{pb}f_{yb}$$ 端部翼缘变截面梁： $$\Sigma W_{pc}\left(f_{yc}-\frac{N}{A_c}\right)\geq \Sigma (\eta W_{pb1}f_{yb}+V_{pb}s)$$
受剪承载力:	CB_XF=425.68 CB_YF=425.68 《钢结构设计标准》GB 50017—2017 10.3.4

超限类别(304) 长细比超限：Rmd= 131.51 > Rmd_max= 81.36

(b)

图 3-47　钢框架柱 GKZ1 设计验算信息
（a）结构体系选择"多层钢结构厂房"时，钢框架柱设计验算信息；
（b）结构体系选择"钢框架结构"时，钢框架柱设计验算信息条文参考美国、欧洲、日本钢结构规范和抗震规范，结合我国钢结构设计习惯，对框架柱的长细比限值作出规定。

对于本算例，GKZ1属于高承载力（应力比、轴压比都很小），那么就可以选择"低延性-高承载力"的抗震思路，降低 GKZ1 的延性要求，放松其长细比限值，按照《建筑抗震设计规范》GB 50011—2010（2016 版）第 H.2.8 条要求的长细比限值 150 即可。

3.13 1994 年美国加州北岭地震，梁、柱均遭受破坏；1995 年日本阪神地震，仅梁破坏。我们到底该如何设计钢结构梁、柱节点？

20 世纪 80 年代以来，美国加州规范规定，在梁-柱抗弯连接中，采用弯矩由翼缘连接承受，剪力由腹板连接承受的计算方法，但当 $W_{pf} \leqslant 0.7W_p$（翼缘的塑性截面模量小于截面塑性抗弯模量的 0.7 倍）时，在梁腹板连接板的上下角增加角焊缝 [图 3-48（a）]，其承担的弯矩应相当于梁端弯矩的 20%。

日本采用类似方法，称之为"常用设计法"，但对腹板螺栓连接一律加强，规定腹板的螺栓连接应按保有耐力（连接的承载力大于构件的塑性承载力）设计，且螺栓不得少于 2～3 列 [图 3-48（b）]，但在设计标准中没有明文规定[17]、[18]。

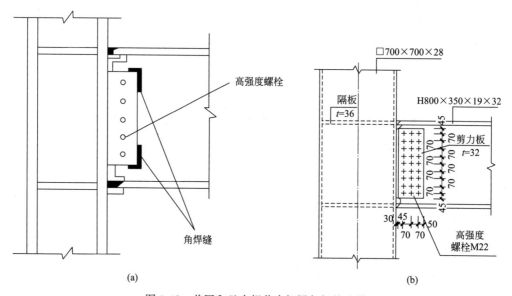

图 3-48　美国和日本规范中钢梁与钢柱连接
（a）美国过去采用的梁柱混合连接；（b）日本过去采用的梁柱混合连接

《建筑抗震设计规范》GB 50011—2001 第 8.3.4 条文说明指出，美国加州 1994 年诺斯里奇地震和日本 1995 年阪神地震，钢框架梁柱节点受严重破坏，但两国的节点构造不同，破坏特点和所采取的改进措施也不完全相同。

（1）美国通常采用工字形柱，日本主要采用箱形柱；

（2）在梁翼缘对应位置的柱加劲肋厚度，美国按传递设计内力设计，一般为梁翼缘厚度的 1/2，而日本要比梁翼缘厚一个等级；

（3）梁端腹板的下翼缘切角，美国采用矩形，高度较小，使下翼缘焊缝在施焊时实际上要中断，并使探伤操作困难，致使梁下翼缘焊缝出现了较大缺陷，日本梁端下翼缘切角接近三角形，高度稍大，允许施焊时焊条通过，虽然施焊仍不很方便，但情况要好些；

（4）对于梁腹板与连接板的连接，美国除螺栓外，当梁翼缘的塑性截面模量小于梁全截面塑性截面模量的 70％时，在连接板的角部要用焊缝连接；日本只用螺栓连接，但规定应按保有耐力计算，且不少于 2～3 列。

这两种不同构造所遭受破坏的主要区别是，日本的节点震害仅出现在梁端，柱无损伤；而美国的节点震害是梁柱均遭受破坏。

我国《高层民用建筑钢结构技术规程》JGJ 99—98 是在 1987 年底开始编制的，当时虽然看到了美国标准加强腹板连接的措施，却未看到日本有类似规定，对于日本用不同的方法处理腹板抗弯缺乏体会，对于加强腹板连接的必要性缺乏认识，因此未将加强措施列入。直到使用过程中，发现很高的梁腹板连接只有很少几个螺栓时，才感到不对头。在 2001 版的抗震规范修订时，审查组建议当符合美国加州规范所述条件时，腹板用两列螺栓，且螺栓总数应比抗剪计算增加 50％。《建筑抗震设计规范》GB 50011—2001 第 8.3.4 条 3 款规定：当梁翼缘的塑性截面模量小于梁全截面塑性截面模量的 70％时，梁腹板与柱的连接螺栓不得少于两列；当计算仅需一列时，仍应布置两列，且此时螺栓总数不得少于计算值的 1.5 倍。

规范中此条的意思就是梁翼缘较弱时，需要腹板帮忙承受弯矩，但是腹板承担多少弯矩，规范没有说明，一些软件及参考书根据腹板惯性矩占全截面惯性矩的比例，将弯矩分配给腹板，腹板在弯矩和剪力共同作用下计算螺栓。连接处内力（弯矩和剪力）的取值，也有很多种取法，可以取构件的设计内力，也可以取构件的承载力。

《高层民用建筑钢结构技术规程》JGJ 99—2015 首次将腹板定量计算列入了规范。《高层民用建筑钢结构技术规程》JGJ 99—2015 第 8.1.1 条、第 8.1.2 条规定：抗震设计时，构件按多遇地震作用下内力组合设计值选择截面；连接设计应符合构造措施要求，按弹塑性设计，连接的极限承载力应大于构件的全塑性承载力。梁与 H 形柱（绕强轴）刚性连接以及梁与箱形柱或圆管柱刚性连接时，弯矩由梁翼缘和腹板受弯区的连接承受，剪力由腹板受剪区的连接承受。梁与柱的连接宜采用翼缘焊接和腹板高强度螺栓连接的方式。梁腹板用高强度螺栓连接时，应先确定腹板受弯区的高度，并应对设置于连接板上的螺栓进行合理布置，再分别计算腹板连接的受弯承载力和受剪承载力。

结合文献 [3] 的 [例题 1.2]、[例题 1.3]，不同规范计算梁柱刚接螺栓数量的对比见表 3-13。由表 3-13 可以看出，《建筑抗震设计规范》GB 50011—2001 以梁翼缘的塑性截面模量占梁全截面塑性截面模量的 70％为界，大于 70％，梁腹板不承担弯矩；小于 70％，梁腹板按照梁腹板惯性矩占全截面惯性矩的比例承担弯矩。这个规定显然比较粗糙，仅将梁翼缘厚度由 18mm 修改为 16mm，则梁翼缘的塑性截面模量占梁全截面塑性截面模量的比例由 0.716 变化为 0.689，梁腹板承担弯矩由 0 变化为 220.24kN·m，计算螺栓数量由 9 个变化为 21 个。按照《高层民用建筑钢结构技术规程》JGJ 99—2015，将梁翼缘厚度由 18mm 修改为 16mm，螺栓的计算数量都是 16 个，很显然《高层民用建筑钢结构技术规程》JGJ 99—2015 计算梁腹板有效受弯高度、承受弯矩区和承受剪力区的螺栓更科学一些。

不同规范计算梁柱刚接螺栓数量对比　　　　　　　　　　　表 3-13

规范	计算项	梁截面 H650×250×12×18	梁截面 H650×250×12×16
《建筑抗震设计规范》GB 50011—2001	梁翼缘的塑性截面模量①(mm³)	2844000	2536000
	梁全截面塑性截面模量②(mm³)	3974988	3681772
	①/②	0.716>0.7	0.689<0.7
	梁腹板承担弯矩(kN·m)	0	220.24
	梁腹板承担剪力(kN)	1289.4	1297.8
	计算螺栓数量	9	21
《高层民用建筑钢结构技术规程》JGJ 99—2015	梁腹板有效受弯高度(mm)	219	219
	梁腹板连接的极限受弯承载力 M_{uw}^j(kN·m)	306.3	310.81
	弯矩 M_{uw}^j 引起的承受弯矩区的水平剪力 V_{uw}^j	775.44	778.97
	承受弯矩区螺栓数 n_1	6	6
	承受剪力区的受剪承载力	613.18	613.18
	承受剪力区螺栓数 n_2	4	4
	螺栓数量 $2n_1+n_2$	16	16

3.14 高强度螺栓摩擦型和承压型有什么区别？抗震连接时，可以用承压型代替摩擦型，减少高强度螺栓数量吗？

高强度螺栓按照连接分类，分为摩擦型和承压型。

（1）摩擦型

摩擦型连接利用高强度螺栓的预拉力，使被连接钢板的层间产生抗滑力（摩擦阻力），以传递剪力。采用高强度螺栓摩擦型连接的节点变形小，在使用荷载作用下不会产生滑移。用于不允许有滑移现象的连接，它能承受连接处的应力急剧变化。适用于重要结构、承受动力荷载的结构，以及可能出现反向内力的构件连接。

摩擦型连接的每个高强度螺栓受剪承载力按式（3-27）计算：

$$N_v^b = 0.9kn_f\mu P \tag{3-26}$$

式中：k——孔型系数，标准孔取 1.0；大圆孔取 0.85；内力与槽孔长向垂直时取 0.7；内力与槽孔长向平行时取 0.6；

n_f——传力摩擦面数目；

μ——摩擦面的抗滑移系数，应按表 3-14 采用；

P——高强度螺栓的预拉力（kN），应按表 3-15 采用。

摩擦面的抗滑移系数　　　　　　　　　　　　　　　表 3-14

在连接处构件接触面的处理方法	构件的钢号		
	Q235 钢	Q355 钢或 Q390 钢	Q420 钢或 Q460 钢
喷硬质石英砂或铸钢棱角砂	0.45	0.45	0.45
抛丸(喷砂)	0.40	0.40	0.40
钢丝刷清除浮锈或未经处理的干净轧制表面	0.30	0.35	—

注：1. 钢丝刷除锈方向应与受力方向垂直；
　　2. 当连接构件采用不同钢材牌号时，μ 按相应较低强度值；
　　3. 采用其他方法处理时，其处理工艺及抗滑移系数值均需经试验确定。

高强度螺栓的预拉力　　　　　　　　　　　　　　　表 3-15

螺栓的性能等级	螺栓公称直径(mm)					
	M16	M20	M22	M24	M27	M30
8.8 级(kN)	80	125	150	175	230	280
10.9 级(kN)	100	155	190	225	290	355

（2）承压型

高强度螺栓承压型连接，是以高强度螺栓的螺杆抗剪强度或被连接钢板的螺栓孔壁抗压强度来传递剪力。其制孔及预拉力施加等要求，均与高强度螺栓摩擦型连接的做法相同，但杆件连接处的板件接触面仅需清除油污及浮锈。高强度螺栓承压型连接抗剪、承压的工作条件较差，类似于普通螺栓，被连接组合的构件承受荷载时所产生的变形，大于高强度螺栓摩擦型连接的变形，所以不得用于直接承受动力荷载的构件、承受反复荷载作用的构件、抗震设防的结构。一般来说，高强度螺栓承压型连接的承载能力要高于摩擦型连接，而且施工更为方便。

高强度螺栓承压型连接的计算方法和构造要求，与普通螺栓连接相同，但当剪切面在螺纹处时，其受剪承载力设计值应按螺纹处的有效面积进行计算。高强度螺栓承压型连接，每个高强度螺栓受剪承载力按下式计算：

$$N_v^b = n_v \frac{\pi d^2}{4} f_v^b \qquad (3-28)$$

式中：n_v——受剪面数目；

　　　d——高强度螺栓公称直径（mm），当剪切面在螺纹处时，应按螺纹处的有效面积 A_{eff}（mm²）；计算受剪承载力设计值，螺纹处的有效面积 A_{eff} 按照表 3-16 取值；

　　　f_v^b——高强度螺栓的抗剪强度设计值（N/mm²）。

螺栓在设计螺纹处的有效面积 A_{eff}、$\dfrac{\pi d^2}{4}$（mm²）　　　　表 3-16

螺栓规格	M16	M20	M22	M24	M27	M30
A_{eff}	157	245	303	353	459	561
$\dfrac{\pi d^2}{4}$	201	314	380	452	572	707

表 3-16 中螺纹处的有效面积 A_{eff} 摘自《钢结构高强度螺栓连接技术规程》JGJ 82—2011 表 4.2.3。从表 3-16 可以看出，螺纹处的有效面积小于按照螺栓公称直径计算出来的面积。

（3）摩擦型与承压型高强度螺栓受剪承载力比较

M22 高强度螺栓，10.9 级，双剪，连接处构件接触面的处理方法为钢丝刷清除浮锈，标准孔，钢材钢号为 Q355。分别计算摩擦型、承压型高强度螺栓受剪承载力。

高强度螺栓摩擦型连接，受剪承载力：

$$N_v^b = 0.9 k n_f \mu P = 0.9 \times 1 \times 2 \times 0.35 \times 190 = 119.7 (\text{kN})$$

高强度螺栓承压型连接，受剪承载力：

$$N_v^b = n_v A_{\text{eff}} f_v^b = 2 \times 303 \times 310 \times 10^{-3} = 187.86 (\text{kN})$$

可以看出，高强度螺栓受剪承载力，承压型远高于摩擦型。

（4）摩擦型与承压型高强度螺栓的选用

高强度螺栓连接分为摩擦型和承压型。《钢结构设计规范》GB 50017—2003 指出，目前制造厂生产供应的高强度螺栓并无用于摩擦型和承压型连接之分，因高强度螺栓承压型连接的剪切变形比摩擦型的大，所以只适用于承受静力荷载和间接承受动力荷载的结构。

因为承压型连接的承载力取决于钉杆剪断或同一受力方向的钢板被压坏，其承载力较摩擦型要高出很多。有一种观点提出，摩擦面滑移量不大，因螺栓孔隙仅 1.5～2mm，而且不可能都偏向一侧，可以用承压型连接的承载力代替摩擦型连接的承载力，对结构构件定位影响不大，可以节省很多螺栓，这算一项技术创新。抗震连接时，可以用高强度螺栓承压型代替摩擦型连接，减少高强度螺栓数量吗？

在抗震设计中，主要承重结构的高强度螺栓连接一律采用摩擦型。连接设计分为两个阶段：第一阶段按设计内力进行弹性设计，要求摩擦面不滑移；第二阶段进行极限承载力计算，此时考虑摩擦面已滑移，摩擦型连接成为承压型连接，要求连接的极限承载力大于构件的塑性承载力，其最终目标是保证房屋大震不倒。如果在设计内力下就按承压型连接设计，虽然螺栓用量省了，但是设计荷载下承载力已用尽。如果发生地震，螺栓连接注定要破坏，房屋将不再成为整体，势必会倒塌。虽然大部分地区的设防烈度很低，但地震的发生目前仍无法准确预报，低烈度区发生较高烈度地震的概率虽然不多，但不能排除。而且钢结构的尺寸是以 mm 计的，现代技术设备要求精度极高，超高层建筑的安装精度要求也很高，结构按弹性设计允许摩擦面滑移，只有摩擦型连接才能准确地控制结构尺寸[19]。

《高层民用建筑钢结构技术规程》JGJ 99—2015 第 8.1.6 条更是明确规定，高层民用建筑钢结构承重构件的螺栓连接，应采用高强度螺栓摩擦型连接。考虑罕遇地震时连接滑移，螺栓杆与孔壁接触，极限承载力按承压型连接计算。

综上论述，抗震设计弹性阶段高强度螺栓承载力均应按照摩擦型计算。

3.15 钢材质量等级 A、B、C、D、E 如何选用？

钢材的质量等级从低到高分为 A、B、C、D、E 5 个等级，钢材质量等级主要体现了其韧性（冲击吸收能量）和化学成分优化方面的差异，质量等级愈高则冲击功保证值越高，而有害元素（硫、磷）含量限值则越低，因而是一个材质综合评定的指标，不同质量等级钢材价格也有差别。作者经常看到有结构工程师选用很高质量等级的钢材，其实对于高层民用建筑钢结构，钢材的质量等级没有必要很高。选用过高质量等级的钢材会造成浪费。合理选用钢材的质量等级，其经济价值是十分可观的。如钢材的质量等级从 A 到 E，每提高一级，每吨价格常增加 1000 元以上，如用钢材千吨，其差价将增加 100 万元以上，而且质量等级越高，越不容易订货，会给工程建设进度安排带来不便[20]。

（1）不同质量等级钢材冲击吸收能量要求

不同质量等级钢材在不同温度下冲击吸收能量要求见表 3-17。

不同质量等级钢材在不同试验温度下冲击吸收能量要求　　　　　　表 3-17

牌号	质量等级	试验温度（℃）	冲击吸收能量（KV_2/J）
Q235	A	—	≥27
	B	20	
	C	0	
	D	−20	
Q355	B	20	纵向≥34,横向≥27
	C	0	
	D	−20	
	E（Q355N、Q355M）	−40	纵向≥31,横向≥20
Q390	B	20	纵向≥34,横向≥27
	C	0	
	D	−20	纵向≥31,横向≥20
	E（Q390N、Q390M）	−40	
Q420	B	20	纵向≥34,横向≥27
	C	0	
	D（Q420N、Q420M）	−20	纵向≥40,横向≥20
	E（Q420N、Q420M）	−40	纵向≥31,横向≥20
Q460	C	0	纵向≥34,横向≥27
	D（Q460N、Q460M）	−20	纵向≥40,横向≥20
	E（Q460N、Q460M）	−40	纵向≥31,横向≥20
Q500M、Q550M、Q620M、Q690M	C	0	纵向≥55,横向≥34
	D	−20	纵向≥47,横向≥27
	E	−40	纵向≥31,横向≥20
Q235GJ、Q355GJ、Q390GJ、Q420GJ、Q460GJ	B	20	≥47
	C	0	
	D	−20	
	E	−40	
Q500GJ、Q550GJ、Q620GJ、Q690GJ	C	0	≥55
	D	−20	≥47
	E	−40	≥31

注：冲击试验取纵向试样。

（2）一般结构如何选用钢材质量等级

一般结构选用的钢材质量等级见表 3-18。

一般结构选用的钢材质量等级 表 3-18

钢材类型		工作温度（℃）		
		$T>0$	$-20<T\leqslant0$	$-40<T\leqslant-20$
不需验算疲劳	非焊接结构	B（允许用 A）	B	受拉构件及承重结构的受拉板件： 1. 板厚或直径小于 40mm：C； 2. 板厚或直径不小于 40mm：D； 3. 重要承重结构的受拉板材宜选建筑结构用钢板（GJ 钢）
	焊接结构	B（允许用 Q355A～Q420A）		
需验算疲劳	非焊接结构	B	Q235B　Q390C Q355GJC　Q420C Q355B　Q460C	Q235C　Q390D Q355GJC　Q420D Q355C　Q460D
	焊接结构	B	Q235C　Q390D Q355GJC　Q420D Q355C　Q460D	Q235D　Q390E Q355GJD　Q420E Q355D　Q460E

注：需验算疲劳的钢结构为直接承受动力荷载重复作用的钢结构（例如工业厂房吊车梁、有悬挂吊车的屋盖结构、桥梁、海洋钻井平台、风力发电机结构、大型旋转游乐设施等），当其荷载产生的应力变化的循环次数 $n\geqslant5\times10^4$ 时的高周疲劳计算。

《钢结构设计标准》GB 50017—2017 第 4.3.3、4.3.4 条的条文说明指出，结构工作环境温度的取值与可靠度相关。为便于使用，在室外工作的构件，结构工作温度可按《采暖通风与空气调节设计规范》GBJ 19—87（2001 年版）的最低日平均气温采用。

但是《采暖通风与空气调节设计规范》GBJ 19—87（2001 年版）这本规范年代久远，且已经作废，规范里面的最低日平均气温的气象资料也过时了。下面对涉及室外气象参数的几本暖通规范进行汇总，见表 3-19。由表 3-19 可以看出，《采暖通风与空气调节设计规范》GBJ 19—87（2001 年版）的升级版本规范，以极端最低气温代替了最低日平均气温。因此我们可以按照《民用建筑热工设计规范》GB 50176—2016 中提供的累年最低日平均气温，来选择合适的钢材质量等级。

涉及室外气象参数的暖通规范汇总 表 3-19

规范	取代的规范	规范提供的室外气象参数	备注
《采暖通风与空气调节设计规范》GBJ 19—1987（2001 年版）	《采暖通风与空气调节设计规范》GBJ 19—87	最低日平均气温	
《采暖通风与空气调节设计规范》GB 50019—2003	《采暖通风与空气调节设计规范》GBJ 19—1987（2001 年版）	取消"室外气象参数"表，另行出版《采暖通风与空气调节气象资料集》	
《民用建筑供暖通风与空气调节设计规范》GB 50736—2012	《采暖通风与空气调节设计规范》GB 50019—2003	极端最低气温	《采暖通风与空气调节设计规范》GB 50019—2003 拆分成了两本规范，一本涉及民用建筑、另一本涉及工业建筑
《工业建筑供暖通风与空气调节设计规范》GB 50019—2015			

续表

规范	取代的规范	规范提供的室外气象参数	备注
《民用建筑热工设计规范》GB 50176—2016	《民用建筑热工设计规范》GB 50176—1993	累年最低日平均气温	

根据《民用建筑热工设计规范》GB 50176—2016 提供的累年最低日平均气温，对《钢结构设计标准》GB 50017—2017 第 4.3.3、4.3.4 条文说明中表 4 进行修正（表 3-20）。

最低日平均气温（℃）　　　　　　　　　　　　　　　表 3-20

省市名	北京	天津	河北		山西	内蒙古	辽宁	吉林		黑龙江		上海
城市名	北京	天津	唐山	石家庄	太原	呼和浩特	沈阳	吉林	长春	齐齐哈尔	哈尔滨	上海
最低日平均气温	−11.8 (−15.9)	−12.1 (−13.1)	−13.6 (−15.0)	−9.6 (−17.1)	−16.4 (−17.8)	−22.7 (−25.1)	−26.8 (−24.9)	— (−33.8)	−30.1 (−29.8)	−32.1 (−32.0)	−30.9 (−33.0)	−3.0 (−6.9)

省市名	江苏		浙江			安徽		福建		江西		山东
城市名	连云港	南京	杭州	宁波	温州	蚌埠	合肥	福州	厦门	九江	南昌	烟台
最低日平均气温	−11.8 (−11.4)	−4.5 (−9.0)	−2.6 (−6.0)	— (−4.3)	— (−1.8)	−7.0 (−12.3)	−6.4 (−12.5)	3.3 (1.6)	6.3 (4.9)	— (−6.8)	−1.6 (−5.6)	— (−11.9)

省市名	山东		河南		湖北	湖南	广东		海南	广西		
城市名	济南	青岛	洛阳	郑州	武汉	长沙	汕头	广州	湛江	海口	桂林	南宁
最低日平均气温	−10.5 (−13.7)	−9.0 (−12.5)	— (−11.6)	−6.0 (−11.4)	−2.5 (−11.3)	−2.2 (−6.9)	6.5 (5.1)	−0.5 (2.9)	5.0 (4.2)	8.5 (6.9)	−0.2 (−2.9)	4.5 (2.4)

省市名	广西	四川	重庆	贵州	云南	西藏	陕西	甘肃	青海	宁夏	新疆	
城市名	北海	成都	重庆	贵阳	昆明	拉萨	西安	兰州	西宁	银川	乌鲁木齐	吐鲁番
最低日平均气温	3.5 (2.6)	0.7 (−1.1)	2.9 (0.9)	−5.4 (−5.9)	−0.6 (3.5)	−7.7 (−10.3)	−8.4 (−12.3)	−12.9 (−15.8)	−17.8 (−20.3)	−18.2 (−23.4)	−25.4 (−33.3)	−14.6 (−23.7)

注：（ ）内数字为《钢结构设计标准》GB 50017—2017 第 4.3.3、4.3.4 条文说明中表 4 提供的最低日平均气温，即《采暖通风与空气调节设计规范》GBJ 19—1987（2001 年版）提供的最低日平均气温；（ ）外数字为《民用建筑热工设计规范》GB 50176—2016 提供的累年最低日平均气温。

因此，对于需要验算疲劳的焊接结构的钢材（室外无保温措施），各城市选用钢材质量等级见表 3-21。

各城市选用钢材质量等级　　　　　　　　　　　表 3-21

工作温度（℃）	$T>0$	$-20<T\leqslant0$	$-40<T\leqslant-20$
城市	福州、厦门、汕头、湛江、海口、南宁、北海、成都、重庆	北京、天津、唐山、石家庄、太原、上海、连云港、南京、杭州、蚌埠、合肥、南昌、济南、青岛、郑州、武汉、长沙、广州、桂林、贵阳、昆明、拉萨、西安、兰州、西宁、银川、吐鲁番	呼和浩特、沈阳、长春、齐齐哈尔、哈尔滨、乌鲁木齐

续表

工作温度（℃）	$T>0$	$-20<T\leqslant0$	$-40<T\leqslant-20$
钢材质量等级	B	Q235C　Q390D Q355GJC　Q420D Q355C　Q460D	Q235D　Q390E Q355GJD　Q420E Q355D　Q460E

3.16 《高层民用建筑钢结构技术规程》JGJ 99—2015 第 8.4.2 条规定，箱形柱的组装焊缝厚度不应小于板厚的 1/3，且不应小于 16mm，抗震设计时不应小于板厚的 1/2。组装焊缝厚度不应小于 16mm，那么焊接箱形柱的壁板厚度是不是也要大于 16mm？

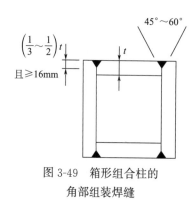

图 3-49　箱形组合柱的
角部组装焊缝

《高层民用建筑钢结构技术规程》JGJ 99—2015 第 8.4.2 条规定，箱形柱的组装焊缝厚度不应小于板厚的 1/3，且不应小于 16mm，抗震设计时不应小于板厚的 1/2，箱形组合柱的角部组装焊缝如图 3-49 所示。

焊缝厚度都要求不应小于 16mm，那么焊接箱形柱的壁板厚度是不是也要大于 16mm？确实，焊接箱形柱的壁板厚度也不应小于 16mm。主要原因有以下两点：

（1）箱形柱壁板厚度小于 16mm 时，不宜采用电渣焊焊接隔板。

《高层民用建筑钢结构技术规程》JGJ 99—2015 第 8.3.1 的条文说明指出，采用电渣焊时箱形柱壁板最小厚度取 16mm 是经专家论证的，更薄时将难以保证焊件质量。当箱形柱壁板小于该值时，可改用 H 形柱、冷成型柱或其他形式柱截面。

我国多高层钢结构设计中，通常采用柱贯通型，其中箱形柱隔板采用电渣焊，制作安装比较方便。《高层民用建筑钢结构技术规程》JGJ 99—98 编制时由于缺少经验，对电渣焊柱壁板最小厚度未作规定。实践中，有的电渣焊柱壁板用到 14mm；个别工程柱宽较小，仅 300~400mm，因《高层民用建筑钢结构技术规程》JGJ 99—98 建议梁与柱双向刚接时宜采用箱形柱，柱隔板可用电渣焊，结果有的柱壁板厚度仅有 10mm 甚至 8mm，但仍要求用电渣焊。加工厂在按图施工中，常因壁板太薄导致柱壁板融化。因此，对电渣焊的最小板厚度缺少规定，不但影响制作，更影响工程质量。《高层民用建筑钢结构技术规程》JGJ 99—98 修订时，日本规定的电渣焊壁板最小厚度是 28mm，这对我国来说未必适合。对于最小厚度的问题与日本焊接专家进行了讨论分析，认为不能比 16mm 更薄。因此，《高层民用建筑钢结构技术规程》JGJ 99—2015 作了相应规定[21]。

很多工程师对于电渣焊不太了解，导致一些箱形柱内隔板与柱壁板焊缝设计错误。比如有些钢结构加工详图，仅将内隔板的三面与箱形柱壁板焊接，第四面不焊接。下面简要介绍电渣焊。

电渣焊是利用电流通过熔渣所产生的电阻热作为热源，将填充金属和母材熔化，凝固后形成金属原子间牢固连接。在开始焊接时，使焊丝与起焊槽短路起弧，不断加入少量固体焊剂，利用电弧的热量使之熔化，形成液态熔渣，待熔渣达到一定深度时，增加焊丝的送进速度，并降低电压，使焊丝插入渣池，电弧熄灭，从而转入电渣焊焊接过程，电渣焊焊接示意图如图 3-50 所示。

图 3-51 为箱形截面柱设置内隔板构造，首先将 1 号壁板、2 号壁板，与内隔板 5 通过双面坡口焊（⑪号焊缝）连接起来。3 号钢板、4 号钢板，垂直方向各焊

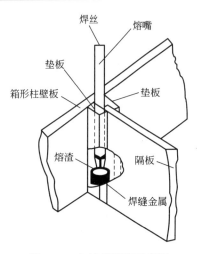

图 3-50　电渣焊焊接示意图

接了两块 50mm 长、28mm 厚的钢板（也叫挡板）。然后与已经焊接好的 1 号钢板、2 号钢板及内隔板 5 拼在一起。在两块 50mm 长、28mm 厚的钢板之间，留有一个 G 宽 t 厚的空隙，空隙里面采用电渣焊，需要验算疲劳的焊接结构钢材（室外无保温措施）质量等级表 3-22）。

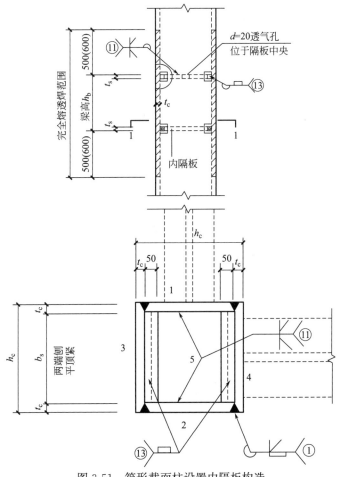

图 3-51　箱形截面柱设置内隔板构造

需要验算疲劳的焊接结构钢材（室外无保温措施）质量等级 表 3-22

焊缝代号	坡口形状示意图	标注样式	焊接方法	板厚 t（mm）	坡口尺寸（mm）
⑪			部分焊透对接与角接组合焊缝	≥10	$H_1 > t/3$
⑬			埋弧焊	≤22	$G = 22$
				≥25	$G = 25$

（2）箱形柱壁板厚度小于 16mm 时，冷弯矩形钢管较焊接箱形钢管，具有更好的经济性。

《高层民用建筑钢结构技术规程》JGJ 99—2015 第 4.1.6 条规定，钢框架柱采用箱形截面且壁厚不大于 20mm 时，宜选用直接成方工艺成型的冷弯方（矩）形焊接钢管，其材质和材料性能应符合现行行业标准《建筑结构用冷弯矩形钢管》JG/T 178 中I级产品的规定。

《高层民用建筑钢结构技术规程》JGJ 99—2015 第 4.1.6 条文说明指出，工程经验表明，当四块钢板组合箱形截面壁厚小于 16mm 时，不仅加工成本高、工效低而且焊接变形大，导致截面板件平整度差，反而不如采用方（矩）钢管更为合理可行。因此规范规定，钢框架柱采用箱形截面且壁厚不大于 20mm 时，宜选用直接成方工艺成型的冷弯方（矩）形焊接钢管。

需要注意的是，建筑结构用冷弯方（矩）形钢管不可以设置内隔板，因此一般采用梁贯通式连接或柱外环加劲连接方式，梁与框架柱的连接构造见图 3-52。

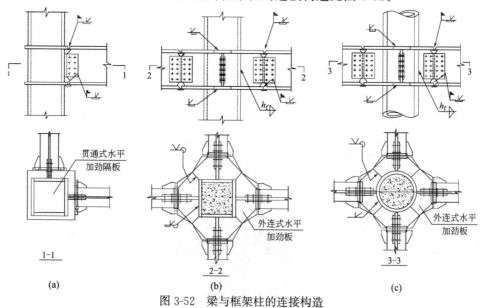

图 3-52　梁与框架柱的连接构造

（a）框架梁与箱形柱隔板贯通式连接；（b）框架梁与箱形柱外环加劲式连接；（c）框架梁与圆钢柱外环加劲式连接

冷弯正方形钢管规格如表 3-23，冷弯长方形钢管规格如表 3-24 所示。具体截面特性（理论重量、截面面积、惯性矩、惯性半径、截面模数、扭转常数）可以查阅《建筑结构用冷弯矩形钢管》JG/T 178—2005 中表 8、表 9。

冷弯正方形钢管规格　　表 3-23

边长(mm)	100,110,120	130	135,140	150,160,170,180,190	200	220,250,280
壁厚(mm)	4,5,6,8,10	4,5,6,8,10,12	4,5,6,8,10,12,13	4,5,6,8,10,12,14	4,5,6,8,10,12,14,16	5,6,8,10,12,14,16
边长(mm)	300,320	350	380	400	450,480,500	—
壁厚(mm)	6,8,10,12,14,16,19	6,7,8,10,12,14,16,19	8,10,12,14,16,19,22	8,9,10,12,14,16,19,22	9,10,12,14,16,19,22	—

冷弯长方形钢管规格　　表 3-24

长(mm)×宽(mm)	120×80	140×80	150×100	160×60	160×80	180×65	180×100,200×100
壁厚(mm)	4,5,6,7,8	4,5,6,8	4,5,6,8,10	4,4.5,6	4,5,6,8	4,4.5,6	4,5,6,8,10
长(mm)×宽(mm)	200×120	200×150	220×140	250×150	250×200	260×180	300×200,350×200,350×250
壁厚(mm)	4,5,6,8,10	4,5,6,8,10,12,14	4,5,6,8,10,12,13	4,5,6,8,10,12,14	5,6,8,10,12,14,16	5,6,8,10,12,14	5,6,8,10,12,14,16
长(mm)×宽(mm)	350×300	400×200	400×250	400×300	450×250	450×350	450×400
壁厚(mm)	7,8,10,12,14,16,19	6,8,10,12,14,16	5,6,8,10,12,14,16	7,8,10,12,14,16,19	6,8,10,12,14,16	7,8,10,12,14,16,19	9,10,12,14,16,19,22
长(mm)×宽(mm)	500×200,500×250	500×300	500×400	500×450,500×480	—	—	—
壁厚(mm)	9,10,12,14,16	10,12,14,16,19	9,10,12,14,16,19,22	10,12,14,16,19,22	—	—	—

3.17　荷载比很小的钢柱，为什么 H 形钢柱防火涂层的厚度远大于箱形钢柱？

某项目耐火等级为一级，H 形钢柱，截面 H200×200×12×12，强度荷载比为 0.27，选用非膨胀型（厚涂型）防火涂料，采用 PKPM 软件计算，防火涂料厚度 30.2mm，H 形钢柱 H200×200×12×12 设计信息（图 3-53）。改为箱形截面钢柱□200×200×8×8，强度荷载比为 0.23，计算得到的防火涂料厚度降为 23.1mm，箱形截面钢柱□200×200×8×8 设计信息，图 3-54）。

构件几何材料信息

层号	IST=6
塔号	ITOW=1
单元号	IELE=1
构件种类标志(KELE)	柱
上节点号	J1=60
下节点号	J2=50
构件材料信息(Ma)	钢
长度（m）	DL=3.00
截面类型号	Kind=1
截面名称	H200X200X12X12
钢号	235
净毛面积比	Rnet=1.00

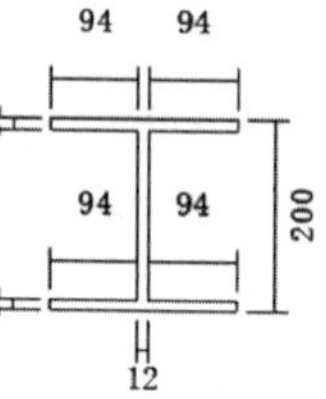

构件设计属性信息

构件两端约束标志	两端刚接
构件属性信息	普通柱，普通钢柱
抗震等级	四级
构造措施抗震等级	四级
宽厚比等级	S4
是否人防	非人防构件
长度系数	Cx=1.44 Cy=1.16
活荷内力折减系数	1.00
地震作用放大系数	X向：1.00 Y向：1.00
薄弱层地震内力调整系数	X向：1.00 Y向：1.00
剪重比调整系数	X向：1.00 Y向：1.00
二道防线调整系数	X向：1.00 Y向：1.00
风荷载内力调整系数	X向：1.00 Y向：1.00
地震作用下转换柱剪力弯矩调整系数	X向：1.00 Y向：1.00
刚度调整系数	X向：1.00 Y向：1.00
所在楼层二阶效应系数	X向：0.02 Y向：0.01
构件的应力比上限	F1_MAX=1.00 F2_MAX=1.00 F3_MAX=1.00
结构重要性系数	1.00
防火设计属性	耐火等级：一级
	耐火极限：3.00小时
	钢材耐火类型：普通钢
	涂料类型：非膨胀型
	形状系数：170.14
	防火保护层类型：轻质防火保护层
	等效热传导系数：0.08
	密度：360.00
	比热容：1000.00

(a)

(b)

构件设计验算信息

Px: x向梁与柱全塑性承载力比
Py: y向梁与柱全塑性承载力比

项目	内容
轴压比：	(18) N=-41.6 Uc=0.03
强度验算：	(16) N=-40.97 Mx=-9.28 My=14.81 F1/f=0.47
平面内稳定验算：	(16) N=-40.97 Mx=-9.28 My=14.81 F2/f=0.27
平面外稳定验算：	(16) N=-40.97 Mx=-9.28 My=14.81 F3/f=0.44
X向长细比=	λx= 51.77 ≤ 120.00
Y向长细比=	λy= 72.20 ≤ 120.00
	《抗规》8.3.1条：钢框架柱的长细比，一级不应大于$60\sqrt{\frac{235}{f_y}}$，二级不应大于$80\sqrt{\frac{235}{f_y}}$，三级不应大于$100\sqrt{\frac{235}{f_y}}$，四级不应大于$120\sqrt{\frac{235}{f_y}}$
	《钢结构设计标准》GB 50017—2017 7.4.6、7.4.7条给出构件长细比限值
	程序最终限值取两者较严值
宽厚比=	b/tf= 7.83 ≤ 13.00
	《抗规》8.3.2条给出宽厚比限值
	《钢结构设计标准》GB 50017—2017 3.5.1条给出宽厚比限值
	程序最终限值取两者的较严值
高厚比=	h/tw= 14.67 ≤ 46.62
	《抗规》8.3.2条给出高厚比限值
	《钢结构设计标准》GB 50017—2017 3.5.1条给出高厚比限值
	程序最终限值取两者的较严值
钢柱强柱弱梁验算：	X向 (18) N=-41.64 Px=2.14
	Y向 (18) N=-41.64 Py=0.97
	《抗规》8.2.5-1条 钢框架节点左右梁端和上下柱端的全塑性承载力，除下列情况之一外，应符合下式要求：柱所在楼层的受剪承载力比相邻上一层的受剪承载力高出25%；柱轴压比不超过0.4，或$N_2 \leqslant \phi A_c f$（N_2为2倍地震作用下的组合轴力设计值）与支撑斜杆相连的节点
	等截面梁：
	$$\Sigma W_{pc}\left(f_{yc}-\frac{N}{A_c}\right) \geqslant \eta \Sigma W_{pb}f_{yb}$$
	端部翼缘变截面梁：
	$$\Sigma W_{pc}\left(f_{yc}-\frac{N}{A_c}\right) \geqslant \Sigma (\eta W_{pb1}f_{yb} + V_{pb}s)$$
受剪承载力：	CB_XF=34.73 CB_YF=76.72
	《钢结构设计标准》GB 50017—2017 10.3.4
强度荷载比：	(3) Mx=-7.46 My=7.31 N=-30.25 R1=0.27
平面内稳定荷载比：	(3) Mx=-7.46 My=7.31 N=-30.25 R2=0.17
平面外稳定荷载比：	(3) Mx=-7.46 My=7.31 N=-30.25 R3=0.24
防火保护层：	(3) Ts=1108.96 Td=653.00 Ri=0.38 di=0.0302

(c)

图 3-53 H形钢柱 H200×200×12×12 设计信息

（a）构件几何材料信息；（b）构件设计属性信息；（c）构件设计验算信息

一、构件几何材料信息

层号	IST=6
塔号	ITOW=1
单元号	IELE=1
构件种类标志(KELE)	柱
上节点号	J1=60
下节点号	J2=50
构件材料信息(Ma)	钢
长度（m）	DL=3.00
截面类型号	Kind=6
截面名称	箱200×200×8×8
钢号	235
净毛面积比	Rnet=1.00

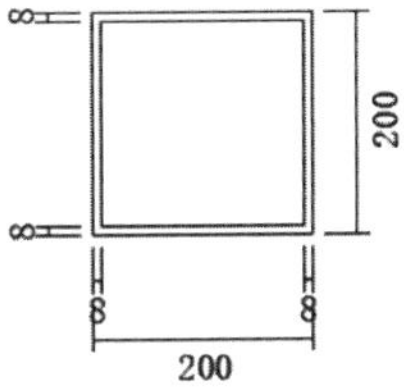

三、构件设计属性信息

构件两端约束标志	两端刚接
构件属性信息	普通柱,普通钢柱
抗震等级	四级
构造措施抗震等级	四级
宽厚比等级	S4
是否人防	非人防构件
长度系数	Cx=1.35　Cy=1.35
活荷内力折减系数	1.00
地震作用放大系数	X向：1.00　Y向：1.00
薄弱层地震内力调整系数	X向：1.00　Y向：1.00
剪重比调整系数	X向：1.00　Y向：1.00
二道防线调整系数	X向：1.00　Y向：1.00
风荷载内力调整系数	X向：1.00　Y向：1.00
地震作用下转换柱剪力弯矩调整系数	X向：1.00　Y向：1.00
刚度调整系数	X向：1.00　Y向：1.00
所在楼层二阶效应系数	X向：0.02　Y向：0.02
构件的应力比上限	F1_MAX=1.00　F2_MAX=1.00　F3_MAX=1.00
结构重要性系数	1.00
防火设计属性	耐火等级：一级
	耐火极限：3.00小时
	钢材耐火类型：普通钢
	涂料类型：非膨胀型
	形状系数：130.21
	防火保护层类型：轻质防火保护层
	等效热传导系数：0.08
	密度：360.00
	比热容：1000.00

(a)　　　　　　　　　　　　　　　　　　　　(b)

构件设计验算信息

Px:　　x向梁与柱全塑性承载力比

Py:　　y向梁与柱全塑性承载力比

项目	内容
轴压比:	(16)　N=-42.9　Uc=0.03
强度验算:	(16)　N=-42.90　Mx=-9.01　My=18.31　F1/f=0.35
平面内稳定验算:	(18)　N=-42.90　Mx=-18.31　My=9.01　F2/f=0.28
平面外稳定验算:	(16)　N=-42.90　Mx=-9.01　My=18.31　F3/f=0.28
X向长细比:	λx= 51.79 ≤ 120.00
Y向长细比:	λy= 51.79 ≤ 120.00
	《抗规》8.3.1条：钢框架柱的长细比，一级不应大于$60\sqrt{\dfrac{235}{f_y}}$，二级不应大于$80\sqrt{\dfrac{235}{f_y}}$,
	三级不应大于$100\sqrt{\dfrac{235}{f_y}}$，四级不应大于$120\sqrt{\dfrac{235}{f_y}}$。
	《钢结构设计标准》GB 50017—2017 7.4.6、7.4.7条给出构件长细比限值
	程序最终限值取两者的较严值
宽厚比=	b/tf= 23.00 ≤ 40.00
	《抗规》8.3.2条给出宽厚比限值
	《钢结构设计标准》GB 50017—2017 3.5.1给出宽厚比限值
	程序最终限值取两者的较严值
高厚比=	h/tw= 23.00 ≤ 40.00
	《抗规》8.3.2条给出高厚比限值
	《钢结构设计标准》GB 50017—2017 3.5.1给出高厚比限值
	程序最终限值取两者的较严值
钢柱强柱弱梁验算:	X向　(16)　N=-42.90　Px=1.19
	Y向　(16)　N=-42.90　Py=1.19
	《抗规》8.2.5-1条　钢框架节点左右梁端和上下柱端的全塑性承载力，除下列情况之一外，应符合下式要求：
	柱所在楼层的受剪承载力比相邻上一层的受剪承载力高出25%;
	柱轴压比不超过0.4，或$N_2 \leqslant \phi A_c f (N_2$为2倍地震作用下的组合轴力设计值)
	与支撑斜杆相连的节点
	等截面梁：
	$$\Sigma W_{pc}\left(f_{yc}-\dfrac{N}{A_c}\right)\geqslant \eta \Sigma W_{pb}f_{yb}$$
	端部翼缘变截面梁：
	$$\Sigma W_{pc}\left(f_{yc}-\dfrac{N}{A_c}\right)\geqslant \Sigma (\eta W_{pb1}f_{yb}+V_{pb}s)$$
受剪承载力:	CB_XF=62.41　CB_YF=62.41
	《钢结构设计标准》GB 50017—2017 10.3.4
强度荷载比:	(3)　Mx=-7.24　My=9.97　N=-31.55　R1=0.23
平面内稳定荷载比:	(3)　Mx=-7.24　My=9.97　N=-31.55　R2=0.15
平面外稳定荷载比:	(3)　Mx=-7.24　My=9.97　N=-31.55　R3=0.17
防火保护层:	(3)　Ts=1108.69　Td=656.68　Ri=0.29　di=0.0231

(c)

图 3-54　钢箱柱 200×200×8×8 设计信息

（a）构件几何材料信息；（b）构件设计属性信息；（c）构件设计验算信息

PKPM 软件钢结构防火设计流程图见图 3-55。

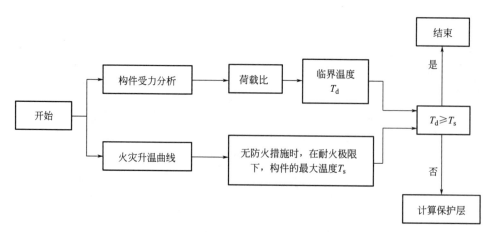

图 3-55　PKPM 软件钢结构防火设计流程图

《建筑钢结构防火技术规范》GB 51249—2017 第 7.2.5 条规定，压弯钢构件的临界温度 T_d，应取截面强度荷载比 R 确定的钢构件临界温度、绕强轴 x 轴弯曲的构件稳定荷载比 R'_x 确定的钢构件临界温度、绕强轴 y 轴弯曲的构件稳定荷载比 R'_y 确定的钢构件临界温度三者中的最小值。按截面强度荷载比 R 确定的钢构件临界温度（℃）见表 3-25，压弯结构钢构件按稳定荷载比 R'_x 或 R'_y 确定的临界温度见表 3-26。

按截面强度荷载比 R 确定的钢构件临界温度（℃）　　　　表 3-25

R	0.30	0.35	0.40	0.45	0.50	0.55	0.60	0.65	0.70	0.75	0.80	0.85	0.90
结构钢构件	663	641	621	601	581	562	542	523	502	481	459	435	407
耐火钢构件	718	706	694	679	661	641	618	590	557	517	466	401	313

压弯结构钢构件按稳定荷载比 R'_x（或 R'_y）确定的临界温度（℃）　　　　表 3-26

R'_x（或 R'_y）		0.30	0.35	0.40	0.45	0.50	0.55	0.60	0.65	0.70	0.75	0.80	0.85	0.90
$\lambda_x\sqrt{\dfrac{f_y}{235}}$ 或 $\lambda_y\sqrt{\dfrac{f_y}{235}}$	≤50	657	636	616	597	577	558	538	519	498	477	454	431	408
	100	648	628	610	592	573	553	533	513	491	468	443	416	390
	150	645	625	608	591	572	552	532	510	487	462	434	404	374
	≥200	643	624	607	590	571	552	531	509	486	459	430	400	370

由表 3-25、3-26 可以看出，采用临界温度法进行钢结构防火设计时，荷载比小于 0.30 时，钢构件临界温度是固定值。本算例中，H 形钢柱、箱形钢柱，其强度荷载比、平面内稳定荷载比、平面外稳定荷载比均小于 0.3，因此 H 形钢柱、箱形钢柱对应的临界温度应该是相同的。临界温度相同的情况下，为什么 H 形钢柱的防火涂层厚度远大于箱形钢柱呢？

H 形钢柱、箱形钢柱防火保涂层厚度计算过程见表 3-27。

H 形钢柱、箱形钢柱防火保涂层厚度计算　　　　表 3-27

截面形式		H 形钢柱	箱形钢柱
荷载比	强度荷载比	0.27	0.23
	平面内稳定荷载比	0.17	0.15
	平面外稳定荷载比	0.24	0.17
临界温度 $T_d(℃)$		653	656.68
截面形状系数		$\dfrac{F_i}{V}=\dfrac{2h+4b-2t}{A}$ $=\dfrac{2\times200+4\times200-2\times12}{6912}\times10^3$ $=170.14\text{m}^{-1}$	$\dfrac{F_i}{V}=\dfrac{a+b}{t(a+b-2t)}$ $=\dfrac{200+200}{8\times(200+200-2\times8)}\times10^3$ $=130.21\text{m}^{-1}$
$T_m(℃)$		$(\sqrt{0.044+5.0\times10^{-5}\alpha\dfrac{F_i}{V}}-0.2)t+T_{s0}$ $=(\sqrt{0.044+5.0\times10^{-5}\alpha\times170.14}-0.2)$ $\times3\times60\times60+20$	$(\sqrt{0.044+5.0\times10^{-5}\alpha\dfrac{F_i}{V}}-0.2)t+T_{s0}$ $=(\sqrt{0.044+5.0\times10^{-5}\alpha\times130.21}-0.2)$ $\times3\times60\times60+20$
$T_d\geqslant T_m$		$653\geqslant(\sqrt{0.044+5.0\times10^{-5}\alpha\times170.14}$ $-0.2)\times3\times60\times60+20$	$656.68\geqslant(\sqrt{0.044+5.0\times10^{-5}\alpha\times130.21}$ $-0.2)\times3\times60\times60+20$
α		$\alpha\leqslant2.69$	$\alpha\leqslant3.54$
防火保护层厚度 d_i(mm)		$d_i\geqslant\dfrac{\lambda_i}{\alpha}=\dfrac{0.08}{2.69}\times10^3=29.7$	$d_i\geqslant\dfrac{\lambda_i}{\alpha}=\dfrac{0.08}{3.54}\times10^3=22.6$

　　从表 3-27 可以看出：H 形钢柱防火涂料比箱形柱截面厚约 30%，其根本原因是，H 形截面的截面形状系数 $\dfrac{F_i}{V}$ 比箱形截面大很多（约 30%），因此 H 形钢柱需要更厚的防火保护层厚度。截面形状系数 $\dfrac{F_i}{V}$ 的物理意义是，单位长度钢构件的受火表面积除以钢构件的体积。本算例中 H 形钢柱、箱形柱，受火表面积相当，但箱形柱的体积要大于 H 形钢柱，因此 H 形截面的截面形状系数要比箱形截面大。可能有工程师会问，为什么 H 形钢用于钢柱时，防火保护层厚度这么大；而将 H 形钢用于钢梁时，钢梁的防火保护层厚度不会很大？这就是因为钢梁的耐火极限要小于钢柱，如果耐火等级为一级，钢柱的耐火极限为 3h，钢梁的耐火极限只有 2h。将耐火等级由 3h 调整为 2h，防火保护层厚度由 29.7mm 降为 17.5mm，耐火极限 3h、2h 防火保涂层厚度计算见表 3-28。

耐火极限 3h、2h 防火保涂层厚度计算　　　　表 3-28

耐火极限	3h	2h
T_m (℃)	$(\sqrt{0.044+5.0\times10^{-5}\alpha\dfrac{F_i}{V}}-0.2)t+T_{s0}$ $=(\sqrt{0.044+5.0\times10^{-5}\alpha\times170.14}-0.2)$ $\times3\times60\times60+20$	$(\sqrt{0.044+5.0\times10^{-5}\alpha\dfrac{F_i}{V}}-0.2)t+T_{s0}$ $=(\sqrt{0.044+5.0\times10^{-5}\alpha\times170.14}-0.2)$ $\times2\times60\times60+20$

耐火极限	3h	2h
$T_d \geqslant T_m$	$653 \geqslant (\sqrt{0.044 + 5.0 \times 10^{-5} \alpha \times 170.14} - 0.2) \times 3 \times 60 \times 60 + 20$	$653 \geqslant (\sqrt{0.044 + 5.0 \times 10^{-5} \alpha \times 170.14} - 0.2) \times 2 \times 60 \times 60 + 20$
α	$\alpha \leqslant 2.69$	$\alpha \leqslant 4.57$
防火保护层厚度 d_i(mm)	$d_i \geqslant \dfrac{\lambda_i}{\alpha} = \dfrac{0.08}{2.69} \times 10^3 = 29.7$	$d_i \geqslant \dfrac{\lambda_i}{\alpha} = \dfrac{0.08}{4.57} \times 10^3 = 17.5$

本算例中，箱形钢柱相比于 H 形钢柱，除了防火涂层厚度更薄，还有以下两个优势：

（1）用钢量更省。H200×200×12×12 截面面积为 69.12cm²，□200×200×8×8 截面面积 61.44cm²。

（2）防火涂层的周长更短。相比于箱形钢柱，H 形钢柱的防火涂层增加了上翼缘的下表面、下翼缘的上表面。因此 H 形钢柱的防火涂料周长更长一些。PKPM 防火涂料保护构造图见图 3-56。

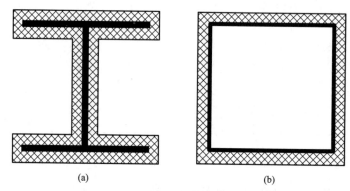

(a)　　　　　　　　　　　(b)

图 3-56　PKPM 防火涂料保护构造图

（a）H 形钢柱；（b）箱形钢柱

参 考 文 献

[1] American Society of Civil Engineers（ASCE）Effective Length and Notional Load Approaches for Assessing Frame Stability：Implications for American Steel Design［M］. New York：ASCE，1997.

[2] 童根树，郭峻. 剪切型支撑框架的假想荷载法［J］. 浙江大学学报（工学版）.2011，45（12）：2142-2149.

[3] 金波. 钢结构设计及计算实例——基于《钢结构设计标准》GB 50017—2017［M］. 北京：中国建筑工业出版社，2021.

[4] CEN. Eurocode 3：Design of steel structures：Part 1-1：General rules for buildings：EN 1993-1-1：2005［S］. Brussels：European Committee for Standardization，2014.

[5] AISC. Specification for structural steel buildings：ANSI/AISC 360-16［S］. Chicago：American Institute of Steel Construction，2016.

[6] 陈绍礼，刘耀鹏. 运用 NIDA 进行钢框架结构二阶直接分析［J］. 施工技术，2012，41（10）：61-64.

[7] 崔佳，魏明钟，赵熙元，等. 钢结构设计规范理解与应用［M］. 北京：中国建筑工业出版社，2004.

[8] Kirby，P. A. et al. Design for Structural Stability［M］. Grana. 1979.

[9] 陈绍蕃. 钢结构设计原理（第四版）［M］. 北京：科学出版社，2016.

[10] Lindner，J. Proc. of Sino-American Symposium on Bridge and Struct［M］. Eng.，1982：6-16-1.

[11] 潘友昌. 单轴对称箱形简支梁的整体稳定性［C］//全国钢结构标准技术委员会. 钢结构研究论文报告选集第二册，1983：40-57.

[12] 方鄂华. 高层建筑钢筋混凝土结构概念设计［M］. 北京：机械工业出版社，2014.

[13] 陈炯，路志浩. 论地震作用和钢框架板件宽厚比限值的对应关系（下）——截面等级及宽厚比限值的界定［J］. 钢结构，2008，23（6）：51-58.

[14] 金波. 高层钢结构设计计算实例［M］. 北京：中国建筑工业出版社，2018.

[15] 陈炯. 关于钢结构抗震设计中轴心受压支撑长细比问题的讨论［J］. 钢结构，2008，23（1）：42-46.

[16] 朱炳寅. 钢结构设计标准理解与应用［M］. 北京：中国建筑工业出版社，2020.

[17] 蔡益燕. 梁柱连接计算方法的演变［J］. 建筑钢结构进展.2006，8（2）：49-54.

[18] 蔡益燕. 梁柱连接计算方法的改进［J］. 建筑结构.2007，37（1）：12-14.

[19] 蔡益燕. 高强度螺栓连接的设计计算［J］. 建筑结构，2009，39（1）：73-74.

[20] 邱鹤年. 钢结构设计禁忌及实例［M］. 北京：中国建筑工业出版社，2009.

[21] 蔡益燕，郁银泉，王喆，等. 冷成型柱隔板连接的有关问题［J］. 钢结构，2013，28（1）：56-58.

第四章 钢与混凝土组合结构

4.1 钢筋混凝土梁与型钢混凝土柱连接，为什么很少采用柱型钢翼缘设置机械连接套筒与梁纵筋连接的方式？

钢筋混凝土梁与型钢混凝土柱的连接方式，各规范规定如下：

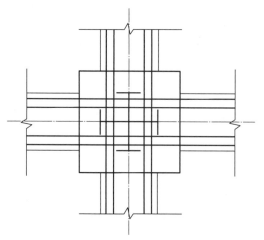

图 4-1 型钢混凝土梁柱节点穿筋构造

（1）《型钢混凝土组合结构技术规程》JGJ 138—2001 规定

型钢混凝土柱与钢筋混凝土梁或型钢混凝土梁的梁柱节点应采用刚性连接，梁的纵向钢筋应伸入柱节点，且应满足钢筋锚固要求。柱内型钢的截面形式和纵向钢筋的配置，宜便于梁纵向钢筋的贯穿，设计上应减少梁纵向钢筋穿过柱内型钢柱的数量，且不宜穿过型钢翼缘，也不应与柱内型钢直接焊接连接，型钢混凝土梁柱节点穿筋构造如图 4-1 所示；当必须在柱内型钢腹板上预留贯穿孔时，型钢腹板截面损失率宜小于腹板面积的 25％。

梁柱连接也可在柱型钢上设置工字钢牛腿，钢牛腿的高度不宜小于 0.7 倍梁高，梁纵向钢筋中部分钢筋可与钢牛腿焊接或搭接，其长度应满足钢筋内力传递要求；当采用搭接时，钢牛腿上、下翼缘应设置两排栓钉，其间距不应小于 100mm。从梁端至牛腿端部以外 1.5 倍梁高范围内，箍筋应满足《混凝土结构设计规范》GBJ 10—1989 梁端箍筋加密区的要求。

（2）《组合结构设计规范》JGJ 138—2016 规定

型钢混凝土柱与钢筋混凝土梁的梁柱节点宜采用刚性连接，梁的纵向钢筋应伸入柱节点，且应符合现行国家标准《混凝土结构设计规范》GB 50010 对钢筋的锚固规定。柱内型钢的截面形式和纵向钢筋的配置，宜减少梁纵向钢筋穿过柱内型钢柱的数量，且不宜穿过型钢翼缘，也不应与柱内型钢直接焊接连接。梁柱连接节点可采用下列连接方式：

1）梁的纵向钢筋可采取双排钢筋等措施尽可能多的贯通节点，其余纵向钢筋可在柱内型钢腹板上预留贯穿孔，型钢腹板截面损失率宜小于腹板面积的 20％ [图 4-2（a）]。

2）当梁纵向钢筋伸入柱节点与柱内型钢翼缘相碰时，可在柱型钢翼缘上设置可焊接机械连接套筒与梁纵筋连接，并应在连接套筒位置的柱型钢内设置水平加劲肋，加劲肋形式应便于混凝土浇灌［图 4-2 (b)］。当在钢构件上焊接多个可焊接机械连接套筒时，其净距不应小于 30mm，且不应小于连接器外直径，并且要求套筒与钢构件应采用等强焊接并在工厂完成（不能在现场焊接）。规范规定可焊接机械连接套筒之间的最小净距，是为了方便焊接施工的同时便于混凝土浇筑。

3) 梁纵筋可与型钢柱上设置的钢牛腿可靠焊接，且宜有不少于 1/2 的梁纵筋面积穿过型钢混凝土柱连续配置。钢牛腿的高度不宜小于 0.7 倍的混凝土梁高，长度不宜小于混凝土梁截面高度的 1.5 倍。钢牛腿的上、下翼缘应设置栓钉，直径不宜小于 19mm，间距不宜大于 200mm，且栓钉至钢牛腿翼缘边缘距离不应小于 50mm。梁端至牛腿端部以外 1.5 倍梁高范围内，箍筋设置应符合现行国家标准《混凝土结构设计规范》GB 50010 梁端箍筋加密区的规定［图 4-2 (c)］。

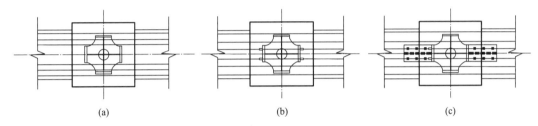

图 4-2 型钢混凝土柱与钢筋混凝土梁的连接
(a) 梁柱节点穿筋构造；(b) 可焊接连接器连接；(c) 钢牛腿焊接

(3)《钢骨混凝土结构技术规程》YB 9082—2006 规定

钢筋混凝土梁-钢骨混凝土柱的节点连接可采用以下几种形式：

1) 梁中部分主筋从钢骨翼缘侧边通过，在柱钢骨腹板中开孔贯通，部分主筋和柱钢骨上焊接的连接套筒连接，在柱钢骨内应设置加劲肋［图 4-3 (a)］。连接套筒水平方向的净间距不宜小于 30mm 和套筒外径（《组合结构设计规范》JGJ 138—2016 要求连接套筒净间距不应小于 30mm 和套筒外径，而非仅限于水平方向）。

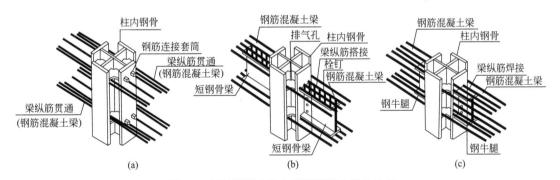

图 4-3 钢骨混凝土柱与钢筋混凝土梁的连接
(a) 梁的部分纵筋与连接套筒连接；(b) 梁的部分纵筋与短钢骨搭接；(c) 梁的部分纵筋焊于钢牛腿上

2) 在柱钢骨上设置一段短钢梁，短钢梁与梁内部分主筋搭接［图 4-3 (b)］。该短梁的抗弯承载力不应小于钢筋混凝土截面的受弯承载力。短钢梁的高度应不小于 0.8 倍的混凝土梁高，长度应不小于梁截面高度的 2 倍，且应满足梁内主筋搭接长度要求。在短钢梁的上、下翼缘上应设置栓钉连接件，栓钉的直径不小于 19mm，栓钉的间距不大于

200mm，且栓钉中心至高骨板材边缘的距离不小于60mm。梁内应有不少于1/3主筋的面积穿过钢骨混凝土柱连续设置。从梁端至短钢梁端部以外2倍梁高范围内，应按钢筋混凝土梁端箍筋加密区的要求配置箍筋。

3）梁内部分主筋穿过钢骨混凝土柱连续设置，部分主筋可在柱两侧与柱钢骨伸出的钢牛腿可靠焊接 [图4-3（c）]，钢牛腿的长度应满足梁内主筋强度充分发挥的焊接长度要求。从梁端至钢牛腿端部以外2倍梁高范围内，应按钢筋混凝土梁端箍筋加密区的要求配置箍筋。

（4）《型钢混凝土组合结构技术规程》JGJ 138—2001、《组合结构设计规范》JGJ 138—2016与《钢骨混凝土结构技术规程》YB 9082—2006三本规范中钢筋混凝土梁-型钢混凝土柱节点规定对比见表4-1。

三本规范中钢筋混凝土梁-型钢混凝土柱节点规定对比　　　　表4-1

规范	JGJ 138—2001	JGJ 138—2016	YB 9082—2006
梁纵筋可否穿柱内型钢	可以穿腹板，不宜穿过型钢翼缘。必须穿型钢翼缘时，宜按柱端最不利组合的M、N验算预留孔截面的承载能力，不满足承载力要求时，应进行补强	可以穿腹板，不推荐梁纵向钢筋穿过型钢翼缘	可以穿腹板，不应穿过型钢翼缘，不得与柱钢骨直接焊接
梁纵筋穿腹板型钢腹板截面损失率	<25%腹板面积	<20%腹板面积	≤20%腹板面积
梁纵筋与型钢翼缘套筒连接	没有推荐	梁纵筋与型钢翼缘可采用套筒连接，当在钢构件上焊接多个可焊接机械连接套筒时，其净距不应小于30mm，且不应小于连接器外直径，并且要求套筒与钢构件应采用等强焊接并在工厂完成	梁纵筋与型钢翼缘可采用套筒连接，连接套筒水平方向的净间距不宜小于30mm和套筒外径
梁纵筋与钢牛腿焊接	钢牛腿的高度不宜小于0.7倍梁高，长度满足钢筋内力传递要求	不少于1/2梁纵筋面积穿过型钢混凝土柱连续配置。钢牛腿的高度不宜小于0.7倍混凝土梁高，长度不宜小于混凝土梁截面高度的1.5倍	钢牛腿的长度应满足梁内主筋强度充分发挥的焊接长度要求
梁纵筋与钢牛腿（短钢梁）搭接	钢牛腿的高度不宜小于0.7倍梁高，长度满足钢筋内力传递要求	不推荐	梁内应有不少于1/3主筋的面积穿过钢骨混凝土柱连续设置。短钢梁的抗弯承载力不应小于钢筋混凝土截面的受弯承载力，短钢梁的高度应不小于0.8倍混凝土梁高，长度应不小于梁截面高度的2倍，且应满足梁内主筋搭接长度要求
设钢牛腿（短钢梁）时梁箍筋加密要求		从梁端至牛腿端部以外1.5倍梁高范围内箍筋加密	从梁端至牛腿（短钢梁）端部以外2倍梁高范围内箍筋加密

对于表 4-1，作以下几点说明：

1) 钢筋与钢牛腿焊接，焊接长度多少才能满足梁内主筋强度充分发挥的要求（钢筋内力传递要求）？

根据《钢筋焊接及验收规程》JGJ 18—2012 第 4.5.12 条规定，钢筋与钢板搭接焊时，焊接接头应符合下列规定：①HPB300 级钢筋搭接长度不小于 $4d$（d 为钢筋直径），其他牌号钢筋搭接长度不小于 $5d$；②焊缝宽度不小于钢筋直径的 60%，焊缝有效厚度不小于钢筋直径的 35%。钢筋与钢板搭接焊接头如图 4-4 所示。

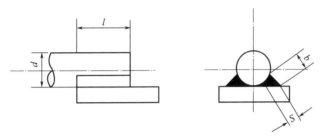

图 4-4　钢筋与钢板搭接焊接头

d—钢筋直径；l—搭接长度；b—焊缝宽度；S—焊缝有效厚度

因此，对于非 HPB300 钢筋，钢筋与钢牛腿双面贴面焊，焊缝长度 $5d$ 即可以认为满足梁内主筋强度充分发挥的要求。

2) 钢筋机械连接套筒外径与钢筋直径的关系。

钢筋机械连接用直螺纹套筒最小尺寸参数如表 4-2 所示。因为镦粗直螺纹套筒外径最大，表中仅列出镦粗直螺纹套筒外径。

钢筋机械连接用直螺纹套筒最小尺寸参数　　　　　表 4-2

适用钢筋强度级别	尺寸	钢筋直径(mm)										
		12	14	16	18	20	22	25	28	32	36	40
≤400 级	套筒外径(mm)	19.0	22.0	25.0	28.0	31.0	34.0	38.5	43.0	48.5	54.0	60.0
500 级		20.0	23.5	26.5	29.5	32.5	36.0	41.0	45.5	51.5	57.5	63.5

3) 因为钢筋要与两端型钢翼缘上套筒连接，因此两端套筒旋转方向应相反，钢筋与套筒连接示意图见图 4-5。

4) 梁纵筋与套筒连接时，因为要保证套筒净距，所以钢筋间距也比常规钢筋混凝土梁要大。以一根 400mm 宽的梁为例，分别按照《混凝土结构设计规范》GB 50010—2010 和满足套筒净距的要求，摆放 $\phi 25$ 的 HRB400 级钢筋（两排），假定保护层厚度为 20mm，箍筋直径为 10mm。钢筋摆放示意图见图 4-6。由图 4-6 可以看出，根据套筒净距摆放钢筋，梁上部单排纵筋根数由 6 根减少为 5 根，梁下部单排纵筋由 7 根减少为 5 根，且两排纵筋合力作用点距离混凝土边缘距离由 67.5mm 增加到 81mm。

因为使用型钢混凝土柱的结构一般为超高层或者大跨度，钢筋混凝土梁钢筋计算面积较大，需要摆放的钢筋较多。如果采用梁纵筋与型钢翼缘上套筒连接，钢筋混凝土梁内摆放的钢筋较少。因此实际工程中，采用梁纵筋与型钢翼缘上套筒的连接方式很少见。

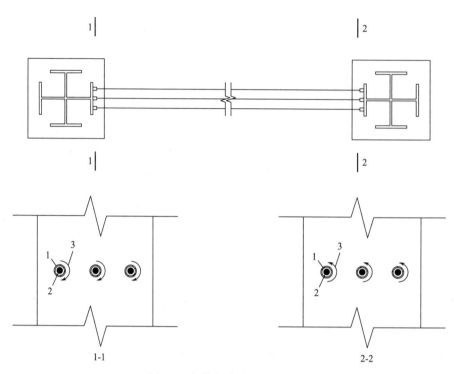

图 4-5　钢筋与套筒连接示意图

1—套筒；2—钢筋；3—钢筋连接套筒时旋转方向

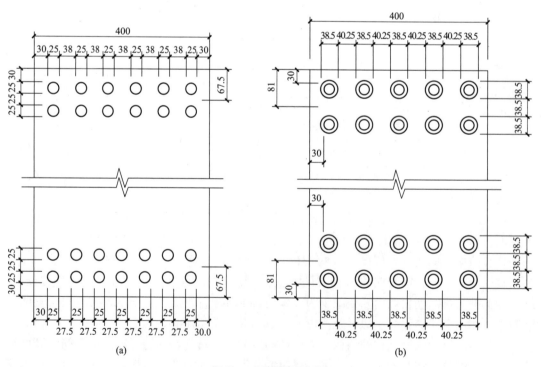

图 4-6　钢筋摆放示意

（a）按照《混凝土结构设计规范》GB 50010—2010 摆放钢筋；（b）按照套筒净距摆放钢筋

4.2 钢柱与钢梁，既可以采用钢梁与钢柱现场栓焊连接、又可以采用钢梁与钢柱悬臂段现场拼接，但是型钢混凝土柱与钢梁，为什么只推荐钢梁与型钢柱悬臂段现场拼接？

钢梁与钢柱连接主要有两种形式，在现场连接时，为了施工方便，采用翼缘焊接，腹板栓接［图4-7（a）］；在工厂将短悬臂与柱进行焊接，现场将梁与短悬臂拼接［图4-7（b）］。

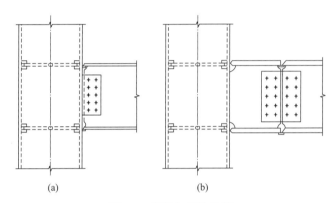

图4-7　钢梁与钢柱连接

(a) 钢梁与钢柱现场栓焊连接；(b) 钢梁与悬臂段现场拼接

但是型钢混凝土柱与钢梁，只推荐钢梁与型钢柱悬臂段现场拼接、而不推荐钢梁与型钢柱现场栓焊连接。图4-8为钢梁与型钢混凝土柱连接的现场。

图4-8　钢梁与型钢混凝土柱连接现场

由图4-8可以看出，型钢混凝土柱内箍筋遇钢梁时，需要在钢梁上穿孔。如果采用图4-7（a）钢梁与钢柱现场栓焊连接，柱箍筋孔必然会与钢梁腹板高强度螺栓孔冲突。因此对于型钢混凝土柱与钢梁（或者型钢混凝土梁），只推荐钢梁（或型钢混凝土梁）与型钢柱悬臂段现场拼接、而不推荐钢梁与型钢柱现场栓焊连接，钢梁与型钢混凝土柱连接施工如图4-9所示。

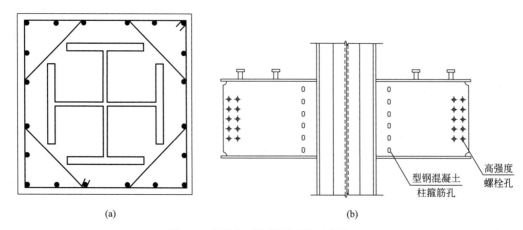

图 4-9　钢梁与型钢混凝土柱连接施工

（a）型钢混凝土柱箍筋；（b）钢梁与型钢混凝土柱连接

4.3　软件为什么提示型钢混凝土梁 $\dfrac{f_{a}t_{w}h_{w}}{\beta_{c}f_{c}bh_{0}} \geqslant 0.10$ 超限？

某型钢混凝土梁，受弯、受剪承载力、腹板高厚比均满足规范要求，但是软件提示 $\dfrac{f_{a}t_{w}h_{w}}{\beta_{c}f_{c}bh_{0}} \geqslant 0.10$ 超限，钢梁与型钢混凝土柱连接设计信息见图 4-10。

	-I-	-1-	-2-	-3-	-4-	-5-	-6-	-7-	-J-
-M	-11444.02	-2797.08	-0.00	-0.00	-0.00	-0.00	-0.00	-2797.08	-11444.02
LoadCase	28	28	0	0	0	0	0	27	27
TopAst	5314.11	3600.00	3600.00	3600.00	3600.00	3600.00	3600.00	3600.00	5314.11
Rs	0.44%	0.30%	0.30%	0.30%	0.30%	0.30%	0.30%	0.30%	0.44%
+M	0.00	4876.93	8371.75	11496.84	12881.53	11496.84	8371.75	4876.93	0.00
LoadCase	0	0	0	11	1	12	0	0	0
BtmAst	3600.00	3600.00	3600.00	12786.50	17371.39	12786.50	3600.00	3600.00	3600.00
Rs	0.30%	0.30%	0.30%	1.07%	1.45%	1.07%	0.30%	0.30%	0.30%
Shear	3666.78	2800.27	1868.32	1035.38	-294.57	-1035.38	-1868.32	-2800.27	-3666.78
LoadCase	12	12	12	28	27	27	11	11	11
Asv	286.22	133.03	133.03	133.03	133.03	133.03	133.03	133.03	286.22
Rsv	0.29%	0.13%	0.13%	0.13%	0.13%	0.13%	0.13%	0.13%	0.29%
N-T	0.00	0.00	0.00	0.00	0.00	0.00	0.00	0.00	0.00
N-C	0.00	0.00	0.00	0.00	0.00	0.00	0.00	0.00	0.00

非加密区箍筋面积(1.5H处)　Asvm=0.00

剪压比	(12)　V=3666.8　JYB　0.17 ≤ 0.45 《组合结构设计规范》5.2.3条：型钢混凝土柱架梁的受剪截面应符合下列条件： 非抗震设计 $V \leqslant 0.45\beta_{c}f_{c}bh_{0}$ 抗震设计 $V \leqslant \dfrac{1}{\gamma_{RE}}(0.36\beta_{c}f_{c}bh_{0})$
宽厚比	b/tf= 10.42 ≤ 19.00 《高规》11.4.1条给出宽厚比限值
高厚比	h/tw= 90.50 ≤ 91.00 《高规》11.4.1条给出高厚比限值
型钢与混凝土轴向承载力比	(fatwhw)/(βcfcbh0) = 0.08 < 0.10 《组合结构设计规范》5.2.3、5.2.4条：型钢混凝土梁的受剪截面应符合下列条件：$\dfrac{f_{a}t_{w}h_{w}}{\beta_{c}f_{c}bh_{0}} \geqslant 0.10$

超限类别(104)　型钢砼梁型钢与混凝土轴向承载力比值超限：Ratio_S/C = 0.081

图 4-10　钢梁与型钢混凝土柱连接设计信息

很多工程师在设计型钢混凝土梁、柱时，常将型钢翼缘设计得较厚、而腹板设计得较薄，结构计算软件可能就会提示 $\dfrac{f_a t_w h_w}{\beta_c f_c b h_0} \geqslant 0.10$ 超限。很多工程师有疑问，软件为什么会提示这个超限信息。

我们先来对比一下普通钢筋混凝土梁、柱与型钢混凝土梁、柱受剪截面验算公式（即我们常说的"剪压比"），钢筋混凝土梁柱与型钢混凝土梁柱剪压比公式比较见表 4-3。

钢筋混凝土梁、柱与型钢混凝土梁、柱剪压比公式比较　　　　表 4-3

			钢筋混凝土梁、柱	型钢混凝土梁、柱
普通梁、柱		持续、短暂设计状况	$V \leqslant 0.25\beta_c f_c b h_0$	$V \leqslant 0.45\beta_c f_c b h_0$
	地震设计状况	跨高比>2.5 的梁、剪跨比>2 的柱	$V \leqslant \dfrac{1}{\gamma_{RE}}(0.2\beta_c f_c b h_0)$	$V \leqslant \dfrac{1}{\gamma_{RE}}(0.36\beta_c f_c b h_0)$
		跨高比≤2.5 的梁、剪跨比≤2 的柱	$V \leqslant \dfrac{1}{\gamma_{RE}}(0.15\beta_c f_c b h_0)$	
转换梁、转换柱		持续、短暂设计状况	$V \leqslant 0.2\beta_c f_c b h_0$	$V \leqslant 0.4\beta_c f_c b h_0$
		地震设计状况	$V \leqslant \dfrac{1}{\gamma_{RE}}(0.15\beta_c f_c b h_0)$	$V \leqslant \dfrac{1}{\gamma_{RE}}(0.3\beta_c f_c b h_0)$

从表 4-3 可以看出，同等截面的型钢混凝土梁、柱，其受剪承载力远高于钢筋混凝土梁、柱。试验研究表明，型钢混凝土梁、柱受剪承载力随配箍率和型钢腹板含量的增加而增大，但增大到一定程度将产生斜压破坏，受剪承载力到达上限。由于型钢的存在，型钢混凝土构件的受剪承载力上限比钢筋混凝土构件有所增加。$\dfrac{f_a t_w h_w}{\beta_c f_c b h_0} \geqslant 0.10$ 对型钢混凝土受剪截面的要求可保证受剪构件具有一定的延性（《钢骨混凝土结构技术规程》YB 9082—2006 第 6.2.8 条的条文说明）。也就是说，保证型钢腹板的受剪承载力（$f_a t_w h_w$），型钢混凝土构件的受剪承载力才能高于钢筋混凝土构件，因为型钢中翼缘的主要作用是抗弯，腹板的主要作用是抗剪。

4.4 钢筋混凝土梁，软件提示剪扭验算超限；梁内加入型钢后，为什么剪扭验算不超限？

以图 4-11 所示的钢筋混凝土梁计算结果为例，钢筋混凝土梁剪扭截面不满足《混凝土结构设计规范》GB 50010—2010 第 6.4.1 条的要求。

将此钢筋混凝土梁内设置截面非常小的构造型钢（含钢率仅 1.3%），软件就不提示剪扭截面超限的信息，型钢混凝土梁计算结果见图 4-12。

钢筋混凝土梁与型钢混凝土梁的扭矩见表 4-4。由表 4-4 可以看出，将钢筋混凝土梁改为型钢混凝土梁后，扭矩基本没有发生变化。但是钢筋混凝土梁的剪扭截面超限、型钢混凝土梁的剪扭截面不超限。

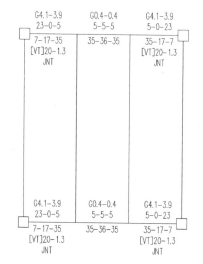

构件几何材料信息

层号	IST=1
塔号	ITOW=1
单元号	IELE=8
构件种类标志(KELE)	梁
左节点号	J1=9
右节点号	J2=10
构件材料信息(Ma)	混凝土
长度(m)	DL=2.50
截面类型号	Kind=1
截面参数(m)	B*H=0.300*0.600
混凝土强度等级	RC=30
主筋强度设计值(N/mm2)	360
箍筋强度设计值(N/mm2)	360
保护层厚度(mm)	Cov=20

标准内力信息（调整后）

* 荷载工况(01)---恒荷载(DL)
* 荷载工况(02)---活荷载(LL)

荷载工况	M-I	M-1	M-2	M-3	M-4	M-5	M-6	M-7	M-J	N
	V-I	V-1	V-2	V-3	V-4	V-5	V-6	V-7	V-J	T
(1)DL	273.73	186.65	102.19	20.58	-57.95	-133.24	-205.46	-274.83	-341.58	0.00
	-282.61	-274.59	-265.83	-256.34	-246.12	-235.91	-226.42	-217.66	-209.64	55.88
(2)LL	23.81	16.54	9.33	2.23	-4.67	-11.36	-17.86	-24.24	-30.56	0.00

荷载工况	M-I	M-1	M-2	M-3	M-4	M-5	M-6	M-7	M-J	N
	V-I	V-1	V-2	V-3	V-4	V-5	V-6	V-7	V-J	T
(2)LL	-23.31	-23.21	-22.92	-22.43	-21.75	-21.07	-20.58	-20.29	-20.19	6.95
+M	0.00	6.97	12.18	15.46	82.34	190.26	293.89	393.64	489.89	
LoadCase	0	0	0	0	1	1	1	1	1	
BtmAst	690.57	450.00	450.00	450.00	450.00	1027.20	1675.05	2574.57	3417.59	
Rs	0.38%	0.25%	0.25%	0.25%	0.25%	0.61%	1.00%	1.61%	2.14%	
Shear	402.36	391.79	379.96	366.90	352.59	338.28	325.21	313.39	302.81	
LoadCase	1	1	1	1	1	1	1	1	1	
Asv	116.89	111.62	105.73	99.22	92.09	84.96	78.45	72.56	67.29	
Rsv	0.39%	0.37%	0.35%	0.33%	0.31%	0.28%	0.26%	0.24%	0.22%	
N-T	0.00	0.00	0.00	0.00	0.00	0.00	0.00	0.00	0.00	
N-C	0.00	0.00	0.00	0.00	0.00	0.00	0.00	0.00	0.00	

剪扭配筋	(1) T=83.06 V=402.36 Astt=1944.60 Astv=404.84 Astl=123.08
非加密区箍筋面积(1.5H处)	Asvm=387.95

	(1) V=402.4 JYB 0.17 ≤ 0.25
剪压比	《高规》6.2.6、7.2.22条：框架梁、连梁受剪截面应符合下列要求： 持久、短暂设计状况 $V \leqslant 0.25\beta_c f_c b h_0$ 地震设计状况 跨高比大于2.5的框架梁及连梁 $V \leqslant \dfrac{1}{\gamma_{RE}}(0.2\beta_c f_c b h_0)$ 跨高比不大于2.5的框架梁及连梁 $V \leqslant \dfrac{1}{\gamma_{RE}}(0.15\beta_c f_c b h_0)$
剪扭验算	(1) $\dfrac{1}{f_c}\left(\dfrac{V}{bh_0}+\dfrac{T}{0.8W_t}\right) > 0.25$ 《混规》6.4.1条：在弯矩、剪力和扭矩共同作用下，h_w/b不大于6的矩形、T形、I形截面和h_w/t_w不大于6的箱形截面构件，其截面应符合下列条件： 当h_w/b(或h_w/t_w)不大于4时 $\dfrac{V}{bh_0}+\dfrac{T}{0.8W_t}\leqslant 0.25\beta_c f_c$ 当h_w/b(或h_w/t_w)等于6时 $\dfrac{V}{bh_0}+\dfrac{T}{0.8W_t}\leqslant 0.2\beta_c f_c$

超限类别(4) 剪扭验算超限：（1）T= 83. V= 402. V/(B*Ho)+T/(0.8*Wt) = 7020. > 0.25*fc = 3575.

图 4-11 钢筋混凝土梁计算结果

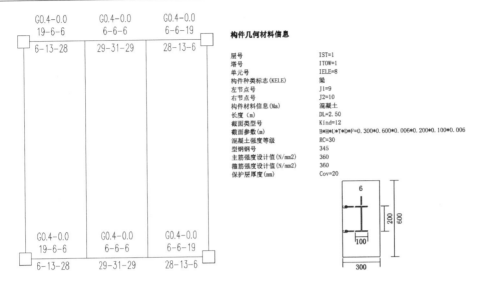

构件几何材料信息

层号	IST=1
塔号	ITOW=1
单元号	IELE=8
构件种类标志(KELE)	梁
左节点号	J1=9
右节点号	J2=10
构件材料信息(Ma)	混凝土
长度(m)	DL=2.50
截面类型号	Kind=12
截面参数(m)	B*H*U*T*D*F=0.300*0.600*0.006*0.200*0.100*0.006
混凝土强度等级	RC=30
型钢钢号	345
主筋强度设计值(N/mm2)	360
箍筋强度设计值(N/mm2)	360
保护层厚度(mm)	Cov=20

标准内力信息（调整后）

* 荷载工况(01)---恒荷载(DL)
* 荷载工况(02)---活荷载(LL)

荷载工况	M-I	M-1	M-2	M-3	M-4	M-5	M-6	M-7	M-J	N
	V-I	V-1	V-2	V-3	V-4	V-5	V-6	V-7	V-J	T
(1)DL	273.05	185.83	101.24	19.52	-59.11	-134.50	-206.80	-276.24	-343.04	0.00
	-283.07	-275.01	-266.22	-256.69	-246.43	-236.18	-226.65	-217.86	-209.79	55.90

荷载工况	M-I	M-1	M-2	M-3	M-4	M-5	M-6	M-7	M-J	N
	V-I	V-1	V-2	V-3	V-4	V-5	V-6	V-7	V-J	T
(2)LL	23.72	16.45	9.23	2.14	-4.77	-11.45	-17.95	-24.33	-30.65	0.00
	-23.31	-23.21	-22.92	-22.43	-21.75	-21.07	-20.58	-20.29	-20.19	6.96

LoadCase	0	0	0	0	1	1	1	1	1
BtmAst	540.00	540.00	540.00	540.00	540.00	596.98	1233.10	1845.29	2716.01
Rs	0.30%	0.30%	0.30%	0.30%	0.30%	0.33%	0.69%	1.03%	1.51%

Shear	402.96	392.34	380.47	367.35	352.99	338.63	325.51	313.64	303.01
LoadCase	1	1	1	1	1	1	1	1	1
Asv	33.43	33.43	33.43	33.43	33.43	33.43	33.43	33.43	33.43
Rsv	0.11%	0.11%	0.11%	0.11%	0.11%	0.11%	0.11%	0.11%	0.11%

N-T	0.00	0.00	0.00	0.00	0.00	0.00	0.00	0.00	0.00
N-C	0.00	0.00	0.00	0.00	0.00	0.00	0.00	0.00	0.00

非加密区箍筋面积(1.5H处)	Asvm=0.00								
剪压比	(1) V=403.0　JYB = 0.17 ≤ 0.45　《组合结构设计规范》5.2.3条：型钢混凝土框架梁的受剪截面应符合下列条件：非抗震设计 $V \leq 0.45\beta_c f_c bh_0$ 抗震设计 $V \leq \dfrac{1}{\gamma_{RE}}(0.36\beta_c f_c bh_0)$								
宽厚比	b/tf = 7.83 ≤ 19.00　《高规》11.4.1条给出宽厚比限值								
高厚比	h/tw= 31.33 ≤ 91.00　《高规》11.4.1条给出高厚比限值								
型钢与混凝土轴向承载力比	(fatwhw)/(βcfcbh0)= 0.14 ≥ 0.10　《组合结构设计规范》5.2.3、5.2.4条：型钢混凝土梁的受剪截面应符合下列条件：$\dfrac{f_a t_w h_w}{\beta_c f_c bh_0} \geq 0.10$								

图 4-12　型钢混凝土梁计算结果

钢筋混凝土梁与型钢混凝土梁扭矩 表 4-4

扭矩	钢筋混凝土梁	型钢混凝土梁
恒载工况	55.88kN·m	55.90kN·m
活载工况	6.95kN·m	6.96kN·m
扭矩设计值	83.07kN·m	83.11kN·m

《组合结构设计规范》JGJ 138—2016 给出了型钢混凝土梁正截面受弯、受剪截面、受剪承载力的计算公式，但是未给出型钢混凝土梁的受扭计算公式。型钢混凝土梁由钢梁和外包钢筋混凝土组成，钢梁的受扭计算公式尚未研究清楚（详见文献 [1] 第三章第三节），因此型钢混凝土梁的受扭计算，规范自然也没有给出公式。软件也没有对型钢混凝土梁进行剪扭截面验算，因此软件对型钢混凝土梁，不会提示剪扭截面超限。

4.5 型钢混凝土柱埋入式柱脚，埋入深度如何计算？

关于型钢混凝土柱埋入式柱脚的埋入深度，各规范规定如下：

（1）《型钢混凝土结构技术规程》JGJ 138—2001

《型钢混凝土结构技术规程》JGJ 138—2001 第 9.5.1、9.5.2 条规定，型钢混凝土柱的柱脚宜采用埋入式柱脚。埋入式柱脚的埋置深度不应小于 3 倍型钢柱截面高度。

其条文说明指出，型钢混凝土柱的柱脚，采用埋入式柱脚相对于非埋入式柱脚更容易保证柱脚的嵌固，柱脚埋深的确定很重要，参考国外技术规程提出了埋置深度不宜小于 3 倍型钢柱截面高度的要求。

（2）《高层建筑混凝土结构技术规程》JGJ 3—2002

《高层建筑混凝土结构技术规程》JGJ 3—2002 第 11.3.9 条规定，抗震设计时，混合结构中的钢柱应采用埋入式柱脚；型钢混凝土柱宜采用埋入式柱脚。埋入式柱脚的埋入深度不宜小于型钢柱截面高度的 3 倍。

其条文说明指出，日本阪神地震的经验教训表明：非埋入式柱脚、特别在地面以上的非埋入式柱脚在地震区容易产生破坏，因此钢柱或型钢混凝土柱宜采用埋入式柱脚。若在刚度较大的地下室范围内，当有可靠的措施时，型钢混凝土柱也可考虑采用非埋入式柱脚。

何为"刚度较大的地下室"，规范没有量化说明。

（3）《高层建筑混凝土结构技术规程》JGJ 3—2010

《高层建筑混凝土结构技术规程》JGJ 3—2010 第 11.4.17 条规定，抗震设计时，混合结构中的型钢混凝土柱宜采用埋入式柱脚。采用埋入式柱脚时，埋入深度应通过计算确定，且不宜小于型钢柱截面长边尺寸的 2.5 倍。

其条文说明指出，日本阪神地震的震害经验表明：非埋入式柱脚、特别在地面以上的非埋入式柱脚在地震区容易产生破坏，因此钢柱或型钢混凝土柱宜采用埋入式柱脚。若存在刚度较大的多层地下室，当有可靠的措施时，型钢混凝土柱也可考虑采用非埋入式柱脚。根据新的研究成果，埋入柱脚型钢的最小埋置深度修改为型钢截面长边的 2.5 倍。

何为"刚度较大"？"多层地下室"具体为几层？规范都没有量化说明。

《高层建筑混凝土结构技术规程》JGJ 3—2010 规定埋入式柱脚的埋入深度需要计算确定，但是埋入深度如何计算？规范没有给出计算公式。《组合结构设计规范》JGJ 138—2016 和《钢骨混凝土结构技术规程》YB 9082—2006 对型钢混凝土柱埋入式柱脚的埋入深度计算做了规定。

（4）《组合结构设计规范》JGJ 138—2016

《组合结构设计规范》JGJ 138—2016 第 6.5.4 条规定，型钢混凝土偏心受压柱，其埋入式柱脚的埋置深度应符合式（4-1）的规定，埋入式柱脚的埋置深度见图 4-13。

$$h_{\mathrm{B}} \geqslant 2.5 \sqrt{\frac{M}{b_{\mathrm{v}} f_{\mathrm{c}}}} \tag{4-1}$$

式中：h_{B}——型钢混凝土柱脚埋置深度；

$\quad\quad M$——埋入式柱脚最大组合弯矩设计值；

$\quad\quad f_{\mathrm{c}}$——基础底板混凝土抗压强度设计值；

$\quad\quad b_{\mathrm{v}}$——型钢混凝土柱垂直于计算弯曲平面方向的箍筋边长。

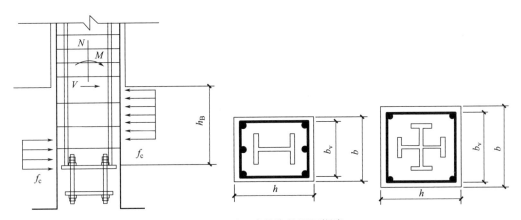

图 4-13　埋入式柱脚的埋置深度

《组合结构设计规范》JGJ 138—2016 偏心受压柱埋入柱脚的埋置深度计算公式，是假设埋入式柱脚由型钢混凝土柱与基础混凝土之间的侧压力来平衡型钢混凝土柱受到的弯矩和剪力，并对由此建立的计算公式进行简化，通过试验验证，公式适用于压弯与拉弯两种情况。

第 6.5.1 条规定，型钢混凝土柱可根据不同的受力特点采用型钢埋入基础底板（承台）的埋入式柱脚或非埋入式柱脚。考虑地震作用组合的偏心受压柱宜采用埋入式柱脚；不考虑地震作用组合的偏心受压柱可采用埋入式柱脚，也可采用非埋入式柱脚；偏心受拉柱应采用埋入式柱脚。其条文说明指出，目前工程设计中的型钢混凝土柱的柱脚，根据工程情况，除了采用埋入式柱脚外，也有采用非埋入式柱脚。日本阪神地震震害表明，对无地下室的建筑，其非埋入式柱脚直接设置在±0.00 标高，在大地震作用下，柱脚往往因抵御不了巨大的反复倾覆弯矩和水平剪力的作用而破坏。为此，规范规定：偏心受拉柱应采用埋入式柱脚；不考虑地震作用组合的偏心受压柱可采用埋入式柱脚，也可采用非埋入式柱脚。

第 6.5.2 条规定，无地下室或仅有一层地下室的型钢混凝土柱的埋入式柱脚，其型钢在基础底板（承台）中的埋置深度除应符合本规范第 6.5.4 条规定外，尚不应小于柱型钢截面高度的 2.0 倍。

第 6.5.3 条规定，型钢混凝土偏心受压柱嵌固端以下有两层及两层以上地下室时，可将型钢混凝土柱伸入基础底板，也可伸至基础底板顶面。当伸至基础底板顶面时，纵向钢筋和锚栓应锚入基础底板并符合锚固要求；柱脚应按非埋入式柱脚计算其受压、受弯和受剪承载力，计算中不考虑型钢作用，轴力、弯矩和剪力设计值应取柱底部的相应设计值。

第 6.5.2、6.5.3 条的条文说明指出：对不同埋置深度的型钢混凝土柱埋入式柱脚进行的试验表明，承受轴向压力、弯矩、剪力作用的埋入式柱脚的埋置深度可由原行业标准《型钢混凝土结构技术规程》JGJ 138—2001 规定的"埋置深度不小于柱型钢截面高度的 3 倍"改为 2.0 倍，此埋置深度能符合柱端嵌固规定。对于型钢混凝土偏心受压柱嵌固端以下有两层及两层以上地下室时，柱脚除采用埋入式柱脚外，考虑到型钢在嵌固端以下已有一定的埋置深度，而且当柱伸至基础底板顶面时，柱的轴向压力增大，弯矩、剪力一般较小，为便于施工，柱型钢可伸至基础顶面，其柱脚应符合非埋入式柱脚的计算规定。

（5）《钢骨混凝土结构技术规程》YB 9082—2006

《钢骨混凝土结构技术规程》YB 9082—2006 第 7.4.3 条规定，埋入式柱脚的钢骨伸入基础的埋置深度 h_B 应满足式（4-2）的要求：

$$h_B \geqslant \frac{V_c^{ss}}{b_{se} f_B} + \sqrt{2\left(\frac{V_c^{ss}}{b_{se} f_B}\right)^2 + \frac{4 M_c^{ss}}{b_{se} f_B}} \tag{4-2}$$

式中：M_c^{ss}——基础顶面柱钢骨部分承担的弯矩设计值，可取 $M_c^{ss} = M_{y0}^{ss}$，其中 M_{y0}^{ss} 为钢骨的受弯承载力；

V_c^{ss}——基础顶面柱钢骨部分承担的剪力设计值，可取 $V_c^{ss} = M_{y0}^{ss}/H_n$；其中 H_n 为柱净高；

f_B——混凝土承压强度设计值，按式（4-3）计算：

$$f_B = \sqrt{\frac{b}{b_{se}}} \cdot f_c \tag{4-3}$$

$$且 \quad f_B < 3 f_c$$

f_c——混凝土轴心抗压强度设计值；

b_{se}——钢柱埋入部分的有效承压宽度（图 4-14），b_{se} 按表 4-5 确定；

b——柱脚钢骨翼缘宽度。

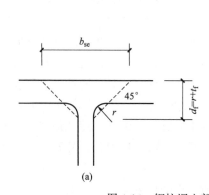
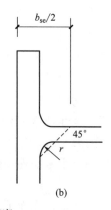

图 4-14　钢柱埋入部分的有效承压宽度

（a）翼缘表面；（b）腹板面＋翼缘侧面

柱钢骨埋入式柱脚埋入部分侧向的有效宽度 b_{se}　　　　表 4-5

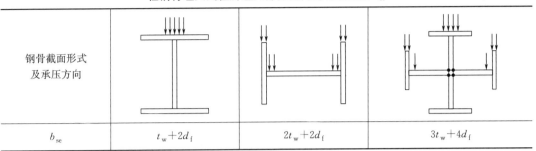

钢骨截面形式及承压方向			
b_{se}	t_w+2d_f	$2t_w+2d_f$	$3t_w+4d_f$

第 7.4.2 条规定，柱钢骨在基础中的埋深应按 7.4.3 条规定进行计算，且要求：当采用轻型 I 形截面钢骨时，不得小于柱钢骨截面高度的 2 倍；当采用大截面 I 形截面、十字形截面和箱形截面钢骨时，不得小于柱钢骨截面高度的 2.5 倍。

第 7.4.1 条规定，在抗震设防的结构中宜优先采用埋入式柱脚。当有地下室、且柱中钢骨延伸至基础顶面时，抗震结构也可采用非埋入式柱脚。

（6）各规范对型钢混凝土柱柱脚的规定见表 4-6。

各规范对型钢混凝土柱柱脚的规定　　　　表 4-6

规范	埋入式与非埋入式柱脚选择	埋入式柱脚埋入深度构造要求	埋入式柱脚埋入深度计算公式
《型钢混凝土结构技术规程》JGJ 138—2001	宜采用埋入式柱脚	3 倍型钢柱截面高度	无
《高层建筑混凝土结构技术规程》JGJ 3—2002	宜采用埋入式柱脚。刚度较大的地下室，当有可靠的措施时，可采用非埋入式柱脚	3 倍型钢柱截面高度	无
《高层建筑混凝土结构技术规程》JGJ 3—2010	宜采用埋入式柱脚。存在刚度较大的多层地下室，当有可靠的措施时，可采用非埋入式柱脚	2.5 倍型钢柱截面高度	无
《组合结构设计规范》JGJ 138—2016	地震作用组合的偏心受压柱宜采用埋入式柱脚，柱嵌固端以下有两层及两层以上地下室时，可采用非埋入式柱脚；不考虑地震作用组合的偏心受压柱可采用埋入式柱脚，也可采用非埋入式柱脚；偏心受拉柱应采用埋入式柱脚	2.0 倍型钢柱截面高度	$h_B \geqslant 2.5\sqrt{\dfrac{M}{b_v f_c}}$
《钢骨混凝土结构技术规程》YB 9082—2006	宜优先采用埋入式柱脚。当有地下室、且柱中钢骨延伸至基础顶面时，抗震结构也可采用非埋入式柱脚	2.5 倍型钢柱截面高度（轻型 I 形截面，2.0 倍型钢柱截面高度）	$h_B \geqslant \dfrac{V_c^{ss}}{b_{se} f_B}+\sqrt{2\left(\dfrac{V_c^{ss}}{b_{se} f_B}\right)^2+\dfrac{4M_c^{ss}}{b_{se} f_B}}$

（7）不同规范埋入式柱脚埋深计算对比算例

下面以作者设计的武汉市民之家型钢混凝土柱为例，型钢混凝土柱截面见图 4-15，比较各规范埋入式柱脚埋深的计算。

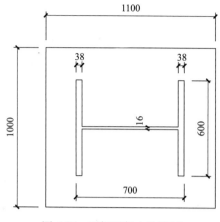

图 4-15　型钢混凝土柱截面

型钢混凝土柱截面 $1100\text{mm}\times1000\text{mm}$，内置型钢 $H700\times600\times16\times38$，柱净高 4500mm。柱内型钢钢号 Q355B，柱混凝土强度等级 C40。强轴方向弯矩 $M_x=863.7\text{kN}\cdot\text{m}$。

1)《组合结构设计规范》JGJ 138—2016

$M=863.7(\text{kN}\cdot\text{m})$，$b_v=1000-20-20=960(\text{mm})$，$f_c=19.1(\text{N/mm}^2)$

型钢混凝土柱脚埋入深度：

$$h_B\geqslant2.5\sqrt{\frac{M}{b_vf_c}}=2.5\sqrt{\frac{863.7\times10^6}{960\times19.1}}\approx543(\text{mm})$$

根据《组合结构设计规范》JGJ 138—2016 第 6.5.2 条，型钢混凝土柱脚埋入深度不应小于柱型钢截面高度的 2.0 倍，即 $2\times700=1400$（mm），则型钢混凝土柱脚埋入深度为 1400mm。

2)《钢骨混凝土结构技术规程》YB 9082—2006

$H700\times600\times16\times38$，截面模量 $W=15215510$（mm）^{3}，钢材用 Q355B，$f_y=295(\text{N/mm}^2)$

柱钢骨部分承担的弯矩设计值：

$$M_c^{ss}=M_{y0}^{ss}=Wf_y=15215510\times295\times10^{-6}\approx4488.6(\text{kN}\cdot\text{m})$$

柱钢骨部分承担的剪力设计值：

$$V_c^{ss}=M_{y0}^{ss}/H_n=4488.6/4.5\approx998(\text{kN})$$

钢柱埋入部分的有效承压宽度：

$$b_{se}=t_w+2d_f=16+2\times38=92(\text{mm})$$

混凝土承压强度设计值：

$$f_B=\sqrt{\frac{b}{b_{se}}}\cdot f_c=\sqrt{\frac{1000}{92}}\times19.1\approx62.97(\text{N/mm}^2)>3f_c=3\times19.1=57.3(\text{N/mm}^2)$$

取 $f_B=3f_c=3\times19.1=57.3(\text{N/mm}^2)$

型钢混凝土柱脚埋入深度：

$$h_B\geqslant\frac{V_c^{ss}}{b_{se}f_B}+\sqrt{2\left(\frac{V_c^{ss}}{b_{se}f_B}\right)^2+\frac{4M_c^{ss}}{b_{se}f_B}}=\frac{998\times10^3}{92\times57.3}+\sqrt{2\times\left(\frac{998\times10^3}{92\times57.3}\right)^2+\frac{4\times4488.6\times10^6}{92\times57.3}}\approx2054(\text{mm})$$

根据《钢骨混凝土结构技术规程》YB 9082—2006 规定，大截面 I 形截面型钢混凝土柱脚埋入深度不应小于柱型钢截面高度的 2.5 倍。

综上型钢混凝土柱脚埋入深度为 2054mm。

从以上计算过程可以看出，《组合结构设计规范》JGJ 138—2016 埋入式柱脚的埋入深度主要由柱脚弯矩设计值确定，但是当存在多层地下室时，地下室柱虽然轴力较大，但是弯矩、剪力一般较小，因此计算出来的埋入式柱脚的埋入深度一般也不大；《钢骨混凝土结构技术规程》YB 9082—2006 埋入式柱脚的埋入深度不由柱脚弯矩设计确定，而是由钢骨的受弯承载力确定，钢骨截面越大，钢骨的受弯承载力也越大，埋入式柱脚的埋入深度也会越大。

各规范型钢混凝土柱埋入式柱脚深度见表 4-7。

规范	构造要求埋入深度(mm)	埋入深度计算值(mm)	埋入深度取值(mm)
《型钢混凝土结构技术规程》JGJ 138—2001	2100	无	2100
《高层建筑混凝土结构技术规程》JGJ 3—2002	2100	无	2100
《高层建筑混凝土结构技术规程》JGJ 3—2010	1750	无	1750
《组合结构设计规范》JGJ 138—2016	1400	543	1400
《钢骨混凝土结构技术规程》YB 9082—2006	1750	2054	2054

4.6　一根型钢混凝土梁，采用《钢骨混凝土结构技术规程》YB 9082—2006 计算出的梁配筋，是采用《组合结构设计规范》JGJ 138—2016 计算出的梁配筋的 2.4 倍。型钢混凝土梁，我们该选用哪本规范进行计算？

一根型钢混凝土梁，采用 YJK 软件，选择《钢骨混凝土结构技术规程》YB 9082—2006 计算，梁底纵向钢筋 2390mm² ［图 4-16（a）］；选择《组合结构设计规范》JGJ 138—2016 计算，梁底纵向钢筋 1037mm² ［图 4-16（b）］。

型钢混凝土梁截面为 400mm×800mm，内置型钢 H500×200×16×30。梁内型钢钢号 Q355B，梁混凝土强度等级 C35，纵向钢筋为 HRB400 级钢筋，$f_y = 360 \text{N/mm}^2$。弯矩设计值 $M = 1559 \text{kN} \cdot \text{m}$（非地震组合）。

分别采用《钢骨混凝土结构技术规程》YB 9082—2006、《组合结构设计规范》JGJ 138—2016 计算，计算结果如下：

（1）《钢骨混凝土结构技术规程》YB 9082—2006

H500×200×16×30，截面模量 $W = 3108710 \text{mm}^3$，钢材 Q355B，$f_y = 295 \text{N/mm}^2$

梁中钢骨部分的受弯承载力：

$$M_{by}^{ss} = \gamma_s W_{ss} f_{ssy} = 1.05 \times 3108710 \times 295 \times 10^{-6} \approx 962.92 (\text{kN} \cdot \text{m})$$

梁中钢筋混凝土部分的弯矩设计值：

$$M_{bu}^{rc} = M - M_{by}^{ss} = 1559 - 962.923 \approx 596.08 (\text{kN} \cdot \text{m})$$

C35 混凝土，$f_c = 16.7 \text{N/mm}^2$

受拉钢筋距离梁边缘的距离：

$$a_s = 20 + 10 + 25/2 = 42.5 (\text{mm})$$

截面有效高度 $h_0 = h - a_s = 800 - 42.5 = 757.5 (\text{mm})$

$$\alpha_s = \frac{M_{bu}^{rc}}{\alpha_1 f_c b h_0^2} = \frac{596.08 \times 10^6}{1.0 \times 16.7 \times 400 \times 757.5^2} \approx 0.1555$$

```
————————————————————————————————————————————
N-B=4 (I=1000002, J=1000004)(13)B*H*U*T*D*F(mm)=400*800*16*500*200*30
Lb=12.00(m) Cover= 20(mm) Nfb=2 Nfb_gz=2 Rcb=35.0 Rsb=345 Fy=360 Fyv=360
型钢混凝土梁 C35 Q345 框架梁 调幅梁 工字形型钢混凝土
livec=1.000  tf=0.850  nj=0.400
η v=1.200
                 -1-      -2-      -3-      -4-      -5-      -6-      -7-      -8-      -9-
-M(kNm)        -1210     -119        0        0        0        0        0     -119    -1210
LoadCase        ( 8)     ( 28)     ( 0)     ( 0)     ( 0)     ( 0)     ( 0)     ( 27)    ( 7)
Top Ast         960      960      960      960      960      960      960      960      960
% Steel         0.30     0.30     0.30     0.30     0.30     0.30     0.30     0.30     0.30
+M(kNm)           0       26      812     1366     1559     1366      812       26        0
LoadCase        ( 0)     ( 31)    ( 7)     ( 7)     ( 1)     ( 8)     ( 8)     ( 32)    ( 0)
Btm Ast         960      960      960     1564     2390     1564      960      960      960
% Steel         0.30     0.30     0.30     0.52     0.79     0.52     0.30     0.30     0.30
V(kN)           846      678      481      255      -15     -255     -481     -678     -846
LoadCase        ( 8)     ( 8)     ( 8)     ( 8)     ( 27)    ( 7)     ( 7)     ( 7)     ( 7)
Asv              60       60       60       60       60       60       60       60       60
Rsv             0.15     0.15     0.15     0.15     0.15     0.15     0.15     0.15     0.15
型钢宽厚比: b/tf=3.07 < b/tf_max=20.00                    《钢骨规程》6.1.4
型钢腹板高厚比: hw/tw=27.50 < hw/tw_max=91.00                     《钢骨规程》6.1.4
```

(a)

```
————————————————————————————————————————————
N-B=4 (I=1000002, J=1000004)(13)B*H*U*T*D*F(mm)=400*800*16*500*200*30
Lb=12.00(m) Cover= 20(mm) Nfb=2 Nfb_gz=2 Rcb=35.0 Rsb=345 Fy=360 Fyv=360
型钢混凝土梁 C35 Q345 框架梁 调幅梁 工字形型钢混凝土
livec=1.000  tf=0.850  nj=0.400
η v=1.200
                 -1-      -2-      -3-      -4-      -5-      -6-      -7-      -8-      -9-
-M(kNm)        -1210     -119        0        0        0        0        0     -119    -1210
LoadCase        ( 8)     ( 28)     ( 0)     ( 0)     ( 0)     ( 0)     ( 0)     ( 27)    ( 7)
Top Ast         960      960      960      960      960      960      960      960      960
% Steel         0.30     0.30     0.30     0.30     0.30     0.30     0.30     0.30     0.30
+M(kNm)           0       26      812     1366     1559     1366      812       26        0
LoadCase        ( 0)     ( 31)    ( 7)     ( 7)     ( 1)     ( 8)     ( 8)     ( 32)    ( 0)
Btm Ast         960      960      960      960     1037      960      960      960      960
% Steel         0.30     0.30     0.30     0.30     0.39     0.30     0.30     0.30     0.30
V(kN)           846      678      481      255      -15     -255     -481     -678     -846
LoadCase        ( 8)     ( 8)     ( 8)     ( 8)     ( 27)    ( 7)     ( 7)     ( 7)     ( 7)
Asv              60       60       60       60       60       60       60       60       60
Rsv             0.15     0.15     0.15     0.15     0.15     0.15     0.15     0.15     0.15
型钢宽厚比: b/tf=3.07 < b/tf_max=18.00                 《组合规范》5.1.2、《高规》11.4.1
型钢腹板高厚比: hw/tw=27.50 < hw/tw_max=88.00              《组合规范》5.1.2、《高规》11.4.1
```

(b)

图 4-16　型钢混凝土梁配筋结果

(a)《钢骨混凝土结构技术规程》YB 9082—2006 计算结果

(b)《组合结构设计规范》JGJ 138—2016 计算结果

截面相对受压区高度：

$$\xi = 1 - \sqrt{1 - 2\alpha_s} = 1 - \sqrt{1 - 2 \times 0.1555} \approx 0.17 < \xi_b = 0.518$$

纵向受拉钢筋面积

$$A_s = \alpha_1 f_c b h_0 \xi / f_y = 1.0 \times 16.7 \times 400 \times 757.5 \times 0.17/360 \approx 2388.49 (\text{mm}^2)$$

与 YJK 软件结果基本一致。

（2）《组合结构设计规范》JGJ 138—2016

型钢混凝土梁正截面受弯承载力计算参数示意图见图 4-17。

相对界限受压区高度：

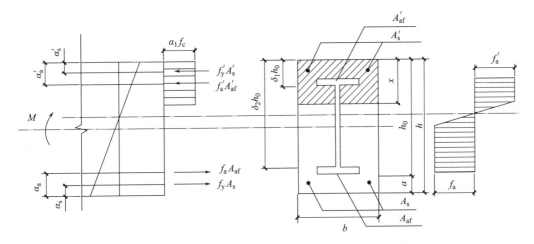

图 4-17　型钢混凝土梁正截面受弯承载力计算参数示意

$$\xi_b = \frac{\beta_1}{1 + \frac{f_y + f_a}{2 \times 0.003 E_s}} = \frac{0.8}{1 + \frac{360 + 295}{2 \times 0.003 \times 200000}} \approx 0.518$$

型钢翼缘面积：

$$A_{af} = b_f t_f = 200 \times 30 = 6000 (mm^2)$$

型钢翼缘合力点至截面受拉边缘距离：

$$a_a = 150 + \frac{30}{2} = 165 (mm)$$

取纵向受拉钢筋最小面积：

$$A_{smin} = 0.3\% bh = 0.3\% \times 400 \times 800 = 960 (mm^2)$$

受拉区钢筋至截面受拉边缘距离：

$$a_s = 20 + 10 + \frac{25}{2} = 42.5 (mm)$$

型钢受拉翼缘和纵向受拉钢筋合力点至截面受拉边缘距离：

$$a = \frac{f_y A_{smin} a_s + f_a A_{af} a_a}{f_y A_{smin} + f_a A_{af}} = \frac{360 \times 960 \times 42.5 + 295 \times 6000 \times 165}{360 \times 960 + 295 \times 6000} \approx 144.99 (mm)$$

截面有效高度：

$$h_0 = h - a = 800 - 144.99 = 655.01 (mm)$$

型钢腹板上端至截面上边的距离与 h_0 的比值

$$\delta_1 = 180/h_0 = 180/655.01 \approx 0.2748$$

型钢腹板下端至截面上边的距离与 h_0 的比值

$$\delta_2 = 620/h_0 = 620/655.01 \approx 0.94655$$

型钢翼缘所能承担的弯矩：

$$M_{af} = f_a A_{af} (h_0 - a_a') = 295 \times 6000 \times (655.01 - 165) = 867317700 (N \cdot m)$$
$$= 867.32 (kN \cdot m)$$

取截面相对受压区高度 $\xi = \xi_b$，由《组合结构设计规范》JGJ 138—2016 式（5.2.1-6）可得型钢腹板所能承受的最大弯矩：

$$M_{\text{awmax}} = [0.5 \times (\delta_1^2 + \delta_2^2) - (\delta_1 + \delta_2) + 2.5\xi_{\text{b}} - (1.25\xi_{\text{b}})^2] t_{\text{w}} h_0^2 f_{\text{a}}$$

$$= [0.5 \times (0.2748^2 + 0.94655^2) - (0.2748 + 0.94655) + 2.5 \times 0.518 - (1.25 \times 0.518)^2] \times 16 \times 655.01^2 \times 295$$

$$\approx 283771069.8(\text{N} \cdot \text{mm}) = 283.77(\text{kN} \cdot \text{m})$$

混凝土所能承受的最大弯矩（单筋混凝土截面承受弯矩最大值）：

$$M_{\text{cmax}} = \alpha_1 f_{\text{c}} b h_0^2 \xi_{\text{b}} (1 - 0.5\xi_{\text{b}})$$

$$= 1.0 \times 16.7 \times 400 \times 655.01^2 \times 0.518 \times (1 - 0.5 \times 0.518)$$

$$\approx 1100069923(\text{N} \cdot \text{mm}) = 1100.07(\text{kN} \cdot \text{m})$$

则混凝土和型钢所能承受的最大弯矩

$$M_{\text{max}} = M_{\text{af}} + M_{\text{awmax}} + M_{\text{cmax}} = 867.32 + 283.77 + 1100.07 = 2251.16(\text{kN} \cdot \text{m}) > M$$

$$= 1559(\text{kN} \cdot \text{m})$$

不需要配置受压钢筋。

综合《组合结构设计规范》JGJ 138—2016 式（5.2.1-1）、式（5.2.1-6），求解得到混凝土等效受压区高度 x（假设 $\delta_1 h_0 < 1.25x$、$\delta_2 h_0 > 1.25x$ 求出 x 后再验算）：

$$M \leqslant \alpha_1 f_{\text{c}} b x \left(h_0 - \frac{x}{2}\right) + f_{\text{y}}' A_{\text{s}}' (h_0 - a_{\text{s}}') + f_{\text{a}}' A_{\text{af}}' (h_0 - a_{\text{a}}') + M_{\text{aw}}$$

$$\text{（JGJ 138—2016 式 5.2.1-1）}$$

$$M_{\text{aw}} = \left[0.5(\delta_1^2 + \delta_2^2) - (\delta_1 + \delta_2) + 2.5\frac{x}{h_0} - \left(1.25\frac{x}{h_0}\right)^2\right] t_{\text{w}} h_0^2 f_{\text{a}}$$

$$\text{（JGJ 138—2016 式 5.2.1-6）}$$

即：

$$M = \alpha_1 f_{\text{c}} b x \left(h_0 - \frac{x}{2}\right) + f_{\text{y}}' A_{\text{s}}' (h_0 - a_{\text{s}}') + f_{\text{a}}' A_{\text{af}}' (h_0 - a_{\text{a}}') + \left[0.5(\delta_1^2 + \delta_2^2) - (\delta_1 + \delta_2)\right.$$

$$\left. + 2.5\frac{x}{h_0} - (1.25\frac{x}{h_0})^2\right] t_{\text{w}} h_0^2 f_{\text{a}}$$

代入已知参数：

$$1.0 \times 16.7 \times 400x \times \left(655.01 - \frac{x}{2}\right) + 0 + 295 \times 6000 \times (655.01 - 165) + [0.5 \times (0.2748^2 +$$

$$0.94655^2) - (0.2748 + 0.94655) + 2.5 \times \frac{x}{655.01} - (1.25 \times \frac{x}{655.01})^2] \times 16 \times 655.01^2 \times 295 =$$

$$1559 \times 10^6$$

化简得到：

$$10715x^2 - 12104584.8x + 2181344664 = 0$$

求出混凝土等效受压区高度 $x = 225.04$mm（因另一根 $x = 904.65$mm$> h = 800$mm，舍掉）。

$$x < \xi_{\text{b}} h_0 = 0.518 \times 655.01 \approx 339.3(\text{mm})$$

$$x > a_{\text{a}}' + t_{\text{f}}' = 165 + 30 = 195(\text{mm})$$

$$\delta_1 h_0 = 0.2748 \times 655.01 \approx 180 < 1.25x = 281.3 \text{、} \delta_2 h_0 = 0.94655 \times 655.01 \approx 620 >$$

$$1.25x = 281.3$$

型钢腹板承受的轴向合力：

$$N_{aw} = \left[2.5\frac{x}{h_0} - (\delta_1 + \delta_2)\right]t_w h_0 f_a = \left[2.5 \times \frac{225.04}{655.01} - (0.2748 + 0.94655)\right] \times 16 \times 655.01 \times 295$$
$$\approx -1120511.308(N)$$

代入《组合结构设计规范》JGJ 138—2016 式（5.2.1-2）：

$$\alpha_1 f_c b x + f'_y A'_s + f'_a A'_{af} - f_y A_s - f_a A_{af} + N_{aw} = 0$$

（JGJ 138—2016 式 5.2.1-2）

得到受拉钢筋截面面积：

$$A_s = \frac{\alpha_1 f_c b x + N_{aw}}{f_y} = \frac{1.0 \times 16.7 \times 400 \times 225.04 - 1120511.308}{360} \approx 1063(mm^2)$$

与 YJK 软件结果基本一致。需要说明的是，A_s 的计算是个迭代过程，首先用构造配筋 A_{smin} 算出混凝土等效受压区高度 x_1 和受拉钢筋截面面积 A_s^1，如果 A_s^1 与 A_{smin} 满足容差范围，则取 $A_s = A_s^1$；否则，再用求得的受拉钢筋截面面积 A_s^1，重新算出混凝土等效受压区高度 x_2 和受拉钢筋截面面积 A_s^2，如果 A_s^2 与 A_s^1 满足容差范围，则取 $A_s = A_s^2$。如此循环迭代。本算例中，第一次算得的 $A_s = 1063mm^2$ 与初始假定的 $A_{smin} = 960mm^2$ 差距不大，故不再迭代计算。

对型钢混凝土梁，为什么《钢骨混凝土结构技术规程》YB 9082—2006 计算结果远大于《组合结构设计规范》JGJ 138—2016 计算结果？

《钢骨混凝土结构技术规程》YB 9082—2006 的型钢混凝土梁计算方法，参照日本规范的简单叠加方法，即认为型钢混凝土梁的承载力由型钢部分和钢筋混凝土部分的叠加，是在不考虑型钢与混凝土粘结的基础上，以强度简单叠加作为理论基础。《钢骨混凝土结构技术规程》YB 9082—2006 的简单叠加方法计算简单、工程应用方便，但是由于计算时忽略了型钢和混凝土之间的粘结作用偏于保守，钢筋或型钢用量较大，不太经济。

《组合结构设计规范》JGJ 138—2016 的型钢混凝土梁计算，采用极限状态设计法设计，与钢筋混凝土梁的计算类似，在作了截面应变保持平面等基本假定的基础上，将型钢翼缘视为纵向钢筋的一部分，同时考虑到加载后期粘结滑移的客观存在，取混凝土的极限压应变为 0.003，其基本性能与钢筋混凝土受弯构件相似，由此建立了型钢混凝土框架梁的正截面受弯承载力计算的基本假定。《组合结构设计规范》JGJ 138—2016 的型钢混凝土梁计算方法，主要依据的是我国西安建筑科技大学、中国建筑科学研究院、华南理工大学等单位多年的试验研究成果，该方法计算理论的依据充分、考虑因素全面，因此计算结果准确，但计算公式和计算过程较为复杂。

根据中国建筑科学研究院《劲性钢筋混凝土受弯构件受力性能及计算方法》（中国建筑工业出版社，1994）提供的试验数据，分别依据《组合结构设计规范》JGJ 138—2016 和《钢骨混凝土结构技术规程》YB 9082—2006 计算试验梁的极限承载力 M_u^J、M_u^Y。计算时，材料强度取实测值，计算得到的 M_u^J、M_u^Y 与试验实测值 M_u^0 的比较见表 4-8。表中 M_u^J、M_u^Y 和 M_u^0 的单位均为 kN·m。

从表 4-8 可知，试验实测值 M_u^0 与《组合结构设计规范》JGJ 138—2016 的计算值 M_u^J 的比值的平均值为 1.087，变异系数为 0.131，可见两者吻合程度较好，离散性较小。试验实测值 M_u^0 与《钢骨混凝土结构技术规程》YB 9082—2006 的计算值 M_u^Y 的比值的平均值为 1.469，变异系数为 0.176，可见《钢骨混凝土结构技术规程》YB 9082—2006 的计算结果较为保守。

计算得到的 M_u^J、M_u^Y 与试验实测值 M_u^0 的对比分析   表 4-8

试验单位	华南理工大学	西安建筑科技大学				东南大学				平均值	变异系数
试件编号	SL-1	SR(C)-1	SRC(B)-1a	SRC(B)-2b	SRC(B)-3c	SRC(B)-4c	BI-1	BI-2	BII-1	BII-2	—	—
M_u^0	102.30	149.00	47.18	47.32	75.18	71.91	106.30	112.60	120.00	104.10		
M_u^J	79.28	114.56	42.56	42.56	63.47	63.47	119.12	118.53	118.83	117.57		
M_u^0/M_u^J	1.290	1.301	1.109	1.112	1.185	1.133	0.892	0.950	1.010	0.885	1.087	0.131
M_u^Y	60.77	92.71	31.29	31.29	40.35	40.35	94.04	94.04	93.15	93.15		
M_u^0/M_u^Y	1.683	1.607	1.508	1.513	1.863	1.782	1.130	1.197	1.288	1.118	1.469	0.176

需要特别注意的是，《组合结构设计规范》JGJ 138—2016 考虑了混凝土与型钢之间的共同工作，但是型钢与混凝土的粘结作用远小于钢筋与混凝土的粘结作用。国内外的试验研究表明，型钢与混凝土的粘结作用，与钢筋和混凝土粘结强度相比，型钢的粘结强度较低，大约是光圆钢筋的 50% 左右，是变形钢筋的 30% 左右[2]。因此为了防止型钢混凝土构件发生粘结破坏，应采取一些必要措施，如在型钢表面上焊接抗剪栓钉。因此，《组合结构设计规范》JGJ 138—2016 第 5.5.14 条规定，对于配置实腹式型钢的托墙转换梁、托柱转换梁、悬臂梁和大跨度框架梁等主要承受竖向重力荷载的梁，型钢上翼缘应设置栓钉。其条文说明指出，转换梁、悬臂梁和大跨度梁，其荷载大、受力复杂，为增加负弯矩区混凝土和型钢上翼缘的粘结剪应力，宜在梁端型钢上翼缘设置栓钉。抗剪栓钉的构造要求如下：栓钉直径规格宜选用 19mm 和 22mm，其长度不宜小于 4 倍栓钉直径，水平和竖向间距不宜小于 6 倍栓钉直径且不宜大于 200mm。栓钉中心至型钢翼缘边缘距离不应小于 50mm，栓钉顶面的混凝土保护层厚度不宜小于 15mm。

综合以上分析，型钢混凝土梁的计算给出以下建议：

（1）对于安全等级高、重要性大、受力复杂的工程结构，建议采用《钢骨混凝土结构技术规程》YB 9082—2006 来计算；

（2）对于高烈度地区或直接承受动力荷载的结构，为安全起见宜采用《钢骨混凝土结构技术规程》YB 9082—2006 来设计计算。这是由于在地震作用或动力荷载的往返作用下，型钢与混凝土间的粘结遭到不同程度的破坏，此时梁的工作状态与《钢骨混凝土结构技术规程》YB 9082—2006 不考虑型钢与混凝土之间粘结的假定相符；

（3）对于配置实腹式型钢的托墙转换梁、托柱转换梁、悬臂梁和大跨度框架梁等主要承受竖向重力荷载的梁，如果型钢上翼缘设置了栓钉，可采用《组合结构设计规范》JGJ 138—2016 来计算。因为栓钉可有效地保证型钢和混凝土之间的共同工作，尤其是在承载力的后期，这与《组合结构设计规范》JGJ 138—2016 中的计算理论相符[3]。

4.7 型钢混凝土转换桁架，拉弯构件的裂缝如何计算？

某工程项目，因一层东南侧为主出入口，建筑设计师将一层拔掉两根框架柱、使

8.4m 的柱网变为 25.2m 的柱网，但是二层仍为 8.4m 的柱网。因此需要在 1～2 层之间做转换桁架，以托住 2 层往上框架柱（建筑共 7 层，建筑高度 44m）。因 1 层、2 层楼面梁均为钢筋混凝土梁，为便于钢筋混凝土次梁与转换桁架的连接，转换桁架上弦、下弦均设计成型钢混凝土梁，仅将斜腹杆设计为钢结构斜杆。2 层局部结构平面图见图 4-18，转换桁架剖面图见图 4-19。转换桁架主要杆件截面及材料见表 4-9。采用 YJK 软件计算。

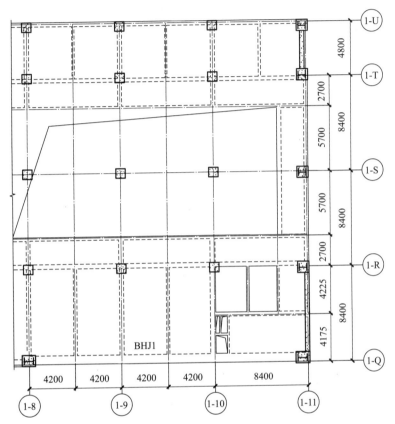

图 4-18　2 层局部结构平面图

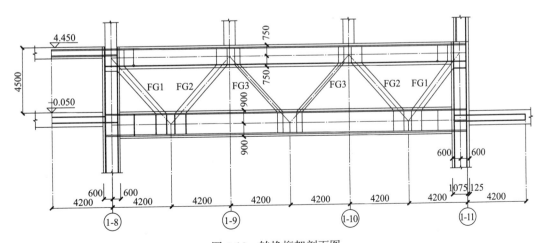

图 4-19　转换桁架剖面图

转换桁架主要杆件截面及材料

表 4-9

截面形式	编号	$H \times B \times t_w \times t_f$ (mm)	钢号 (混凝土强度等级)	备注
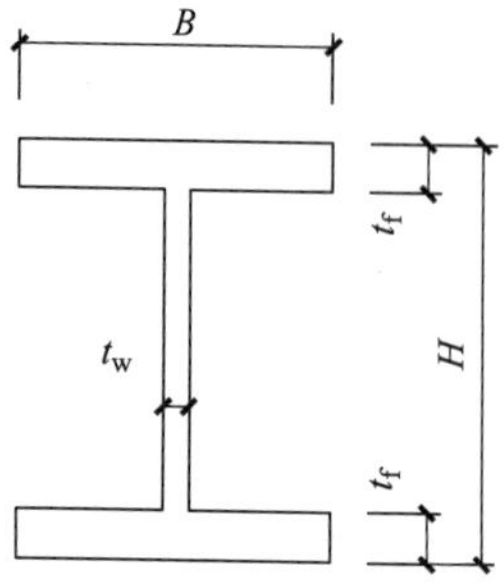	上弦内置型钢 (上弦型钢混凝土截面)	$1200 \times 300 \times 18 \times 26$ (800×1500)	Q390GJ (C35)	焊接 H 型钢
	下弦内置型钢 (下弦型钢混凝土截面)	$1400 \times 300 \times 18 \times 26$ (800×1800)	Q390GJ (C35)	焊接 H 型钢
	FG1	$600 \times 300 \times 24 \times 30$	Q390GJ	焊接 H 型钢
	FG2	$600 \times 450 \times 38 \times 38$	Q390GJ	焊接 H 型钢
	FG3	$300 \times 300 \times 16 \times 16$	Q390GJ	焊接 H 型钢

YJK 软件桁架下弦标准内力信息见图 4-20，YJK 软件桁架下弦构件设计验算信息见图 4-21。根据计算结果，YJK 软件将下弦型钢混凝土构件顶面、底面均配置 9ϕ25 钢筋，YJK 软件桁架，下弦裂缝计算书见图 4-22。

标准内力信息

    EX -- X方向地震作用下的标准内力
    EY -- Y方向地震作用下的标准内力
    +WX -- +X方向风荷载作用下的标准内力
    -WX -- -X方向风荷载作用下的标准内力
    +WY -- +Y方向风荷载作用下的标准内力
    -WY -- -Y方向风荷载作用下的标准内力
    DL -- 恒载作用下的标准内力
    LL -- 活载作用下的标准内力

前面加*表示调整前内力

梁标准内力输出
iCase   : 工况名称
Vmax   : 梁主平面内各截面上的剪力最大值
Nmax   : 梁主平面内各截面上的轴力最大值
Tmax   : 梁主平面内各截面上的扭矩最大值
Myi, Myj: 梁主平面外 I，J 两端的弯矩
Vymax : 梁主平面外的最大剪力
N-B   : 梁编号
Lb   : 梁长度
Node-i, Node-j: 梁左右节点号
M-i(i=I, 1, 2, ..., 7, J): 梁从左到右 8 等分截面上的面内弯矩
V-i(i=I, 1, 2, ..., 7, J): 梁从左到右 8 等分截面上的面内剪力

水平力工况（地震力和风荷载）
(iCase)   M-I   M-J   Vmax   Nmax   Tmax   Myi   Myj   Vymax

竖向力工况
(iCase)   M-I   M-1   M-2   M-3   M-4   M-5   M-6   M-7   M-J   Nmax
           V-i   V-1   V-2   V-3   V-4   V-5   V-6   V-7   V-j   Tmax

```
*(  EX)     38.1   -81.9   -48.3  -151.9    -3.4     1.2    -5.4    -3.1
 (  EX)     49.5  -106.4   -62.8  -197.5    -1.8     1.5    -7.0    -4.0
*(  EY)    -33.5   -38.1    -7.1  -123.0     5.2    -2.4    14.2     8.6
 (  EY)    -43.6   -49.5    -9.2  -159.9     2.7    -3.1    18.5    11.2
*( +WX)     14.0   -26.4   -16.8   -43.9    -0.8     0.1    -0.3    -0.5
 ( +WX)     14.0   -26.4   -16.8   -43.9    -0.3     0.1    -0.3    -0.5
*( -WX)    -14.0    26.4    16.8    43.9     0.8    -0.1     0.3     0.5
 ( -WX)    -14.0    26.4    16.8    43.9     0.3    -0.1     0.3     0.5
*( +WY)    -15.6   -19.6    -2.5   -60.9     2.2    -1.1     7.4     4.5
 ( +WY)    -15.6   -19.6    -2.5   -60.9     0.9    -1.1     7.4     4.5
*( -WY)     15.6    19.6     2.5    60.9    -2.2     1.1    -7.4    -4.5
 ( -WY)     15.6    19.6     2.5    60.9    -0.9     1.1    -7.4    -4.5
*(  DL)   2042.9  2235.0  2372.7  2378.0  2435.1  2420.6  2531.6  2431.4  2294.6  7501.3
 (  DL)   2042.9  2235.0  2372.7  2378.0  2435.1  2420.6  2531.6  2431.4  2294.6  7501.3
*(  DL)    365.9   365.9   262.3   162.1    65.2  -113.3  -190.9  -260.5            -80.0
 (  DL)    365.9   365.9   262.3   162.1    65.2  -113.3  -190.9  -260.5  -260.5   -32.0
*(  LL)    291.2   317.4   335.9   339.7   349.2   347.6   368.1   358.4   347.2  1051.9
 (  LL)    291.2   317.4   335.9   339.7   349.2   347.6   368.1   358.4   347.2  1051.9
*(  LL)     49.9    49.9    35.3    21.5     8.6   -12.3   -18.4   -21.4   -21.4    25.7
 (  LL)     49.9    49.9    35.3    21.5     8.6   -12.3   -18.4   -21.4   -21.4    10.3
```

图 4-20 YJK 软件桁架下弦标准内力信息

构件设计验算信息
 brc --- 薄弱层调整系数，大于1时输出
 jzx,jzy --- X、Y向最小剪重比调整系数，大于1时输出
 jzz --- 竖向地震作用调整系数，大于1时输出
 02vx,02vy --- X、Y向0.2V0调整系数，大于1时输出
 zh --- 水平转换构件地震作用调整系数，大于1时输出
 xfc --- 消防车荷载折减系数
 livec --- 梁活荷载折减系数
 stif --- 框架梁为刚度放大系数，连梁为刚度折减系数
 tf --- 梁弯矩调幅系数
 nj --- 梁扭矩折减系数
 zpseam --- 预制构件接缝验算时的受剪承载力增大系数
 η v --- 梁强剪弱弯调整系数
 Ω --- 性能系数
 Ωmin --- 耗能构件性能系数最小值
 β e --- 性能系数的调整系数
 1,2,3,4,5,6,7,8,9 --- 代表梁从左到右9个等分截面
 -M,+M --- 负、正弯矩设计值(kN-m)
 N --- 与负、正弯矩设计值对应的轴力设计值(kN)，有数值时才输出
 Top_Ast,Btm_Ast --- 截面上、下部位的配筋面积(mm2)
 %_Steel --- 配筋率
 V --- 剪力设计值(kN)
 T,N --- 与剪力设计值对应的扭矩、轴力，有数值时才输出
 Asv --- 箍筋面积(mm2)
 Rsv --- 箍筋配箍率
 注：梁箍筋是指单位间距范围内的箍筋面积
 ast --- 剪扭设计时的抗扭纵筋面积，有数值时才输出
 ast1 --- 剪扭设计时的抗扭单肢箍筋面积，有数值时才输出
 V,T,N --- 剪扭配筋对应的剪力、扭矩、轴力，有数值时才输出
 VXJ --- 斜筋计算对应的剪力，有数值时才输出
 AsXJ --- 单股斜筋面积，有数值时才输出
 Ac1 --- 叠合梁端截面后浇砼叠合层截面面积(mm2)
 Ak --- 各键槽的根部截面面积之和(mm2)

N-B=26 (I=1000298, J=1000304)(13)B*H*U*T*D*F(mm)=800*1800*18*1400*300*26
Lb=4.20(m) Cover= 25(mm) Nfb_gz=2 Rcb=35.0 Rsb=390GJ Fy=360 Fyv=270
型钢砼梁 C35 Q390GJ 托墙转换梁 工字形型钢砼
livec=1.000 stif=1.210 zh=1.300 tf=0.850 nj=0.400
η v=1.200

	-1-	-2-	-3-	-4-	-5-	-6-	-7-	-8-	-9-
-M(kNm)	0	0	0	0	0	0	0	0	0
LoadCase	(0)	(0)	(0)	(0)	(0)	(0)	(0)	(0)	(0)
Top Ast	4320	4320	4320	4320	4320	4320	4320	4320	4320
% Steel	0.30	0.30	0.30	0.30	0.30	0.30	0.30	0.30	0.30
+M(kNm)	3107	3397	3605	3617	3706	3684	3861	3715	3521
N(kN)	11250	11250	11380	11380	11382	11341	11343	11052	11052
LoadCase	(10)	(10)	(10)	(10)	(10)	(10)	(10)	(10)	
Btm Ast	4320	4320	4320	4320	4320	4320	4320	4320	4320
% Steel	0.30	0.30	0.30	0.30	0.30	0.30	0.30	0.30	0.30
V(kN)	596	596	452	313	178	-243	-348	-441	-441
N(kN)	10437	10437	10602	10600	10651	10184	10123	9856	9856
LoadCase	(28)	(28)	(28)	(28)	(28)	(27)	(27)	(27)	(27)
Asv	513	513	513	513	513	513	513	513	513
Rsv	0.64	0.64	0.64	0.64	0.64	0.64	0.64	0.64	0.64

型钢宽厚比：b/tf=5.42 < b/tf_max=18.00   《组合规范》5.1.2、《高规》11.4.1
型钢腹板高厚比：hw/tw=74.89 < hw/tw_max=83.00   《组合规范》5.1.2、《高规》11.4.1

图 4-21　YJK 软件桁架下弦构件设计验算信息

由图 4-20、图 4-21 可以看出，桁架下弦型钢混凝土构件有很大的轴拉力，但是由图 4-22 中可以看出，YJK 软件计算桁架下弦型钢混凝土构件裂缝时没有考虑轴拉力的影响。然而，轴拉力会让受弯构件裂缝更大。值得注意的是，转换桁架周边楼板需要真实考虑楼板面内刚度（YJK 和 PKPM 软件中可采用弹性膜单元模拟楼板），且不能采用"强制刚性楼板"假定，这样才能真实计算出桁架上下弦杆的轴力。

下面按照《组合结构设计规范》JGJ 138—2016 的型钢混凝土梁的最大裂缝宽度公式计算此型钢混凝土转换桁架下弦构件的裂缝（忽略轴力）。型钢混凝土梁最大裂缝宽度计算参数示意如图 4-23 所示。

连续梁KZL4第1跨裂缝计算书

荷载组合：准永久组合
计算依据：组合结构设计规范 JGJ 138—2016第5.3节
As：配筋面积
Es：钢筋的弹性模量
Cs：最外层纵向受拉钢筋外边缘至受拉区底边的距离
h0：梁截面有效高度
σs：按荷载准永久组合计算的钢筋混凝土构件纵向受拉钢筋应力
ftk：混凝土轴心抗拉强度标准值
deq：受拉区纵向钢筋的等效直径
ρte：按有效受拉混凝土截面面积计算的纵向受拉钢筋配筋率
ψ：裂缝间纵向受拉钢筋应变不均匀系数
ω：裂缝宽度
截面尺寸：b×h = 800 mm×1800 mm

下表面裂缝计算：
控制截面距离终止节点 4200 mm.
起控制作用的准永久组合：1.00*恒载+0.50*活载
弯矩准永久组合Mq = 3493.1kN・m .
不考虑轴力作用， αcr = 1.9 .
实配受拉钢筋：9C25, As = 4418.1 mm2.
Es = 200000 N/mm2 , Deq = 44.01 mm .
Cs = 41 mm, h0 = 1746.5 mm, b = 800 mm , ftk = 2.20 .
tf = 26 mm, bf = 300 mm, tw = 18 mm, h0f = 1561 mm, h0w = 1462.00
k = 0.166 , Aaf = 7800 mm2, Aaw = 24264 mm2.
ρte = 0.023 , σs = 155.7 N/mm2 , ψ = 0.677 .
裂缝宽度ω = 0.234 mm <= 0.300 mm，满足限值要求 .

图 4-22 YJK 软件桁架下弦裂缝计算书

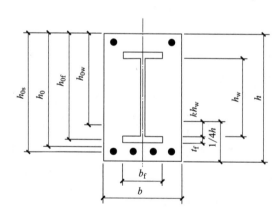

图 4-23 型钢混凝土梁最大裂缝宽度计算参数示意图

梁截面抗裂弯矩：

$M_{cr}=0.235bh^2f_{tk}=0.235\times800\times1800^2\times2.2=1340064000(\text{N}\cdot\text{mm})=1340.06(\text{kN}\cdot\text{m})$

荷载效应的准永久值计算的弯矩值：

$M_q=3493.10(\text{kN}\cdot\text{m})$

考虑型钢翼缘作用的钢筋应变不均匀系数：

$\psi=1.1(1-M_{cr}/M_q)=1.1\times(1-1340.06/3493.10)\approx0.678$

型钢翼缘合力点至截面受拉边缘的距离：

$a_a=200+0.5\times26=213(\text{mm})$

型钢腹板影响系数：

$$k = \frac{0.25h - 0.5t_f - a_a}{h_w} = \frac{0.25 \times 1800 - 0.5 \times 26 - 213}{1348} \approx 0.166$$

纵向受拉钢筋面积：

$$A_s = 9 \times 491 = 4419(\text{mm}^2)$$

型钢受拉翼缘面积：

$$A_{af} = 300 \times 26 = 7800(\text{mm}^2)$$

型钢腹板面积：

$$A_{aw} = 1348 \times 18 = 24264(\text{mm}^2)$$

纵向受拉钢筋重心至混凝土截面受压边缘的距离：

$$h_{0s} = 1800 - 20 - 16 - 12.5 = 1751.5(\text{mm})$$

型钢受拉翼缘重心至混凝土截面受压边缘的距离：

$$h_{0f} = 1800 - 200 - 26/2 = 1587(\text{mm})$$

kA_{aw} 截面重心至混凝土截面受压边缘的距离：

$$h_{0w} = 1800 - 200 - 26 - 0.166 \times 1348/2 \approx 1462(\text{mm})$$

考虑型钢受拉翼缘与部分腹板及受拉钢筋的钢筋应力值：

$$\sigma_{sa} = \frac{M_q}{0.87(A_s h_{0s} + A_{af} h_{0f} + kA_{aw} h_{0w})}$$

$$= \frac{3493.10 \times 10^6}{0.87 \times (4419 \times 1757.5 + 7800 \times 1578 + 0.166 \times 24264 \times 1462)}$$

$$\approx 154.64(\text{N/mm}^2)$$

纵向受拉钢筋和型钢受拉翼缘与部分腹板周长之和：

$$u = n\pi d_s + (2b_f + 2t_f + 2kh_{aw}) \times 0.7$$

$$= 9 \times 3.14 \times 25 + (2 \times 300 + 2 \times 26 + 2 \times 0.166 \times 1348) \times 0.7 \approx 1476.18(\text{mm})$$

考虑型钢受拉翼缘与部分腹板及受拉钢筋的有效直径：

$$d_e = \frac{4(A_s + A_{af} + kA_{aw})}{u} = \frac{4 \times (4419 + 7800 + 0.166 \times 24264)}{1476.18} \approx 44.02(\text{mm})$$

考虑型钢受拉翼缘与部分腹板及受拉钢筋的有效配筋率：

$$\rho_{te} = \frac{A_s + A_{af} + kA_{aw}}{0.5bh} = \frac{4419 + 7800 + 0.166 \times 24264}{0.5 \times 800 \times 1800} \approx 2.257\%$$

纵向受拉钢筋的混凝土保护层厚度（箍筋直径 16mm）：

$$c_s = 20 + 16 = 36(\text{mm})$$

最大裂缝宽度：

$$\omega_{max} = 1.9\psi \frac{\sigma_{sa}}{E_s}\left(1.9c_s + 0.08\frac{d_e}{\rho_{te}}\right)$$

$$= 1.9 \times 0.678 \times \frac{154.64}{2.0 \times 10^5} \times \left(1.9 \times 36 + 0.08 \times \frac{44.02}{2.257\%}\right) \approx 0.223(\text{mm})$$

满足规范裂缝限值 0.3mm 的要求。

《型钢混凝土结构技术规程》JGJ 138—2001 没有型钢混凝土轴心受拉构件的最大裂缝宽度公式，《组合结构设计规范》JGJ 138—2016 增加了型钢混凝土轴心受拉构件的最大裂缝宽度公式。

下面我们以型钢混凝土轴心受拉构件的最大裂缝宽度公式计算此型钢混凝土转换桁架下弦构件的裂缝（仅考虑轴力）。

按荷载效应的准永久组合计算的轴向拉力值：

$$N_q = 7501.30 + 0.5 \times 1051.90 = 8027.25(\text{kN})$$

按荷载效应的准永久组合计算的型钢混凝土构件纵向受拉钢筋和受拉型钢的应力的平均应力值：

$$\sigma_{sq} = \frac{N_q}{A_s + A_a} = \frac{8027.25}{4419 + 39864} \times 1000 = 181.28(\text{N/mm}^2)$$

综合考虑受拉钢筋和受拉型钢的有效配筋率：

$$\rho_{te} = \frac{A_s + A_a}{A_{te}} = \frac{4419 + 39864}{800 \times 1800} \approx 3.075\%$$

纵向受拉钢筋和型钢截面的总周长：

$$u = n\pi d_s + 4(b_f + t_f) + 2h_w = 9 \times 3.14 \times 25 + 4 \times (300 + 26) + 2 \times 1348 = 4706.5(\text{mm})$$

综合考虑受拉钢筋和受拉型钢的有效直径：

$$d_e = \frac{4(A_s + A_a)}{u} = \frac{4 \times (4419 + 39864)}{4706.5} \approx 37.64(\text{mm})$$

裂缝间受拉钢筋和型钢应变不均匀系数：

$$\psi = 1.1 - 0.65\frac{f_{tk}}{\rho_{te}\sigma_{sq}} = 1.1 - 0.65 \times \frac{2.2}{3.075\% \times 181.28} \approx 0.8435$$

最大裂缝宽度：

$$\omega_{max} = 2.7\psi\frac{\sigma_{sq}}{E_s}\left(1.9c_s + 0.07\frac{d_e}{\rho_{te}}\right)$$

$$= 2.7 \times 0.8435 \times \frac{181.28}{2.0 \times 10^5} \times \left(1.9 \times 36 + 0.07 \times \frac{37.64}{3.075\%}\right) \approx 0.318(\text{mm})$$

不满足规范裂缝限值 0.3mm 的要求。

纯受弯的型钢混凝土梁的最大裂缝宽度计算公式通过试验研究验证，根据 8 根梁的试验结果，在 0.4~0.8 倍极限弯矩范围内，短期荷载作用后裂缝宽度的计算值与试验值之比的平均值为 1.011，均方差为 0.214[4]、[5]。

《组合结构设计规范》JGJ 138—2016 第 6.3.2 条给出了配置工字形型钢的型钢混凝土轴心受拉构件的最大裂缝宽度计算公式，其条文说明指出，通过研究分析，规范规定了正常使用极限状态下与现行国家标准《混凝土结构设计规范》GB 50010 相应的型钢混凝土轴心受拉构件的裂缝宽度计算公式。《组合结构设计规范》JGJ 138—2016 主要编制人员解释，一些工程设计人员提出型钢混凝土转换桁架以受拉为主，希望规范能提供型钢混凝土轴心受拉构件最大裂缝宽度计算公式，因此《组合结构设计规范》JGJ 138—2016 参考了《混凝土结构设计规范》GB 50010—2010 混凝土轴心受拉构件最大裂缝宽度计算公式，进行了型钢混凝土轴心受拉构件最大裂缝宽度计算公式的拟合，但是并没有试验研究的数据支撑。

而且型钢混凝土转换桁架，并非完全的轴心受拉构件，而是拉弯构件、即偏心受拉构件，而《组合结构设计规范》JGJ 138—2016 并没有提供类似《混凝土结构设计规范》GB

50010—2010 中混凝土偏心受拉构件的最大裂缝宽度计算公式。对此,《组合结构设计规范》JGJ 138—2016 主要编制人员建议,如果型钢混凝土拉弯构件是小偏拉,则可以按轴心受拉构件的最大裂缝宽度公式计算;如果型钢混凝土拉弯构件是大偏拉,则可以按受弯构件的最大裂缝宽度公式计算;也可以参照《混凝土结构设计规范》GB 50010—2010 的混凝土偏心受拉构件的最大裂缝宽度计算公式,计算型钢和钢筋的等效拉应力,然后将构件受力特征系数 α_{cr} 取为 2.4。

　　鉴于目前规范没有给出型钢混凝土拉弯构件的裂缝公式,《组合结构设计规范》JGJ 138—2016 给出的型钢混凝土轴心受拉构件最大裂缝宽度计算公式也仅为拟合的结果,没有试验研究的数据支撑,因此建议本算例中的型钢混凝土转换桁架以纯钢结构梁(上弦截面 H1200×300×18×26、下弦截面 H1400×300×18×26)建模,将外包混凝土以荷载形式加载到上、下弦钢梁,钢梁的承载力和挠度满足规范要求即可。

4.8　软件提示矩形钢管混凝土柱"强柱弱梁"超限,但是为什么取消矩形钢管柱内混凝土、将柱改为纯钢柱,软件就不提示钢柱"强柱弱梁"超限?

　　某会议中心,矩形钢管混凝土柱结构平面布置图及剖面图如图 4-24 所示。

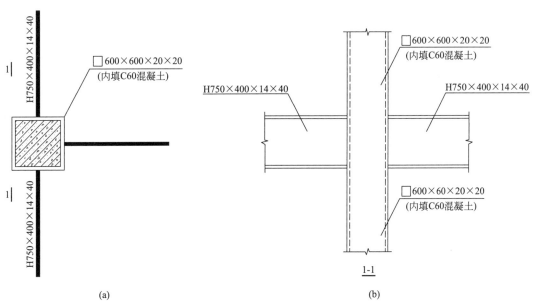

图 4-24　矩形钢管混凝土柱结构平面布置图及剖面图
(a) 平面布置图;(b) 剖面图

　　采用 YJK 软件进行计算,软件提示矩形钢管混凝土柱"强柱弱梁"超限,矩形钢管混凝土柱设计验算信息见图 4-25;取消矩形钢管柱内混凝土、将柱改为纯钢柱,YJK 软件就不提示钢柱"强柱弱梁"超限,钢柱设计验算信息见图 4-26。

　　由图 4-25 可以看出,YJK 软件根据《矩形钢管混凝土结构技术规程》CECS 159:

```
─────────────────────────────────────────────────────
N-C=254  (I=2000358, J=1000608)(14)B*H*U*T*D*F(mm)=600*600*600*600*20*20
Cx=1.11 Cy=1.84 Lcx=6.20(m) Lcy=6.20(m) Nfc=2 Nfc_gz=2 Rcc=60.0 Rsc=355
矩形钢管砼柱 C60 Q355
livec=1.000  jzx=1.167, jzy=1.516  brc=1.250  xfc=0.800
 η mu=1.500   η vu=1.950   η md=1.500   η vd=1.950
(30)Nu=   -3116.3 Uc= 0.14
(27)Nu=   -2929.2 Px=        0.11
**(27)Nu=  -2929.2 Py=        1.15                    《矩形钢管规程》6.3.3
(10)Mx=   -120.7 My=       94.4 N=   -4010.6 R_F1=    0.219 < 1/ γ =    1.000
(10)Mx=   -120.7 My=       94.4 N=   -4010.6 R_F2=    0.240 < 1/ γ =    1.000
(10)Mx=   -120.7 My=       94.4 N=   -4010.6 R_F3=    0.268 < 1/ γ =    1.000
(28)Vx=    -50.0 R_F4=      0.013 < 1/ γ =    1.250
(28)Vy=    -79.4 R_F5=      0.021 < 1/ γ =    1.250
长细比: Rmdx=29.7 Rmdy=49.3 Rmd_max=80.0
管壁宽厚比: b/tf=30.00 < b/tf_max=48.82
管壁高厚比: hw/tw=30.00 < hw/tw_max=48.82
混凝土工作承担系数: α c=0.39 < α c_max=0.40

抗剪承载力: CB_XF=   1400.94   CB_YF=   1452.35
```

图 4-25　矩形钢管混凝土柱设计验算信息

```
─────────────────────────────────────────────────────
N-C=254  (I=2000358, J=1000608)(7)B*H*U*T*D*F(mm)=600*600*20*20*20*20
Cx=1.08 Cy=1.76 Lcx=6.20(m) Lcy=6.20(m) Nfc=3 Nfc_gz=3 Rsc=355
钢柱 Q355 箱形 宽厚比等级S3
livec=1.000  jzx=1.226, jzy=1.747  brc=1.250  xfc=0.800
( 30)Nu=  -2736.0 Uc= 0.20
(30)Nu=   -2736.0 Px=        0.15
(30)Nu=   -2736.0 Py=        1.65
(10)Mx=    -84.6 My=      101.3 N=   -3619.7 F1=   115.778 < f=   295.000
(10)Mx=    -84.6 My=      101.3 N=   -3619.7 F2=    98.304 < f=   295.000
(1)Mx=    -82.6 My=      101.1 N=   -3625.2 F3=   108.387 < f=   295.000
长细比: Rmdx=28.2 Rmdy=45.9 Rmd_max=65.1
宽厚比: b/tf=28.00 < b/tf_max=32.54
高厚比: hw/tw=28.00 < hw/tw_max=32.54

抗剪承载力: CB_XF=   1071.28   CB_YF=   1071.28
```

图 4-26　钢柱设计验算信息

2004 的 6.3.3 条判断此矩形钢管混凝土柱节点"强柱弱梁"超限。下面手工复核矩形钢管混凝土柱 Y 方向的"强柱弱梁"验算（因节点上、下柱截面相同，Y 方向与柱相连的两根钢梁的截面也相同，因此"强柱弱梁"验算仅验算单根梁、单根柱的全塑性承载力之比）：

Q355 钢材的屈服强度：

$f_y = 355 \text{N/mm}^2$

钢管的截面面积：

$A_s = 46400 \text{mm}^2$

混凝土强度等级 C60，混凝土的抗压强度标准值：

$f_{ck} = 38.5 \text{N/mm}^2$

管内混凝土的截面面积：

$A_c = 560 \times 560 = 313600 (\text{mm})^2$

矩形钢管混凝土柱轴心受压时截面受压承载力标准值：

$N_{uk} = f_y A_s + f_{ck} A_c = 355 \times 46400 + 38.5 \times 313600 = 28545600 (\text{N}) = 28545.6 (\text{kN})$

框架柱管内混凝土受压区高度：

$$d_{nk} = \frac{A_s - 2bt}{(b-2t)\dfrac{f_{ck}}{f_y} + 4t} = \frac{46400 - 2 \times 600 \times 20}{(600 - 2 \times 20) \times \dfrac{38.5}{355} + 4 \times 20} \approx 159.17(\text{mm})$$

计算平面内交汇于节点的框架柱的全塑性受弯承载力标准值：

$$M_{uk} = [0.5A_s(h - 2t - d_{nk}) + bt(t + d_{nk})]f_y$$

$$= [0.5 \times 46400 \times (600 - 2 \times 20 - 159.17) + 600 \times 20 \times (20 + 159.17)] \times 355 \times 10^{-6}$$

$$\approx 4064.5(\text{kN} \cdot \text{m})$$

Y 方向与矩形钢管混凝土柱连接的两根钢梁截面均为 H750×400×14×40，钢梁塑性截面模量：

$$W_{pb} = Bt_f(H - t_f) + \frac{1}{4}(H - 2t_f)^2 t_w$$

$$= 400 \times 40 \times (750 - 40) + \frac{1}{4} \times (750 - 2 \times 40)^2 \times 16 = 13155600(\text{mm}^3)$$

计算平面内交汇于节点的框架梁的全塑性受弯承载力标准值：

$$M_{uk}^b = W_{pb}f_y = 13155600 \times 355 \times 10^{-6} \approx 4670.238(\text{kN} \cdot \text{m})$$

强柱系数：

$$\eta_c = 1.0$$

仅考虑弯矩，Y 方向梁、柱全塑性承载力之比：

$$P_y = \eta_c M_{uk}^b / M_{uk} = 1.0 \times 4670.238 / 4064.5 \approx 1.15$$

混凝土的工作承担系数：

$$\alpha_c = \frac{f_c A_c}{f A_s + f_c A_c} = \frac{27.5 \times 313600}{290 \times 46400 + 27.5 \times 313600} \approx 0.39 \in [0.1 \sim 0.7]$$

考虑弯矩、轴力，Y 方向梁、柱全塑性承载力之比：

$$P_y = \eta_c M_{uk}^b / \left[\left(1 - \frac{N}{N_{uk}}\right)\frac{M_{uk}}{1 - \alpha_c}\right] = 1.0 \times 4670.238 / \left[\left(1 - \frac{2929.2}{28545.6}\right) \times \frac{4064.5}{1 - 0.39}\right]$$

$$\approx 0.78$$

综以上结果，Y 方向梁、柱全塑性承载力之比：$P_y = 1.15 > 1.0$，不满足规范"强柱弱梁"验算的要求，且手算结果与软件输出结果一致。

取消矩形钢管柱内混凝土、将柱改为纯钢柱，由图 4-26 可以看出，梁、柱全塑性承载力之比加大，矩形钢管混凝土柱的 1.15 加大为 1.65，但是软件却没有提示"强柱弱梁"验算超限。

下面手工复核钢柱 Y 方向的"强柱弱梁"验算（因节点上、下柱截面相同，Y 方向与柱相连的两根钢梁的截面也相同，因此"强柱弱梁"验算仅验算单根梁、单根柱的全塑性承载力之比）。

钢框架抗震等级三级，强柱系数：

$$\eta = 1.05$$

Y 方向钢梁全塑性抵抗矩：

$$\eta f_{yb} W_{pb} = 1.05 \times 355 \times 13155600 \times 10^{-6} \approx 4903.75(\text{kN} \cdot \text{m})$$

钢柱塑性截面模量：

$$W_{pc} = Bt_f(H - t_f) + \frac{1}{2}(H - 2t_f)^2 t_w$$

$$= 600 \times 20 \times (600 - 20) + \frac{1}{2} \times (600 - 2 \times 20)^2 \times 20 = 10096000 (\text{mm}^3)$$

钢柱截面面积：

$$A_c = 46400 \text{mm}^2$$

钢柱轴力设计值：

$$N = 2736 \text{kN}$$

钢柱全塑性抵抗矩：

$$W_{pc}(f_{yc} - N/A_c) = 10096000 \times (355 - 2736 \times 10^3/46400) \times 10^{-6} = 2988.76 (\text{kN} \cdot \text{m})$$

Y 方向梁、柱全塑性承载力之比：

$$P_y = \eta f_{yb} W_{pb} / [W_{pc}(f_{yc} - N/A_c)] = 4903.75/2988.76 = 1.64 > 1.0$$，不满足规范"强柱弱梁"验算的要求，且手算结果与软件输出结果基本一致。

《建筑抗震设计规范》GB 50011—2010（2016 版）第 8.2.5 条、《高层民用建筑钢结构技术规程》JGJ 99—2015 第 7.3.3 条均规定，当钢柱轴压比不超过 0.4 时，不需要进行"强柱弱梁"验算。本算例钢柱轴压比为 0.2，满足不进行"强柱弱梁"验算的条件。因此，即使 YJK 软件计算出梁、柱全塑性承载力之比大于 1.0，但是软件仍不提示"强柱弱梁"验算超限。《建筑抗震设计规范》GB 50011—2010（2016 版）、《高层民用建筑钢结构技术规程》JGJ 99—2015 认为，当钢柱轴压比较小（不超过 0.4）时，钢柱的延性可以得到保证，此时，即使"强柱弱梁"验算不满足，也不会有安全问题。

本算例矩形钢管混凝土柱的轴压比仅为 0.14，但是《矩形钢管混凝土结构技术规程》CECS 159：2004 没有轴压比很小不进行"强柱弱梁"验算的规定。因此就出现了矩形钢管混凝土柱"强柱弱梁"验算不满足、取消矩形钢管混凝土柱内混凝土改为纯钢柱"强柱弱梁"验算不超限的情况。建议《矩形钢管混凝土结构技术规程》CECS 159：2004 对"强柱弱梁"验算进行更加深入的研究，避免较小轴压比矩形钢管混凝土柱"强柱弱梁"验算不满足、加大矩形钢管混凝土柱截面而造成的浪费。

值得注意的是，《钢管混凝土结构技术规范》GB 50936—2014、《组合结构设计规范》JGJ 138—2016 中矩形钢管混凝土柱章节，均没有"强柱弱梁"验算的规定。

4.9 矩形钢管混凝土柱轴压比为 0.73 时，软件提示轴压比超限；圆钢管混凝土柱轴压比超过 1.0 时，为什么软件不提示轴压比超限？

某 8 度区超高层写字楼，框架抗震等级为一级，底层结构平面图见图 4-27。采用 PK-PM 软件进行结构计算，矩形钢管混凝土柱 Z1 设计信息见图 4-28、圆钢管混凝土柱 Z2 设计信息见图 4-29。由图 4-28 可以看出，矩形钢管混凝土柱 Z1 轴压比 0.73，软件提示轴压比超规范限值；由图 4-29 可以看出圆钢管混凝土柱 Z2 的轴压比超过了 1，达到 1.03，但是软件却没有提示轴压比超限。

对于矩形钢管混凝土柱，《高层建筑混凝土结构技术规程》JGJ 3—2010 第 11.4.10

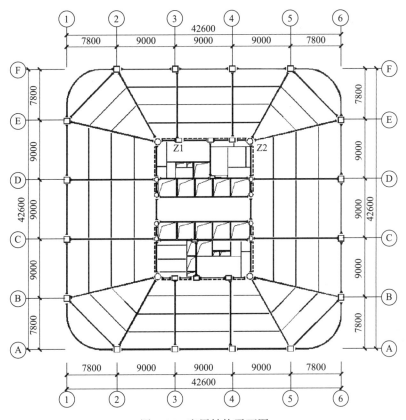

图 4-27 底层结构平面图

构件几何材料信息

层号	IST=3
塔号	ITOW=1
单元号	IELE=27
构件种类标志(KELE)	柱
上节点号	J1=2320
下节点号	J2=1887
构件材料信息(Ma)	钢
长度 （m）	DL=6.50
截面类型号	Kind=13
截面参数(m)	B*H*U*T*D*F=1.100*0.750*1.100*0.750*0.045*0.045
钢号	345
混凝土强度等级	RC=60
净毛面积比	Rnet=1.00

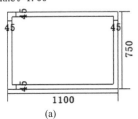

(a)

图 4-28 矩形钢管混凝土柱 Z1 设计信息（一）

(a) 构件几何材料信息

构件设计验算信息

项目	内容
	(0)
轴压比:	N=-46598.0　(0)　N=-46598.0　Uc=0.73 > 0.70
	Uc=0.73 >
	0.70
	《高规》11.4.10-6条给出轴压比限值
强度验算:	(36)　N=-45276.64　Mx=-251.48　My=4996.96　F1/f=0.73
平面内稳定验算:	(42)　N=-45285.75　Mx=-248.80　My=4996.37　F2/f=0.69
平面外稳定验算:	(42)　N=-45285.75　Mx=-248.80　My=4996.37　F3/f=0.69
剪切强度比:	X向:(31)　　　V=-1365.27　RXV=0.07
	Y向:(56)　　　V=932.49　RYV=0.08
	《矩形钢管混凝土结构技术规程》CECS 159-2004 6.3.4条：矩形钢管混凝土柱的剪力可假定由钢管管壁承受，其剪切强度应同时满足下式要求
	$V_x \leq 2t(b-2t)f_v$
	$V_y \leq 2t(h-2t)f_v$
剪跨比:	Rmdw=2.95
X向长细比=	λx= 16.22 ≤ 80.00
Y向长细比=	λy= 11.52 ≤ 80.00
	《高规》11.4.10-5条：方钢管混凝土柱的长细比不宜大于80
宽厚比=	b/tf= 24.44 ≤ 49.52
	《高规》11.4.10-4条:钢管管壁板件边长与其厚度的比值不应大于$60\sqrt{235/f_y}$
高厚比=	h/tw= 16.67 ≤ 49.52
	《高规》11.4.10-4条:钢管管壁板件边长与其厚度的比值不应大于$60\sqrt{235/f_y}$
混凝土承担系数=	0.10 ≤ 0.29 ≤ 0.47
	《矩形钢管混凝土结构技术规程》CECS 159-2004 4.4.2、6.3.2条：矩形钢管混凝土受压构件中的混凝土工作承担系数应控制在0.1~0.5之间，根据其轴压比和长细比确定限值。

超限类别(1)　轴压比超限 :（43）Nu= -46598. Uc= 0.725 > 0.70

(b)

图 4-28　矩形钢管混凝土柱 Z1 设计信息（二）

（b）构件设计验算信息

构件几何材料信息

层号	IST=3
塔号	ITOW=1
单元号	IELE=30
构件种类标志(KELE)	柱
上节点号	J1=2312
下节点号	J2=1901
构件材料信息(Ma)	钢
长度（m）	DL=6.50
截面类型号	Kind=4
截面参数(m)	DE*DI=1.200*1.120
钢号	345
混凝土强度等级	RC=60
净毛面积比	Rnet=1.00

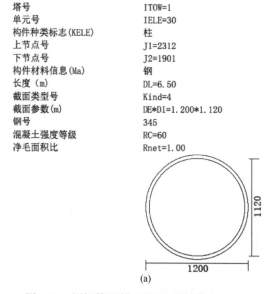

(a)

图 4-29　圆钢管混凝土柱 Z2 设计信息（一）

（a）构件几何材料信息

构件设计验算信息

项目	内容
轴压比：	(0) N=-71950.8 Uc=1.03
长度系数：	Cx=0.72 Cy=0.71
轴向受压承载力验算：	(27) M=5563.76 N=71950.76 ≤ Nu=93397.73
	《高规》附录F.1.1：钢管混凝土单肢柱的轴向受压承载力应满足下列公式规定：
	持久、短暂设计状况 $N \leq Nu$
	地震设计状况 $N \leq \dfrac{Nu}{\gamma_{RE}}$
长径比：	Lo/D= 3.92 ≤ 20.00
	《钢管混凝土结构技术规程》CECS 28:2012 4.1.8-5条：钢管混凝土构件的长径比（Lo/D）不宜大于20
径厚比：	D/T= 16.51 ≤ 30.00 ≤ 82.53
	《高规》11.4.9-3条：钢管外径与壁厚的比值D/t宜在 $\left(20 \sim 100\right)\sqrt{\dfrac{235}{f_y}}$ 之间
套箍指数：	$0.50 \leq \dfrac{f_a A_a}{f_c A_c} = 1.59 \leq 2.50$
	《高规》11.4.9-4条：圆钢管混凝土柱的套箍指标 $\dfrac{f_a A_a}{f_c A_c}$，不应小于0.5，也不宜大于2.5
轴压偏心率：	$\dfrac{e_0}{r_c} = 0.14 \leq 1.00$
	《高规》11.4.9-6条：圆钢管混凝土柱的轴向压力偏心率 $\dfrac{e_0}{r_c}$ 不宜大于1.0。
拉弯验算：	(68) N=5444.96 M=6467.50 N/Nut+M/Mu=0.34
	《高规》附录F.1.7：钢管混凝土单肢柱的拉弯承载力应满足下列规定：
	$\dfrac{N}{N_{ut}} + \dfrac{M}{M_u} \leq 1$
	$N_{ut} = A_a F_a \qquad M_u = 0.3\gamma_c N_0$
抗剪验算：	(72) V=2092.22 N=1169.38 V/Vu=0.07
	《高规》附录F.1.8：当钢管混凝土单肢柱的剪跨a小于柱子直径的两倍时，
	柱的横向受剪承载力应符合下式规定：
	$V \leq \left(V_0 + 0.1N'\right)\left(1 - 0.45\sqrt{\dfrac{a}{D}}\right)$
X向长细比=	λx= 13.60 ≤ 80.00
Y向长细比=	λy= 13.36 ≤ 80.00
	《高规》11.4.9-5条：圆钢管混凝土柱的长细比不宜大于80。

(b)

图 4-29 圆钢管混凝土柱 Z2 设计信息（二）

（b）构件设计验算信息

条、《钢管混凝土结构技术规范》GB 50936—2014 矩形钢管混凝土轴压比限值见表 4-10、《组合结构设计规范》JGJ 138—2016 矩形钢管混凝土轴压比限值见表 4-11。

《高层建筑混凝土结构技术规程》JGJ 3—2010、《钢管混凝土结构技术规范》
GB 50936—2014 矩形钢管混凝土柱轴压比限值 表 4-10

一级	二级	三级
0.70	0.80	0.90

《组合结构设计规范》JGJ 138—2016 矩形钢管混凝土柱轴压比限值 表 4-11

结构类型	柱类型	抗震等级			
		一级	二级	三级	四级
框架结构	框架柱	0.65	0.75	0.85	0.90

结构类型	柱类型	抗震等级			
		一级	二级	三级	四级
框架-剪力墙结构	框架柱	0.70	0.80	0.90	0.95
框架-筒体结构	框架柱	0.70	0.80	0.90	—
	转换柱	0.60	0.70	0.80	—
筒中筒结构	框架柱	0.70	0.80	0.90	—
	转换柱	0.60	0.70	0.80	—
部分框支剪力墙	转换柱	0.60	0.70	—	—

注：1. 剪跨比不大于 2 的柱，其轴压比限值应比表中数值减小 0.05；

　　2. 当混凝土强度等级采用 C65～C70 时，轴压比限值应比表中数值减小 0.05；

　　3. 当混凝土强度等级采用 C75～C80 时，轴压比限值应比表中数值减小 0.10。

为什么矩形钢管混凝土柱需要限制轴压比？《高层建筑混凝土结构技术规程》JGJ 3—2010 第 11.4.10 条的条文说明、《钢管混凝土结构技术规范》GB 50936—2014 第 4.3.10 条的条文说明均指出，矩形钢管混凝土构件的延性与轴压比、长细比、含钢率、钢材屈服强度、混凝土抗压强度等因素有关，因此对矩形钢管混凝土柱的轴压比提出了具体要求，以保证其延性。《组合结构设计规范》JGJ 138—2016 第 7.2.10 条的条文说明指出，矩形钢管混凝土柱在不同轴压比低周反复水平力作用下的试验表明，轴压比大小对构件破坏形态和滞回特性影响较大。但根据工程实践经验，在矩形钢管混凝土结构中，当层间位移角限值符合规定后，柱的轴压比一般较小，因此对轴压比没有必要提出更高的规定。

吕西林等[6] 对 12 根承受常轴力和反复水平荷载作用的方钢管混凝土柱试件的试验，研究了不同试验参数，如宽厚比、轴压比和内填混凝土强度对试件抗震性能的影响。试验发现，轴压比对试件的延性和耗能能力有较大的影响，在所有试验参数中，它的影响最大。从试验数据可以看出，在宽厚比和内填混凝土强度相同的情况下，随着轴压比的增大，试件的延性和耗能能力急剧下降。所有轴压比小的试件都表现了更好的抗震性能即更强的耗能能力和更小的强度退化，小轴压比的构件的延性明显大于大轴压比的构件。

李学平、吕西林[7] 等进行了 16 根 1/2 比例的矩形钢管混凝土柱在常轴力和侧向低周反复荷载作用下的抗震性能试验研究，描述了构件非线性发展过程及破坏形态，研究了不同试验参数（包括柱的轴压比、截面长宽比、含钢率、加载方向等）对矩形钢管混凝土柱抗震性能的影响。轴压比对试件的延性和耗能能力有较大的影响，在宽厚比和内填混凝土强度相同的情况下，随着轴压比的增大，试件的延性和耗能能力急剧下降。在中等轴压比（0.4）时，试件的骨架曲线在加载的后期下降段保持平缓；而高轴压比（0.6）时，骨架曲线的下降段较陡。说明矩形钢管混凝土柱的位移延性随轴压比的增大有显著降低的趋势。

陶忠、韩林海[8] 等进行了 7 个方钢管混凝土压弯构件在往复荷载作用下的荷载-位移滞回性能的试验研究。试验研究表明，当轴压比较小的时候，滞回曲线的骨架曲线在加载后期基本保持水平，不出现明显下降；当轴压比较大的时候，则出现较明显的下降段，说明试件的延性随轴压比的增大而显著降低。

综上所述，为提高矩形钢管混凝土柱在地震作用下的延性，对矩形钢管混凝土柱进行轴压比限制是非常有必要的。

但是，为什么圆钢管混凝土柱不需要限制其轴压比呢？《钢管混凝土结构技术规范》GB 50936—2014 第 4.3.10 条的条文说明指出，圆形钢管混凝土柱的延性较好。试验结果（1988 年）表明，实心圆形钢管混凝土构件的延性主要取决于构件长细比，当 $L/D=4.7\sim6.5$ 时，圆钢管混凝土构件在反复荷载作用下，骨架曲线无下降段，位移延性无穷大；当 $L/D=8.2\sim11$ 时，基本可满足位移延性系数 $\mu=5$。当长细比过大，为确保构件延性的要求，则应限制轴压比，但此时构件受稳定控制，轴压比的限值高于稳定系数，故最终对圆形钢管混凝土柱轴压比不作限制。

1988 年，黄莎莎、钟善桐[9] 对圆钢管混凝土柱在反复周期水平荷载作用下的滞后性能进行了试验研究，试验分成 6 组进行，每组各为 4 根钢管混凝土柱，总共 24 根。钢材为 A3 钢，设计的混凝土强度等级为 C30。钢管混凝土柱截面尺寸为 D95×3～D126×3，柱高 1160～1660mm，长细比为 52～75，含钢率为 7.4%～13%。试验结果表明，长细比和含钢率的变化对构件的初始延性比的影响不是很明显；但在超过屈服荷载后，对延性比是有影响的，延性比随含钢率的减小和长细比的增大而衰减。轴压比为 1.0 的钢管混凝土柱，其延性系数，与轴压比为 0.25～0.3 的钢筋混凝土柱相当，即使高轴压比，钢管混凝土柱也有很好的延性。

钟善桐[10]、[11] 根据圆钢管混凝土压弯构件在反复循环荷载作用下的 P-Δ 关系，提出了两种模型：无下降段的二折线模型和有下降段的三折线模型，P-Δ 骨架曲线计算模型如图 4-30 所示。

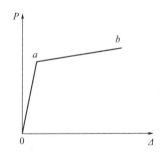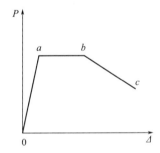

图 4-30　P-Δ 骨架曲线计算模型

两种模型的判别式为：

无下降段的二折线模型需满足：

$$n\lambda^2 \leqslant 11.04(0.018+0.026n-0.012n^2)\frac{E_s-(E_s-E_c)(1-\alpha)^2}{f_{ck}(1-\alpha)+\alpha f_y} \tag{4-4}$$

有下降段的三折线模型需满足：

$$n\lambda^2 > 11.04(0.018+0.026n-0.012n^2)\frac{E_s-(E_s-E_c)(1-\alpha)^2}{f_{ck}(1-\alpha)+\alpha f_y} \tag{4-5}$$

式中：E_s、E_c——钢材和混凝土的弹性模量；

$\quad\quad$ f_y、f_{ck}——钢材屈服应力和混凝土标准抗压强度；

$\quad\quad\quad$ α——含钢率，$\alpha=A_s/A_c$；

$\quad\quad$ A_s、A_c——钢管和核心混凝土截面面积；

λ——构件长细比，$\lambda = 4L/D$；

L、D——构件的计算长度和钢管外直径；

n——试验轴压比，$n = N/(A_{sc}f_{sc}^{y})$；

A_{sc}——构件的全部截面面积，$A_{sc} = A_s + A_c$；

f_{sc}^{y}——组合材料抗压组合强度标准值；

N——轴心压力。

进行工程设计时，构件的轴压比是按照组合材料抗压组合强度设计值 f_{sc} 计算的，设计轴压比：

$$n_0 = N/(A_{sc}f_{sc}) \tag{4-6}$$

取参数：

$$\beta = f_{sc}/f_{sc}^{y} \tag{4-7}$$

得到：

$$n = \beta n_0 \tag{4-8}$$

将各种情况的 $n = \beta n_0$ 值代入式（4-4），取设计轴压比 $n_0 = 1$，即可算出 P-Δ 骨架曲线无下降段时构件的长细比限值，结果见表 4-12。

P-Δ 骨架曲线无下降段时构件的长细比限值 表 4-12

钢材	混凝土	含钢率 α								
		0.04	0.05	0.08	0.10	0.12	0.14	0.16	0.18	0.20
Q235	C30	26	26	25	25	25	25	25	25	25
	C40	24	24	24	24	24	24	24	24	24
	C50	23	23	23	24	24	24	24	24	24
	C60	22	22	22	23	23	23	23	23	23
Q345（原文为 16Mn）	C30	24	23	23	22	22	22	22	22	21
	C40	23	22	22	22	22	21	21	21	21
	C50	22	22	21	21	21	21	21	21	21
	C60	21	21	21	21	21	21	21	20	20
Q390（原文为 15MnV）	C30	23	23	22	22	21	21	21	21	20
	C40	22	22	21	21	21	21	20	20	20
	C50	21	21	21	20	20	20	20	20	20
	C60	20	20	20	20	20	20	20	20	19

由表 4-12，长细比 $\lambda \leqslant 19 \sim 26$ 时，则 P-Δ 骨架曲线无下降段，这时，抗震的延性趋于无限，延性系数可视为无穷大。

由长细比 $\lambda \leqslant 19 \sim 26$、$\lambda = 4L/D$ 可求得，$L/D \leqslant (19 \sim 26)/4 = 4.75 \sim 6.5$。即当 $L/D = 4.75 \sim 6.5$ 时，圆钢管混凝土构件在反复荷载作用下，P-Δ 骨架曲线无下降段，位移延性无穷大。

针对本算例，含钢率：

$\alpha = A_s/A_c = \pi(600^2 - 560^2)/(\pi \times 560^2) = 0.15$

钢材为 Q345、混凝土强度等级为 C60。

长细比 $\lambda \leqslant 21$、即 $L/D \leqslant 5.25$ 时，P-Δ 骨架曲线无下降段，位移延性无穷大。本算例 $L/D = 6.5/1.2 \approx 5.42$，不满足 $L/D \leqslant 5.25$，不能认为位移延性无穷大。

柱子长度较大而不能满足表 4-12 中长细比限值要求时，P-Δ 骨架曲线属于有下降段的三折线模型。此时应计算其延性系数：

$$\mu = 5.2 + 32.5\alpha_d - 0.15/\alpha_d, \quad \alpha_d \geqslant -0.126 \tag{4-9}$$

$$\mu = 1.1 - 0.15/\alpha_d, \quad \alpha_d < -0.126 \tag{4-10}$$

$$\alpha_d = 1.151(0.018 + 0.026\beta n_0 - 0.012\beta^2 n_0^2) - 0.104\beta n_0 \lambda^2 \frac{f_{ck}(1-\alpha) + \alpha f_y}{E_s - (E_s - E_c)(1-\alpha)^2} \tag{4-11}$$

如果我们提出要求构件的延性比 $\mu = 5$，并取 $n_0 = 1$，由式（4-11）可得各种情况时构件长细比的限值，如表 4-13 所列。当构件长细比等于小于表列值时，构件的延性系数 $\mu \geqslant 5$。表 4-13 为 P-Δ 骨架曲线有下降段时要求延性系数 $\mu = 5$ 的构件的长细比限值。

P-Δ 骨架曲线有下降段时要求延性系数 $\mu=5$ 的构件的长细比限值　　　表 4-13

钢材	混凝土	含钢率 α								
		0.04	0.05	0.08	0.10	0.12	0.14	0.16	0.18	0.20
Q235	C30	44	44	44	44	43	43	43	43	43
	C40	42	42	42	42	42	42	42	42	42
	C50	40	40	40	41	41	41	41	41	41
	C60	38	38	39	39	39	40	40	40	40
Q345（原文为16Mn）	C30	41	40	39	39	38	38	37	37	37
	C40	39	39	38	38	37	37	37	37	37
	C50	38	37	37	37	37	36	36	36	36
	C60	36	36	36	36	36	36	36	35	35
Q390（原文为15MnV）	C30	40	39	38	37	37	36	36	36	35
	C40	38	37	37	36	36	36	35	35	35
	C50	37	37	36	35	35	35	35	35	35
	C60	35	35	35	34	34	34	34	34	34

由表 4-13，长细比 $\lambda \leqslant 34 \sim 44$ 时，则 P-Δ 骨架曲线有下降段但可以保证延性系数 $\mu \geqslant 5$。由长细比 $\lambda \leqslant 34 \sim 44$、$\lambda = 4L/D$ 可求得，$L/D \leqslant (34 \sim 44)/4 = 8.5 \sim 11$。即当 $L/D = 8.5 \sim 11$ 时，圆钢管混凝土构件在反复荷载作用下，P-Δ 骨架曲线有下降段，但可以保证延性系数 $\mu \geqslant 5$。

针对本算例：

$\beta = 0.806$，$n_0 = 1.03$，$\lambda = 4L/D = 4 \times 6.5/1.2 \approx 21.67$；

$$\alpha_d = 1.151(0.018 + 0.026\beta n_0 - 0.012\beta^2 n_0^2) - 0.104\beta n_0 \lambda^2 \frac{f_{ck}(1-\alpha) + \alpha f_y}{E_s - (E_s - E_c)(1-\alpha)^2}$$

$$= 1.151 \times (0.018 + 0.026 \times 0.806 \times 1.03 - 0.012 \times 0.806^2 \times 1.03^2)$$

$$- 0.104 \times 0.806 \times 1.03 \times 21.67^2 \times \frac{38.5 \times (1-0.15) + 0.15 \times 345}{206 \times 10^3 - (206 \times 10^3 - 3.6 \times 10^4) \times (1-0.15)^2}$$

$$\approx -5.1 \times 10^{-3} > -0.126;$$

延性系数：

$$\mu = 5.2 + 32.5\alpha_d - 0.15/\alpha_d = 5.2 + 32.5 \times (-5.109 \times 10^{-3}) - 0.15/(-5.1 \times 10^{-3})$$
$$\approx 34.39$$

延性系数 μ 远大于 5。因此本算例中圆钢管混凝土柱，即使 Z2 轴压比为 1.03，但是因其长细比较小，仅为 21.67，其延性系数可以达到 34.39，地震作用下不会有延性的问题。钢管混凝土构件用于高层建筑中时，可采取限制长细比的办法，而不必限定轴压比。这就极大地提高了采用钢管混凝土的经济效益。这就是规范没有限制圆钢管混凝土柱轴压比的原因。

韩林海[12] 等进行了 8 个设计轴压比等于 1 时构件的滞回性能研究，以研究钢管混凝土构件在大轴压比情况下滞回曲线的特点。共进行了 8 个钢管混凝土构件的试验，试件截面尺寸为 D104×2.0mm～D106×3.0mm，轴压比均为 1.0，长细比为 22～23。钢材屈服强度为 384.1MPa，混凝土立方试块强度为 $f_{cu} = 23.0 \sim 31.8$MPa，套箍系数为 1.3～2.8。试验进行的构件的 P-Δ 滞回曲线有以下特点：

（1）大多数试件滞回曲线的骨架曲线在后期时近似水平或出现下降段。

（2）P-Δ 滞回曲线的图形都具有很好的饱满性，基本没有出现捏缩现象。

试验可得出如下结论：钢管混凝土构件在大轴压比情况下，长细比为 22～23 的构件滞回曲线的骨架曲线在后期保持水平或略有下降，构件具有较好的耗能性能和延性。

综上，矩形钢管混凝土柱，需要按照规范规定，限制其轴压比；但是圆钢管混凝土柱，满足表 4-13 长细比要求时，没必要控制其轴压比。

4.10 软件提示圆钢管混凝土柱轴压偏心率超限，但是为什么取消圆钢管柱内混凝土、将柱改为纯钢柱，软件就不提示轴压偏心率超限？

问题 4.9 中，圆钢管混凝土柱 Z2 顶部几层，PKPM 软件提示轴压偏心率超限，顶层圆钢管混凝土柱 Z2 设计信息见图 4-31；取消圆钢管柱内混凝土、将柱改为纯钢柱，软件就不提示轴压偏心率超限（图 4-32）。

《高层建筑混凝土结构技术规程》JGJ 3—2010 第 11.4.9 条第 6 款规定，轴向压力偏心率 e_0/r_c 不宜大于 1.0，e_0 为偏心距，r_c 为核心混凝土横截面半径。本算例中，圆钢管混凝土柱轴向压力偏心率大于 1.0，达到了 4.04。这就是 PKPM 软件提示圆钢管混凝土柱偏心率超限的原因。《高层建筑钢-混凝土混合结构设计规程》CECS 230：2008 第 6.4.2 条第 6 款有更严格的规定，要求轴向压力偏心率不应大于 1.0。

但是《高层建筑混凝土结构技术规程》JGJ 3—2010 第 F.1.3 条又给出了轴向压力偏心率 $e_0/r_c > 1.55$ 时，钢管混凝土柱考虑偏心率影响的承载力折减系数 φ_e：

当 $e_0/r_c \leqslant 1.55$ 时，

$$\varphi_e = \frac{1}{1 + 1.85 \dfrac{e_0}{r_c}} \tag{4-12}$$

构件几何材料信息

层号	IST=39
塔号	ITOW=1
单元号	IELE=29
构件种类标志(KELE)	柱
上节点号	J1=17359
下节点号	J2=17295
构件材料信息(Ma)	钢
长度 (m)	DL=4.40
截面类型号	Kind=4
截面参数(m)	DE*DI=0.800*0.756
钢号	345
混凝土强度等级	RC=40
净毛面积比	Rnet=1.00

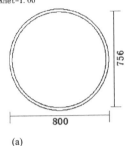

(a)

构件设计验算信息

项目	内容
轴压比:	(538976288) N=-278.2 Uc=0.01
长度系数:	Cx=0.93　Cy=0.88
轴向受压承载力验算:	(36) M=425.28 N=278.20 ≤ Nu=3191.87 《高规》附录F.1.1: 钢管混凝土单肢柱的轴向受压承载力应满足下列公式规定: 持久、短暂设计状况　　$N \leq Nu$ 地震设计状况　　$N \leq \dfrac{Nu}{\gamma_{RE}}$
长径比:	Lo/D= 5.12 ≤ 20.00 《钢管混凝土结构技术规程》CECS 28-2012 4.1.8-5条: 钢管混凝土构件的长径比 (Lo/D) 不宜大于20
径厚比:	D/T= 16.51 ≤ 36.36 ≤ 82.53 《高规》11.4.9-3条: 钢管外径与壁厚的比值D/t宜在 $\left(20 \sim 100\right)\sqrt{\dfrac{235}{f_y}}$ 之间
套箍指数:	$0.50 \leq \dfrac{f_a A_a}{f_c A_c} = 1.85 \leq 2.50$ 《高规》11.4.9-4条: 圆钢管混凝土柱的套箍指标 $\dfrac{f_a A_a}{f_c A_c}$,不应小于0.5,也不宜大于2.5
轴压偏心率:	$\dfrac{e_0}{r_c}$ =4.04 > 1.00 《高规》11.4.9-6条: 圆钢管混凝土柱的轴向压力偏心率 $\dfrac{e_0}{r_c}$ 不宜大于1.0。
拉弯验算:	(59) N=34.84 M=303.61 N/Nut+M/Mu=0.05 《高规》附录F.1.7: 钢管混凝土单肢柱的拉弯承载力应满足下列规定: $\dfrac{N}{N_{ut}} + \dfrac{M}{M_u} \leq 1$ $N_{ut} = A_a F_a$　　　　$M_u = 0.3 \gamma_c N_0$
抗剪验算:	(36) V=147.03 N=-278.20 V/Vu=0.01 《高规》附录F.1.8: 当钢管混凝土单肢柱的剪跨a小于柱子直径的两倍时, 柱的横向受剪承载力应符合下式规定: $V \leq \left(V_0 + 0.1 N'\right)\left(1 - 0.45\sqrt{\dfrac{a}{D}}\right)$
X向长细比=	λx= 17.78 ≤ 80.00
Y向长细比=	λy= 16.91 ≤ 80.00 《高规》11.4.9-5条: 圆钢管　　　柱的长细比不宜大于80。

超限类别(408)　圆钢管混凝土柱轴压偏心率大于1 : e0/RC= 4.04 > 1.0

(b)

图 4-31　顶层圆钢管混凝土柱 Z2 设计信息

(a) 构件几何材料信息；(b) 构件设计验算信息

构件几何材料信息

层号	IST=39
塔号	ITOW=1
单元号	IELE=29
构件种类标志(KELE)	柱
上节点号	J1=17359
下节点号	J2=17295
构件材料信息(Ma)	钢
长度（m）	DL=4.40
截面类型号	Kind=3
截面参数(m)	DE*DI=0.800*0.756
钢号	345
净毛面积比	Rnet=1.00

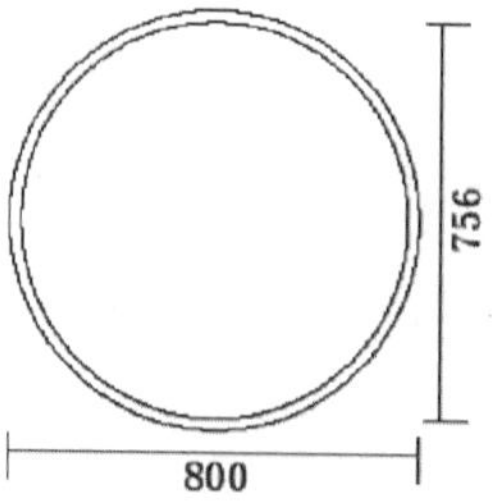

(a)

构件设计验算信息

Px: x向梁与柱全塑性承载力比
Py: y向梁与柱全塑性承载力比

项目	内容
轴压比:	(36) N=-228.1 Uc=0.01
强度验算:	(16) N=-175.20 Mx=-130.19 My=255.36 F1/f=0.09
平面内稳定验算:	(36) N=-228.08 Mx=-167.34 My=317.67 F2/f=0.09
平面外稳定验算:	(36) N=-228.08 Mx=-167.34 My=317.67 F3/f=0.09
X向长细比=	λx= 14.29 ≤ 57.77
Y向长细比=	λy= 13.33 ≤ 57.77
	《高钢规》7.3.9条：钢框架柱的长细比，一级不应大于 $60\sqrt{\frac{235}{f_y}}$，二级不应大于 $70\sqrt{\frac{235}{f_y}}$
	三级不应大于 $80\sqrt{\frac{235}{f_y}}$，四级及非抗震设计不应大于 $100\sqrt{\frac{235}{f_y}}$
	《钢结构设计标准》GB50017-2017 7.4.6、7.4.7条给出构件长细比限值
	程序最终限值取两者较严值
径厚比=	RRT= 36.36 ≤ 37.46
	《高钢规》7.4.1条给出径厚比限值
	《钢结构设计标准》GB50017-2017 3.5.1条给出厚比限值
	程序最终限值取两者的较严值
钢柱强柱弱梁验算:	X向 (36) N=-228.08 Px=1.16
	Y向 (36) N=-228.08 Py=0.97
	《抗规》8.2.5-1条 钢框架节点左右梁端和上下柱端的全塑性承载力，除下列情况之一外，应符合下式要求：
	柱所在楼层的受剪承载力比相邻上一层的受剪承载力高出25%；
	柱轴压比不超过0.4，或 $N_2 \le \phi A_c f$（N_2 为2倍地震作用下的组合轴力设计值）
	与支撑斜杆相连的节点
	等截面梁：
	$$\sum W_{pc}\left(f_{yc} - \frac{N}{A_c}\right) \ge \eta \sum W_{pb} f_{yb}$$
	端部翼缘变截面梁：
	$$\sum W_{pc}\left(f_{yc} - \frac{N}{A_c}\right) \ge \sum(\eta W_{pb1} f_{yb} + V_{pb}s)$$
受剪承载力:	CB_XF=1825.42 CB_YF=1825.42
	《钢结构设计标准》GB50017—2017 10.3.4

(b)

图 4-32 取消圆钢管柱内混凝土，将柱改为纯钢柱时顶层圆钢柱 Z2 设计信息
（a）构件几何材料信息；（b）构件设计验算信息

$$e_0 = \frac{M_2}{N} \tag{4-13}$$

当 $e_0/r_c > 1.55$ 时，

$$\varphi_e = \frac{0.3}{\dfrac{e_0}{r_c} - 0.4} \tag{4-14}$$

式中：e_0——柱端轴向压力偏心距之较大者；

r_c——核心混凝土横截面半径；

M_2——柱端弯矩设计值的较大者；

N——轴向压力设计值。

由式（4-12）、式（4-14）可知，随着轴向压力偏心率 e_0/r_c 增大，考虑偏心率影响的承载力折减系数 φ_e 就会变小。表 4-14 为轴向压力偏心率 e_0/r_c 与承载力折减系数 φ_e 关系。

轴向压力偏心率 e_0/r_c 与承载力折减系数 φ_e 关系　　　　表 4-14

e_0/r_c	0.2	0.4	0.6	0.8	1.0	1.2	1.4	1.55	1.6	1.8	2.0
φ_e	0.730	0.575	0.474	0.403	0.351	0.311	0.279	0.259	0.25	0.214	0.188

本算例中，柱端弯矩设计值的较大者：

$M_2 = 425.28 \text{kN} \cdot \text{m}$

轴向压力设计值：

$N = 278.2 \text{kN}$

柱端轴向压力偏心距之较大者：

$$e_0 = \frac{M_2}{N} = \frac{425.28 \times 10^6}{278.2 \times 10^3} \approx 1528.68 (\text{mm})$$

核心混凝土横截面半径：

$r_c = 756/2 = 378 (\text{mm})$

轴向压力偏心率：

$e_0/r_c = 1528.68/378 \approx 4.04$

与软件输出结果一致。

$e_0/r_c > 1.55$，钢管混凝土柱考虑偏心率影响的承载力折减系数：

$$\varphi_e = \frac{0.3}{\dfrac{e_0}{r_c} - 0.4} = \frac{0.3}{4.04 - 0.4} = 0.082$$

钢管的横截面面积：

$A_a = 53771.5 \text{mm}^2$

钢管内的核心混凝土横截面面积：

$A_c = 448883.3 \text{mm}^2$

钢管的抗拉、抗压强度设计值：

$f_a = 295 \text{N/mm}^2$

核心混凝土的抗压强度设计值：

$f_c = 19.1 \text{N/mm}^2$

钢管混凝土的套箍指标:

$$\theta = \frac{A_a f_a}{A_c f_c} = \frac{53771.5 \times 295}{448883.3 \times 19.1} \approx 1.85 > [\theta] = 1.0$$

钢管混凝土轴心受压短柱的承载力设计值:

$$N_0 = 0.9 A_c f_c (1 + \sqrt{\theta} + \theta) = 0.9 \times 448883.3 \times 19.1 \times (1 + \sqrt{1.85} + 1.85)$$
$$\approx 32486.77 \text{(kN)}$$

柱两端弯矩设计值的绝对值较小者 M_1 与绝对值较大者 M_2 的比值偏保守地取 $\beta = 1.0$,对无侧移框架柱,需考虑柱身弯矩分布梯度影响的等效长度系数:

$$k = 0.5 + 0.3\beta + 0.2\beta^2 = 1.0$$

考虑柱端约束条件的计算长度系数:

$$\mu = \mu_x = 0.93$$

柱的等效计算长度:

$$L_e = \mu k L = 0.93 \times 1.0 \times 4400 = 4092 \text{(mm)}$$

$L_e/D = 4092/800 = 5.115 > 4$,钢管混凝土柱考虑长细比影响的承载力折减系数:

$$\varphi_l = 1 - 0.115\sqrt{L_e/D - 4} = 0.879$$

钢管混凝土单肢柱的轴向受压承载力设计值:

$$N_u = \varphi_l \varphi_e N_0 = 0.879 \times 0.082 \times 32488.38 \approx 2341.58 \text{(kN)}$$

地震作用组合,钢管混凝土构件的承载力抗震调整系数:

$$\gamma_{RE} = 0.80$$

地震设计状况,钢管混凝土单肢柱的轴向受压承载力设计值:

$$N_u/\gamma_{RE} = 2341.58/0.80 \approx 2926.98 \text{(kN)}$$

与软件输出的结果 3191.87kN 略有差异,原因是柱两端弯矩设计值的绝对值较小者 M_1 与绝对值较大者 M_2 的比值 $\beta = 1.0$ 与软件计算出结果的不一致。

《高层建筑混凝土结构技术规程》JGJ 3—2010 第 11.4.9 条第 6 款规定轴向压力偏心率 e_0/r_c 不宜大于 1.0。但是附录 F.1.3 又给出了偏心率 $e_0/r_c > 1.55$ 的承载力折减系数公式。一些高层建筑,顶部若干楼层轴力 N 变小,导致柱端轴向压力偏心距 e_0 变大,轴向压力偏心率变大。如果要调整偏心率 e_0/r_c 使其小于 1.0,必须增大钢管混凝土柱的截面。

针对规范规定轴向压力偏心率 e_0/r_c 不宜大于 1.0,作者的理解是,《高层建筑混凝土结构技术规程》JGJ 3—2010 规定钢管混凝土柱偏心率不宜大于 1.0 主要是从结构设计的经济性方面考虑的,如果偏心率过大,那么承载力折减系数就会较小,这样一来柱截面就会不经济。所以作者认为钢管混凝土柱偏心率不宜大于 1.0 这一规定应该是可以突破的。

作者曾就这一问题与《高层建筑混凝土结构技术规程》JGJ 3—2010 主要编制人员沟通,规范主要编制人员认为轴向压力偏心率 e_0/r_c "不宜"大于 1.0 属于提示性的规定,轴向压力偏心率大于 1.0 表示此时钢管混凝土的受力效率已经不高了,但并不是丧失了承载力,因此规范在钢管混凝土柱承载力计算时也给出了承载力折减的公式。所以,到顶部楼层加大钢管混凝土柱截面以满足"轴向压力偏心率 e_0/r_c 不宜大于 1.0"这条规定要求是没有必要的。但如果变成纯钢管柱也能满足承载力要求,也是一个合理的方法。

值得注意的是,《钢管混凝土结构技术规范》GB 50936—2014、《组合结构设计规范》

JGJ 138—2016 中圆钢管混凝土柱章节，均没有"轴向压力偏心率不宜大于 1.0"的规定。而且与《高层建筑混凝土结构技术规程》JGJ 3—2010 相比较，在《钢管混凝土结构技术规范》GB 50936—2014、《组合结构设计规范》JGJ 138—2016 中，当 $e_0/r_c > 1.55$ 时，钢管混凝土柱考虑偏心率影响的承载力折减系数调整为：

$$\varphi_e = \frac{1}{3.92 - 5.16\varphi_1 + \varphi_1 \dfrac{e_0}{0.3 r_c}} \tag{4-15}$$

综上所述，针对顶部楼层钢管混凝土柱轴向压力偏心率大于 1.0，如果钢管混凝土柱承载能力满足要求，没有必要加大钢管混凝土柱截面，使轴向压力偏心率小于 1.0。

4.11 矩形钢管混凝土柱，下部楼层不提示"强柱弱梁"超限，但是为什么屋面层提示"强柱弱梁"超限？

某三层体育馆采用矩形钢管混凝土框架结构，矩形钢管混凝土柱结构平面布置及剖面图见图 4-33，用 YJK 软件进行计算分析，三层矩形钢管混凝土柱软件不提示"强柱弱梁"超限，三层矩形钢管混凝土柱设计验算信息见图 4-34，但是屋面层矩形钢管混凝土柱软件提示"强柱弱梁"超限，屋面层矩形钢管混凝土柱设计验算信息见图 4-35。

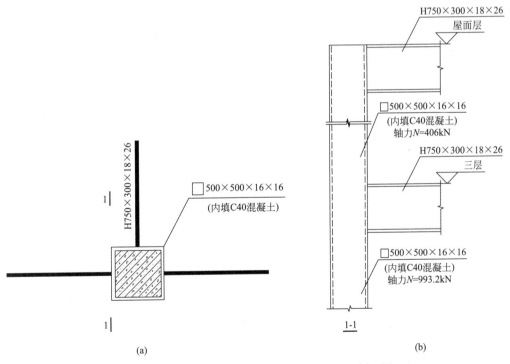

图 4-33 矩形钢管混凝土柱结构平面布置图及剖面图
(a) 平面布置图；(b) 剖面图

下面手工复核三层、屋面层矩形钢管混凝土柱 Y 方向的"强柱弱梁"（见表 4-15）。

```
─────────────────────────────────────────────
N-C=18  (I=2000021, J=1000021)(14)B*H*U*T*D*F(mm)=500*500*500*500*16*16
Cx=1.85 Cy=2.33 Lcx=3.60(m) Lcy=3.60(m) Nfc=2 Nfc_gz=2 Rcc=40.0 Rsc=355
矩形钢管砼柱 C40 Q355
livec=1.000
  η mu=1.500    η vu=1.950    η md=1.500    η vd=1.950
(30)Nu=   -1348.4 Uc= 0.10
(27)Nu=    -993.2 Px=     0.45
(27)Nu=    -993.2 Py=     0.61
(28)Mx=    -520.2 My=    284.2 N=   -1237.5 R_F1=      0.427 < 1/γ =    1.250
(28)Mx=    -511.4 My=    273.7 N=   -1326.4 R_F2=      0.403 < 1/γ =    1.250
(28)Mx=    -511.4 My=    273.7 N=   -1326.4 R_F3=      0.411 < 1/γ =    1.250
(27)Vx=     208.7 R_F4=      0.080 < 1/γ =     1.250
(30)Vy=    -443.1 R_F5=      0.169 < 1/γ =     1.250
长细比: Rmdx=32.8 Rmdy=41.2 Rmd_max=80.0
管壁宽厚比: b/tf=31.25 < b/tf_max=48.82
管壁高厚比: hw/tw=31.25 < hw/tw_max=48.82
混凝土工作承担系数: α c=0.31 < α c_max=0.40

抗剪承载力: CB_XF=   1478.39  CB_YF=   1556.20
```

图 4-34　三层矩形钢管混凝土柱设计验算信息

```
─────────────────────────────────────────────
N-C=12  (I=3000021, J=2000021)(14)B*H*U*T*D*F(mm)=500*500*500*500*16*16
Cx=1.65 Cy=2.22 Lcx=3.60(m) Lcy=3.60(m) Nfc=2 Nfc_gz=2 Rcc=40.0 Rsc=355
矩形钢管砼柱 C40 Q355
livec=1.000
  η mu=1.000    η vu=1.300    η md=1.500    η vd=1.950
(30)Nu=    -536.9 Uc= 0.04
(27)Nu=    -406.0 Px=     0.67
**(27)Nu=    -406.0 Py=     1.22                 《矩形钢管规程》6.3.3
(30)Mx=    -612.2 My=     25.3 N=    -536.9 R_F1=      0.339 < 1/γ =    1.250
(30)Mx=    -612.2 My=     25.3 N=    -536.9 R_F2=      0.336 < 1/γ =    1.250
(30)Mx=    -612.2 My=     25.3 N=    -536.9 R_F3=      0.287 < 1/γ =    1.250
(28)Vx=    -104.6 R_F4=      0.040 < 1/γ =     1.250
(30)Vy=    -347.7 R_F5=      0.133 < 1/γ =     1.250
长细比: Rmdx=29.2 Rmdy=39.3 Rmd_max=80.0
管壁宽厚比: b/tf=31.25 < b/tf_max=48.82
管壁高厚比: hw/tw=31.25 < hw/tw_max=48.82
混凝土工作承担系数: α c=0.31 < α c_max=0.40

抗剪承载力: CB_XF=   1430.70  CB_YF=   1556.20
```

图 4-35　屋面层矩形钢管混凝土柱设计验算信息

手工复核三层、屋面层矩形钢管混凝土柱 Y 方向的"强柱弱梁"　　　　表 4-15

内容	三层矩形钢管混凝土柱	屋面层矩形钢管混凝土柱
钢材的屈服强度 f_y	355N/mm^2	
钢管的截面面积 A_s	30976mm^2	
混凝土的抗压强度标准值 f_{ck}	26.8N/mm^2	
管内混凝土的截面面积 A_c	219024mm^2	
矩形钢管混凝土柱轴心受压时截面受压承载力标准值: $N_{uk}=f_yA_s+f_{ck}A_c$	16866.32kN	
框架柱管内混凝土受压区高度: $d_{nk}=\dfrac{A_s-2bt}{(b-2t)\dfrac{f_{ck}}{f_y}+4t}$	150.77mm	

内容	三层矩形钢管混凝土柱	屋面层矩形钢管混凝土柱
计算平面内交汇于节点的框架柱的全塑性受弯承载力标准值：$\sum M_{uk}=[0.5A_s(h-2t-d_{nk})+bt(t+d_{nk})]f_y$	4435.67kN·m	2217.84kN·m
钢梁塑性截面模量：$W_{pb}=Bt_f(H-t_f)+\dfrac{1}{4}(H-2t_f)^2t_w$	7839618mm³	
计算平面内交汇于节点的框架梁的全塑性受弯承载力标准值：$\sum M_{uk}^b=W_{pb}f_y$	2783.06kN·m	
强柱系数 η_c	1.0	
仅考虑弯矩，Y 方向梁、柱全塑性承载力之比：$P_y=\eta_c\sum M_{uk}^b/\sum M_{uk}$	0.63	1.26
混凝土的工作承担系数：$\alpha_c=\dfrac{f_cA_c}{fA_s+f_cA_c}$	0.40	
多遇地震作用组合的柱轴力设计值 N	993.2kN	406kN
考虑弯矩、轴力，Y 方向梁、柱全塑性承载力之比：$P_y=\eta_c\sum M_{uk}^b/\sum\left[\left(1-\dfrac{N}{N_{uk}}\right)\dfrac{M_{uk}}{1-\alpha_c}\right]$	0.40	0.77
综合考虑弯矩、轴力，Y 方向梁、柱塑性承载力之比：$P_y=\eta_c\sum M_{uk}^b/\sum M_{uk}$　$P_y=\eta_c\sum M_{uk}^b/\sum\left[\left(1-\dfrac{N}{N_{uk}}\right)\dfrac{M_{uk}}{1-\alpha_c}\right]$	0.63　0.40	1.26　0.77
YJK 软件输出的 Y 方向的梁、柱全塑性承载力之比	0.61	1.22

从表 4-15 的计算过程可以看出，三层梁、柱节点上、下均有柱，计算平面内交汇于节点的框架柱有两根；而屋面梁、柱节点，节点以上无柱，仅节点以下有柱，计算平面内交汇于节点的框架柱只有一根。因此，计算平面内交汇于节点的框架柱的全塑性受弯承载力标准值，三层梁、柱节点，是屋面层梁、柱节点的两倍。因此三层梁、柱节点更容易满足"强柱弱梁"的验算要求，而屋面梁、柱节点则不容易满足"强柱弱梁"的验算要求。

然而，屋面层矩形钢管混凝土柱轴压比仅为 0.04，即使不满足"强柱弱梁"的验算要求，也不会影响到柱的延性。

4.12　软件提示矩形钢管混凝土柱长细比超限，但是为什么取消矩形钢管混凝土柱内混凝土，将柱改为纯钢柱，软件就不提示长细比超限？

某矩形钢管混凝土框架结构，用 PKPM 软件进行计算分析。矩形钢管混凝土柱的钢管截面为□500×500×20×20，软件提示矩形钢管混凝土柱长细比超限，矩形钢管混凝土柱设计验算信息见图 4-36，取消矩形钢管混凝土柱内混凝土，将柱改为纯钢柱，软件就不提示长细比超限，钢柱设计验算信息见图 4-37。

构件设计验算信息

项目	内容
轴压比：	(9608) N=-322.0　　(9608)　N=-322.0　　Uc=0.02 ≤ 1.00 Uc=0.02 ≤ 1.00 《高规》11.4.10-6条给出轴压比限值
强度验算：	(72)　N=-318.65　Mx=-307.27　My=-127.60　F1/f=0.18
平面内稳定验算：	(72)　N=-318.65　Mx=-307.27　My=-127.60　F2/f=0.18
平面外稳定验算：	(72)　N=-318.65　Mx=-307.27　My=-127.60　F3/f=0.17
剪切强度比：	X向:(75)　　V=-70.88　　RXV=0.02 Y向:(90)　　V=80.36　　RYV=0.02 《矩形钢管混凝土结构技术规程》CECS 159-2004 6.3.4条：矩形钢管混凝土柱的剪力可假定由钢管管壁承受， 其剪切强度应同时满足下式要求 $V_x \le 2t(b-2t)f_v$ $V_y \le 2t(h-2t)f_v$
剪跨比：	Rmdw=7.50
X向长细比=	λx= 92.00 > 80.00
Y向长细比=	λy= 92.00 > 80.00 《高规》11.4.10-5条：方钢管混凝土柱的长细比不宜大于80
宽厚比=	b/tf= 25.00 ≤ 49.52 《高规》11.4.10-4条：钢管管壁板件边长与其厚度的比值不应大于$60\sqrt{235/f_y}$
高厚比=	h/tw= 25.00 ≤ 49.52 《高规》11.4.10-4条：钢管管壁板件边长与其厚度的比值不应大于$60\sqrt{235/f_y}$
混凝土承担系数：	0.10 ≤ 0.21 ≤ 0.40 《矩形钢管混凝土结构技术规程》CECS 159-2004 4.4.2、6.3.2条：矩形钢管混凝土受压构件中的混凝土 工作承担系数应控制在0.1-0.5之间，根据其轴压比和长细比确定限值。

超限类别(203)　方钢管混凝土柱长细比超限 ：Rmd= 92.00 > Rmd_max=80

图 4-36　矩形钢管混凝土柱设计验算信息

构件设计验算信息

Px:　x向梁与柱全塑性承载力比
Py:　y向梁与柱全塑性承载力比

项目	内容
轴压比：	(90)　N=-268.3　Uc=0.02
强度验算：	(72)　N=-265.02　Mx=-287.57　My=-122.79　F1/f=0.23
平面内稳定验算：	(72)　N=-265.02　Mx=-287.57　My=-122.79　F2/f=0.19
平面外稳定验算：	(63)　N=-254.24　Mx=38.03　My=-246.57　F3/f=0.15
X向长细比=	λx= 84.99 ≤ 99.04
Y向长细比=	λy= 84.99 ≤ 99.04 《抗规》8.3.1条：钢框架柱的长细比，一级不应大于$60\sqrt{\dfrac{235}{f_y}}$，二级不应大于$80\sqrt{\dfrac{235}{f_y}}$， 三级不应大于$100\sqrt{\dfrac{235}{f_y}}$，四级不应大于$120\sqrt{\dfrac{235}{f_y}}$ 《钢结构规范》GB50017-2003 5.3.8、5.3.9条给出构件长细比限值 程序最终限值取两者之较严值
宽厚比=	b/tf= 23.00 ≤ 33.01 《抗规》8.3.2条给出宽厚比限值 《钢结构规范》GB50017-2003 4.3.8条：箱形截面构件受压翼缘板在两腹板之间的无支承宽度与其厚度之比，应符合下式要求 $\dfrac{b_0}{t} \le 40\sqrt{\dfrac{235}{f_y}}$ 程序最终限值取两者的较严值
高厚比=	h/tw= 23.00 ≤ 33.01 《抗规》8.3.2条给出高厚比限值 《钢结构规范》GB50017-2003 5.4.3条给出箱形截面受压构件高厚比限值 程序最终限值取两者的较严值
钢柱强柱弱梁验算：	X向　(90)　N=-268.33　Px=0.31 Y向　(90)　N=-268.33　Py=0.31 《抗规》8.2.5-1条 钢框架节点左右梁端和上下柱端的全塑性承载力，除下列情况之一外，应符合下式要求： 柱所在楼层的受剪承载力比相邻上一层的受剪承载力高出25%； 柱轴压比不超过0.4，或$N_2 \le \phi A_c f$ (N_2为2倍地震作用下的组合轴力设计值) 与支撑斜杆相连的节点 等截面梁： $$\sum W_{pc}\left(f_{yc} - \frac{N}{A_c}\right) \ge \eta \sum W_{pb} f_{yb}$$ 端部翼缘变截面梁： $$\sum W_{pc}\left(f_{yc} - \frac{N}{A_c}\right) \ge \sum (\eta W_{pb1} f_{yb} + V_{pb} s)$$
受剪承载力：	CB_XF=636.27　CB_YF=636.27 《钢结构规范》GB50017-2003 9.2.3

图 4-37　钢柱设计验算信息

各规范关于钢管混凝土柱长细比的规定见表 4-16。

各规范关于钢管混凝土柱长细比的规定 表 4-16

规范	长细比规定	规范条文说明
《高层建筑混凝土结构技术规程》JGJ 3—2010	第 11.4.9、第 11.4.10 条规定,圆形钢管混凝土柱、矩形钢管混凝土柱长细比不宜大于 80	—
《钢管混凝土结构技术规范》GB 50936—2014	第 4.1.7 条规定,房屋框架柱,圆形钢管混凝土柱、矩形钢管混凝土柱长细比不宜大于 80	构件的容许长细比的规定是参照钢结构设计的规定采用的
《组合结构设计规范》JGJ 138—2016	第 8.1.4 条规定,圆形钢管混凝土框架柱和转换柱的等效计算长度与钢管外直径之比 L_e/D 不宜大于 20	对圆形钢管混凝土柱的等效计算长度与钢管外直径之比的限制相当于限制其长细比不宜大于 80
《矩形钢管混凝土结构技术规程》CECS 159:2004	第 4.4.4 条规定,矩形钢管混凝土构件的长细比容许值可按现行国家标准《钢结构设计规范》GB 50017 的规定采用	—

很显然,几本规范关于钢管混凝土柱长细比限值的规定,都参考了规范对钢柱长细比限值的规定。表 4-17 为钢框架柱长细比要求。

钢框架柱长细比要求 表 4-17

规范	长细比限值	规范条文说明
《建筑抗震设计规范》GB 50011—2010(2016 版)	第 8.3.1 条规定,框架柱的长细比,一级不应大于 $60\varepsilon_k$,二级不应大于 $80\varepsilon_k$,三级不应大于 $100\varepsilon_k$,四级不应大于 $120\varepsilon_k(\varepsilon_k=\sqrt{235/f_{ay}})$	框架柱的长细比关系到钢结构的整体稳定。研究表明,钢结构高度加大时,轴力加大,竖向地震对框架柱的影响很大
《高层民用建筑钢结构技术规程》JGJ 99—2015	第 7.2.2 条规定,轴心受压柱的长细比不宜大于 $120\varepsilon_k(\varepsilon_k=\sqrt{235/f_y})$	轴心受压柱一般为两端铰接,不参与抵抗侧向力的柱
	第 7.3.9 条规定,框架柱的长细比,一级不应大于 $60\varepsilon_k$,二级不应大于 $70\varepsilon_k$,三级不应大于 $80\varepsilon_k$,四级及非抗震设计不应大于 $100\varepsilon_k(\varepsilon_k=\sqrt{235/f_y})$	框架柱的长细比关系到钢结构的整体稳定。研究表明,钢结构高度加大时,轴力加大,竖向地震对框架柱的影响很大。本条规定比现行国家标准《建筑抗震设计规范》GB 50011 的规定严格
《钢结构设计标准》GB 50017—2017	第 7.4.6 条规定,轴心受压柱的长细比不宜超过 150。当杆件内力设计值不大于承载能力的 50% 时,容许长细比值可取 200	构件容许长细比的规定,主要是避免构件柔度太大,在本身自重作用下产生过大的挠度和运输、安装过程中造成弯曲,以及在动力荷载作用下发生较大振动。对受压构件来说,由于刚度不足产生的不利影响远比受拉构件严重

第 17.3.5 条规定,框架柱长细比宜符合下表要求

结构构件延性等级	V级	IV级	I级、II级、III级
$N_p/(Af_y)\leq0.15$	180	150	$120\varepsilon_k$
$N_p/(Af_y)>0.15$	$125[1-N_p/(Af_y)]\varepsilon_k$		

一般情况下,柱长细比越大、轴压比越大,则结构承载能力和塑性变形能力越小,侧向刚度降低,易引起整体失稳。遭遇强烈地震时,框架柱有可能进入塑性,因此有抗震设防要求的钢结构需要控制的框架柱长细比与轴压比相关。

表中长细比的限值与日本 AIJ《钢结构塑性设计指针》的要求基本等价

综合表 4-16、表 4-17 可以看出，相比于钢柱长细比的限值，规范对钢管混凝土柱长细比限值的规定有些偏于严格。对于本算例，矩形钢管混凝土柱轴压比仅为 0.02，应力比不到 0.20，如果为了满足规范钢管混凝土柱长细比不大于 80 的规定，而增大钢管混凝土柱的截面，是非常不经济的做法。类比于《钢结构设计标准》GB 50017—2017 中钢结构抗震性能化设计的思路，我们可以按照"高承载力-低延性"的抗震设计思路，放松规范钢管混凝土柱长细比 80 的限值。参照《钢结构设计标准》GB 50017—2017 第 17.3.5 条，根据结构构件延性等级，对钢管混凝土柱长细比进行限制，是钢与混凝土组合结构类规范应该研究的方向。

4.13 圆钢管混凝土柱，为什么采用《高层建筑混凝土结构技术规程》JGJ 3—2010、《钢管混凝土结构技术规范》GB 50936—2014 第 6 章、《组合结构设计规范》JGJ 138—2016 计算时承载力不超限，而采用《钢管混凝土结构技术规范》GB 50936—2014 第 5 章计算时承载力超限？

图 4-27 中第 7 层圆钢管混凝土柱 Z2，钢管截面 D1000×20，内置 C60 混凝土，采用 PKPM 软件计算。PKPM 软件在设计圆钢管混凝土柱时，有四本规范可以选择，分别是：《高层建筑混凝土结构技术规程》JGJ 3—2010、《钢管混凝土结构技术规范》GB 50936—2014、《钢管混凝土结构技术规范》GB 50936—2014、《组合结构设计规范》JGJ 138—2016，PKPM 软件圆钢管混凝土柱设计规范版本见图 4-38。

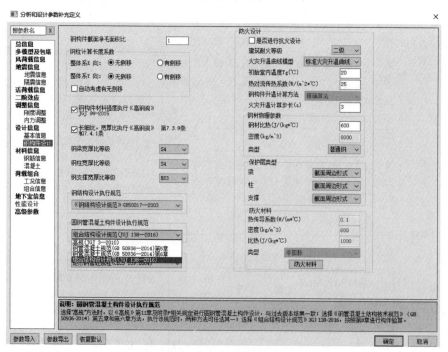

图 4-38　PKPM 软件圆钢管混凝土柱设计规范版本

　　选用《高层建筑混凝土结构技术规程》JGJ 3—2010、《钢管混凝土结构技术规范》GB 50936—2014、《组合结构设计规范》JGJ 138—2016、《钢管混凝土结构技术规范》GB 50936—2014 四本规范设计验算信息的计算结果见图 4-39。

　　目前圆钢管混凝土构件存在的三种计算理论：以蔡绍怀[13]、[14]、[15] 为代表的结合极限平衡理论和实验方法推导的"极限平衡理论"，以钟善桐[16]、[17] 为代表的利用合成法推导的"钢管混凝土统一理论"，以韩林海[18]、[19]、[20] 为代表的采用有限元法推导的计算理论。

　　《高层建筑混凝土结构技术规程》JGJ 3—2010、《钢管混凝土结构技术规范》GB 50936—2014、《组合结构设计规范》JGJ 138—2016 三本规范中，圆钢管混凝土的设计方法均为基于实验的极限平衡理论。蔡绍怀最早提出基于实验的极限平衡理论，其主要特点是：

　　（1）不以柱的某一临界截面作为考察对象，而以整长的钢管混凝土柱，即所谓单元柱，作为考察对象，视之为结构体系的基本元件。

　　（2）应用极限平衡理论中的广义应力和广义应变概念，在试验观察的基础上，直接探讨单元柱在轴力 N 和柱端弯矩 M 这两个广义应力共同作用下的广义屈服条件。

项目	内容
轴压比：	(0)　N=-41436.1　　Uc=1.09
长度系数：	Cx=0.96　　Cy=0.90
轴向受压承载力验算：	(15)　M=1154.82　　N=35388.41 ≤ Nu=42052.40
	《高规》附录F.1.1：钢管混凝土单肢柱的轴向受压承载力应满足下列公式规定：
	持久、短暂设计状况　　$N \le Nu$
	地震设计状况　　$N \le \dfrac{Nu}{\gamma_{RE}}$
长径比：	Lo/D= 3.74 ≤ 20.00
	《钢管混凝土结构技术规程》CECS 28-2012 4.1.8-5条：钢管混凝土构件的长径比（Lo/D）不宜大于20
径厚比：	D/T= 16.51 ≤ 50.00　　≤ 82.53
	《高规》11.4.9-3条：钢管外径与壁厚的比值D/t宜在 $\left(20 \sim 100\right)\sqrt{\dfrac{235}{f_y}}$ 之间
套箍指数：	$0.50 \le \dfrac{f_a A_a}{f_c A_c}$=0.91 ≤ 2.50
	《高规》11.4.9-4条：圆钢管混凝土柱的套箍指标 $\dfrac{f_a A_a}{f_c A_c}$，不应小于0.5，也不宜大于2.5
轴压偏心率：	$\dfrac{e_0}{r_c}$=0.07 ≤1.00
	《高规》11.4.9-6条：圆钢管混凝土柱的轴向压力偏心率 $\dfrac{e_0}{r_c}$ 不宜大于1.0。
拉弯验算：	N<0　N/Nut+M/Mu=0
	《高规》附录F.1.7：钢管混凝土单肢柱的拉弯承载力应满足下列规定：
	$\dfrac{N}{N_{ut}} + \dfrac{M}{M_u} \le 1$
	$N_{ut} = A_a F_a$　　　　$M_u = 0.3 \gamma_c N_0$
抗剪验算：	(40)　V=2394.29　　N=-8891.94　V/Vu=0.15
	《高规》附录F.1.8：当钢管混凝土单肢柱的剪跨a小于柱子直径的两倍时，
	柱的横向受剪承载力应符合下式规定：
	$V \le \left(V_0 + 0.1 N^{*}\right)\left(1 - 0.45\sqrt{\dfrac{a}{D}}\right)$
X向长细比=	λ x= 13.39 ≤ 80.00
Y向长细比=	λ y= 12.61 ≤ 80.00
	《高规》11.4.9-5条：圆钢管混凝土柱的长细比不宜大于80。

(a)

图 4-39　四本规范设计验算信息的计算结果（一）

（a）采用《高层建筑混凝土结构技术规程》JGJ 3—2010 设计验算信息

项目	内容
轴压比：	(0) N=-41436.1 Uc=1.09
长度系数：	Cx=0.96 Cy=0.90
轴向受压承载力验算：	(15) M=1154.82 N=35388.41 ≤ Nu=42055.30
	《钢管混凝土结构技术规范》6.1.1条：钢管混凝土单肢柱的轴向受压承载力应满足下列公式规定： 持久、短暂设计状况： $N \leq Nu$ 地震设计状况 $N \leq \dfrac{Nu}{\gamma_{RE}}$
径厚比：	D/T= 50.00 ≤ 91.96
	《钢管混凝土结构技术规范》4.1.6条：对受压为主的钢管混凝土构件，圆形截面的钢管外径与壁厚之比D/t不应大于 $135\dfrac{235}{f_y}$
套箍指数：	$0.50 \leq \dfrac{f_a A_a}{f_c A_c} = 0.91 \leq 2.00$
	《钢管混凝土结构技术规范》4.3.2条：实心钢管混凝土构件套箍系数 $\dfrac{f_a A_a}{f_c A_c}$ 宜为0.5~2.0
拉弯验算：	N<0 N/Nut+M/Mu=0
	《钢管混凝土结构技术规范》6.1.8条：钢管混凝土单肢柱的拉弯承载力应满足下列规定： $\dfrac{N}{N_{ut}} + \dfrac{M}{M_u} \leq 1$ $N_{ut} = A_s f$ $M_u = 0.3 \gamma_m N_0$
抗剪验算：	(40) V=2394.29 N=-8891.94 V/Vu=0.15
	《钢管混凝土结构技术规范》6.2.2条：钢管混凝土单肢柱的横向受剪承载力设计值应按下列公式计算： $V \leq \left(V_0 + 0.1N'\right)\left(1 - 0.45\sqrt{\dfrac{a}{D}}\right)$
X向长细比=	λx= 13.39 ≤ 80.00
Y向长细比=	λy= 12.61 ≤ 80.00
	《钢管混凝土结构技术规范》4.1.7条：钢管混凝土柱的长细比限值为80

(b)

项目	内容
轴压比：	(0) N=0.0 Uc=0.00
长度系数：	Cx=0.96 Cy=0.90
轴向受压承载力验算：	(15) M=1154.82 N=35388.41 ≤ Nu=42055.30
	《组合结构设计规范》8.2.1、8.2.3条：圆钢管混凝土柱的正截面受压承载力应符合下列规定： 持久、短暂设计状况 $N \leq Nu$ 地震设计状况 $N \leq \dfrac{Nu}{\gamma_{RE}}$
长径比：	Lo/D= 3.74 ≤ 20.00
	《组合结构设计规范》8.1.4条：圆形钢管混凝土框架柱与转换柱的等效计算长度与钢管外直径之比 L_{eo}/D 不宜大于20
径厚比：	D/T= 50.00 ≤ 91.96
	《组合结构设计规范》8.1.3条：圆形钢管混凝土框架柱和转换柱的钢管外直径与钢管壁厚之比D/t应符合下式规定： $D/t \leq 135(235/f_{ak})$
套箍指数：	$0.50 \leq \dfrac{f_a A_a}{f_c A_c} = 0.91 \leq 2.50$
	《组合结构设计规范》8.1.2条：圆形钢管混凝土框架柱和转换柱套箍指标宜取0.5~2.5
拉弯验算：	N<0 N/Nut+M/Mu=0

项目	内容
	《组合结构设计规范》8.2.8条：圆形钢管混凝土偏心受拉框架柱和转换柱的正截面受拉承载力应符合下列公式的规定： 持久、短暂设计状况 $N \leq \dfrac{1}{\dfrac{1}{N_{ut}} + \dfrac{e_0}{M_u}}$ 地震设计状况 $N \leq \dfrac{1}{\gamma_{RE}}\left[\dfrac{1}{\dfrac{1}{N_{ut}} + \dfrac{e_0}{M_u}}\right]$
抗剪验算：	(16) V=1023.33 M=0.00 N=-16467.49 V/Vu=0.15
	《组合结构设计规范》8.2.10条：圆形钢管混凝土偏心受压框架柱和转换柱，当剪跨小于柱直径的两倍时，应验算斜截面受剪承载力。斜截面受剪承载力应符合下式规定： 持久、短暂设计状况 $V \leq \left[0.2f_c A_c(1+3\theta) + 0.1N\right]\left(1 - 0.45\sqrt{\dfrac{a}{D}}\right)$ 地震设计状况 $V \leq \dfrac{1}{\gamma_{RE}}[0.2f_c A_c(0.8+3\theta) + 0.1N](1 - 0.45\sqrt{\dfrac{a}{D}})$
X向长细比=	λx= 13.39 ≤ 80.00
Y向长细比=	λy= 12.61 ≤ 80.00
	《高规》11.4.9-5条：圆钢管混凝土柱的长细比不宜大于80。

(c)

图 4-39 四本规范设计验算信息的计算结果（二）

（b）采用《钢管混凝土结构技术规范》GB 50936—2014 第 6 章设计验算信息；

（c）采用《组合结构设计规范》JGJ 138—2016 设计验算信息

项目	内容
轴压比：	(0)　N=-41436.1　Uc=1.09
压弯验算：	(49)　M=2234.94　N=40346.33　Nu=46288.63
	$\dfrac{N}{N_u}+\dfrac{\beta_m M}{1.5 M_u\left(1-0.4 N/N'_E\right)}=1.01>1.00$
	《钢管混凝土结构技术规范》5.3.1-2条，只有轴心压力和弯矩作用时的压弯构件，应按下列公式计算：
	1) 当 $\dfrac{N}{N_u}\geq 0.255$时：$\dfrac{N}{N_u}+\dfrac{\beta_m M}{1.5 M_u\left(1-0.4 N/N'_E\right)}\leq 1$
	2) 当 $\dfrac{N}{N_u}<0.255$时：$-\dfrac{N}{(2.17 N_u)}+\dfrac{\beta_m M}{M_u\left(1-0.4 N/N'_E\right)}\leq 1$
径厚比：	D/T= 50.00 ≤ 91.96
	《钢管混凝土结构技术规范》4.1.6条：对受压为主的钢管混凝土构件，圆形截面的钢管外径与壁厚之比 D/t不应大于 $135\dfrac{235}{f_y}$
套箍指数：	$0.50\leq\dfrac{f_a A_a}{f_c A_c}=0.91\leq 2.00$
	《钢管混凝土结构技术规范》4.3.2条：实心钢管混凝土构件套箍系数 $\dfrac{f_a A_a}{f_c A_c}$ 宜为0.5~2.0
拉弯验算：	N<0　N/Nut+M/Mu=0
	《钢管混凝土结构技术规范》5.3.1-3条：当只有轴心拉力和拉弯作用时的拉弯构件，应按下式计算：
	$\dfrac{N}{N_{ut}}+\dfrac{M}{M_u}\leq 1$
	$N_{ut}=C_j A_s f$　　　$M_u=\gamma_m W_{sc} f_{sc}$
抗剪验算：	(40)　V=2394.29　N=-8891.94　V/Vu= 0.12
	《钢管混凝土结构技术规范》5.1.4条：钢管混凝土构件的受剪承载力设计值应按下列公式计算：
	$V\leq 0.71 f_{sv} A_{sc}$
X向长细比=	λ_x= 13.39 ≤ 80.00
Y向长细比=	λ_y= 12.61 ≤ 80.00
	《钢管混凝土结构技术规范》4.1.7条：钢管混凝土柱的长细比限值为80

超限类别(409)　圆钢管砼柱压弯验算超限 ：（ 49)M= 2235. N= -40346. Nuc= 46289. FN_N=
1.01>1.00

(d)

图 4-39　四本规范设计验算信息的计算结果（三）

(d) 采用《钢管混凝土结构技术规范》GB 50936—2014 第 5 章设计验算信息

这样做的好处是：可无需确定知道组成材料（钢管和核心混凝土）的本构关系；可避免探求钢管混凝土临界截面在非均匀应变下的应力分布图和对其进行积分等繁难程序；可绕过探求附加挠度和二阶力矩对临界截面极限强度的影响（即所谓 $P\text{-}\Delta$ 效应）这一从理论上和实验上都难于尽善处理的问题；同时可以较方便地统一描述钢管混凝土柱材料的强度破坏、失稳破坏（包括弹性失稳和非弹性失稳）和变形过大（例如挠度超过杆件跨长的 $1/50$）而不适于继续承载等三种破坏形态，从而可直接在实验观察的基础上，建立起简明实用的承载力计算公式和设计方法。影响钢管混凝土柱极限承载能力的主要因素，诸如钢管对核心混凝土的套箍强化、柱的长细比、荷载偏心率、柱端约束条件（转动和侧移）和沿柱身的弯矩分布梯度等，在计算中都可作出恰当的考虑。轴压柱和偏压柱、短柱和长柱都统一表达在整套计算公式中，手算即可完成，无需图表辅助，十分便捷。

将长径比 $L/D\leq 4$ 的钢管混凝土柱定义为短柱，可忽略其受压极限状态的压曲效应（即 $P\text{-}\Delta$ 效应）影响，其轴心受压的破坏荷载（最大荷载）记为 N_0，是钢管混凝土柱承载力计算的基础。短柱轴心受压极限承载力 N_0 的计算公式 $N_0=0.9 A_c f_c(1+\sqrt{\theta}+\theta)$、$N_0=0.9 A_c f_c(1+\alpha\theta)$ 是在总结国内外约 480 个试验资料的基础上，用极限平衡法得到的。

《钢管混凝土结构设计与施工规程》CECS 28：90 和《钢管混凝土结构技术规程》CECS 28：2012 中，圆钢管混凝土柱的设计方法也采用了极限平衡理论。

《高层建筑混凝土结构技术规程》JGJ 3—2010、《钢管混凝土结构技术规范》GB 50936—2014、《组合结构设计规范》JGJ 138—2016 三本规范关于圆钢管混凝土柱计算方法见表 4-18。

三本规范关于圆钢管混凝土柱计算方法　　　　　　　　　表 4-18

规范		《高层建筑混凝土结构技术规程》JGJ 3—2010	《钢管混凝土结构技术规范》GB 50936—2014	《组合结构设计规范》JGJ 138—2016
钢管混凝土轴心受压短柱的承载力设计值	$\theta \leqslant [\theta]$	$N_0 = 0.9A_c f_c (1 + \alpha\theta)$		
	$\theta > [\theta]$	$N_0 = 0.9A_c f_c (1 + \sqrt{\theta} + \theta)$		
钢管混凝土单肢柱的轴心受压承载力设计值		$N_u = \varphi_l \varphi_e N_0$、$\varphi_l \varphi_e \leqslant \varphi_0$		
钢管混凝土柱考虑偏心率影响的承载力折减系数	$e_0/r_c \leqslant 1.55$	$\varphi_e = \dfrac{1}{1 + 1.85 \dfrac{e_0}{r_c}}$、$e_0 = \dfrac{M_2}{N}$		
	$e_0/r_c > 1.55$	$\varphi_e = \dfrac{0.3}{\dfrac{e_0}{r_c} - 0.4}$	$\varphi_e = \dfrac{1}{3.92 - 5.16\varphi_l + \varphi_l \dfrac{e_0}{0.3r_c}}$	
钢管混凝土柱考虑长细比影响的承载力折减	$L_e/D > 30$	$\varphi_l = 1 - 0.115\sqrt{L_e/D - 4}$	$\varphi_l = 1 - 0.115\sqrt{L_e/D - 4}$	$\varphi_l = 1 - 0.115\sqrt{L_e/D - 4}$
	$4 < L_e/D \leqslant 30$		$\varphi_l = 1 - 0.226(L_e/D - 4)$	
	$L_e/D \leqslant 4$	1		
柱的等效计算长度		$L_e = \mu k L$		
钢管混凝土单肢柱的拉弯承载力		$\dfrac{N}{N_{ut}} + \dfrac{M}{M_u} \leqslant 1$、$N_{ut} = A_s f$、$M_{ut} = 0.3r_c N_0$		
钢管混凝土单肢柱的横向受剪承载力设计值（剪跨小于柱直径 D 的 2 倍时，应验算其斜截面受剪承载力）		$V_u = (V_0 + 0.1N')(1 - 0.45\sqrt{\dfrac{a}{D}})$ $V_0 = 0.2A_c f_c (1 + 3\theta)$		

下面手工复核《高层建筑混凝土结构技术规程》JGJ 3—2010 计算的圆钢管混凝土柱 Z2 计算结果。

柱端弯矩设计值的较大者：

$M_2 = 1154.82 \text{kN} \cdot \text{m}$

轴向压力设计值：

$N = 35388.4 \text{kN}$

柱端轴向压力偏心距的较大者：

$$e_0 = \frac{M_2}{N} = \frac{1154.82 \times 10^6}{35388.4 \times 10^3} \approx 32.63 (\text{mm})$$

核心混凝土横截面半径：

$r_c = 960/2 = 480 (\text{mm})$

轴向压力偏心率：

$e_0/r_c = 32.63/480 = 0.068 < 1.55$

钢管混凝土柱考虑偏心率影响的承载力折减系数：

$$\varphi_e = \cfrac{1}{1 + 1.85 \cfrac{e_0}{r_c}} = \cfrac{1}{1 + 1.85 \times 0.068} \approx 0.89$$

钢管的横截面面积：

$A_a = 61575.22 \text{mm}^2$

钢管内的核心混凝土横截面面积：

$A_c = 723822.94 \text{mm}^2$

钢管的抗拉、抗压强度设计值：

$f_a = 295 \text{N/mm}^2$

核心混凝土的抗压强度设计值：

$f_c = 27.5 \text{N/mm}^2$

钢管混凝土的套箍指标：

$$\theta = \frac{A_a f_a}{A_c f_c} = \frac{61575.22 \times 295}{723822.94 \times 27.5} \approx 0.91 < [\theta] = 1.56$$

C60 混凝土，与混凝土强度等级有关的系数：

$\alpha = 1.8$

钢管混凝土轴心受压短柱的承载力设计值：

$$N_0 = 0.9 A_c f_c (1 + \alpha\theta) = 0.9 \times 723822.94 \times 27.5 \times (1 + 1.8 \times 0.91) \times 10^{-3}$$
$$\approx 47258.76 (\text{kN})$$

柱两端弯矩设计值的绝对值较小者 M_1 与绝对值较大者 M_2 的比值偏保守地取 $\beta = 1.0$，对无侧移框架柱，考虑柱身弯矩分布梯度影响的等效长度系数：

$k = 0.5 + 0.3\beta + 0.2\beta^2 = 1.0$

考虑柱端约束条件的计算长度系数：

$\mu = \mu_x = 0.96$

柱的等效计算长度：

$L_e = \mu k L = 0.96 \times 1.0 \times 3900 = 3744 (\text{mm})$

$L_e/D = 3744/1000 = 3.744 < 4$，钢管混凝土柱考虑长细比影响的承载力折减系数：

$\varphi_l = 1$

钢管混凝土单肢柱的轴向受压承载力设计值：

$N_u = \varphi_l \varphi_e N_0 = 1 \times 0.89 \times 47258.76 \approx 42060.30 (\text{kN})$

与软件输出结果基本一致。

钢管混凝土柱受压应力比：

$N/N_u = 35388.41/42060.30 \approx 0.84$

横向集中荷载作用点至支座的距离：

$a = 0 < 2D = 2000 \text{mm}$

钢管混凝土单肢柱受剪时的承载力设计值：

$$V_0 = 0.2A_c f_c (1 + 3\theta) = 0.2 \times 723822.94 \times 27.5 \times (1 + 3 \times 0.91) \times 10^{-3}$$
$$\approx 14849.23 (\text{kN})$$

与横向剪力设计值 V 对应的轴向力设计值：

$N' = 8891.94 \text{kN}$

钢管混凝土单肢柱的横向受剪承载力设计值：

$$V_u = (V_0 + 0.1N')\left(1 - 0.45\sqrt{\frac{a}{D}}\right) = (14849.23 + 0.1 \times 8891.94) \times 1 \approx 15738.42 \text{kN}$$

钢管混凝土柱受剪应力比：

$V/V_u = 2394.29/15738.42 \approx 0.15$

与软件输出结果完全一致。

《钢管混凝土结构技术规范》GB 50936—2014 中圆钢管混凝土柱的计算采用了钟善桐"钢管混凝土统一理论"中的统一设计公式。钟善桐于 1978 年提出把钢管混凝土构件视为统一体，通过新的研究方法给出了组合构件视为统一体后的抗压极限强度标准值和设计值的计算公式、极限弯矩和抗剪强度的计算公式，开辟了研究钢管混凝土力学性能的新途径。统一理论把钢管混凝土看作是一种组合材料，研究它的组合工作性能。它的工作性能具有统一性、连续性和相关性。

"统一性"首先是钢材和混凝土两种材料的统一。把钢管和混凝土视为一种组合材料来看待，用组合性能指标来确定其承载力。其次是不同截面构件的承载力的计算是统一的。不论是实心或空心钢管混凝土构件，也无论是圆形、多边形还是正方形截面[17]，只要是对称截面，设计的公式都是统一的。

"连续性"反映钢管混凝土构件的性能变化是随着钢材和混凝土的物理参数，及构件的几何参数的变化而变化的，变化是连续的。

"相关性"反映钢管混凝土构件在各种荷载作用下，产生的应力之间存在着相关性。

下面手工复核《钢管混凝土结构技术规范》GB 50936—2014 计算的圆钢管混凝土柱 Z2 计算结果。

圆钢管混凝土柱弯矩设计值：

$M = 2234.94 \text{kN} \cdot \text{m}$

圆钢管混凝土柱轴心压力设计值：

$N = 40346.33 \text{kN}$

钢管内混凝土的面积：

$A_c = 723822.94 \text{mm}^2$

钢管的面积：

$A_s = 61575.22 \text{mm}^2$

钢管混凝土构件的含钢率：

$$\alpha_{sc} = \frac{A_s}{A_c} = \frac{61575.22}{723822.94} \approx 0.085$$

钢材的抗压强度设计值：

$f = 295 \text{N/mm}^2$

混凝土的抗压强度设计值：

$f_c = 27.5 \text{N/mm}^2$

钢管混凝土构件的套箍系数：

$$\theta = \alpha_{sc}\frac{f}{f_c} = 0.085 \times \frac{295}{27.5} \approx 0.912$$

截面形状对套箍效应的影响系数（实心圆形，查 GB 50936—2014 表 5.1.2）：

$B = 0.176f/213 + 0.974 = 0.176 \times 295/213 + 0.974 \approx 1.218$

$C = -0.104f_c/14.4 + 0.031 = -0.104 \times 27.5/14.4 + 0.031 \approx -0.168$

钢管混凝土抗压强度设计值：

$f_{sc} = (1.212 + B\theta + C\theta^2)f_c = 60.05(\text{N/mm}^2)$

钢管混凝土构件的截面面积：

$A_{sc} = A_s + A_c = 61575.22 + 723822.94 = 785398.16(\text{mm}^2)$

钢管混凝土短柱的轴心受压强度承载力设计值：

$N_0 = A_{sc}f_{sc} = 785398.16 \times 60.05 \times 10^{-3} \approx 47163.16(\text{kN})$

钢管混凝土构件的截面惯性矩：

$I_{sc} = I_s + I_c = 49087384375\text{mm}^4$

回转半径：

$$i_{sc} = \sqrt{\frac{I_{sc}}{A_{sc}}} = \sqrt{\frac{49087384375}{785398.16}} = 250(\text{mm})$$

取 x 方向计算长度，计算长细比（x 方向计算长度系数 0.96，y 方向计算长度系数 0.90）：

$$\lambda_{sc} = \frac{\mu H}{i_{sc}} = \frac{0.96 \times 3900}{250} \approx 14.98$$

钢管混凝土轴压弹性模量换算系数（Q345，查 GB 50936—2014 表 5.1.7）：

$k_E = 719.6$

钢管混凝土构件的弹性模量：

$E_{sc} = 1.3k_E f_{sc} = 1.3 \times 719.6 \times 60.05 \approx 56175.57(\text{N/mm}^2)$

构件正则长细比：

$$\overline{\lambda_{sc}} = \frac{\lambda_{sc}}{\pi}\sqrt{\frac{f_{sc}}{E_{sc}}} = \frac{14.98}{3.14} \times \sqrt{\frac{60.05}{56175.57}} \approx 0.156$$

轴心受压构件稳定系数：

$$\varphi = \frac{1}{2\overline{\lambda_{sc}}^2}[\overline{\lambda_{sc}}^2 + (1 + 0.25\overline{\lambda_{sc}}) - \sqrt{(\overline{\lambda_{sc}}^2 + 1 + 0.25\overline{\lambda_{sc}})^2 - 4\overline{\lambda_{sc}}^2}]$$

$$= \frac{1}{2 \times 0.156^2} \times [0.156^2 + (1 + 0.25 \times 0.156) - \sqrt{(0.156^2 + 1 + 0.25 \times 0.156)^2 - 4 \times 0.156^2}]$$

$$\approx 0.962$$

钢管混凝土柱轴心受压稳定承载力设计值：

$N_u = \varphi N_0 = 0.962 \times 47163.16 = 45370.96(\text{kN})$

与软件输出的 $N_u = 46288.63\text{kN}$ 基本一致。

实心圆形截面，塑性发展系数：

$\gamma_m = 1.2$

等效圆半径：

$$r_0 = \sqrt{bh/\pi} = \sqrt{450 \times 450/3.14} \approx 253.95(\text{mm})$$

空心半径：

$$r_{ci} = 0$$

受弯构件的截面模量：

$$W_{sc} = \frac{\pi(r_0^4 - r_{ci}^4)}{4r_0} = \frac{3.14 \times (500^4 - 0^4)}{4 \times 500} = 98125000(\text{mm}^3)$$

钢管混凝土构件的受弯承载力设计值

$$M_u = \gamma_m W_{sc} f_{sc} = 1.2 \times 98125000 \times 60.05 \times 10^{-6} \approx 7070.89(\text{kN} \cdot \text{m})$$

系数：

$$N_E' = \frac{\pi^2 E_{sc} A_{sc}}{1.1\lambda^2} = \frac{3.14^2 \times 56177.14 \times 785398.15}{1.1 \times 14.98^2} \times 10^{-3} \approx 1762351.3(\text{kN})$$

$$\frac{N}{N_u} = \frac{40346.33}{45372.23} \approx 0.89 > 0.255$$

等效弯矩系数：

$$\beta_m = 1.0$$

地震作用组合（49 号组合），钢管混凝土柱正截面承载力验算，承载力抗震调整系数（查 GB 50936—2014 表 4.2.4）：

$$\gamma_{RE} = 0.8$$

$$\gamma_{RE}\left[\frac{N}{N_u} + \frac{\beta_m M}{1.5M_u(1 - 0.4N/N_E')}\right]$$

$$= 0.8 \times \left[\frac{40346.33}{45372.23} + \frac{1.0 \times 2234.94}{1.5 \times 7070.89 \times (1 - 0.4 \times 40346.33/1762351.3)}\right]$$

$$\approx 0.88$$

与软件输出的 1.01 不符。

圆钢管混凝土柱剪力设计值：

$$V = 2394.29(\text{kN} \cdot \text{m})$$

钢管混凝土受剪强度设计值：

$$f_{sv} = 1.547 f \frac{\alpha_{sc}}{\alpha_{sc} + 1} = 1.547 \times 295 \times \frac{0.085}{0.085 + 1} \approx 35.75(\text{N/mm}^2)$$

地震作用组合（40 号组合），钢管混凝土柱斜截面承载力验算，承载力抗震调整系数（查 GB 50936—2014 表 4.2.4）：

$$\gamma_{RE} = 0.85$$

钢管混凝土构件的受剪承载力设计值：

$$V_u = \frac{1}{\gamma_{RE}}(0.71 f_{sv} A_{sc}) = \frac{1}{0.85} \times (0.71 \times 35.75 \times 785398.15) \approx 23453.37(\text{kN})$$

荷载/抗力：

$$V/V_u = 2394.29/23453.37 \approx 0.10$$

与软件输出的结果 $V/V_u = 0.12$ 基本一致。

福建省地方标准《钢管混凝土结构技术规程》DBJ 13-51—2003，圆钢管混凝土柱的计算采用了韩林海有限元法推导的计算理论。下面根据福建省地方标准《钢管混凝土结构技术规程》DBJ 13-51—2003 手工复核此圆钢管混凝土柱。

钢管内混凝土的面积：

$$A_c = 723822.94 \text{mm}^2$$

钢管的面积：

$$A_s = 61575.22 \text{mm}^2$$

钢管混凝土构件的含钢率：

$$\alpha_s = \frac{A_s}{A_c} = \frac{61575.22}{723822.94} \approx 0.085$$

钢材的抗压强度设计值：

$$f = 295 \text{N/mm}^2$$

混凝土的抗压强度设计值：

$$f_c = 27.5 \text{N/mm}^2$$

构件截面的约束效应系数设计值：

$$\xi_0 = \alpha_s \frac{f}{f_c} = 0.085 \times \frac{295}{27.5} = 0.912$$

钢材的抗压强度标准值：

$$f_y = 345 \text{N/mm}^2$$

混凝土的抗压强度标准值：

$$f_{ck} = 38.5 \text{N/mm}^2$$

构件截面的约束效应系数标准值：

$$\xi = \alpha_s \frac{f_y}{f_{ck}} = 0.085 \times \frac{345}{38.5} \approx 0.76$$

钢管混凝土组合轴压强度设计值：

$$f_{sc} = (1.14 + 1.02\xi_0)f_c = 56.95 (\text{N/mm}^2)$$

钢管混凝土构件的截面面积：

$$A_{sc} = A_s + A_c = 61575.22 + 723822.94 = 785398.16 (\text{mm}^2)$$

钢管混凝土轴心受压构件的强度承载力：

$$N_u = A_{sc} f_{sc} = 785398.16 \times 56.95 = 44728.43 (\text{kN})$$

圆钢管混凝土构件截面抗弯塑性发展系数：

$$\gamma_m = 1.1 + 0.48\ln(\xi + 0.1) = 1.03$$

钢管混凝土构件截面抗弯模量：

$$W_{sc} = \pi D^3 / 32 \approx 98174768.75 \text{mm}^3$$

钢管混凝土构件的受弯承载力设计值：

$$M_u = \gamma_m W_{sc} f_{sc} = 1.03 \times 98174768.75 \times 56.95 = 5758.78 (\text{kN} \cdot \text{m})$$

强度承载力验算：

因 $\xi = 0.76 > 0.4$，则：

$$\eta_0 = 0.1 + 0.14\xi^{-0.84} \approx 0.276$$

$$\frac{N}{N_u} = \frac{40346.33}{44728.43} \approx 0.902 > 2\eta_0 = 0.552$$

$$a = 1 - 2\eta_0 = 0.4483$$

等效弯矩系数：

$$\beta_m = 1.0$$

地震作用组合（49 号组合），钢管混凝土柱正截面承载力验算，承载力抗震调整系数（查 GB 50936—2014 表 4.2.4）：

$$\gamma_{RE} = 0.8$$

$$\gamma_{RE}\left(\frac{N}{N_u} + \frac{a\beta_m M}{M_u}\right)$$

$$= 0.8 \times \left(\frac{40346.33}{44728.43} + \frac{0.4483 \times 1.0 \times 2234.94}{5758.78}\right) \approx 0.86$$

稳定承载力验算：

弯矩作用平面内的轴心受压构件稳定系数，查《钢管混凝土结构技术规程》DBJ 13-51—2003 表 A-1：

$$\varphi = 0.9715$$

$$\frac{N}{N_u} = \frac{40346.33}{44728.43} \approx 0.902 > 2\varphi^3 \eta_0 = 0.506$$

$$a = 1 - 2\varphi^2 \eta_0 = 0.4793$$

圆钢管混凝土组合轴压弹性模量，查《钢管混凝土结构技术规程》DBJ 13-51—2003 表 4.0.6-1：

$$E_{sc} = 54210 \text{MPa}$$

欧拉临界力

$$N_E = \frac{\pi^2 E_{sc} A_{sc}}{\lambda^2} = \frac{3.14^2 \times 54210 \times 785398.15}{14.98^2} = 1870703464.98(\text{kN})$$

$$d = 1 - 0.4\left(\frac{N}{N_E}\right) = 0.991$$

地震作用组合（49 号组合），钢管混凝土柱正截面承载力验算，承载力抗震调整系数（查 GB 50936—2014 表 4.2.4）：

$$\gamma_{RE} = 0.8$$

$$\gamma_{RE}\left[\frac{N}{\varphi N_u} + \left(\frac{a}{d}\right)\frac{\beta_m M}{M_u}\right]$$

$$= 0.8 \times \left[\frac{40346.33}{0.9715 \times 44728.43} + \left(\frac{0.4793}{0.991}\right) \times \frac{1.0 \times 2234.94}{5758.78}\right] \approx 0.89$$

福建省地方标准《钢管混凝土结构技术规程》DBJ 13-51—2003 没有给出钢管混凝土柱的受剪验算公式。

从本算例的计算可以看出，韩林海有限元法推导的计算结果略大于钟善桐"钢管混凝土统一理论"的计算结果，钟善桐"钢管混凝土统一理论"的计算结果大于蔡绍怀基于实验的极限平衡理论。对于较重要的超高层建筑，结构工程师可以分别选用《高层建筑混凝土结构技术规程》JGJ 3—2010、《钢管混凝土结构技术规范》GB 50936—2014、《钢管混

凝土结构技术规范》GB 50936—2014、《组合结构设计规范》JGJ 138—2016 进行包络
计算。

4.14　矩形钢管混凝土柱，为什么采用《钢管混凝土结构技术规范》GB 50936—2014、《组合结构设计规范》JGJ 138—2016 计算时承载力不超限，而采用《矩形钢管混凝土结构技术规程》CECS 159：2004 计算时承载力超限？

某矩形钢管混凝土柱，截面 450mm×450mm×16mm，内置 C60 混凝土，采用 PK-PM 软件计算。PKPM 软件在设计矩形钢管混凝土柱时，有三本规范可以选择分别是，《矩形钢管混凝土结构技术规程》CECS 159：2004、《钢管混凝土结构技术规范》GB 50936—2014、《组合结构设计规范》JGJ 138—2016，PKPM 软件矩形钢管混凝土柱设计规范版本见图 4-40。

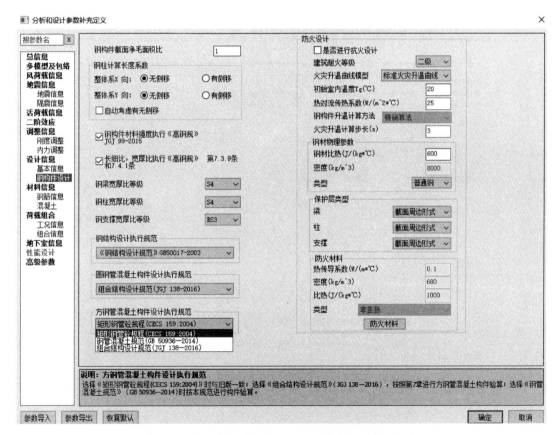

图 4-40　PKPM 软件矩形钢管混凝土柱设计规范版本

PKPM 软件矩形钢管混凝土柱设计验算信息见图 4-41。

下面分别采用《矩形钢管混凝土结构技术规程》CECS 159：2004、《钢管混凝土结构技术规范》GB 50936—2014、《组合结构设计规范》JGJ 138—2016 计算此矩形钢管混凝土柱。

（1）《矩形钢管混凝土结构技术规程》CECS 159：2004

1）弯曲正应力计算：

钢管内混凝土的截面面积：

$A_c = (450 - 2 \times 16)^2 = 174724 (\mathrm{mm}^2)$

钢管的截面面积：

$A_s = 450^2 - 174724 = 27776 (\mathrm{mm}^2)$

构件设计验算信息

项目	内容
轴压比：	(1) N=-1111.1 Uc=0.08 ≤ (1) N=-1111.1 Uc=0.08 ≤ 0.80 0.80 《高规》11.4.10-6条给出轴压比限值

项目	内容
强度验算：	(93) N=-1111.11 Mx=1571.34 My=785.08 P1/f=1.23
平面内稳定验算：	(93) N=-1111.11 Mx=1571.34 My=785.08 P2/f=1.12
平面外稳定验算：	(93) N=-1111.11 Mx=1571.34 My=785.08 P3/f=1.00
剪切强度比：	X向：(93) V=457.80 RXV=0.16 Y向：(93) V=-576.59 RYV=0.20 《矩形钢管混凝土结构技术规程》CECS 159-2004 6.3.4条：矩形钢管混凝土柱的剪力可假定由钢管管壁承受， 其剪切强度应同时满足下式要求 $V_x \le 2(b-2t)f_v$ $V_y \le 2(h-2t)f_v$
梁柱节点承载力：	X向：(63) N=0.00 RXM=0.41 Y向：(63) N=0.00 RYM=0.41 《矩形钢管混凝土结构技术规程》CECS 159-2004 6.3.3条：对抗震设防的框架柱，在框架任一节点处， 宜同时满足以下要求： $\sum \left(1 - \dfrac{N}{N_{uk}}\right) \dfrac{M_{uk}}{1 - \alpha_c} \ge \eta_c \sum M_{uk}^b$ $\sum M_{uk} \ge \eta_c \sum M_{uk}^b$
剪跨比：	Rmdw=6.89
X向长细比=	λx= 42.11 ≤ 80.00
Y向长细比	λy= 47.60 ≤ 80.00 《高规》11.4.10-5条：方钢管混凝土柱的长细比不宜大于80
宽厚比=	b/tf= 28.12 ≤ 49.52 《高规》11.4.10-4条：钢管管壁板件边长与其厚度的比值不应大于$60\sqrt{235/f_y}$
高厚比=	h/tw= 28.12 ≤ 49.52 《高规》11.4.10-4条：钢管管壁板件边长与其厚度的比值不应大于$60\sqrt{235/f_y}$
混凝土承担系数：	0.10 ≤ 0.36 ≤ 0.40 《矩形钢管混凝土结构技术规程》CECS 159-2004 4.4.2、6.3.2条：矩形钢管混凝土受压构件中的混凝土 工作承担系数应控制在0.1~0.5之间，根据其轴压比和长细比确定限值。
超限类别(305)	强度验算超限： (93)Mx= 1571. My= 785. N= -1111. R_F1= 1.23 > 1.0
超限类别(306)	面内稳定验算超限： (93)Mx= 1571. My= 785. N= -1111. R_F2= 1.12 > 1.0
超限类别(307)	面外稳定验算超限： (93)Mx= 1571. My= 785. N= -1111. R_F3= 1.00 > 1.0

(a)

图 4-41 PKPM 软件矩形钢管混凝土柱设计验算信息（一）

（a）采用《矩形钢管混凝土结构技术规程》CECS 159：2004 设计验算信息

构件设计验算信息

项目	内容
	(1)
轴压比：	N=-1111.1 (1) N=-1111.1 Uc=0.08 ≤ 0.80 Uc=0.08 ≤ 0.80 《钢管混凝土结构技术规范》4.3.10条给出轴压比限值

项目	内容
压弯验算：	(93) M=1571.34 N=-1111.11 Nu=12534.14

$$-\frac{N}{2.17N_u}+\frac{\beta_m M}{M_u\left(1-0.4N/N'_E\right)}=0.91\leq 1$$

《钢管混凝土结构技术规范》5.3.1-2条：只有轴心压力和弯矩作用时的压弯构件，应按下列公式计算：

1）当 $\dfrac{N}{N_u}\geq 0.255$ 时： $\dfrac{N}{N_u}+\dfrac{\beta_m}{1.5M_u\left(1-0.4N/N'_E\right)}\leq 1$

2）当 $\dfrac{N}{N_u}<0.255$ 时： $-\dfrac{N}{2.17N_u}+\dfrac{\beta_m M}{M_u\left(1-0.4N/N'_E\right)}\leq 1$

《钢管混凝土结构技术规范》5.3.1-3条：当只有轴心拉力和弯矩作用时的拉弯构件，应按下式计算：

$$\frac{N}{N_{ut}}+\frac{M}{M_u}\leq 1$$
$$N_{ut}=C_1A_af \qquad M_u=\gamma_m W_{sc}f_{sc}$$

抗剪验算：	(93) V=736.24 N=-1111.11 V/Vu=0.08

《钢管混凝土结构技术规范》5.1.4条：钢管混凝土构件的受剪承载力设计值应按下列公式计算：

$$V\leq 0.71f_{sv}A_{sc}$$

剪跨比：	Rmdw=6.89
X向长细比=	λx= 42.11 ≤ 80.00
Y向长细比	λy= 47.60 ≤ 80.00
	《高规》11.4.10-5条：方钢管混凝土柱的长细比不宜大于80
宽厚比=	b/tf= 28.12 ≤ 49.52
	《高规》11.4.10-4条:钢管管壁板件边长与其厚度的比值不应大于 $60\sqrt{235/f_y}$
高厚比=	h/tw= 28.12 ≤ 49.52
	《高规》11.4.10-4条:钢管管壁板件边长与其厚度的比值不应大于 $60\sqrt{235/f_y}$

(b)

构件设计验算信息

项目	内容
	(1)
轴压比：	N=-1111.1 (1) N=-1111.1 Uc=0.08 ≤ 0.75 Uc=0.08 ≤ 0.75 《组合结构设计规范》7.2.10条给出轴压比限值

项目	内容
轴向承载力验算（X向）：	(93) M=1571.34 N=-1111.11 Nu=9303.46 F1=0.83 ≤ 1.00
轴向承载力验算（Y向）：	(18) M=1129.14 N=-1347.92 Nu=11765.76 F2=0.76 ≤ 1.00
	《组合结构设计规范》7.2.2~7.2.6条给出矩形钢管混凝土柱轴向承载力的计算公式
抗剪验算（X向）：	(93) V=457.80 N=-1111.11 V/Vu=0.46
抗剪验算（Y向）：	(129) V=573.27 N=-940.24 V/Vu=0.58
	《组合结构设计规范》7.2.7、7.2.8条给出矩形钢管混凝土柱斜截面受剪承载力的计算公式
剪跨比：	Rmdw=6.89
X向长细比=	λx= 42.11 ≤ 80.00
Y向长细比	λy= 47.60 ≤ 80.00
	《高规》11.4.10-5条：方钢管混凝土柱的长细比不宜大于80
宽厚比=	b/tf= 28.12 ≤ 49.52
	《高规》11.4.10-4条:钢管管壁板件边长与其厚度的比值不应大于 $60\sqrt{235/f_y}$
高厚比=	h/tw= 28.12 ≤ 49.52
	《高规》11.4.10-4条:钢管管壁板件边长与其厚度的比值不应大于 $60\sqrt{235/f_y}$

(c)

图 4-41 PKPM 软件矩形钢管混凝土柱设计验算信息（二）

（b）采用《钢管混凝土结构技术规范》GB 50936—2014 设计验算信息；

（c）采用《组合结构设计规范》JGJ 138—2016 设计验算信息

Q345 钢材的抗压强度设计值：

$f = 305 \text{N/mm}^2$

C60 混凝土的抗压强度设计值：

$f_c = 27.5 \text{N/mm}^2$

矩形钢管混凝土受压构件中混凝土的工作承担系数：

$$\alpha_c = \frac{f_c A_c}{f A_s + f_c A_c} = \frac{27.5 \times 174724}{305 \times 27776 + 27.5 \times 174724} \approx 0.36$$

轴心受压时净截面受压承载力设计值：

$N_{un} = f A_{sn} + f_c A_c = (305 \times 27776 + 27.5 \times 174724) \times 10^{-3} = 13276.59 (\text{kN})$

管内混凝土受压区高度：

$$d_n = \frac{A_s - 2bt}{(b - 2t)\dfrac{f_c}{f} + 4t} = \frac{27776 - 2 \times 450 \times 16}{(450 - 2 \times 16) \times \dfrac{27.5}{305} + 4 \times 16} \approx 131.54 (\text{mm})$$

只有弯矩作用时净截面的受弯承载力设计值：

$$\begin{aligned} M_{un} &= [0.5 A_{sn}(h - 2t - d_n) + bt(t + d_n)] f \\ &= [0.5 \times 27776 \times (450 - 2 \times 16 - 131.54) + 450 \times 16 \times (16 + 131.54)] \times 305 \times 10^{-6} \\ &= 1537.40 (\text{kN} \cdot \text{m}) \end{aligned}$$

轴心压力设计值：

$N = 1111.11 \text{kN}$

弯矩设计值：

$M_x = 1571.34 \text{kN} \cdot \text{m}$，$M_y = 785.08 \text{kN} \cdot \text{m}$

因（93）组合为地震工况组合，承载力抗震调整系数（柱，查 CECS 159：2004 表 4.1.5）：

$\gamma_{RE} = 0.80$

代入 CECS 159：2004 公式（6.2.5-1）：

$$\gamma_{RE} \left[\frac{N}{N_{un}} + (1 - \alpha_c) \frac{M_x}{M_{unx}} + (1 - \alpha_c) \frac{M_y}{M_{uny}} \right]$$

$$= 0.80 \times \left[\frac{1111.11}{13276.59} + (1 - 0.36) \times \frac{1571.34}{1537.40} + (1 - 0.36) \times \frac{785.08}{1537.40} \right] \approx 0.85$$

代入 CECS 159：2004 公式（6.2.5-2）：

$$\gamma_{RE} \left(\frac{M_x}{M_{unx}} + \frac{M_y}{M_{uny}} \right) = 0.80 \times \left(\frac{1571.34}{1537.40} + \frac{785.08}{1537.40} \right) \approx 1.23$$

综上两式：弯曲正应力比值为 1.23。与软件输出结果一致。

2）x 向稳定应力计算：

轴心受压时截面受压承载力设计值：

$N_u = f A_s + f_c A_c = (305 \times 27776 + 27.5 \times 174724) \times 10^{-3} = 13276.59 (\text{kN})$

混凝土惯性矩：

$$I_c = \frac{1}{12} b_c h_c^3 = \frac{1}{12} \times 418 \times 418^3 \approx 2544039681 (\text{mm}^4)$$

混凝土面积：

$A_c = b_c h_c = 418 \times 418 = 174724 (\text{mm}^2)$

钢管惯性矩：

$I_s = 873147800 \text{mm}^4$

钢管面积：

$A_s = 27776 \text{mm}^2$

矩形钢管混凝土轴心受压构件截面的当量回转半径：

$$r_0 = \sqrt{\frac{I_s + I_c E_c / E_s}{A_s + A_c f_c / f}} = \sqrt{\frac{873147800 + 2544039681 \times 36000/206000}{27776 + 174724 \times 27.5/305}} \approx 173.99 (\text{mm})$$

矩形钢管混凝土轴心受压构件的长细比：

$$\lambda_x = \frac{l_{0x}}{r_0} = \frac{1.18 \times 6200}{173.99} = 42.05$$

轴心受压构件的相对长细比：

$$\lambda_{0x} = \frac{\lambda_x}{\pi} \sqrt{\frac{f_y}{E_s}} = \frac{42.05}{3.14} \times \sqrt{\frac{345}{206000}} \approx 0.548 > 0.215$$

轴心受压构件的稳定系数：

$$\varphi_x = \frac{1}{2\lambda_{0x}^2} \left[(0.965 + 0.3000\lambda_{0x} + \lambda_{0x}^2) - \sqrt{(0.965 + 0.3000\lambda_{0x} + \lambda_{0x}^2)^2 - 4\lambda_{0x}^2} \right]$$

$$= \frac{1}{2 \times 0.548^2} \times \left[(0.965 + 0.3000 \times 0.548 + 0.548^2) - \right.$$

$$\left. \sqrt{(0.965 + 0.3000 \times 0.548 + 0.548^2)^2 - 4 \times 0.548^2} \right]$$

$$\approx 0.852$$

因为是有侧移框架柱，故弯矩等效系数：

$\beta_x = \beta_y = 1.0$

欧拉临界力：

$$N_{Ex} = N_u \frac{\pi^2 E_s}{\lambda_x^2 f} = 13276.59 \times \frac{3.14^2 \times 206000}{42.05^2 \times 305} \approx 50001.29 (\text{kN})$$

系数：

$$N'_{Ex} = \frac{N_{Ex}}{1.1} = 45455.72 \text{kN}$$

代入 CECS 159：2004 公式（6.2.6-1）：

$$\gamma_{RE} \left[\frac{N}{\varphi_x N_u} + (1 - \alpha_c) \frac{\beta_x M_x}{\left(1 - 0.8 \frac{N}{N'_{Ex}}\right) M_{ux}} + \frac{\beta_y M_y}{1.4 M_{uy}} \right]$$

$$= 0.8 \times \left[\frac{1111.11}{0.852 \times 13276.59} + (1 - 0.36) \times \frac{1.0 \times 1571.34}{\left(1 - 0.8 \frac{1111.11}{45455.72}\right) \times 1537.40} + \right.$$

$$\left. \frac{1.0 \times 785.08}{1.4 \times 1537.40} \right] \approx 0.89$$

代入 CECS 159：2004 公式（6.2.6-2）：

$$\gamma_{RE}\left[\frac{\beta_x M_x}{\left(1-0.8\dfrac{N}{N'_{Ex}}\right)M_{ux}}+\frac{\beta_y M_y}{1.4M_{uy}}\right]$$

$$=0.8\times\left[\frac{1.0\times1571.34}{\left(1-0.8\times\dfrac{1111.11}{45455.72}\right)\times1537.40}+\frac{1.0\times785.08}{1.4\times1537.40}\right]\approx1.13$$

综上两式：x 方向稳定应力比值为 1.13。与软件输出结果一致。

3）y 方向稳定应力计算：

矩形钢管混凝土轴心受压构件的长细比：

$$\lambda_y=\frac{l_{0y}}{r_0}=\frac{1.34\times6200}{173.99}\approx47.75$$

轴心受压构件的相对长细比：

$$\lambda_{0y}=\frac{\lambda_y}{\pi}\sqrt{\frac{f_y}{E_s}}=\frac{47.75}{3.14}\times\sqrt{\frac{345}{206000}}\approx0.622>0.215$$

轴心受压构件的稳定系数：

$$\varphi_y=\frac{1}{2\lambda_{0y}^2}\left[(0.965+0.3000\lambda_{0y}+\lambda_{0y}^2)-\sqrt{(0.965+0.3000\lambda_{0y}+\lambda_{0y}^2)^2-4\lambda_{0y}^2}\right]$$

$$=\frac{1}{2\times0.622^2}\times\left[(0.965+0.3000\times0.622+0.622^2)\right.$$

$$\left.-\sqrt{(0.965+0.3000\times0.622+0.622^2)^2-4\times0.622^2}\right]$$

$$\approx0.818$$

因为是有侧移框架柱，故弯矩等效系数：

$$\beta_x=\beta_y=1.0$$

欧拉临界力：

$$N_{Ey}=N_u\frac{\pi^2 E_s}{\lambda_y^2 f}=13276.59\times\frac{3.14^2\times206000}{47.75^2\times305}=38776.31(kN)$$

系数：

$$N'_{Ey}=\frac{N_{Ey}}{1.1}=35251.19kN$$

代入 CECS 159：2004 公式（6.2.6-3）

$$\gamma_{RE}\left[\frac{N}{\varphi_y N_u}+\frac{\beta_x M_x}{1.4M_{ux}}+(1-\alpha_c)\frac{\beta_y M_y}{\left(1-0.8\dfrac{N}{N'_{Ey}}\right)M_{uy}}\right]$$

$$=0.8\times\left[\frac{1111.11}{0.818\times13276.59}+\frac{1.0\times1571.34}{1.4\times1537.40}+(1-0.36)\times\frac{1.0\times785.08}{\left(1-0.8\times\dfrac{1111.11}{35251.19}\right)\times1537.40}\right]$$

$$\approx0.93$$

代入 CECS 159：2004 公式（6.2.6-4）：

$$\gamma_{RE}\left[\frac{\beta_x M_x}{1.4M_{ux}}+\frac{\beta_y M_y}{\left(1-0.8\dfrac{N}{N'_{Ey}}\right)M_{uy}}\right]=0.8\times\left[\frac{1.0\times1571.34}{1.4\times1537.40}+\frac{1.0\times785.08}{\left(1-0.8\times\dfrac{1111.11}{35251.19}\right)\times1537.40}\right]\approx1.00$$

综上两式：y 方向稳定应力比值为 1.00，与软件输出结果一致。

4）抗剪承载力计算：

x 方向，矩形钢管混凝土柱中沿主轴最大剪力设计值：

$V_x = 457.80 \text{kN}$

代入 CECS 159：2004 公式（6.3.4-1）：

$2t(b-2t)f_v/\gamma_{RE} = 2 \times 16 \times (450 - 2 \times 16) \times 175/0.8 = 2926(\text{kN})$

荷载/抗力 $= 457.80/2926 = 0.16$，与软件输出结果一致。

y 方向，矩形钢管混凝土柱中沿主轴最大剪力设计值：

$V_y = 576.59 \text{kN}$

代入 CECS 159：2004 公式（6.3.4-2）：

$2t(h-2t)f_v/\gamma_{RE} = 2 \times 16 \times (450 - 2 \times 16) \times 175/0.8 \times 10^{-3} = 2926(\text{kN})$

荷载/抗力 $= 576.59/2926 \approx 0.20$，与软件输出结果一致。

《矩形钢管混凝土结构技术规程》CECS 159：2004 给出的承载力计算方法基于叠加理论，考虑钢管和混凝土共同工作，不考虑钢管对核心混凝土的约束效应，将钢管和核心混凝土两者承载力进行叠加作为构件整体承载力，这种方法从理论上来说偏于安全。

（2）《钢管混凝土结构技术规范》GB 50936—2014

1）压弯验算

矩形钢管混凝土柱弯矩设计值：

$M = 1571.34 \text{kN} \cdot \text{m}$

矩形钢管混凝土柱轴心压力设计值：

$N = 1111.11 \text{kN}$

钢管内混凝土的面积：

$A_c = (450 - 2 \times 16) \times (450 - 2 \times 16) = 174724(\text{mm}^2)$

钢管的面积：

$A_s = 450 \times 450 - 174724 = 27776(\text{mm}^2)$

钢管混凝土构件的含钢率：

$\alpha_{sc} = \dfrac{A_s}{A_c} = \dfrac{27776}{174724} \approx 0.16$

Q345 钢材的抗压强度设计值：

$f = 305 \text{N/mm}^2$

C60 混凝土的抗压强度设计值：

$f_c = 27.5 \text{N/mm}^2$

钢管混凝土构件的套箍系数：

$\theta = \alpha_{sc} \dfrac{f}{f_c} = 0.16 \times \dfrac{305}{27.5} \approx 1.77$

截面形状对套箍效应的影响系数（实心正方形，查 GB 50936—2014 表 5.1.2）：

$B = 0.131f/213 + 0.723 = 0.131 \times 305/213 + 0.723 = 0.91$

$C = -0.070f_c/14.4 + 0.026 = -0.070 \times 27.5/14.4 + 0.026 = -0.11$

钢管混凝土抗压强度设计值：

$$f_{sc} = (1.212 + B\theta + C\theta^2)f_c = 68.28 \text{N/mm}^2$$

钢管混凝土构件的截面面积:

$$A_{sc} = A_s + A_c = 27776 + 174724 = 202500 (\text{mm}^2)$$

钢管混凝土短柱的轴心受压强度承载力设计值:

$$N_0 = A_{sc}f_{sc} = 202500 \times 68.28 = 13826.7 (\text{kN})$$

钢管混凝土构件的截面惯性矩:

$$I_{sc} = I_s + I_c = 873147800 + 2544039681 = 3417187481 (\text{mm}^4)$$

回转半径:

$$i_{sc} = \sqrt{\frac{I_{sc}}{A_{sc}}} = \sqrt{\frac{3417187481}{202500}} = 129.90 (\text{mm})$$

取 y 方向计算长度计算长细比(y 方向计算长度系数 1.34, x 方向计算长度系数 1.18):

$$\lambda_{sc} = \frac{\mu H}{i_{sc}} = \frac{1.34 \times 6200}{129.90} = 63.96$$

钢管混凝土轴压弹性模量换算系数（Q345，查 GB 50936—2014 表 5.1.7）:

$$k_E = 719.6$$

钢管混凝土构件的弹性模量:

$$E_{sc} = 1.3k_E f_{sc} = 1.3 \times 719.6 \times 68.28 \approx 63874.57 (\text{N/mm}^2)$$

构件正则长细比:

$$\overline{\lambda_{sc}} = \frac{\lambda_{sc}}{\pi}\sqrt{\frac{f_{sc}}{E_{sc}}} = \frac{63.96}{3.14} \times \sqrt{\frac{68.28}{63874.57}} \approx 0.67$$

轴心受压构件稳定系数:

$$\varphi = \frac{1}{2\overline{\lambda_{sc}}^2}\left[\overline{\lambda_{sc}}^2 + (1 + 0.25\overline{\lambda_{sc}}) - \sqrt{(\overline{\lambda_{sc}}^2 + 1 + 0.25\overline{\lambda_{sc}})^2 - 4\overline{\lambda_{sc}}^2}\right]$$

$$= \frac{1}{2 \times 0.67^2} \times \left[0.67^2 + (1 + 0.25 \times 0.67) - \sqrt{(0.67^2 + 1 + 0.25 \times 0.67)^2 - 4 \times 0.67^2}\right]$$

$$\approx 0.794$$

钢管混凝土柱轴心受压稳定承载力设计值:

$$N_u = \varphi N_0 = 0.794 \times 13825.74 \approx 10977.64 (\text{kN})$$

与软件输出的 $N_u = 12534.14 \text{kN}$ 不一致。

实心构件，空心率:

$$\psi = 0$$

塑性发展系数:

$$\gamma_m = (1 - 0.5\psi)(-0.483\theta + 1.926\sqrt{\theta}) = (1 - 0.5 \times 0) \times (-0.483 \times 1.77 + 1.926 \times \sqrt{1.77}) \approx 1.71$$

等效圆半径:

$$r_0 = \sqrt{bh/\pi} = \sqrt{450 \times 450/3.14} = 253.95 (\text{mm})$$

空心半径:

$r_{ci} = 0$

受弯构件的截面模量：

$$W_{sc} = \frac{\pi(r_0^4 - r_{ci}^4)}{4r_0} = \frac{3.14 \times (253.95^4 - 0^4)}{4 \times 253.95} = 12856249.98(\text{mm}^3)$$

钢管混凝土构件的受弯承载力设计值：

$$M_u = \gamma_m W_{sc} f_{sc} = 1.71 \times 12856249.98 \times 68.28 = 1496.91(\text{kN} \cdot \text{m})$$

系数：

$$N'_E = \frac{\pi^2 E_{sc} A_{sc}}{1.1\lambda^2} = \frac{3.14^2 \times 63870.12 \times 202500}{1.1 \times 63.69^2} \approx 28578.99(\text{kN})$$

$$\frac{N}{N_u} = \frac{1111.11}{10977.64} \approx 0.10 < 0.255$$

等效弯矩系数：

$$\beta_m = 1.0$$

地震作用组合（93 号组合），钢管混凝土柱正截面承载力验算，承载力抗震调整系数（查 GB 50936—2014 表 4.2.4）：

$$\gamma_{RE} = 0.8$$

$$\gamma_{RE}\left[-\frac{N}{2.17N_u} + \frac{\beta_m M}{M_u(1 - 0.4N/N'_E)} \right]$$

$$= 0.8 \times \left[-\frac{1111.11}{2.17 \times 10977.64} + \frac{1.0 \times 1571.34}{1496.91 \times (1 - 0.4 \times 1111.11/27371.39)} \right] \approx 0.816$$

与软件输出的 0.91 不符。

2）受剪承载力验算

矩形钢管混凝土柱剪力设计值：

$$V = 736.24\text{kN} \cdot \text{m}$$

钢管混凝土受剪强度设计值：

$$f_{sv} = 1.547 f \frac{\alpha_{sc}}{\alpha_{sc} + 1} = 1.547 \times 305 \times \frac{0.16}{0.16 + 1} \approx 65.08(\text{N/mm}^2)$$

地震作用组合（93 号组合），钢管混凝土柱斜截面承载力验算，承载力抗震调整系数（查 GB 50936—2014 表 4.2.4）：

$$\gamma_{RE} = 0.85$$

钢管混凝土构件的受剪承载力设计值：

$$V_u = \frac{1}{\gamma_{RE}}(0.71 f_{sv} A_{sc}) = \frac{1}{0.85} \times (0.71 \times 64.72 \times 202500) \times 10^{-3} \approx 11008.09(\text{kN})$$

荷载/抗力：

$V/V_u = 736.24/11008.09 \approx 0.07$，与软件输出的 $V/V_u = 0.08$ 基本一致。

《钢管混凝土结构技术规范》GB 50936—2014 的计算方法基于统一理论，将钢管和混凝土总体视为一种组合新材料，在试验数据和大量数值分析的基础上，通过回归拟合得到一系列的组合材料力学性能指标，并用这些力学性能指标来计算构件承载力。这种方法充分考虑了钢管对核心混凝土的约束效应，理论上该方法的计算结果应与构件实际承载力最为接近。

但是，对于矩形截面构件，强轴和弱轴的抗弯性能存在较大差别，而《钢管混凝土结构技术规范》GB 50936—2014 并没有区分强轴和弱轴。

(3)《组合结构设计规范》JGJ 138—2016

《组合结构设计规范》JGJ 138—2016 大偏心受压柱计算参数示意图见图 4-42。

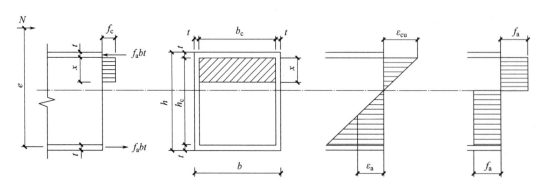

图 4-42 《组合结构设计规范》JGJ 138—2016 大偏心受压柱计算参数示意

1) 偏心受压框架柱正截面受压承载力：

矩形钢管内填混凝土的截面宽度：

$$b_c = b - 2t = 450 - 2 \times 16 = 418 \text{(mm)}$$

矩形钢管内填混凝土的截面高度：

$$h_c = h - 2t = 450 - 2 \times 16 = 418 \text{(mm)}$$

C60 混凝土，受压区混凝土压应力影响系数：

$$\alpha_1 = 0.98$$

受压区混凝土应力图形影响系数：

$$\beta_1 = 0.78$$

相对界限受压区高度：

$$\xi_b = \frac{\beta_1}{1 + \dfrac{f_a}{E_a \varepsilon_{cu}}} = \frac{0.78}{1 + \dfrac{310}{206000 \times 0.003}} \approx 0.519$$

偏心轴压比小于 0.15 的柱，承载力抗震调整系数：

$$\gamma_{RE} = 0.75$$

x 方向，地震作用组合，柱端较大弯矩设计值：

$$M = 1571.34 \text{(kN} \cdot \text{m)}$$

与弯矩设计值 M 相对应的轴向压力设计值：

$$N = 1111.11 \text{(kN)}$$

假定钢管混凝土柱为大偏压，由《组合结构设计规范》JGJ 138—2016 公式（7.2.3-3）：

$$N \leqslant \frac{1}{\gamma_{RE}} \left[\alpha_1 f_c b_c x + 2 f_a t \left(2 \frac{x}{\beta_1} - h_c \right) \right]$$ 求得混凝土等效受压区高度：

$$x = \frac{\gamma_{RE} N + 2 f_a t h_c}{\alpha_1 f_c b_c + 4 f_a t / \beta_1} = \frac{0.75 \times 1111.11 \times 10^3 + 2 \times 310 \times 16 \times 418}{0.98 \times 27.5 \times 418 + 4 \times 310 \times 16 / 0.78} \approx 135.69 \text{(mm)} \leqslant$$

$$\xi_b h_c = 0.519 \times 418 = 216.94 \text{(mm)}$$

钢管腹板轴向合力对受拉或受压较小端钢管翼缘钢板厚度中心的力矩：

$$M_{aw}=f_{a}t\frac{x}{\beta_{1}}\left(2h_{c}+t-\frac{x}{\beta_{1}}\right)-f_{a}t\left(h_{c}-\frac{x}{\beta_{1}}\right)\left(h_{c}+t-\frac{x}{\beta_{1}}\right)$$

$$=310\times16\times135.69/0.78\times(2\times418+16-135.69/0.78)-310\times16\times(418-135.69/0.78)\times(418+16-135.69/0.78)$$

$$\approx270286409.9(\mathrm{N\cdot mm})$$

轴力对截面重心的偏心距：

$$e_{0}=M/N=1571.34\times10^{3}/1111.11\approx1414.21(\mathrm{mm})$$

附加偏心距：

$$e_{a}=\max\{20,450/30\}=20(\mathrm{mm})$$

$$e_{i}=e_{0}+e_{a}=1414.21+20=1434.21(\mathrm{mm})$$

轴力作用点至矩形钢管远端翼缘钢板厚度中心的距离：

$$e=e_{i}+\frac{h}{2}-\frac{t}{2}=1434.21+\frac{450}{2}-\frac{16}{2}=1651.21(\mathrm{mm})$$

荷载：

$$Ne=1111.11\times1651.21/1000=1834.68(\mathrm{kN\cdot m})$$

抗力：

$$\frac{1}{\gamma_{RE}}\left[\alpha_{1}f_{c}b_{c}x(h_{c}+0.5t-0.5x)+f_{a}bt(h_{c}+t)+M_{aw}\right]$$

$$=\frac{1}{0.75}\times[0.98\times27.5\times418\times135.69\times(418+0.5\times16-0.5\times135.69)+310\times450\times16\times(418+16)+270286409.9]\times10^{-6}$$

$$=2381.92(\mathrm{kN\cdot m})$$

荷载/抗力=1834.68/2381.92≈0.77

与软件输出的 F1=0.83 不符。

y 方向，非地震作用组合，柱端较大弯矩设计值：

$$M=1129.14(\mathrm{kN\cdot m})$$

与弯矩设计值 M 相对应的轴向压力设计值：

$$N=1347.92(\mathrm{kN})$$

假定钢管混凝土柱为大偏压，由《组合结构设计规范》JGJ 138—2016 公式（7.2.3-1）：

$$N\leqslant\alpha_{1}f_{c}b_{c}x+2f_{a}t\left(2\frac{x}{\beta_{1}}-h_{c}\right)$$ 求得混凝土等效受压区高度：

$$x=\frac{N+2f_{a}th_{c}}{\alpha_{1}f_{c}b_{c}+4f_{a}t/\beta_{1}}=\frac{1347.92\times10^{3}+2\times310\times16\times418}{0.98\times27.5\times418+4\times310\times16/0.78}$$

$$=149.71(\mathrm{mm})\leqslant\xi_{b}h_{c}$$

$$=0.519\times418=216.94(\mathrm{mm})$$

钢管腹板轴向合力对受拉或受压较小端钢管翼缘钢板厚度中心的力矩：

$$M_{aw}=f_{a}t\frac{x}{\beta_{1}}\left(2h_{c}+t-\frac{x}{\beta_{1}}\right)-f_{a}t\left(h_{c}-\frac{x}{\beta_{1}}\right)\left(h_{c}+t-\frac{x}{\beta_{1}}\right)$$

$$=310\times16\times149.71/0.78\times(2\times418+16-149.71/0.78)-310\times16\times(418-149.71/0.78)\times(418+16-149.71/0.78)$$

$$=356961239.2(\text{N} \cdot \text{mm})$$

轴力对截面重心的偏心距：

$$e_0 = M/N = 1129.14 \times 10^3 / 1347.92 \approx 837.69\text{mm}$$

附加偏心距：

$$e_a = \max\{20, 450/30\} = 20\text{mm}$$

$$e_i = e_0 + e_a = 837.69 + 20 = 857.69\text{mm}$$

轴力作用点至矩形钢管远端翼缘钢板厚度中心的距离：

$$e = e_i + \frac{h}{2} - \frac{t}{2} = 857.69 + \frac{450}{2} - \frac{16}{2} = 1074.69(\text{mm})$$

荷载：

$$Ne = 1347.92 \times 1074.69/1000 = 1448.60(\text{kN} \cdot \text{m})$$

抗力：

$$\alpha_1 f_c b_c x (h_c + 0.5t - 0.5x) + f_a bt (h_c + t) + M_{aw}$$

$$= 0.98 \times 27.5 \times 418 \times 149.71 \times (418 + 0.5 \times 16 - 0.5 \times 149.71) + 310 \times 450 \times 16 \times$$
$$(418 + 16) + 356961239.2$$

$$= 1917854622(\text{N} \cdot \text{mm}) = 1917.85(\text{kN} \cdot \text{m})$$

荷载/抗力 $= 1448.60/1917.85 = 0.76$，与软件输出的 F2 $= 0.76$ 一致。

2）轴心受压柱验算：

混凝土惯性矩：

$$I_c = \frac{1}{12} b_c h_c^3 = \frac{1}{12} \times 418 \times 418^3 = 2544039681(\text{mm}^4)$$

混凝土面积：

$$A_c = b_c h_c = 418 \times 418 = 174724(\text{mm}^2)$$

钢管惯性矩：

$$I_a = 873147800\text{mm}^4$$

钢管面积：

$$A_a = 27776\text{mm}^2$$

截面的最小回转半径：

$$i = \sqrt{\frac{E_c I_c + E_a I_a}{E_c A_c + E_a A_a}} = \sqrt{\frac{36000 \times 2544039681 + 206000 \times 873147800}{36000 \times 174724 + 206000 \times 27776}} \approx 150.33(\text{mm})$$

x 方向计算长度系数：

$$\mu_x = 1.18$$

x 方向计算长度：

$$l_{0x} = 1.18 \times 6200 = 7316(\text{mm})$$

$$l_{0x}/i = 7316/150.33 \approx 48.67$$

柱轴心受压稳定系数（查 JGJ 138—2016 表 6.2.1）：

$$\varphi_x = 0.92$$

x 方向地震作用组合轴心受压，承载力抗震调整系数（查 JGJ 138—2016 表 4.3.3）：

$$\gamma_{RE} = 0.80$$

柱轴心受压承载力：

$$N = \frac{1}{\gamma_{RE}} \left[0.9\varphi_x (\alpha_1 f_c b_c h_c + 2f_a bt + 2f_a h_c t) \right]$$

$$= \frac{1}{0.8} \times \left[0.9 \times 0.92 \times (0.98 \times 27.5 \times 418 \times 418 + 2 \times 310 \times 450 \times 16 + 2 \times 310 \times 418 \times 16) \right]$$

$$\approx 13785549.81(N) = 13785.55 kN$$

与软件输出的 $N_u = 9303.46$ 不符。

y 方向计算长度系数：

$$\mu_y = 1.34$$

y 方向计算长度：

$$l_{0y} = 1.34 \times 6200 = 8308(mm)$$

$$l_{0y}/i = 8308/150.33 \approx 55.27$$

柱轴心受压稳定系数（查 JGJ 138—2016 表 6.2.1）：

$$\varphi_y = 0.87$$

y 方向，非地震作用组合柱轴心受压承载力：

$$N = 0.9\varphi_y (\alpha_1 f_c b_c h_c + 2f_a bt + 2f_a h_c t)$$

$$= 0.9 \times 0.87 \times (0.98 \times 27.5 \times 418 \times 418 + 2 \times 310 \times 450 \times 16 + 2 \times 310 \times 418 \times 16)$$

$$\approx 10429068.12(N) = 10429.07 kN$$

与软件输出的 $N_u = 11765.76$ 不符。

3）偏心受压框架柱斜截面受剪承载力：

框架柱计算剪跨比：

$$\lambda = H/(2h) = 6200/(2 \times 450) = 6.89 > 3$$

取 $\lambda = 3$，受剪，承载力抗震调整系数（查 JGJ 138—2016 表 4.3.3）：

$$\gamma_{RE} = 0.85$$

x 方向，地震作用组合，柱剪力设计值：

$$V_c = 457.80 kN$$

轴向压力设计值：

$$N = 1111.11 kN < 0.3f_c b_c h_c = 0.3 \times 27.5 \times 418 \times 418/1000 = 1441.47(kN \cdot m)$$

抗力：

$$\frac{1}{\gamma_{RE}} \left(\frac{1.05}{\lambda+1} f_t b_c h_c + \frac{1.16}{\lambda} f_a th + 0.056N \right)$$

$$= \frac{1}{0.85} \times \left(\frac{1.05}{3+1} \times 2.04 \times 418 \times 418 + \frac{1.16}{3} \times 310 \times 16 \times 450 + 0.056 \times 1111.11 \times 10^3 \right)$$

$$\approx 1198619.84(N) = 1198.62 kN$$

荷载/抗力 $= 457.80/1198.62 \approx 0.38$

与软件输出的 $V/V_u = 0.46$ 不符。

y 方向，地震作用组合，柱剪力设计值：

$$V_c = 573.27 kN$$

轴向压力设计值：

$N = 940.24\text{kN} < 0.3 f_c b_c h_c = 0.3 \times 27.5 \times 418 \times 418/1000 = 1441.47 (\text{kN} \cdot \text{m})$

抗力：

$$\frac{1}{\gamma_{RE}} \left(\frac{1.05}{\lambda+1} f_t b_c h_c + \frac{1.16}{\lambda} f_a th + 0.056N \right)$$

$$= \frac{1}{0.85} \times \left(\frac{1.05}{3+1} \times 2.04 \times 418 \times 418 + \frac{1.16}{3} \times 310 \times 16 \times 450 + 0.056 \times 940.24 \times 10^3 \right)$$

$$\approx 1187362.52(\text{N}) = 1187.36\text{kN}$$

荷载/抗力 $= 573.27/1187.36 = 0.48$

与软件输出的 $V/V_u = 0.58$ 不符。

《组合结构设计规范》JGJ 138—2016 采用的是拟混凝土法，通过将核心混凝土四周的钢管等效为纵向钢筋，将矩形钢管混凝土柱比拟为矩形钢筋混凝土柱，然后参照混凝土矩形截面偏心受压构件正截面受压承载力公式来计算构件承载力。这种方法沿用了混凝土正截面承载力计算的基本假定，考虑钢管和混凝土协同工作，同时忽略钢管对混凝土的约束效应，理论上该方法也偏于安全。

由本算例可以看出，相比于轴力项 N、弯矩项 M 是承载力的控制项。下面对比《矩形钢管混凝土结构技术规程》CECS 159：2004、《钢管混凝土结构技术规范》GB 50936—2014、《组合结构设计规范》JGJ 138—2016 三本规范，各规范矩形钢管混凝土柱的纯受弯承载力的计算方法对比，见表 4-19。

各规范矩形钢管混凝土柱纯受弯承载力计算方法对比　　　　　　　　表 4-19

规范	矩形钢管混凝土柱纯受弯承载力计算方法
《矩形钢管混凝土结构技术规程》CECS 159：2004	$M_u^C = [0.5 A_{sn}(h - 2t - d_n) + bt(t + d_n)]f$ $d_n = \dfrac{A_s - 2bt}{(b-2t)\dfrac{f_c}{f} + 4t}$
《钢管混凝土结构技术规范》GB 50936—2014	$M_u^G = \gamma_m W_{sc} f_{sc}$ $\gamma_m = -0.483\theta + 1.926\sqrt{\theta}$ $W_{sc} = \pi r_0^3/4$ $f_{sc} = (1.212 + B\theta + C\theta^2) f_c$
《组合结构设计规范》JGJ 138—2016	$M_u^J = \alpha_1 f_c b_c x(h_c + 0.5t - 0.5x) + f_a bt(h_c + t) + M_{aw}$ $M_{aw} = f_a t \dfrac{x}{\beta_1}\left(2h_c + t - \dfrac{x}{\beta_1}\right) - f_a t \left(h_c - \dfrac{x}{\beta_1}\right)\left(h_c + t - \dfrac{x}{\beta_1}\right)$ $x = \dfrac{2f_a th_c}{\alpha_1 f_c b_c + 4f_a t/\beta_1}$

文献［20］通过对 8 个矩形钢管凝土纯弯构件的试验研究，考察矩形钢管混凝土受弯构件的力学性能。试件设计时变化的主要参数为截面高宽比，试件的加工尺寸为 $L' = 1100\text{mm}$，实际计算长度为 $L = 1000\text{mm}$。取受压区应变达到 $10000\mu\varepsilon$ 时对应的弯矩值为试验时柱子的极限弯矩 M_c。试件的设计情况见表 4-20。

		试件及试验结果一览表							表 4-20
序号	试件编号	h (mm)	b (mm)	h/b	t(mm)	L' (mm)	f_y(MPa)	f_{ck}(MPa)	M_c (kN·m)
1	Rcb1	150	120	1.25	2.93	1100	293.8	23.1	31.4
2	Rcb2	150	120	1.25	2.93	1100	293.8	23.1	31.5
3	Rcb3	150	90	1.67	2.93	1100	293.8	23.1	29.3
4	Rcb4	150	90	1.67	2.93	1100	293.8	23.1	29.4
5	Rcb5	120	90	1.33	2.93	1100	293.8	23.1	21.1
6	Rcb6	120	90	1.33	2.93	1100	293.8	23.1	20.2
7	Rcb7	120	60	2.0	2.93	1100	293.8	23.1	18.4
8	Rcb8	120	60	2.0	2.93	1100	293.8	23.1	17.8

下面以试件 Rcb1 为例，分别采用《矩形钢管混凝土结构技术规程》CECS 159：2004、《钢管混凝土结构技术规范》GB 50936—2014、《组合结构设计规范》JGJ 138—2016 三本规范，计算其纯受弯承载力。

取混凝土抗力分项系数为 1.4，混凝土轴心抗压强度设计值：

$f_c = f_{ck}/1.4 = 16.5$MPa

取钢材抗力分项系数为 1.125，钢材抗压强度设计值：

$f = f_y/1.125 = 261.16$MPa

钢管内混凝土面积：

$A_c = 16452.14$mm²

钢管面积：

$A_s = 1547.86$mm²

截面宽度：

$b = 120$mm

截面高度：

$h = 150$mm

钢管壁厚：

$t = 2.93$mm

（1）《矩形钢管混凝土结构技术规程》CECS 159：2004

管内混凝土受压区高度：

$$d_n = \frac{A_s - 2bt}{(b-2t)\dfrac{f_c}{f} + 4t} = 44.62\text{mm}$$

只有弯矩作用时净截面的受弯承载力设计值：

$M_u^C = [0.5A_{sn}(h - 2t - d_n) + bt(t + d_n)]f = 24.48$kN·m

（2）《钢管混凝土结构技术规范》GB 50936—2014

钢管混凝土构件的含钢率：

$$\alpha_{sc} = \frac{A_s}{A_c} = 0.094$$

钢管混凝土构件的套箍系数：

$$\theta = \alpha_{sc} \frac{f}{f_c} = 1.49$$

截面形状对套箍效应的影响系数（实心正方形，查 GB 50936—2014 表 5.1.2）：

$$B = 0.131f/213 + 0.723 = 0.131 \times 261.16/213 + 0.723 \approx 0.8836$$

$$C = -0.070f_c/14.4 + 0.026 = -0.070 \times 16.5/14.4 + 0.026 \approx -0.054$$

钢管混凝土抗压强度设计值：

$$f_{sc} = (1.212 + B\theta + C\theta^2)f_c = 39.73 \text{N/mm}^2$$

实心构件，空心率：

$$\psi = 0$$

塑性发展系数：

$$\gamma_m = (1 - 0.5\psi)(-0.483\theta + 1.926\sqrt{\theta}) = 1.631$$

等效圆半径：

$$r_0 = \sqrt{bh/\pi} = 75.70 \text{(mm)}$$

空心半径：

$$r_{ci} = 0$$

受弯构件的截面模量：

$$W_{sc} = \frac{\pi(r_0^4 - r_{ci}^4)}{4r_0} = 340622.89 \text{(mm}^3)$$

钢管混凝土构件的受弯承载力设计值：

$$M_u^G = \gamma_m W_{sc} f_{sc} = 22.07 \text{kN} \cdot \text{m}$$

（3）《组合结构设计规范》JGJ 138—2016

矩形钢管内填混凝土的截面宽度：

$$b_c = b - 2t = 114.14 \text{mm}$$

矩形钢管内填混凝土的截面高度：

$$h_c = h - 2t = 144.14 \text{mm}$$

受压区混凝土压应力影响系数：

$$\alpha_1 = 1.0$$

受压区混凝土应力图形影响系数：

$$\beta_1 = 0.8$$

混凝土等效受压区高度：

$$x = \frac{2f_a t h_c}{\alpha_1 f_c b_c + 4f_a t/\beta_1} = 38.64 \text{mm}$$

钢管腹板轴向合力对受拉或受压较小端钢管翼缘钢板厚度中心的力矩：

$$M_{aw} = f_a t \frac{x}{\beta_1}\left(2h_c + t - \frac{x}{\beta_1}\right) - f_a t\left(h_c - \frac{x}{\beta_1}\right)\left(h_c + t - \frac{x}{\beta_1}\right) = 1733120.91 \text{N} \cdot \text{mm}$$

钢管混凝土构件的受弯承载力设计值：

$$M_u^J = \alpha_1 f_c b_c x (h_c + 0.5t - 0.5x) + f_a bt(h_c + t) + M_{aw} = 24.43 \text{kN} \cdot \text{m}$$

用同样的方法，计算 Rcb2～Rcb8 的受弯承载力设计值，M_u^C 代表用《矩形钢管混凝土结构技术规程》CECS 159：2004 计算出的受弯承载力设计值、M_u^G 代表用《钢管混凝土结构技术规范》GB 50936—2014 计算出的受弯承载力设计值、M_u^J 代表用《组合结构设计规范》JGJ 138—2016 计算出的受弯承载力设计值。Rcb1～Rcb8 纯弯钢管混凝土构件试验值与规范计算值对比见表 4-21。

Rcb1～Rcb8 纯弯钢管混凝土构件试验值与规范计算值对比　　　　表 4-21

序号	h (mm)	b (mm)	h/b	M_c (kN·m)	规范计算值(kN·m)			M_c/M_u^C	M_c/M_u^G	M_c/M_u^J
					M_u^C	M_u^G	M_u^J			
1	150	120	1.25	31.4	24.48	22.07	24.43	1.28	1.42	1.29
2	150	120	1.25	31.5	24.48	22.07	24.43	1.29	1.43	1.29
3	150	90	1.67	29.3	20.56	16.38	20.50	1.43	1.79	1.43
4	150	90	1.67	29.4	20.56	16.38	20.50	1.43	1.80	1.43
5	120	90	1.33	21.1	14.60	12.56	14.57	1.45	1.68	1.45
6	120	90	1.33	20.2	14.60	12.56	14.57	1.38	1.61	1.39
7	120	60	2.0	18.4	11.49	8.30	11.46	1.60	2.22	1.61
8	120	60	2.0	17.8	11.49	8.30	11.46	1.55	2.15	1.55

从表 4-21 中可以看到：

（1）《矩形钢管混凝土结构技术规程》CECS 159：2004 和《组合结构设计规范》JGJ 138—2016 的计算结果基本一致，说明采用不同的混凝土受压区应力分布对截面强轴纯弯承载力影响不大。

基于塑性极限理论的方法能够反映出矩形截面强弱轴抗弯承载力的差异，与力学概念相符。根据纯弯承载力的对比结果，《矩形钢管混凝土结构技术规程》CECS 159：2004 和《组合结构设计规范》JGJ 138—2016 的方法基本等效。

（2）对比《矩形钢管混凝土结构技术规程》CECS 159：2004 和《钢管混凝土结构技术规范》GB 50936—2014 的数据可知，随着截面长宽比的增加，两者之间的差距逐渐增大。这表明当截面高宽比大于 1 时，《钢管混凝土结构技术规范》GB 50936—2014 采用的等效圆截面法会低估矩形截面的强轴抗弯承载力。

（3）试验结果与三本规范计算出来的受弯承载力比值为 1.28～2.22，这说明规范公式均偏于保守，其中以《钢管混凝土结构技术规范》GB 50936—2014 的结果最为保守，当长宽比 $h/b=2.0$ 时，《钢管混凝土结构技术规范》GB 50936—2014 计算出来的抗弯承载力甚至只有试验值的一半。

《钢管混凝土结构技术规范》GB 50936—2014 的公式将矩形截面等效为圆形截面，忽略了截面强、弱轴之分，当用于矩形截面时，计算出的强轴和弱轴纯弯承载力相同，结果与实际情况不符。《钢管混凝土结构技术规范》GB 50936—2014 的公式更适用于正方形截面，建议仅在长宽比 $h/b<1.5$ 时选用。

4.15 钢与混凝土组合梁，钢梁刚度放大系数如何取值？

各规范楼板面外刚度对钢梁刚度增大贡献的规定见表 4-22。

各规范楼板面外刚度对钢梁刚度增大贡献的规定   表 4-22

规范	钢梁刚度放大系数规定	规范条文说明
《高层民用建筑钢结构技术规程》JGJ 99—2015	第 6.1.3 条规定,高层民用建筑钢结构弹性计算时,钢筋混凝土楼板与钢梁间有可靠连接,可计入钢筋混凝土楼板对钢梁刚度的增大作用,两侧有楼板的钢梁其惯性矩可取为 $1.5I_b$,仅一侧有楼板的钢梁其惯性矩可取为 $1.2I_b$,I_b 为钢梁截面惯性矩。弹塑性计算时,不应考虑楼板对钢梁惯性矩的增大作用	钢筋混凝土楼板与钢梁连接可靠时,楼板可作为钢梁的翼缘,两者共同工作,计算钢梁截面的惯性矩时,可计入楼板的作用。大震时,楼板可能开裂,不计入楼板对钢梁刚度的增大作用
《高层建筑混凝土结构技术规程》JGJ 3—2010	第 11.3.1 条规定,弹性分析时,宜考虑钢梁与现浇混凝土楼板的共同作用,梁的刚度可取钢梁刚度的 1.5~2.0 倍,但应保证钢梁与楼板可靠连接	在弹性阶段,楼板对钢梁刚度的加强作用不可忽视。从国内外工程经验看,作为主要抗侧力构件的框架梁支座处尽管有负弯矩,但由于楼板钢筋的作用,其刚度增大作用仍然很大,故在整体结构计算时宜考虑楼板对钢梁刚度的加强作用
《高层建筑钢-混凝土混合结构设计规程》CECS 230:2008	第 5.2.2 条规定,进行结构弹性分析时,应考虑现浇混凝土楼板对钢梁刚度的增大作用。当梁一侧或两侧有混凝土楼板时,钢梁刚度增大系数取 1.2~1.5	钢梁的惯性矩较大,因而其相应的惯性矩增大系数较小
《组合结构设计规范》JGJ 138—2016	第 12.1.2 条规定,进行结构整体内力和变形计算时,对于仅承受竖向荷载的梁柱铰接简支或连续组合梁,每跨混凝土翼板有效宽度可取为定值,按本规范第 12.1.1 条规定的跨中有效翼缘宽度取值计算;对于承受竖向荷载并参与结构整体抗侧力作用的梁柱刚接框架组合梁,宜考虑楼板与钢梁之间的组合作用,其抗弯惯性矩 I_e 可按下列公式计算: $$I_e = \alpha I_s$$ $$\alpha = \frac{2.2}{(I_s/I_c)^{0.3}-0.5}+1$$ $$I_c = \frac{\left[\min(0.1L,B_1)+\min(0.1L,B_2)\right]h_{c1}^3}{12\alpha_E}$$	近年来,组合框架在多层及高层建筑中的应用十分广泛,试验研究表明,楼板的空间组合作用对组合框架结构体系的整体抗侧刚度有显著的提高作用。近年来清华大学分析国内外大量组合框架结构的试验结果,表明采用固定刚度放大系数在某些情况下会低估楼板对组合框架梁刚度的提高作用,从而可能低估结构整体抗侧刚度,低估结构承受的地震剪力。大量的数值算例和试验结果表明,组合框架梁的刚度放大系数和钢梁对于混凝土板的相对刚度密切相关,本条采用的刚度放大系数公式正是基于这一结论通过大量参数分析归纳得到,其精度经过了国内外组合框架结构体系试验和大量数值算例结果的验证。考虑到实际工程的复杂性,规定刚度放大系数 α 的计算值大于 2 时取为 2

《高层民用建筑钢结构技术规程》JGJ 99—2015、《高层建筑混凝土结构技术规程》JGJ 3—2010、《高层建筑钢-混凝土混合结构设计规程》CECS 230：2008，对钢梁刚度放大系数，均未区分钢框架梁和钢次梁。《组合结构设计规范》JGJ 138—2016 第 12.1.2 条的条文说明指出，当组合梁和柱子铰接或组合梁作为次梁时，仅承受竖向荷载，不参与结构整体抗侧。《组合结构设计规范》JGJ 138—2016 认为钢次梁不参与结构整体抗侧，楼板对钢次梁刚度增大贡献不考虑。目前主流的结构软件 PKPM 就是执行了这一条，不管钢次梁与主梁是刚接还是铰接，也不管用户指定的钢次梁刚度放大系数是多少，软件强制将钢次梁的刚度放大系数考虑为 1.0，不参与结构整体抗侧。

《高层民用建筑钢结构技术规程》JGJ 99—2015、《高层建筑混凝土结构技术规程》JGJ 3—2010、《高层建筑钢—混凝土混合结构设计规程》CECS 230：2008 采用固定刚度放大系数，没有真正反映楼板空间组合作用的工作机理和规律。《组合结构设计规范》JGJ 138—2016 采用梁-壳混合有限元模型[21]，研究了楼板对组合框架侧向力作用下的刚度贡献，提出了基于构件刚度等效原则的组合梁等效刚度简化计算公式，公式考虑了钢梁相对于混凝土板的刚度关系。《高层民用建筑钢结构技术规程》JGJ 99—2015、《高层建筑混凝土结构技术规程》JGJ 3—2010、《高层建筑钢-混凝土混合结构设计规程》CECS 230：2008 建议的组合梁刚度放大系数值和钢梁相对于混凝土板的刚度没有关系，因此对于钢梁相对楼板刚度较小的情况，可能会大幅低估楼板空间组合作用对刚度的贡献；而对于钢梁相对楼板刚度较大的情况，可能又会高估楼板空间组合作用对刚度的贡献，从而可能使设计偏于不安全。

下面以一栋 12 层钢框架结构为例，分别采用几本不同规范，考虑楼板对钢梁刚度增大贡献。

结构平面见图 4-43，层高 4600mm，共 12 层。钢梁截面为 HN400×150（热轧 H 型钢，H400×150×8×13），钢柱为箱形截面 300mm×300mm×20mm×20mm，钢号均为Q355。楼板厚度均为 140mm，混凝土强度等级为 C30。地震烈度 8 度 0.30g，第一组，不考虑风荷载。按照《高层民用建筑钢结构技术规程》JGJ 99—2015、《高层建筑钢—混凝土混合结构设计规程》CECS 230：2008，将边梁刚度放大系数指定为 1.2，将中梁刚度放大系数指定为 1.5；按照《高层建筑混凝土结构技术规程》JGJ 3—2010，将边梁刚度放大系数指定为 1.5，将中梁刚度放大系数指定为 2.0；按照《组合结构设计规范》JGJ 138—2016，梁刚度放大系数计算过程如下。

钢材弹性模量：

$E_s = 2.06 \times 10^5 \text{N/mm}^2$

C30 混凝土弹性模量：

$E_c = 3.0 \times 10^4 \text{N/mm}^2$

钢材和混凝土弹性模量比：

$$\alpha_E = \frac{E_s}{E_c} = \frac{2.06 \times 10^5}{3.0 \times 10^4} = 6.8667$$

梁跨度 $L = 4800\text{mm}$，混凝土翼板厚度 $h_{c1} = 140\text{mm}$，边梁：

$B_1 = 2400\text{mm}$，$B_2 = 0$

$\min(0.1L，B_1) = 480\text{mm}$

$\min(0.1L，B_2) = 0$

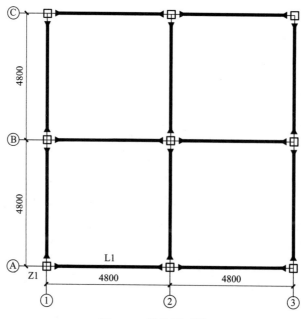

图 4-43　结构平面图

混凝土翼板等效抗弯惯性矩：

$$I_c = \frac{[\min(0.1L，B_1) + \min(0.1L，B_2)] h_{cl}^3}{12\alpha_E} = \frac{(480 + 0) \times 140^3}{12 \times 6.8667}$$

$$\approx 15984388.43(\text{mm}^4)$$

钢梁抗弯惯性矩：

$$I_s = 18600 \times 10^4 \text{mm}^4$$

刚度放大系数：

$$\alpha = \frac{2.2}{(I_s/I_c)^{0.3} - 0.5} + 1 = \frac{2.2}{(18600 \times 10^4 / 15984388.43)^{0.3} - 0.5} + 1 \approx 2.385 > 2，取\ \alpha = 2。$$

中梁：

$$B_1 = B_2 = 2400\text{mm}$$

$$\min(0.1L，B_1) = \min(0.1L，B_2) = 480\text{mm}$$

混凝土翼板等效抗弯惯性矩：

$$I_c = \frac{[\min(0.1L，B_1) + \min(0.1L，B_2)] h_{cl}^3}{12\alpha_E} = \frac{(480 + 480) \times 140^3}{12 \times 6.8667}$$

$$\approx 31968776.85(\text{mm}^4)$$

钢梁抗弯惯性矩：

$$I_s = 18600 \times 10^4 \text{mm}^4$$

刚度放大系数：

$$\alpha = \frac{2.2}{(I_s/I_c)^{0.3} - 0.5} + 1 = \frac{2.2}{(18600 \times 10^4 / 31968776.85)^{0.3} - 0.5} + 1 \approx 2.8394 > 2，取\ \alpha = 2。$$

采用 PKPM2010 软件，分别采用不同规范，指定不同钢梁刚度放大系数，建立不同的结构计算模型，钢梁不同刚度放大系数计算结果对比见表 4-23。

钢梁不同刚度放大系数计算结果对比　　　　　　　　表 4-23

规范		JGJ 99—2015 CECS 230:2008	JGJ 3—2010	JGJ 138—2016
钢梁放大系数	边梁	1.2	1.5	2.0
	中梁	1.5	2.0	2.0
周期(s)	T_1	2.1344	2.0094	1.9255
	T_2	2.1344	2.0094	1.9255
	T_3	1.7798	1.6802	1.5702
底层剪重比	X 方向	5.93%	6.26%	6.52%
	Y 方向	5.93%	6.26%	6.52%
层间位移角	X 方向地震	1/380	1/410	1/433
	Y 方向地震	1/380	1/410	1/433
1 层钢梁 L_1 应力比	弯曲正应力	0.34	0.37	0.41
	剪应力	0.09	0.09	0.10
1 层钢柱 Z_1 应力比	强度	0.25	0.26	0.26
	面内稳定	0.33	0.33	0.34
	面外稳定	0.33	0.33	0.34

由表 4-23 可以看出,根据《组合结构设计规范》JGJ 138—2016,结构的刚度更大,构件的应力比也更大。但是《组合结构设计规范》JGJ 138—2016 钢梁刚度放大系数的计算不便于手算,建议用结构计算软件计算,类似于钢筋混凝土梁刚度放大系数,增加钢梁刚度放大系数计算的选项。PKPM 软件钢筋混凝土梁刚度放大系数选项见图 4-44。

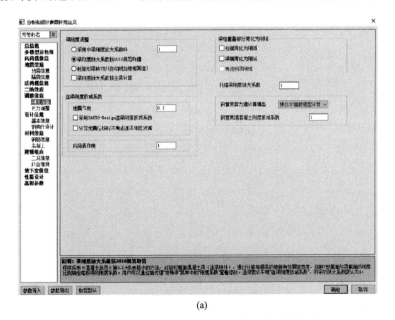

(a)

图 4-44　PKPM 软件钢筋混凝土梁刚度放大系数选项（一）

（a）PKPM 软件钢筋混凝土梁刚度放大系数菜单

5.2.4 对现浇楼盖和装配整体式楼盖，宜考虑楼板作为翼缘对梁刚度和承载力的影响。梁受压区有效翼缘计算宽度 b_f' 可按表 5.2.4 所列情况中的最小值取用；也可采用梁刚度增大系数法近似考虑，刚度增大系数应根据梁有效翼缘尺寸与梁截面尺寸的相对比例确定。

表 5.2.4 受弯构件受压区有效翼缘计算宽度 b_f'

	情　况		T 形、I 形截面		倒 L 形截面
			肋形梁（板）	独立梁	肋形梁（板）
1	按计算跨度 l_0 考虑		$l_0/3$	$l_0/3$	$l_0/6$
2	按梁（肋）净距 s_n 考虑		$b+s_n$	—	$b+s_n/2$
3	按翼缘高度 h_f' 考虑	$h_f'/h_0 \geqslant 0.1$	—	$b+12h_f'$	—
		$0.1 > h_f'/h_0 \geqslant 0.05$	$b+12h_f'$	$b+6h_f'$	$b+5h_f'$
		$h_f'/h_0 < 0.05$	$b+12h_f'$	b	$b+5h_f'$

注：1 表中 b 为梁的腹板厚度；

2 肋形梁在梁跨内设有间距小于纵肋间距的横肋时，可不考虑表中情况 3 的规定；

3 加腋的 T 形、I 形和倒 L 形截面，当受压区加腋的高度 h_h 不小于 h_f' 且加腋的长度 b_h 不大于 $3h_h$ 时，其翼缘计算宽度可按表中情况 3 的规定分别增加 $2b_h$（T 形、I 形截面）和 b_h（倒 L 形截面）；

4 独立梁受压区的翼缘板在荷载作用下经验算沿纵肋方向可能产生裂缝时，其计算宽度应取腹板宽度 b。

(b)

图 4-44 PKPM 软件钢筋混凝土梁刚度放大系数选项（二）

（b）PKPM 软件钢筋混凝土梁刚度放大系数执行的规范条文

参 考 文 献

[1] 金波．钢结构设计及计算实例——基于《钢结构设计标准》GB 50017—2017［M］．北京：中国建筑工业出版社，2021.

[2] 李红，安建利，姜维山．型钢与混凝土粘结性能的试验研究［J］．哈尔滨建筑工程学院学报，1993，26（增刊）：214-223.

[3] 邵永健，赵鸿铁．型钢混凝土梁正截面受弯承载力计算理论的对比分析［J］．西安建筑科技大学学报（自然科学版），2006，38（3）：374-378.

[4] 施建平，赵世春．劲性钢筋混凝土梁刚度的试验研究及分析［C］//中国力学学会．第三届全国结构工程学术会议论文集，1994：643-647.

[5] 施建平，赵世春．钢骨混凝土受弯构件刚度和裂缝宽度的研究［J］．工业建筑，1997，27（4）：34-36.

[6] 吕西林，陆伟东．反复荷载作用下方钢管混凝土柱的抗震性能试验研究［J］．建筑结构学报，2000，21（2）：2-11.

[7] 李学平，吕西林，郭少春．反复荷载下矩形钢管混凝土柱的抗震性能Ⅰ：试验研究［J］．地震工程与工程振动，2005，25（5）：95-103.

[8] 陶忠，韩林海．方钢管混凝土压弯构件滞回性能的试验研究［J］．地震工程与工程振动，2001，21（1）：74-78.

[9] 黄莎莎，钟善桐．钢管混凝土在反复周期水平荷载作用下的滞后性能［J］．钢结构，1988，2（2）：59-63.

[10] 钟善桐．高层建筑中钢管混凝土柱的轴压比［J］．哈尔滨建筑大学学报，1996，29（3）：18-21.

[11] 钟善桐，屠永清，何若全．钢管混凝土构件荷载-位移滞回性能的分析［J］．哈尔滨建筑大学学报，1995，28（5）：13-26.

[12] 韩林海，姜绍飞，曹宇清，等．大轴压比情况下钢管混凝土柱滞回性能的试验研究［J］．钢结构，1999，14（4）：14-18.

[13] 蔡绍怀，焦占拴．钢管混凝土短柱的基本性能和强度计算［J］．建筑结构学报，1984，5（6）：13-29.

[14] 蔡绍怀，顾万黎．钢管混凝土长柱的性能和强度计算［J］．建筑结构学报，1985，6（1）：32-40.

[15] 蔡绍怀．《钢管混凝土结构设计与施工规程》（CECS 28：90）简介［J］．建筑结构，1993，23（10）：51-54.

[16] 钟善桐．钢管混凝土统一理论［J］．哈尔滨建筑工程学院学报，1994，27（6）：21-27.

[17] 钟善桐．圆、八边、正方与矩形钢管混凝土轴心受压性能的连续性［J］．建筑钢结构进展，2004，6（2）：14-22.

[18] 韩林海，杨有福．现代钢管混凝土结构技术［M］．北京：中国建筑工业出版社，2004.

[19] 韩林海．钢管混凝土结构［M］．北京：科学出版社，2000.

[20] 杨有福，韩林海．矩形钢管混凝土构件抗弯力学性能的试验研究［J］．地震工程与工程振动，2001，21（3）：41-48.

[21] 陶慕轩，聂建国．考虑楼板空间组合作用的组合框架体系设计方法（Ⅱ）——刚度及验证［J］．土木工程学报．2013，46（2）：42-53.

第五章 结构计算与分析

5.1 基础梁 JL 与基础连系梁 JLL 有什么区别？桩基承台，基础连系梁如何建模？

某钢筋混凝土框架结构宿舍楼，宿舍楼剖面图见图 5-1。采用 YJK 软件进行建模计算，原设计的上部结构计算模型见图 5-2，将承台连系梁建在上部结构模块，承台连系梁下再建一层层高为 500mm 的标准层，上部结构一共 5 个标准层。施工图审查要求将承台连系梁建在基础模块，上部结构一共 4 个标准层。

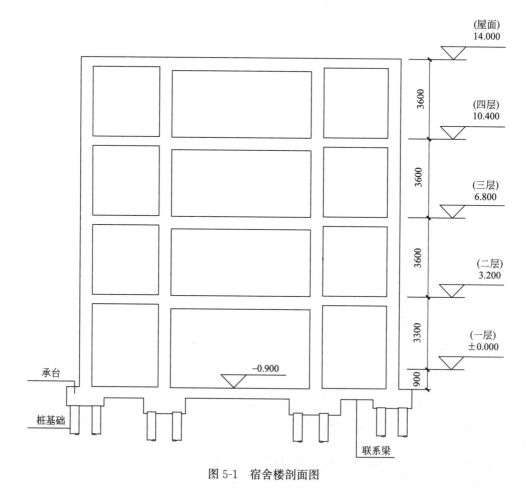

图 5-1 宿舍楼剖面图

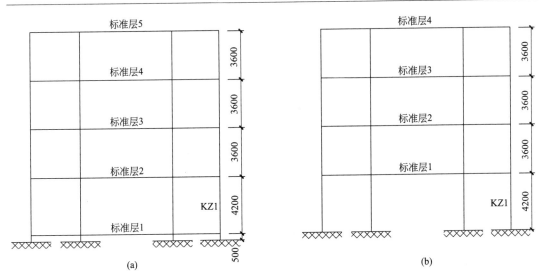

图 5-2　原设计的上部结构计算模型简图

（a）承台连系梁建在上部结构模块；（b）承台连系梁建在基础模块

底层柱 KZ1 的构件配筋信息见图 5-3。

```
--------------------------------------------------------
N-C=19   (I=2000104, J=1000041)(1)B*H(mm)=600*600
Cover= 20(mm) Cx=1.25 Cy=1.25 Lcx=4.20(m) Lcy=4.20(m) Nfc=3 Nfc_gz=3 Rcc=35.0 Fy=360 Fyv=360
砼柱 C35 矩形
livec=1.000
ηmu=1.300    ηvu=1.560    ηmd=1.300   ηvd=1.560
λc=3.767
( 30)Nu=  -3107.0 Uc= 0.52  Rs= 1.22(%)  Rsv= 0.51(%)  Asc=   254
( 33)N=   -524.3 Mx=   200.3 My=    -11.9 Asxt=      929 Asxt0=      307
( 27)N=  -1142.3 Mx=   -22.9 My=   -483.4 Asyt=      930 Asyt0=      930
( 33)N=   -524.3 Mx=  -415.7 My=     18.4 Asxb=     1178 Asxb0=     1178
( 27)N=  -1142.3 Mx=   -14.1 My=    622.6 Asyb=     1531 Asyb0=     1531
( 27)N=  -1142.3 Vx=   316.0 Vy=     -2.5 Ts=      -1.2 Asvx=     137 Asvx0=      33
( 27)N=  -1142.3 Vy=   316.0 Vy=     -2.5 Ts=      -1.2 Asvy=     137 Asvy0=      33
节点核芯区设计结果：
( 31) N=    -811.5 Vjx=    1196.9  Asvjx=      107 Asvjxcal=       85
( 30) N=   -2453.7 Vjy=   -1060.2  Asvjy=      107 Asvjycal=        0

抗剪承载力：CB_XF=   439.81  CB_YF=    370.85
```

(a)

```
--------------------------------------------------------
N-C=19   (I=1000104, J=19)(1)B*H(mm)=600*600
Cover= 20(mm) Cx=1.00 Cy=1.00 Lcx=4.20(m) Lcy=4.20(m) Nfc=3 Nfc_gz=3 Rcc=35.0 Fy=360 Fyv=360
砼柱 C35 矩形
livec=1.000
ηmu=1.300    ηvu=1.560    ηmd=1.300   ηvd=1.560
λc=3.767
( 30)Nu=  -3116.5 Uc= 0.52  Rs= 1.80(%)  Rsv= 0.51(%)  Asc=   254
( 33)N=   -502.3 Mx=   163.1 My=    -10.2 Asxt=      929 Asxt0=      177
( 27)N=  -1123.8 Mx=   -26.9 My=   -426.2 Asyt=      929 Asyt0=      699
( 33)N=   -502.3 Mx=  -579.3 My=     24.5 Asxb=     1861 Asxb0=     1861
( 31)N=   -794.8 Mx=   -13.0 My=    653.8 Asyb=     1881 Asyb0=     1881
( 31)N=   -794.8 Vx=   308.8 Vy=     -2.0 Ts=      -1.0 Asvx=     137 Asvx0=      40
( 31)N=   -794.8 Vx=   308.8 Vy=     -2.0 Ts=      -1.0 Asvy=     137 Asvy0=      40
节点核芯区设计结果：
( 31) N=    -784.9 Vjx=    1136.7  Asvjx=      107 Asvjxcal=       62
( 30) N=   -2479.2 Vjy=   -1012.9  Asvjy=      107 Asvjycal=        0

抗剪承载力：CB_XF=   486.59  CB_YF=    457.69
```

(b)

图 5-3　底层柱 KZ1 的构件配筋信息

（a）承台连系梁建在上部结构模块；（b）承台连系梁建在基础模块

针对承台连系梁两种不同的建模方式，讨论以下几个问题：

（1）承台连系梁建在基础模块，为什么框架柱配筋面积大于将承台连系梁建在上部结构模块配筋面积？

由图 5-3 可以看出，承台连系梁有两种不同的建模方式，柱轴力和轴压比相当；但是承台连系梁建在基础模块时，柱弯矩要大于将承台连系梁建在上部结构模块的弯矩。究其原因，承台连系梁建在上部结构模块时，KZ1 为第二层柱；而将承台连系梁建在基础模块时，KZ1 为第一层柱、即底层柱。

《建筑抗震设计规范》GB 50011—2010（2016 年版）第 6.2.3 条规定，一、二、三、四级框架结构的底层，柱下端截面组合的弯矩设计值，应分别乘以增大系数 1.7、1.5、1.3 和 1.2。底层柱纵向钢筋应按上下端的不利情况配置。其条文说明指出，框架结构计算嵌固端所在层即底层的柱下端过早出现塑性屈服，将影响整个结构的抗地震倒塌能力。嵌固端截面乘以弯矩增大系数是为了避免框架结构柱下端过早屈服。对其他结构中的框架，其主要抗侧力构件为抗震墙，对其框架部分的嵌固端截面，可不作要求。当仅用插筋满足柱嵌固端截面弯矩增大的要求时，可能造成塑性铰向底层柱的上部转移，对抗震不利。

因此，承台连系梁建在基础模块，框架柱配筋面积大于将承台连系梁建在上部结构模块的配筋面积。将承台连系梁建在基础模块，基础上框架柱即为底层柱，将其弯矩设计值乘以放大系数，以避免框架结构柱下端过早屈服，是符合规范抗震概念设计精神的。因此，原设计将承台连系梁建在上部结构模块，承台连系梁下再建一层层高为 500mm 的标准层是不正确的做法。应该将承台连系梁建在基础模块。

（2）将承台连系梁建在上部结构模块，KZ1 为第二层柱，其计算长度系数 1.25 会影响柱内力和配筋吗？

《混凝土结构设计规范》GB 50010—2010（2015 年版）第 6.2.20 第 2 款规定，一般多层房屋中梁柱为刚接的框架结构，各层柱的计算长度 l_0 可按表 5-1 取用。

框架结构各层柱的计算长度　　表 5-1

楼盖类型	柱的类别	l_0
现浇楼盖	底层柱	$1.0H$
	其余各层柱	$1.25H$
装配式楼盖	底层柱	$1.25H$
	其余各层柱	$1.5H$

注：表中 H 为底层柱从基础顶面到一层楼盖顶面的高度，对其余各层柱为上下两层楼盖顶面之间的高度。

对现浇楼盖，底层柱计算长度为 $1.0H$，其余楼层柱计算长度为 $1.25H$。那么，将承台连系梁建在上部结构模块，KZ1 为第二层柱，其计算长度系数为 1.25 会影响柱内力和配筋吗？

《混凝土结构设计规范》GB 50010—2002 第 7.3.11 条规定，当水平荷载产生的弯矩设计值占总弯矩设计值的 75% 以上时，框架柱的计算长度 l_0 可按下列两个公式计算，并取其中的较小值：

$$l_0 = [1 + 0.15(\psi_u + \psi_1)]H \tag{5-1}$$

$$l_0 = (2 + 0.2\psi_{\min})H \tag{5-2}$$

式中：ψ_u、ψ_1——柱的上端、下端节点处交汇的各柱线刚度之和与交汇的各梁线刚度之和的比值；

$\psi_{\min}$——比值 ψ_u、ψ_1 中的较小值；

H——柱的高度，按表 5-1 中的注采用。

但是《混凝土结构设计规范》GB 50010—2010（2015 年版）取消了以上规定。《混凝土结构设计规范》GB 50010—2010（2015 年版）第 6.2.20 条的条文说明指出，本次规范修订，对有侧移框架结构的 P-Δ 效应简化计算，不再采用 η-l_0 法，而采用层增大系数法。因此，进行框架结构 P-Δ 效应计算时不再需要计算框架柱的计算长度 l_0，因此取消了 02 版规范框架柱计算长度 [式（5-1）、式（5-2）]。本规范第 6.2.20 条第 2 款表 6.2.20-2 中框架柱的计算长度 l_0 主要用于计算轴心受压框架柱稳定系数 φ，以及计算偏心受压构件裂缝宽度的偏心距增大系数时采用。

很显然，《混凝土结构设计规范》GB 50010—2010（2015 年版）中框架柱的计算长度 l_0 并不会影响框架柱内力和配筋，框架柱的计算长度 l_0 仅仅是为了计算轴心受压框架柱稳定系数 φ，以及计算偏心受压构件裂缝宽度的偏心距增大系数。由式（5-3）、式（5-4）也可以看出，计算轴向压力在挠曲杆件中产生的附加弯矩效应（P-δ 效应）时，构件的计算长度为 l_c 而非 l_0，构件的计算长度为 l_c 可近似取偏心受压构件相应主轴方向上下支撑点之间的距离、即构件的几何长度。

构件的长细比：

$$l_c/i \leqslant 34 - 12(M_1/M_2) \tag{5-3}$$

弯矩增大系数：

$$\eta_{ns} = 1 + \frac{1}{1300(M_2/N + e_a)/h_0}\left(\frac{l_c}{h}\right)^2 \zeta_c \tag{5-4}$$

针对本算例，将承台联系梁建在上部结构模块，KZ1 为第二层柱，如果将其计算长度系数取为 1.25，判断是否需要考虑 P-δ 效应：

因 KZ1 反弯点在柱中，绝对值较小端柱弯矩设计值取负值，同一主轴方向的杆端弯矩 M_1/M_2 为负值，小于 0.9。柱轴压比 $N/(f_cA) = 0.52 < 0.9$。

框架柱宽度、高度：

$b = 600\text{mm}$、$h = 600\text{mm}$

框架柱截面面积：

$A_c = bh = 600 \times 600 = 360000(\text{mm}^2)$

框架柱截面回转半径：

$$i = \sqrt{I/A} = \sqrt{\frac{1}{12}bh^3/(bh)} = h/\sqrt{12} = 600/\sqrt{12} \approx 173.21(\text{mm})$$

框架柱的长细比：

$l_c/i = 1.25 \times 4200/173.21 \approx 30.31 < 34$

不需要考虑轴压力在挠曲杆件中产生的附加弯矩影响（也就是不用考虑 P-δ 效应）。因此针对本算例，即使将 KZ1 计算长度系数取为 1.25，也不会影响其内力和配筋。

（3）框架柱内力、配筋计算时，YJK 软件计算长度是如何取值的？

某 3 层框架结构，标准层结构平面布置图见图 5-4，第 2 层边框架柱 KZ1 的弯矩设计值简图见图 5-5，YJK 软件输出第 2 层边框柱 KZ1 的构件信息见图 5-6。

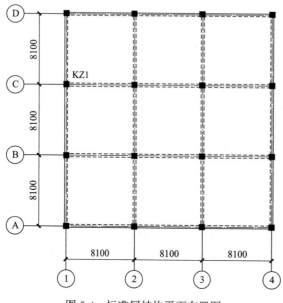

图 5-4　标准层结构平面布置图

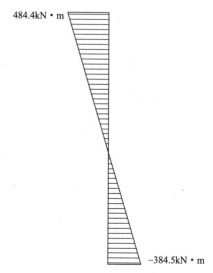

图 5-5　第 2 层边框柱 KZ1 弯矩设计值简图

```
N-C=3   (I=3000003, J=2000003)(1)B*H(mm)=600*600
Cover= 20(mm) Cx=1.25 Cy=1.25 Lcx=12.00(m) Lcy=12.00(m) Nfc=5 Nfc_gz=5 Rcc=30.0 Fy=360 Fyv=360
砼柱 C30 矩形
livec=1.000
η mu=1.000    η vu=1.000    η md=1.000    η vd=1.000
λ c=10.762
( 1)Nu=   -1018.2  Uc= 0.20  Rs= 1.03(%)  Rsv= 0.21(%)  Asc=   254
( 1)N=    -1018.2  Mx=    -1.8 My=    484.4 Asxt=      749 Asxt0=         0
( 1)N=    -1018.2  Mx=    -1.8 My=    484.4 Asyt=     1605 Asyt0=      1605
( 1)N=    -1018.2  Mx=    -5.6 My=   -384.5 Asxb=      749 Asxb0=         0
( 1)N=    -1018.2  Mx=    -5.6 My=   -384.5 Asyb=     1024 Asyb0=      1024
( 1)N=    -1018.2  Vx=   -72.4 Vy=      0.3 Ts=      -0.0 Asvx=       57 Asvx0=         0
( 1)N=    -1018.2  Vx=   -72.4 Vy=      0.3 Ts=      -0.0 Asvy=       57 Asvy0=         0

抗剪承载力: CB_XF=     102.09  CB_YF=      66.51
```

图 5-6　YJK 软件输出第 2 层边框柱 KZ1 的构件信息

下面手工复核此框架柱配筋。

框架柱宽度、高度：

$b = 600\text{mm}$、$h = 600\text{mm}$

框架柱截面面积：

$A_c = bh = 600 \times 600 = 360000 (\text{mm}^2)$

框架柱截面回转半径：

$$i = \sqrt{I/A} = \sqrt{\frac{1}{12}bh^3/(bh)} = h/\sqrt{12} = 600/\sqrt{12} \approx 173.21 (\text{mm})$$

框架柱计算长度取构件相应主轴方向上下支撑点之间的距离、即构件的几何长度：

$l_c = 12.0\text{m}$

C30，混凝土轴心抗压强度设计值：

$f_c = 14.3\text{N/mm}^2$

纵筋级别 HRB400，钢筋抗拉强度设计值：

$f_y = 360\text{N/mm}^2$

柱轴压力设计值：

$N = 1018.2\text{kN}$

已考虑侧移影响（P-Δ 效应）的偏心受压构件绝对值较大端柱弯矩设计值：

$M_2 = 484.4\text{kN} \cdot \text{m}$

已考虑侧移影响（P-Δ 效应）的偏心受压构件绝对值较小端柱弯矩设计值（反弯点在柱中，绝对值较小端柱弯矩设计值取负值）：

$M_1 = -384.5\text{kN} \cdot \text{m}$

同一主轴方向的杆端弯矩：

$M_1/M_2 = -384.5/484.4 \approx -0.79 < 0.9$

柱轴压比：

$N/(f_c A) = 1018.2 \times 10^3/(14.3 \times 360000) \approx 0.20 < 0.9$

框架柱的长细比：

$l_c/i = 12000/173.21 \approx 69.28 > 34 - 12(M_1/M_2) = 34 - 12 \times (-0.79) = 43.48$

需要考虑轴压力在挠曲杆件中产生的附加弯矩影响，构件端截面偏心距调节系数：

$C_m = 0.7 + 0.3\dfrac{M_1}{M_2} = 0.7 + 0.3 \times (-0.79) \approx 0.46 < 0.7$，取 $C_m = 0.7$。

附加偏心距：

$e_a = \max\{20\text{mm}, h/30\} = 20\text{mm}$

纵向受拉钢筋的合力点至截面近边缘的距离：

$a = 20 + 10 + \dfrac{25}{2} = 42.5\text{(mm)}$

截面有效高度：

$h_0 = h - a = 600 - 42.5 = 557.5\text{(mm)}$

截面曲率修正系数

$\zeta_c = \dfrac{0.5f_c A}{N} = \dfrac{0.5 \times 14.3 \times 360000}{1018.2 \times 10^3} \approx 2.53 > 1.0$，取 $\zeta_c = 1.0$。

弯矩增大系数：

$$\eta_{ns} = 1 + \dfrac{1}{1300(M_2/N + e_a)/h_0}\left(\dfrac{l_c}{h}\right)2\zeta_c$$

$$= 1 + \dfrac{1}{1300 \times [484.4 \times 10^6/(1018.2 \times 10^3) + 20]/557.5} \times \left(\dfrac{12000}{600}\right)^2 \times 1.0 \approx 1.346$$

$C_m\eta_{ns} = 0.7 \times 1.346 = 0.94 < 1.0$，取 $C_m\eta_{ns} = 1.0$。

偏心受压构件考虑轴向压力在挠曲杆件中产生的二阶效应后，控制截面的弯矩设计值：

$M = C_m\eta_{ns}M_2 = 1.0 \times 484.4 = 484.4\text{(kN} \cdot \text{m)}$

轴向压力对截面重心的偏心距：

$e_0 = M/N = 484.4 \times 10^6/(1018.2 \times 10^3) = 475.74(\text{mm})$

初始偏心距：

$e_i = e_0 + e_a = 475.74 + 20 = 495.74(\text{mm})$

轴向压力作用点至纵向普通受拉钢筋的合力点的距离：

$e = e_i + \dfrac{h}{2} - a = 495.74 + \dfrac{600}{2} - 42.5 = 753.24(\text{mm})$

假定截面为大偏心受压，则截面相对受压区高度：

$\xi = N/\alpha_1 f_c bh_0 = 1018.2 \times 10^3/(1.0 \times 14.3 \times 600 \times 557.5) \approx 0.213 < \xi_b = 0.518$

截面为大偏心受压，则混凝土受压区高度：

$x = N/\alpha_1 f_c b = 1018.2 \times 10^3/(1.0 \times 14.3 \times 600) \approx 118.67(\text{mm})$

单侧钢筋面积

$$A_s = A_s' = \frac{Ne - \alpha_1 f_c bx(h_0 - x/2)}{f_y'(h_0 - a_s')}$$

$$= \frac{1018.2 \times 10^3 \times 753.24 - 1.0 \times 14.3 \times 600 \times 118.67 \times (557.5 - 118.67/2)}{360 \times (557.5 - 42.5)}$$

$$\approx 1400.86(\text{mm}^2)$$

与 YJK 软件输出结果 1605mm² 不一致。

与 YJK 软件计算结果不一致的原因是，YJK 软件框架柱的计算长度系数执行了表 5-1，即除底层外，框架柱计算长度系数取为 1.25。将框架柱计算长度系数取为 1.25，手工复核如下：

框架柱计算长度：

$l_c = \mu H = 1.25 \times 12.0 = 15.0(\text{m})$

框架柱的长细比：

$l_c/i = 15000/173.21 = 86.60 > 34 - 12(M_1/M_2) = 34 - 12 \times (-0.79) = 43.48$

需要考虑轴压力在挠曲杆件中产生的附加弯矩影响

弯矩增大系数：

$$\eta_{ns} = 1 + \frac{1}{1300(M_2/N + e_a)/h_0}\left(\frac{l_c}{h}\right)^2 \zeta_c$$

$$= 1 + \frac{1}{1300 \times [484.4 \times 10^6/(1018.2 \times 10^3) + 20]/557.5} \times \left(\frac{15000}{600}\right)^2 \times 1.0 \approx 1.54$$

$C_m \eta_{ns} = 0.7 \times 1.54 \approx 1.08$

偏心受压构件考虑轴向压力在挠曲杆件中产生的二阶效应后控制截面的弯矩设计值：

$M = C_m \eta_{ns} M_2 = 1.08 \times 484.4 = 523.15(\text{kN} \cdot \text{m})$

轴向压力对截面重心的偏心距：

$e_0 = M/N = 523.15 \times 10^6/(1018.2 \times 10^3) \approx 513.8(\text{mm})$

初始偏心距：

$e_i = e_0 + e_a = 513.8 + 20 = 533.8(\text{mm})$

轴向压力作用点至纵向普通受拉钢筋的合力点的距离：

$$e = e_i + \frac{h}{2} - a = 533.8 + \frac{600}{2} - 42.5 = 791.3 \text{(mm)}$$

假定截面为大偏心受压，则截面相对受压区高度：

$$\xi = N/\alpha_1 f_c b h_0 = 1018.2 \times 10^3/(1.0 \times 14.3 \times 600 \times 557.5) = 0.213 < \xi_b = 0.518$$

截面为大偏心受压，则混凝土受压区高度：

$$x = N/\alpha_1 f_c b = 1018.2 \times 10^3/(1.0 \times 14.3 \times 600) = 118.67 \text{(mm)}$$

单侧钢筋面积

$$A_s = A_s' = \frac{Ne - \alpha_1 f_c bx(h_0 - x/2)}{f_y'(h_0 - a_s')}$$

$$= \frac{1018.2 \times 10^3 \times 791.3 - 1.0 \times 14.3 \times 600 \times 118.67 \times (557.5 - 118.67/2)}{360 \times (557.5 - 42.5)}$$

$$\approx 1609.90 \text{(mm}^2)$$

与软件输出结果 1605mm² 一致。

很显然，YJK 软件在计算框架柱时，计算长度系数执行了表 5-1，即除底层外框架柱计算长度系数取为 1.25。而《混凝土结构设计规范》GB 50010—2010（2015 年版）对有侧移框架结构的 P-Δ 效应简化计算，不再采用 η-l_0 法。因此，在使用 YJK 软件进行框架柱计算时，应勾选"考虑 P-Δ 效应"、并勾选"计算长度系数置为 1"，YJY 软件二阶效应计算参数见图 5-7。

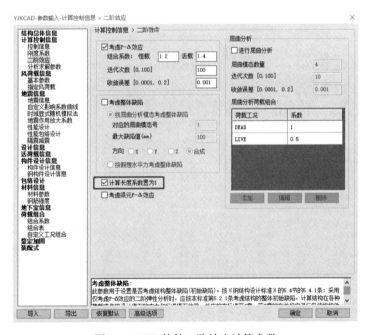

图 5-7　YJK 软件二阶效应计算参数

PKPM 软件，只要考虑了结构二阶效应计算，不管是钢柱、还是钢筋混凝土柱，软件均强制将柱计算长度系数置为 1.0，PKPM 软件二阶效应计算参数见图 5-8。

（4）YJK 软件基础连系梁，采用拉梁建模，为什么比采用地基梁建模的配筋面积大？

对于本算例，基础连系梁采用拉梁建模时，梁顶部纵筋为 1303mm²、底部纵筋为

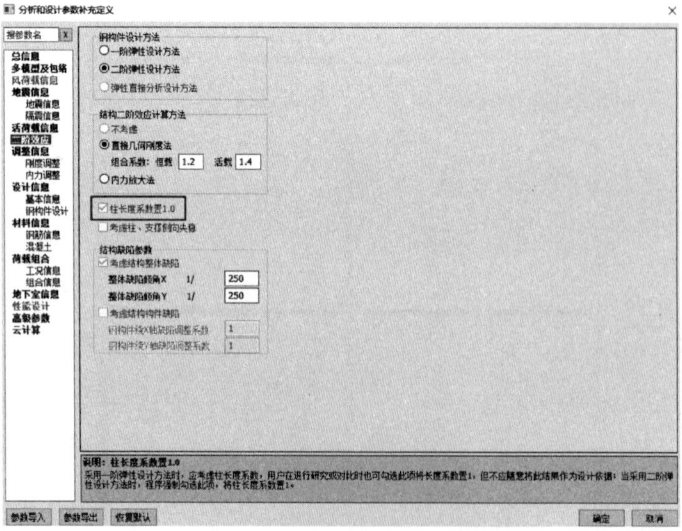

图 5-8　PKPM 软件二阶效应计算参数

$979mm^2$；基础连系梁采用地基梁建模时，梁顶部纵筋面积为 $670mm^2$、底部纵筋面积为 $429mm^2$。需要说明的是，采用地基梁模拟基础连系梁时，将地基梁基床反力系数取为 0，不考虑地基梁下地基土反力。

```
*------------------------------------------------------------------------------*
* 以下输出拉梁 8 等分面上的配筋设计信息                                          *
* I,J --- 代表梁左、右端截面                                                     *
* 1,2,3,4,5,6,7 --- 代表梁中部从左到右7个等分截面                               *
* -M,+M --- 负、正弯矩设计值(kN*m)                                              *
* N --- 与设计弯矩对应的拉力设计值(kN)                                          *
* Top Asu,Btm Asd --- 截面上、下部位的配筋面积(mm*mm)                           *
* Rs(%) --- 纵向钢筋配筋率                                                       *
* V,T --- 剪力设计值及其对应扭矩(折减后)                                        *
* Asv --- 箍筋面积(mm*mm)                                                        *
* Rsv(%) --- 配箍率(按Asv/bs计算, b为截面宽度, s为箍筋间距)                     *
* Vmax --- 弯剪扭截面最大抗剪承载力(kN)                                         *
*------------------------------------------------------------------------------*
```

	-I-	-1-	-2-	-3-	-4-	-5-	-6-	-7-	-J-
-M(kN*m)	0	0	0	0	0	-12	-48	-91	-140
N(kN)	471	471	471	471	471	471	471	471	471
LoadComb	(30)	(30)	(30)	(30)	(30)	(30)	(30)	(30)	(30)
Top Asu	654	654	654	654	654	710	877	1075	1303
Rs(%)	0.34	0.34	0.34	0.34	0.34	0.36	0.45	0.55	0.67
Rs>Rs,max	NO	NO	NO	NO	NO	NO	NO	NO	NO
+M(kN*m)	70	67	57	41	18	0	0	0	0
N(kN)	471	471	471	471	471	471	471	471	471
LoadComb	(30)	(30)	(30)	(30)	(30)	(30)	(30)	(30)	(30)
Btm Asd	979	963	918	842	735	654	654	654	654
Rs(%)	0.50	0.49	0.47	0.43	0.38	0.34	0.34	0.34	0.34
Rs>Rs,max	NO	NO	NO	NO	NO	NO	NO	NO	NO
V(kN)	0	15	29	44	58	73	88	94	108
T(kN.m)	0	0	0	0	0	0	0	0	0
N(kN)	471	471	471	471	471	471	471	438	438
LoadComb	(30)	(30)	(30)	(30)	(30)	(30)	(30)	(41)	(41)
Asv	32	32	32	32	32	32	44	66	76
Rsv(%)	0.05	0.05	0.05	0.05	0.05	0.05	0.07	0.11	0.13
LoadComb	(41)	(41)	(41)	(41)	(41)	(41)	(30)	(30)	(30)
V(kN)	0	13	27	40	54	67	88	102	117
T(kN.m)	0	0	0	0	0	0	0	0	0
Vmax(kN)	438	438	438	438	438	438	466	466	466
V>Vmax	NO	NO	NO	NO	NO	NO	NO	NO	NO

(a)

图 5-9　YJK 软件基础连系梁配筋设计信息（一）

(a) 基础连系梁采用拉梁建模时配筋设计信息

```
*----------------------------------------------------------------------*
*  以下输出地基梁 8 等分面上的配筋设计信息                                      *
*  每个截面包含4项设计信息：抗正(负)弯矩设计、抗剪设计、受剪截面限制条件              *
*  I, J --- 代表梁左、右端截面，当梁端有柱时，取柱边缘处的断面                      *
*  1,2,3,4,5,6,7 --- 代表梁中部从左到右7个等分截面                             *
*  -M, +M --- 负、正弯矩设计值(kN*m)                                        *
*  Top Asu, Btm Asd --- 截面上、下部位的配筋面积(mm*mm)                        *
*  FB, YY --- 腹板、翼缘标识符                                              *
*  Rsv(%) --- 配箍率(按Asv/bs计算，b为截面宽度，s为箍筋间距)                     *
*  Vmax, T --- 剪力设计值及其对应扭矩(地基梁按纯剪设计，不考虑扭矩，T=0)             *
*  Asv --- 箍筋面积(mm*mm)                                                *
*  Rsv(%) --- 配箍率(按Asv/ss计算，ss为箍筋间距)                              *
*  Vmax --- 截面最大抗剪承载力(kN)                                          *
*----------------------------------------------------------------------*
```

	-I-	-1-	-2-	-3-	-4-	-5-	-6-	-7-	-J-
-M(kN*m)	-0	-0	-38	-85	-137	-195	-33	-7	-4
LoadComb	(36)	(36)	(40)	(40)	(40)	(40)	(40)	(40)	(36)
Top Asu	0	0	420	420	459	670	420	420	420
Rs(%)	0.00	0.00	0.20	0.20	0.24	0.34	0.20	0.20	0.20
Rs>Rs,max	NO	NO	NO	NO	NO	NO	NO	NO	NO
+M(kN*m)	42	67	91	110	122	128	0	29	56
LoadComb	(34)	(42)	(42)	(42)	(42)	(42)	(36)	(42)	(42)
Btm Asd	420	420	420	420	420	429	0	420	420
Rs(%)	0.20	0.20	0.20	0.20	0.20	0.22	0.00	0.20	0.20
Rs>Rs,max	NO	NO	NO	NO	NO	NO	NO	NO	NO
V(kN)	9	18	32	110	123	137	112	196	240
LoadComb	(33)	(24)	(24)	(40)	(40)	(40)	(30)	(42)	(42)
Asv	32	32	32	44	44	44	32	65	97
Rsv(%)	0.05	0.05	0.05	0.07	0.07	0.07	0.05	0.11	0.16
LoadComb	(42)	(40)	(40)	(40)	(40)	(40)	(30)	(42)	(42)
V(kN)	75	83	96	110	123	137	112	196	240
Vmax(kN)	438	438	438	438	438	438	466	438	438
V>Vmax	NO	NO	NO	NO	NO	NO	NO	NO	NO

(b)

图 5-9　YJK 软件基础连系梁配筋设计信息（二）

（b）基础连系梁采用地基梁建模时配筋设计信息

　　为什么拉梁的配筋大于地基梁的配筋？由图 5-9 可以看出，当采用拉梁建模时，拉梁内力除了弯矩外、还出现了轴力（471kN）；而采用地基梁建模时，地基梁仅有弯矩、而无轴力。

　　《建筑桩基技术规范》JGJ 94—2008 第 4.2.6 条第 5 款规定，承台与承台之间的联系梁配筋应按计算确定，梁上下部配筋不宜小于 2 根直径 12mm 钢筋；位于同一轴线上的联系梁纵筋宜通长配置。其条文说明指出，联系梁的截面尺寸及配筋一般按下述方法确定：以柱剪力作用于梁端，按轴心受压构件确定其截面尺寸，配筋则取与轴心受压相同的轴力（绝对值），按轴心受拉构件确定。在抗震设防区也可取柱轴力的 1/10 为梁端拉压力的粗略方法确定截面尺寸及配筋。

　　YJK 软件在计算拉梁时，取柱轴力的 1/10 作为拉梁轴力，计算拉梁的配筋。因此拉梁配筋大于地基梁的配筋。

　　在计算承台间连系梁时，建议按照拉梁建模，按照《建筑桩基技术规范》JGJ 94—2008 第 4.2.6 条条文说明的规定，考虑拉梁轴力，计算拉梁的配筋。

5.2　判断结构软弱层时，刚度比的计算方法如何选择？

　　YJK 软件刚度比计算时，设计信息菜单见图 5-10。到底该按照哪一种方法计算刚度比呢？

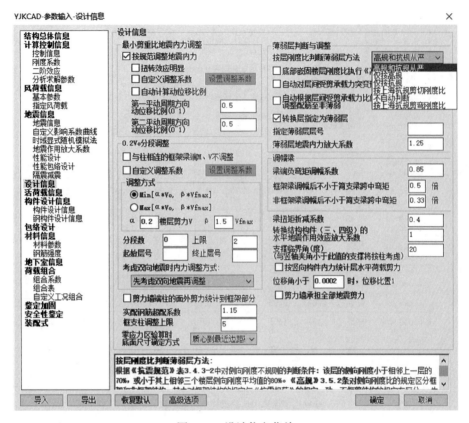

图 5-10　设计信息菜单

各规范刚度比计算的规定如下：

（1）《建筑抗震设计规范》GB 50011—2010（2016 版）

《建筑抗震设计规范》GB 50011—2010（2016 版）规定，侧向刚度的计算式如式（5-5）所示：

$$K_i = \frac{V_i}{\delta_i} \tag{5-5}$$

式中：V_i——第 i 层的地震剪力标准值（kN）；

　　　δ_i——第 i 层在地震作用标准值作用下的层间位移（m）。

（2）《高层民用建筑钢结构技术规程》JGJ 99—2015

《高层民用建筑钢结构技术规程》JGJ 99—2015 第 3.3.10 条规定，抗震设计时，高层民用建筑相邻楼层的侧向刚度变化应符合下列规定：

1）对框架结构，楼层与其相邻上层的侧向刚度比 γ_1 可按式（5-6）计算，且本层与相邻上层的比值不宜小于 0.7，与相邻上部三层刚度平均值的比值不宜小于 0.8。

$$\gamma_1 = \frac{V_i \Delta_{i+1}}{V_{i+1} \Delta_i} \tag{5-6}$$

式中：γ_1——楼层侧向刚度比；

V_i、V_{i+1}——第 i 层和第 $i+1$ 层的地震剪力标准值（kN）；

Δ_i、Δ_{i+1}——第 i 层和第 $i+1$ 层在地震作用标准值作用下的层间位移（m）。

2）对框架-支撑结构、框架-延性墙板结构、筒体结构和巨型框架结构，楼层与其相邻上层的侧向刚度比 γ_2 可按式（5-7）计算，且本层与相邻上层的比值不宜小于 0.9；当本层层高大于相邻上层层高的 1.5 倍时，该比值不宜小于 1.1；对结构底部嵌固层，该比值不宜小 1.5。

$$\gamma_2 = \frac{V_i \Delta_{i+1}}{V_{i+1} \Delta_i} \cdot \frac{h_i}{h_{i+1}} \tag{5-7}$$

式中：γ_2——考虑层高修正的楼层侧向刚度比；

h_i、h_{i+1}——第 i 层和第 $i+1$ 层的层高（m）。

《高层民用建筑钢结构技术规程》JGJ 99—2015 第 3.3.10 条文说明指出，正常设计的高层民用建筑下部楼层侧向刚度宜大于上部楼层的侧向刚度，否则变形会集中于侧向刚度小的下部楼层而形成结构软弱层，所以应对下层与相邻上层的侧向刚度比值进行限制。本次修订，参照现行行业标准《高层建筑混凝土结构技术规程》JGJ 3 的相关规定增补了此条。

（3）《高层建筑混凝土结构技术规程》JGJ 3—2010

《高层建筑混凝土结构技术规程》JGJ 3—2010 第 3.5.2 条规定，抗震设计时，高层建筑相邻楼层的侧向刚度变化应符合下列规定：

1）对框架结构，楼层与其相邻上层的侧向刚度比 γ_1 可按式（5-8）计算，且本层与相邻上层的比值不宜小于 0.7，与相邻上部三层刚度平均值的比值不宜小于 0.8。

$$\gamma_1 = \frac{V_i \Delta_{i+1}}{V_{i+1} \Delta_i} \tag{5-8}$$

式中：γ_1——楼层侧向刚度比；

V_i、V_{i+1}——第 i 层和第 $i+1$ 层的地震剪力标准值（kN）；

Δ_i、Δ_{i+1}——第 i 层和第 $i+1$ 层在地震作用标准值作用下的层间位移（m）。

2）对框架-剪力墙、板柱-剪力墙结构、剪力墙结构、框架-核心筒结构、筒中筒结构，楼层与其相邻上层的侧向刚度比 γ_2 可按式（5-9）计算，且本层与相邻上层的比值不宜小于 0.9；当本层层高大于相邻上层层高的 1.5 倍时，该比值不宜小于 1.1；对结构底部嵌固层，该比值不宜小 1.5。

$$\gamma_2 = \frac{V_i \Delta_{i+1}}{V_{i+1} \Delta_i} \cdot \frac{h_i}{h_{i+1}} \tag{5-9}$$

式中：γ_2——考虑层高修正的楼层侧向刚度比；

h_i、h_{i+1}——第 i 层和第 $i+1$ 层的层高（m）。

《高层建筑混凝土结构技术规程》JGJ 3—2010 第 3.5.2 条文说明指出，正常设计的高层建筑下部楼层侧向刚度宜大于上部楼层的侧向刚度，否则变形会集中于刚度小的下部楼层而形成结构软弱层，所以应对下层与相邻上层的侧向刚度比值进行限制。本次修订，对楼层侧向刚度变化的控制方法进行了修改。中国建筑科学研究院的振动台试验研究表明，规定框架结构楼层与上部相邻楼层的侧向刚度比 γ_1 不宜小于 0.7，与上部相邻三层侧向刚度平均值的比值不宜小于 0.8 是合理的。

对框架-剪力墙结构、板柱-剪力墙结构、剪力墙结构、框架-核心筒结构、筒中筒结构，楼面体系对侧向刚度贡献较小，当层高变化时刚度变化不明显，可按式（5-9）定义的楼层侧向刚度比作为判定侧向刚度变化的依据，但控制指标也应做相应的改变，一般情况按不小于 0.9 控制；层高变化较大时，对刚度变化提出更高的要求，按 1.1 控制；底部嵌固楼层层间位移角结果较小，因此对底部嵌固楼层与上一层侧向刚度变化作了更严格的规定，按 1.5 控制。

从以上各规范条文可以看出，《高层民用建筑钢结构技术规程》JGJ 99—2015 对刚度比的规定来源于《高层建筑混凝土结构技术规程》JGJ 3—2010。《高层建筑混凝土结构技术规程》JGJ 3—2010 对框架结构刚度比的规定来源于中国建筑科学研究院的振动台试验[1]。文献［1］通过 3 个首层层高不同的钢筋混凝土框架结构模型振动台试验和动力弹塑性时程分析，研究楼层刚度突变对钢筋混凝土框架结构软弱层的形成和结构破坏倒塌模式的影响，结果表明：限制上、下楼层侧向刚度比对于防止结构发生软弱层的破坏、倒塌是十分必要的；控制楼层侧向刚度不小于相邻上一层的 70% 或不小于其相邻 3 个楼层侧向刚度平均值的 80%，采用楼层剪力与层间位移比的方法来计算楼层侧向刚度比，并以此方法判定结构的软弱楼层比较合理；对于刚度比不满足限制条件的楼层，地震剪力取 1.15 的放大系数，但其数值偏小，宜适当提高，建议取为 1.25。文献［1］同时指出：楼层剪力和层间位移比计算楼层刚度比方法从刚度的基本定义出发，反映了力与位移的关系。该方法对于剪切变形为主的框架结构较为合理，而对于剪力墙、框架-剪力墙及框架-核心筒等结构可能会存在一定问题。

广东省地方标准《高层建筑混凝土结构技术规程》DBJ 15-92—2013 第 3.5.2 条规定，抗震设计时，当地下室顶板为计算嵌固端时，首层侧向刚度不宜小于相邻上一层的 1.5 倍。结构的楼层侧向刚度不宜小于相邻上层楼层侧向刚度的 90%。楼层侧向刚度可取楼层剪力与层间位移角之比。其条文说明指出，设层剪力为 V，剪力墙面积为 A，剪变模量为 G，剪切变形角为 γ，则 $\gamma = \dfrac{\Delta}{h} = \dfrac{V}{GA}$，其中 Δ 为楼层水平位移，h 为剪力墙层高。当不考虑弯曲变形时，剪切变形角也即层间位移角 $\theta_i = \dfrac{\Delta_i - \Delta_{i-1}}{h_i}$，则层侧向刚度可定义为 $K_i = \dfrac{V_i}{\theta_i}$。框架结构在水平力作用下的剪切变形主要由框架梁柱的弯曲变形引起，如果梁柱的弹性模量相等，令 $G = 0.4E$，对应于剪力墙，不难导出其等效剪切面积 $A_s = \dfrac{30}{Eh\left(\dfrac{1}{\sum i_c} + \dfrac{1}{\sum i_b}\right)}$，式中 i_c 为柱的线刚度，i_b 为梁的线刚度，h 为层高。可看出框架的等效剪切面积约与层高的平方成反比例，即当其他条件相同，层高大的侧向刚度小。这也与实际情况相符，且已反映于结构的计算分析中。为避免在判断框架结构、少墙的框架-剪力墙结构等结构侧向刚度变化时的不连续性，结构侧向刚度统一以单位层间位移角所需的水平力表达。

广东省地方标准《高层建筑混凝土结构技术规程》DBJ/T 15-92—2021 第 3.5.2 条规定，结构的楼层侧向刚度不宜小于相邻上层楼层侧向刚度的 80%。楼层侧向刚度可取楼层剪力与层间位移角之比。

很显然，广东省地方标准刚度比的算法，与《高层建筑混凝土结构技术规程》

JGJ 3—2010 中带剪力墙结构考虑层高修正的刚度比算法一致。各规范刚度比规定汇总如表 5-2 所示。

各规范刚度比规定汇总　　　　　　　　　　　　　　　　　　　　　　表 5-2

规范		刚度比计算方法	刚度比规定
《建筑抗震设计规范》 GB 50011—2010（2016 版）		$\gamma = \dfrac{V_i}{\delta_i} \Big/ \left(\dfrac{V_{i+1}}{\delta_{i+1}}\right)$	本层与相邻上层的刚度比值不宜小于 0.7，与相邻上部三层刚度平均值的比值不宜小于 0.8
《高层建筑混凝土 结构技术规程》 JGJ 3—2010	框架结构	$\gamma_1 = \dfrac{V_i \Delta_{i+1}}{V_{i+1} \Delta_i}$	本层与相邻上层的刚度比值不宜小于 0.7，与相邻上部三层刚度平均值的比值不宜小于 0.8
	框架-剪力墙、板柱-剪力墙结构、剪力墙结构、框架-核心筒结构、筒中筒结构	$\gamma_2 = \dfrac{V_i \Delta_{i+1}}{V_{i+1} \Delta_i} \cdot \dfrac{h_i}{h_{i+1}}$	本层与相邻上层的比值不宜小于 0.9；当本层层高大于相邻上层层高的 1.5 倍时，该比值不宜小于 1.1；对结构底部嵌固层，该比值不宜小 1.5
《高层建筑混凝土结构技术规程》 DBJ 15-92—2013		$\gamma = \dfrac{V_i \Delta_{i+1}}{V_{i+1} \Delta_i} \cdot \dfrac{h_i}{h_{i+1}}$	地下室顶板为计算嵌固端时，首层侧向刚度不宜小于相邻上一层的 1.5 倍。结构的楼层侧向刚度不宜小于相邻上层楼层侧向刚度的 90%
《高层建筑混凝土结构技术规程》 DBJ/T 15-92—2021			楼层侧向刚度不宜小于相邻上层楼层侧向刚度的 80%

　　由表 5-2 可以看出，国家标准《建筑抗震设计规范》GB 50011—2010（2016 版）刚度算法为层剪力除以层间位移，且不区分结构形式。行业标准《高层建筑混凝土结构技术规程》JGJ 3—2010 对于框架结构，刚度算法与国家标准《建筑抗震设计规范》GB 50011—2010（2016 版）相同，为层剪力除以层间位移；而对于带剪力墙的结构，刚度算法为层剪力除以层间位移并考虑层高修正（其实就是层剪力除以层间位移角）。广东省地方标准《高层建筑混凝土结构技术规程》DBJ 15-92—2013、《高层建筑混凝土结构技术规程》DBJ/T 15-92—2021 刚度的算法为层剪力除以层间位移角，与行业标准《高层建筑混凝土结构技术规程》JGJ 3—2010 在带剪力墙结构的刚度算法一致，且不区分结构形式。

　　那么带剪力墙的结构，刚度比计算时，是否需要考虑层高修正？

　　文献［2］围绕高层建筑框架-核心筒结构，针对局部楼层层高变化对其抗震性能的影响展开，重点将框架-核心筒结构侧向刚度规则性控制方法及其控制指标、层高变化对结构变形形态、受力模式以及强烈地震作用下的屈服机制与破坏模式的影响等问题进行了研究。数值分析及大比例振动台试验研究均表明：相邻楼层剪力与层间位移比对于层高变化过于敏感，且其相邻层刚度比不小于 0.7 的限值要求过于严格，不宜用于衡量及控制框架-核心筒结构楼层刚度的规则性；相邻楼层剪力与层间位移角比（即考虑层高修正的刚度比）由于进一步考虑了楼层剪力变化的影响，因此更适宜衡量框架-核心筒结构楼层刚度的规则性，并能给出与工程概念相符的结果。

　　对于框架-核心筒结构，文献［2］建议用相邻楼层剪力与层间位移角比（即考虑层高修正的刚度比）判断软弱层，但是框架-剪力墙、板柱-剪力墙结构、剪力墙结构、筒中筒结构、框架-支撑结构，是否也可以采用相邻楼层剪力与层间位移角比（即考虑层高修正的刚度比）判断软弱层？在现有规范没有修订之前，作者还是建议取相邻楼层剪力与层间位移角比（即考虑层高修正的刚度比，高规带剪力墙结构刚度比算法）、相邻楼层剪力与层间位移比（及抗规刚度比算法），两种算法取包络进行软弱层的判断。

5.3 《混凝土结构通用规范》GB 55008—2021 第 4.2.3 条规定，房屋建筑的混凝土楼盖应满足楼盖竖向振动舒适度要求。楼盖竖向振动舒适度是否仅需要验算竖向振动频率？是否楼板越厚楼盖竖向振动舒适度越好？如何验算楼盖竖向振动舒适度？

《混凝土结构通用规范》GB 55008—2021 第 4.2.3 条提出了楼盖竖向振动舒适度的要求。一些设计项目因未进行楼盖竖向振动舒适度的验算，被图审机构认定为违反规范强制性条文。楼盖竖向振动舒适度如何验算？以下几个问题需要重点关注：

（1）楼盖竖向振动舒适度是否仅需要验算竖向振动频率？

《混凝土结构设计规范》GB 50010—2010 第 3.4.6 条规定，对混凝土楼盖结构应根据使用功能的要求进行竖向自振频率验算，并宜符合下列要求：

1）住宅和公寓不宜低于 5Hz；

2）办公楼和旅馆不宜低于 4Hz；

3）大跨度公共建筑不宜低于 3Hz。

《高层建筑混凝土结构技术规程》JGJ 3—2010 第 3.7.7 条规定，楼盖结构应具有适宜的舒适度。楼盖结构的竖向振动频率不宜小于 3Hz，楼盖竖向振动加速度限值见表 5-3。

楼盖竖向振动加速度限值 表 5-3

人员活动环境	峰值加速度限值（m/s²）	
	竖向自振频率 不大于 2Hz	竖向自振频率 不小于 4Hz
住宅、办公	0.07	0.05
商场及室内连廊	0.22	0.15

注：楼盖结构竖向频率为 2~4Hz 时，峰值加速度限值可按线性插值选取。

综合以上两本规范，是否可以得出多层建筑仅需要验算楼盖竖向自振频率，高层建筑既要验算楼盖竖向自振频率、还要验算竖向振动加速度这两个结论？

《组合楼板设计与施工规范》CECS 273：2010 第 4.2.4 条的条文说明指出，试验表明，楼盖自振频率在 4~8Hz 时，相同自振频率的楼盖，人们对楼盖的舒适程度的感觉并不一样，而是对峰值加速度相同的楼盖则感觉相同。因此，舒适度并不取决于自振频率的大小，而主要取决于楼盖的峰值加速度。目前包括日本在内的国外发达国家均采用在限制组合楼盖自振频率的基础上，还验算楼盖的峰值加速度。

《组合结构设计规范》JGJ 138—2016 第 13.3.4 的条文说明指出，对组合楼盖峰值加速度和自振频率的验算，是保证组合楼盖使用阶段的舒适度的验算。试验和理论分析表明楼盖舒适度不仅仅取决于楼板的自振频率，还与组合楼盖的峰值加速度有关。

《建筑楼盖结构振动舒适度技术标准》JGJ/T 441—2019 第 4.1.1 条的条文说明也指出，人对振动的感觉与振源的性质、建筑结构的自振频率、振动的时间、振动的环境、人的状态以及年龄和性别等都有关系。由于人主观反应的标准，例如对轻振感、强振感等概念没有清晰的界限，因此不同的人对振动刺激的感受程度不一样，具有很强的随机性，即使同一个人，对自己感受的判断也不是十分肯定。但是大量研究和实测结果表明，人的舒适性感受可以采用楼盖的振动加速度响应来评价。

综上，无论是多层建筑、还是高层建筑，均要验算楼盖竖向自振频率、还要验算竖向振动加速度。

（2）楼盖竖向振动舒适度验算不通过，加厚楼板有效吗？

《组合楼板设计与施工规范》CECS 273：2010 第 4.2.4 条的条文说明指出，工程实践和理论分析表明，楼板对舒适度的贡献较小，而梁布置的疏密、刚度的大小对舒适度贡献较大，也就是说舒适度取决于楼盖。因此，楼盖竖向振动舒适度验算不通过，仅加厚楼板用处不大，而应该加强楼盖的刚度、重点是加大支撑楼板的梁的刚度。

（3）如何采用简化计算法进行楼盖竖向振动舒适度验算？

《建筑楼盖结构振动舒适度技术标准》JGJ/T 441—2019 第 3.1.4 条规定，结构布置规则的建筑楼盖的竖向自振频率可按本标准附录 A 计算。复杂建筑楼盖的竖向自振频率宜采用有限元分析计算。

《组合结构设计规范》JGJ 138—2016 第 13.3.4 条规定，组合楼盖应进行舒适度验算，舒适度验算可采用动力时程分析方法，也可采用本规范附录 B 的方法；对高层建筑也可按现行行业标准《高层建筑混凝土结构技术规程》JGJ 3 的方法验算。

文献［3］详细介绍了楼板舒适度验算的简化计算方法，与《组合结构设计规范》JGJ 138—2016 附录 B、《建筑楼盖结构振动舒适度技术标准》JGJ/T 441—2019 附录 A、附录 B 的简化计算方法基本一致。简化计算方法主要参考了美国 AISC Steel Design Guide Series 11：*Floor Vibrations Due to Human Activity*。本书根据文献［3］中简化计算方法，介绍某钢框架房屋混凝土楼板舒适度验算的过程。

某钢框架办公楼，1 层层高 3.3m，平面尺寸及构件截面如图 5-11 所示。钢柱截面□400×400×16×16，钢柱、钢梁钢号均为 Q355。楼板采用钢筋混凝土楼板，厚度100mm，混凝土强度等级 C30。

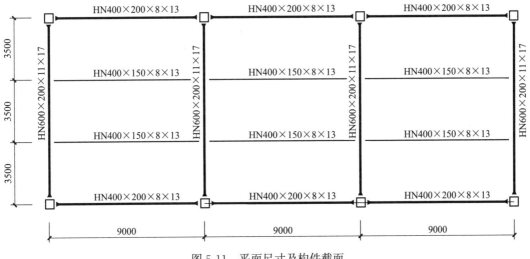

图 5-11 平面尺寸及构件截面

进行舒适度设计时，楼盖附加恒载仅考虑面层荷载 $1.0kN/m^2$，有效均布活荷载办公建筑取 $0.55kN/m^2$，楼板结构的阻尼比根据《高层建筑混凝土结构技术规程》JGJ 3—2010 表 A.0.2 取 0.03。

1）楼板自振频率计算：

次梁的最大挠度 $\Delta_j = 30.82mm$

主梁的最大挠度 $\Delta_g = 13.44mm$

主次梁式楼板结构自振频率：

$$f_1 = \frac{18}{\sqrt{\Delta_j + \Delta_g}} = \frac{18}{\sqrt{30.82 + 13.44}} \approx 2.71(Hz) < 3.0Hz$$

需调整构件截面，将钢次梁 HN400×150×8×13 截面调整为 HN500×200×10×16。

次梁的最大挠度 $\Delta_j = 12.64mm$；

主梁的最大挠度 $\Delta_g = 14.44mm$；

主次梁式楼板结构自振频率：

$$f_1 = \frac{18}{\sqrt{\Delta_j + \Delta_g}} = \frac{18}{\sqrt{12.64 + 14.44}} \approx 3.46(Hz) > 3.0Hz$$

2）次梁楼板体系计算

次梁的均布荷载：

$w_{jk} = 2.5 + 1.0 + 0.55 + 0.881/3.5 \approx 4.3(kN/m^2)$

次梁均布荷载包含楼板自重、楼板恒载、楼板活载、次梁自重。

单位宽度的楼板惯性矩：

$D_s = d^3/12 = 100^3/12 \approx 83333.33(mm^3)$

单位宽度的次梁惯性矩：

$D_j = I_j/S_j = 46800 \times 10^4/3500 \approx 133714.29(mm^3)$

沿次梁跨度方向的楼板连续，故次梁楼板体系的边界条件影响系数 $C_j = 2.0$

次梁楼板体系的有效宽度：

$$B_j = C_j \left(\frac{D_s}{D_j}\right)^{0.25} L_j = 2.0 \times \left(\frac{83333.33}{133714.29}\right)^{0.25} \times 9000 \approx 15993.1(mm) > \frac{2}{3}B_w = \frac{2}{3} \times$$

$10500 = 7000(mm)$

取 $B_j = 7000mm$

次梁跨度方向的楼板连续，故连续性系数 $\delta = 1.5$。

次梁楼板体系的振动有效重量：

$w_j = \delta w_{jk} B_j L_j = 1.5 \times 4.3 \times 7 \times 9 = 406.35(kN)$

3）主梁楼板体系计算

主梁的均布荷载：

$w_{gk} = 2.5 + 1.0 + 0.55 + 0.881/3.5 + 1.03/10.5 \approx 4.4(kN/m^2)$

主梁均布荷载包含楼板自重、楼板恒载、楼板活载、次梁自重、主梁自重。

单位宽度的主梁惯性矩：

$D_g = I_g/L_j = 75600 \times 10^4/9000 = 84000(mm^3)$

主次梁铰接，主次梁连接节点的影响系数 $C_g = 1.8$

主梁楼板体系的有效宽度（中间跨）：

$$B_g = C_g \left(\frac{D_j}{D_g}\right)^{0.25} L_g = 1.8 \times \left(\frac{133714.29}{84000}\right)^{0.25} \times 10500 \approx 21229.34 (\text{mm}) > \frac{2}{3} B_L = \frac{2}{3} \times 27000$$

$$= 18000 (\text{mm})$$

取 $B_g = 18000\text{mm}$，主梁楼板体系的振动有效重量：

$$w_g = w_{gk} B_g L_g = 4.4 \times 18 \times 10.5 = 831.6 (\text{kN})$$

4）主次梁式楼板体系计算

主次梁式楼盖结构的阻抗有效重量：

$$w = \frac{\Delta_j}{\Delta_j + \Delta_g} w_j + \frac{\Delta_g}{\Delta_j + \Delta_g} w_g = \frac{12.64}{12.64 + 14.44} \times 406.35 + \frac{14.44}{12.64 + 14.44} \times 831.6$$

$$\approx 633.11 (\text{kN})$$

5）峰值加速度计算

人行走引起的楼盖振动峰值加速度：

$$a_p = \frac{F_p}{\beta w} g = \frac{p_0 e^{-0.35 f_n}}{\beta w} g = \frac{0.3 \times e^{-0.35 \times 3.46}}{0.03 \times 633.11} \times 10 = 0.047 (\text{m/s}^2)$$

峰值加速度限值由表 5-3 插值求得为 0.0554m/s^2，满足楼板舒适度要求。

（4）加大楼面有效均布活荷载，楼盖竖向振动舒适度验算更不容易通过？

如果将本算例中，有效均布活荷载按照结构设计的活荷载标准值取值，根据《建筑结构荷载规范》GB 50009—2012，办公楼活荷载标准值为 2.0kN/m^2。下面再按照有效均布活荷载 2.0kN/m^2 计算楼盖振动峰值加速度。

次梁的最大挠度 $\Delta_j = 16.78\text{mm}$，主梁的最大挠度 $\Delta_g = 18.23\text{mm}$，主次梁式楼板结构自振频率：

$$f_1 = \frac{18}{\sqrt{\Delta_j + \Delta_g}} = \frac{18}{\sqrt{16.78 + 18.23}} \approx 3.04 (\text{Hz}) > 3.0\text{Hz}$$

次梁的均布荷载：

$$w_{jk} = 2.5 + 1.0 + 2.0 + 0.881/3.5 \approx 5.75 (\text{kN/m}^2)$$

次梁均布荷载包含楼板自重、楼板恒载、楼板活载、次梁自重。

次梁楼板体系的振动有效重量：

$$w_j = \delta w_{jk} B_j L_j = 1.5 \times 5.75 \times 7 \times 9 = 543.375 (\text{kN})$$

主梁的均布荷载：

$$w_{gk} = 2.5 + 1.0 + 2.0 + 0.881/3.5 + 1.03/10.5 \approx 5.85 (\text{kN/m}^2)$$

主梁楼板体系的振动有效重量：

$$w_g = w_{gk} B_g L_g = 5.85 \times 18 \times 10.5 = 1105.65 (\text{kN})$$

主次梁式楼盖结构的阻抗有效重量：

$$w = \frac{\Delta_j}{\Delta_j + \Delta_g} w_j + \frac{\Delta_g}{\Delta_j + \Delta_g} w_g = \frac{16.78}{16.78 + 18.23} \times 552.825 + \frac{18.23}{16.78 + 18.23} \times 1105.65$$

$$\approx 840.68 (\text{kN})$$

人行走引起的楼盖振动峰值加速度：

$$a_p = \frac{F_p}{\beta w} g = \frac{p_0 e^{-0.35 f_n}}{\beta w} g = \frac{0.3 \times e^{-0.35 \times 3.04}}{0.03 \times 850.53} \times 10 \approx 0.041\text{m/s}^2$$

峰值加速度限值由表 5-3 插值求得 0.0596m/s^2，满足楼板舒适度要求。

有效均布活荷载分别取 0.55kN/m^2、2.0kN/m^2 楼盖振动峰值加速度计算结果见表 5-4。

有效均布活荷载分别取 0.55kN/m^2、2.0kN/m^2 楼盖振动峰值加速度计算结果 表 5-4

有效均布活荷载 (kN/m^2)	楼板结构自振频率 (Hz)	楼盖结构阻抗有效重量 (kN)	楼盖振动峰值加速度 (m/s^2)	楼盖峰值加速度限值 (m/s^2)	安全系数(楼盖峰值加速度限值/楼盖振动峰值加速度)
0.55	3.46	633.11	0.0470	0.0554	1.179
2.0	3.04	850.53	0.0406	0.0596	1.468

由表 5-4 可以看出，计算楼板结构舒适度时，不能盲目加大荷载，加大荷载会导致楼盖振动峰值加速度计算值偏小，带来安全隐患。在使用结构软件计算楼板舒适度时，尤其应当注意，构件计算时荷载取值按照结构设计的荷载取值；楼板舒适度计算时，楼盖结构的恒载一般指已经确定的恒载，有效均布活荷载按照办公建筑取 0.55kN/m^2、住宅取 0.3kN/m^2，不能随意加大。

（5）如何采用有限元方法进行楼盖竖向振动舒适度验算？

《建筑楼盖结构振动舒适度技术标准》JGJ/T 441—2019 第 3.1.4 条的条文说明指出，复杂建筑楼盖的竖向自振频率宜通过模态分析（modal analysis）和稳态分析（steady state analysis）等有限元分析方法进行计算。模态分析可以得到楼盖的各阶频率和振型，可找到楼盖在某一特定频率范围内的主要模态特性。对于简单的楼盖，可以采用模态分析判断出对特定荷载频率最不利的模态；对于复杂的楼盖，即使得到各阶模态也很难判断出对特定荷载频率最不利的模态，此时可以采用稳态分析。稳态分析需要定义一个的稳态函数（steady state function），该函数的函数值在定义的频率范围内数值为常数，然后将该函数与作用力相结合，定义稳态分析工况，从而得到楼盖在任意位置的谱曲线，再结合工程经验找到最不利的振动位置。

针对本算例，采用 SAP2000 软件（版本 V19）进行楼板舒适度设计的有限元计算。

1）模态分析

在计算分析选项里，设置自由度为平面网轴即 XY 平面，仅分析结构在 Z 方向的竖向振动形式。楼板前 6 阶频率分析结果见表 5-5。第 1 阶频率 $f_1 = 4.3332\text{Hz}$。

楼板前 6 阶频率分析结果 表 5-5

模态阶数	频率(Hz)	模态参与系数	累计参与系数
1	4.3332	0.71	0.71
2	4.5701	0.88×10^{-16}	0.71
3	5.1632	0.01947	0.73
4	5.5833	0.37×10^{-14}	0.73

续表

模态阶数	频率（Hz）	模态参与系数	累计参与系数
5	5.6561	0.22×10^{-14}	0.73
6	7.3315	0.95×10^{-18}	0.73

2）最不利振动控制点的选取

根据平面的结构布置，在计算模型上选取不利荷载作用点 6 个，人行激励计算点布置图如图 5-12 所示。

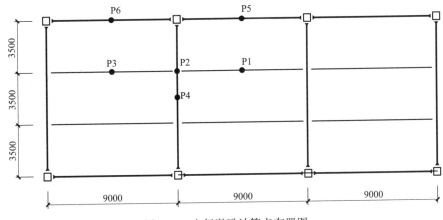

图 5-12　人行激励计算点布置图

3）稳态分析

为了得到 P1～P6 这 6 个计算点处楼板的自振频率，需要对各点进行稳态分析。

首先需要定义稳态分析的函数，稳态分析属于频域分析，函数的横坐标 X 定义为需要分析的频域范围。根据模态分析的结果，结构的自振频率在 4Hz 左右，我们取频率范围为 0～10Hz，纵坐标 Y 为对结构施加单位动力荷载的系数，这个系数的大小影响的是稳态分析后结构的位移峰值而并不影响结构的频谱分布，我们可以取 Y 的值为 1.0[3]。稳态分析函数图像如图 5-13 所示。稳态分析工况定义为 STEADY，将稳态函数定义为 OTHER 类型，频率范围选择 0～10Hz，分析步数 100 步，以每 0.1Hz 为一步进行分析。

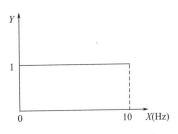

图 5-13　稳态分析函数图像

6 个计算点的竖向自振频率和位移谱的峰值如表 5-6 所示。由表 5-6 可以看到，P1 和 P3 点振动较大。因此选取 P1 和 P3 点进行时程分析。稳态分析得到的 P1 和 P3 点位移谱曲线如图 5-14 所示。

6 个计算点的竖向自振频率和位移谱的峰值　　　　　　表 5-6

节点序号	频率（Hz）	位移谱的峰值（$\times 10^{-3}$ mm）
P1	4.3	235.9
P2	4.3	102.2

节点序号	频率（Hz）	位移谱的峰值（×10⁻³mm）
P3	4. 4	287. 6
P4	4. 3	141. 1
P5	7. 4	56. 49
P6	7. 4	59. 01

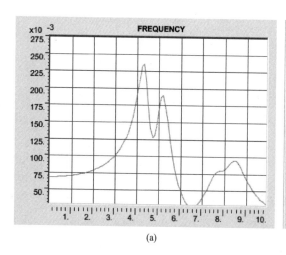 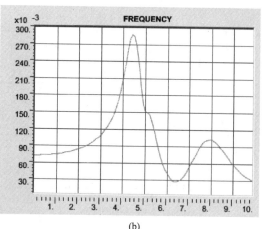

(a)　　　　　　　　　　　　(b)

图 5-14　P1 和 P3 点位移谱曲线

(a) P1 点位移谱曲线；(b) P3 点位移谱曲线

4）时程分析

选择 P1、P3 两点作为结构在步行荷载作用下的最不利振动点进行时程分析。

时程分析时采用的人行荷载函数如下：

$$F(t)=0.29\left[e^{-0.35\overline{f}_1}\cos(2\pi\overline{f}_1t)+e^{-0.70\overline{f}_1}\cos\left(4\pi\overline{f}_1t+\frac{\pi}{2}\right)+e^{-1.05\overline{f}_1}\cos\left(6\pi\overline{f}_1t+\frac{\pi}{2}\right)\right]$$

(5-10)

当人行荷载频率与楼板竖向自振频率 f_1 相同或整数倍时，楼板振动能量最大，因此对 P1 点可取第一阶荷载频率 $\overline{f}_1=f_1/n=4.3/2=2.15\mathrm{Hz}$，满足 $1.6\mathrm{Hz}\leqslant\overline{f}_1\leqslant3.2\mathrm{Hz}$。时间间隔取 $1/(72\overline{f}_1)=1/(72\times2.15)\mathrm{s}\approx6.46\times10^{-3}\mathrm{s}\approx6.0\times10^{-3}\mathrm{s}$，总持时取为 3.0s；P3 点可取第一阶荷载频率 $\overline{f}_1=f_1/n=4.4/2\mathrm{Hz}=2.2\mathrm{Hz}$，满足 $1.6\mathrm{Hz}\leqslant\overline{f}_1\leqslant3.2\mathrm{Hz}$。时间间隔取 $1/(72\overline{f}_1)=1/(72\times2.2)\mathrm{s}\approx6.31\times10^{-3}\mathrm{s}\approx6.0\times10^{-3}\mathrm{s}$，总持时取为 3.0s。

因此，P1 点人行荷载函数变为 [$F(t)$ 单位为 kN]：

$$F_1(t)=0.29\left[e^{-0.7525}\cos(4.3\pi t)+e^{-1.505}\cos\left(8.6\pi t+\frac{\pi}{2}\right)+e^{-2.2575}\cos\left(12.9\pi t+\frac{\pi}{2}\right)\right]$$

$$=0.29\left[0.4712\cos(4.3\pi t)+0.222\cos\left(8.6\pi t+\frac{\pi}{2}\right)+0.1046\cos\left(12.9\pi t+\frac{\pi}{2}\right)\right]$$

(5-11)

P3 点人行荷载函数变为（$F(t)$ 单位为 kN）：

$$F_3(t) = 0.29\left[e^{-0.77}\cos(4.4\pi t) + e^{-1.54}\cos\left(8.8\pi t + \frac{\pi}{2}\right) + e^{-2.31}\cos\left(13.2\pi t + \frac{\pi}{2}\right)\right]$$

$$= 0.29\left[0.463\cos(4.4\pi t) + 0.2144\cos\left(8.8\pi t + \frac{\pi}{2}\right) + 0.0993\cos\left(13.2\pi t + \frac{\pi}{2}\right)\right]$$

$$(5\text{-}12)$$

P1 和 P3 点人行荷载函数曲线如图 5-15 所示，将其分别作用于 P1、P3 点，并进行时程分析。

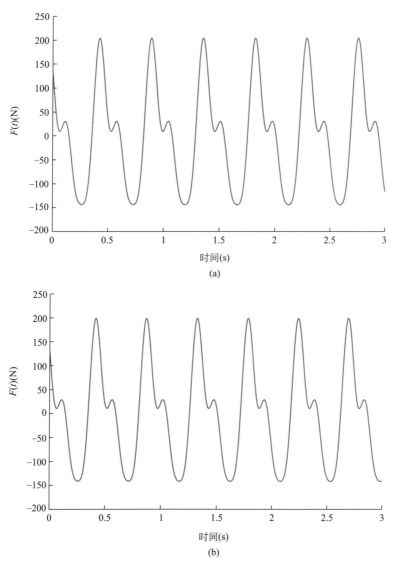

图 5-15　P1 和 P3 点人行荷载函数曲线

（a）P1 点人行荷载函数曲线；（b）P3 点人行荷载函数曲线

时程分析选用统一的振型阻尼0.03。时程动力荷载的加载方式为对P1点和P3点分别加载其最大响应函数荷载。选择点后指定节点荷载，在荷载名称中选择已经定义的时程荷载工况，加载方向为Z轴负方向。

经过时程分析后，P1点和P3点加速度时程曲线如图5-16所示，P3点最大峰值加速度为$0.03783\mathrm{m/s^2}$，与简化算法计算出来的$0.047\mathrm{m/s^2}$相差19.5%。

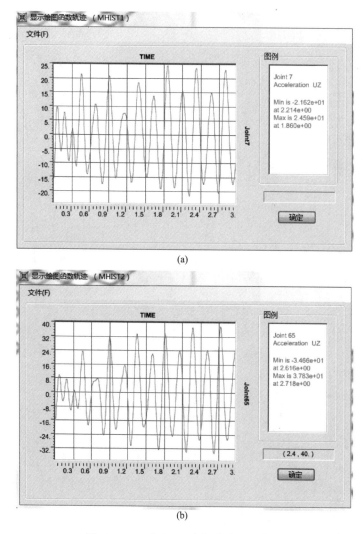

图5-16　P1点和P3点加速度时程曲线
(a) P1点加速度时程曲线；(b) P3点加速度时程曲线

5.4　消能减震结构附加阻尼比的计算方法有哪几种？各方法有什么差别？消能减震结构的子结构如何设计？

消能减震结构指在主体结构局部位置安装消能减震装置来耗散地震能量，从而保护主

322

体结构，消能减震技术因其安装、维修等方便，且抗震性能好而在实际中的应用越来越广泛。

消能减震装置通过滞回作用耗散地震能量，为结构提供附加阻尼，降低结构的动力响应。为了方便采用振型分解反应谱法对消能减震结构进行分析与设计，规范提出采用附加阻尼比来表示消能减震装置对结构的耗能减震作用[4]。

消能减震结构附加阻尼比的计算方法主要有以下几种：

（1）应变能法（规范方法）

《建筑抗震设计规范》GB 50011—2010（2016 年版）第 12.3.4 条规定，消能部件附加给结构的有效阻尼比可按下式估算：

$$\xi_{a} = \sum_{j} W_{cj}/(4\pi W_{s}) \tag{5-13}$$

式中：ξ_{a}——消能减震结构的附加有效阻尼比；

W_{cj}——第 j 个消能部件在结构预期层间位移 Δu_{j} 下往复循环一周所消耗的能量；

W_{s}——设置消能部件的结构在预期位移下的总应变能。

不计及扭转影响时，消能减震结构在水平地震作用下的总应变能，可按式（5-14）估算：

$$W_{s} = \frac{1}{2} \sum F_{i} u_{i} \tag{5-14}$$

式中：F_{i}——质点 i 的水平地震作用标准值；

u_{i}——质点 i 对应于水平地震作用标准值的位移。

速度线性相关型消能器在水平地震作用下往复循环一周所消耗的能量，可按式（5-15）估算：

$$W_{cj} = (2\pi^{2}/T_{1})C_{j}\cos^{2}\theta_{j}\Delta u_{j}^{2} \tag{5-15}$$

式中：T_{1}——消能减震结构的基本自振周期；

C_{j}——第 j 个消能器的线性阻尼系数；

θ_{j}——第 j 个消能器的消能方向与水平面的夹角；

Δu_{j}——第 j 个消能器两端的相对水平位移。

当消能器的阻尼系数和有效刚度与结构振动周期有关时，可取相应于消能减震结构基本自振周期的值。

位移相关型和速度非线性相关型消能器在水平地震作用下往复循环一周所消耗的能量，可按式（5-16）估算：

$$W_{cj} = A_{j} \tag{5-16}$$

式中：A_{j}——第 j 个消能器的恢复力滞回环在相对水平位移 Δu_{j} 时的面积。

消能器的有效刚度可取消能器的恢复力滞回环在相对水平位移 Δu_{j} 时的割线刚度。

《建筑消能减震技术规程》JGJ 297—2013 第 6.3.2 条也有与《建筑抗震设计规范》GB 50011—2010（2016 年版）第 12.3.4 条类似的附加阻尼比计算方法。

《建筑抗震设计规范》GB 50011—2010（2016 年版）第 12.3.4 条、《建筑消能减震技术规程》JGJ 297—2013 第 6.3.2 条附加阻尼比计算方法，参照美国规范 ATC-33，用消能部件本身在地震下变形所吸收的能量与设置消能器后结构总地震变形能的比值来表征。

资料及实际工程经验表明：应变能法（规范方法）要求的结构预期位移需要反复迭代计算，估算消能器的实际变形存在困难，且应变能法（规范方法）所求得附加阻尼比在结构自振周期比较小的时候误差不大，但在结构自振周期与场地卓越周期相差较大时不准确，特别是对于现在广泛的长周期建筑，附加阻尼偏大，结果是偏不安全的。

（2）自由振动衰减法[5]

自由振动衰减法是根据自由振动的对数衰减率得到的。根据单自由度体系的自由振动对数衰减率，阻尼比 ξ 可以由式（5-17）得到：

$$\xi = \frac{\delta_m}{2\pi m(\omega/\omega_\mathrm{D})} \approx \frac{\delta_m}{2\pi m} = \frac{\ln(s_n/s_{n+m})}{2\pi m} \tag{5-17}$$

式中：δ_m——振幅对数衰减率；

s_n、s_{n+m}——分别为第 n 和第 $n+m$ 周期振幅，m 为两振幅间相隔周期数；

ω、ω_D——分别为无阻尼和有阻尼振动的自振频率。

自由振动衰减法将消能结构顶点自由振动衰减看作单自由度体系自由振动，根据式（5-17）并结合结构目标变形计算消能器附加阻尼比。其计算过程为：1）将消能减震结构自身阻尼比设为0，对结构施加1个瞬时激励，计入消能器非线性变形，计算消能减震结构振幅自由振动衰减时程；2）将结构振幅值代入式（5-17），计算不同振幅下消能减震结构的阻尼比，得到消能减震结构阻尼比-振幅曲线；3）估算多遇地震作用下结构顶点振幅，在阻尼比-振幅曲线中确定结构阻尼比，即为消能器附加阻尼比。自由振动衰减法计算示意图见图 5-17。

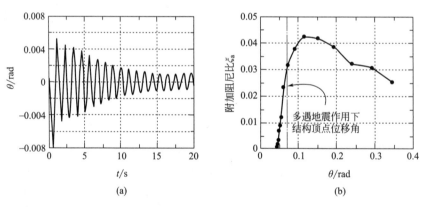

图 5-17　自由振动衰减法计算示意图

（a）自由振动衰减时程；（b）阻尼比-振幅曲线

自由振动衰减法概念清晰，相比于应变能法（规范方法），计算较为简单，避免了繁杂的迭代计算。但自由振动衰减法也存在一些不足，因为式（5-17）由线性黏滞阻尼假设得到，理论上该方法仅对附加线性黏滞阻尼器的消能减震结构附加有效阻尼比计算适用；当应用于安装其他类型消能器情形，需要使用者具有一定的工程经验判断计算值的合理性。

（3）能量比法[6]，[7]

能量比法其依据是结构模态耗能与模态阻尼比之比等于消能器总耗能与附加阻尼比之

比，因此可通过结构固有阻尼比、结构固有阻尼比对应的耗能和消能器总耗能，推算消能器附加给结构的阻尼比，能量比法概念简单，物理意义明确。现广泛使用的用于消能减震结构分析设计的软件 ETABS、SAP2000 等在非线性时程分析时，可以直接提取结构的模态阻尼耗能和阻尼器耗能，可以利用式（5-18）计算附加阻尼比。

$$\xi_{a}=\frac{W_{a}}{W_{1}}\xi_{1} \tag{5-18}$$

式中：ξ_{a}——消能减震结构的附加有效阻尼比；

　　ξ_{1}——结构固有阻尼比；

　　W_{a}——所有消能部件消耗的能量；

　　W_{1}——结构固有阻尼比对应的模态阻尼能量。

（4）结构响应对比法[4]、[8]

结构响应对比法是采用等效对比结构动力响应的方法确定消能减震结构的附加阻尼比。可建立两种模型，其中模型 A 布置有阻尼器，分析时采用 FNA 法，模态阻尼取为 5%；而模型 B 未布置阻尼器，分析时采用线性模态时程分析，模态阻尼可取大于 5% 的值，如 7%、8%、n% 等一系列数值。对比结构层剪力和层间位移角等重要响应参数，找到与模型 A 响应最为接近的某个模型 B，此时模型 B 的阻尼比为模型 A 的总阻尼比，扣除结构的固有阻尼比，如 5%，即可得到阻尼器附加给结构的有效阻尼比。

当采用结构响应对比法计算附加阻尼比时，需要计算多组模型进行对比，实施起来比较繁琐。因此，结构响应对比法一般配合其他附加阻尼比计算方法使用，起到验证校核的作用。

（5）减震系数法

消能减震结构设计中，减震系数法是一种类比隔震结构而使用的简化方法，分别计算非消能减震结构和消能减震结构的地震作用，取最大的楼层剪力比为水平减震系数代入抗震规范的地震影响系数计算公式，进而得出结构的附加阻尼比。

减震系数法比较简便，且反算出的也是结构自振周期下的附加阻尼比，适合非线性黏滞阻尼器几乎不增加结构刚度的特性，但一般采用最大楼层剪力比，使得求出的附加阻尼比过小，利用振型分解反应谱法进行设计时会造成不必要的浪费。

（6）平均减震系数法[7]

减震系数法一般过于保守，有较大弊端，但又简便易用。因此可改用平均减震系数法，即水平减震系数改最大楼层剪力比为取各楼层剪力比的平均值，利用楼层剪力平均值来计算结构的附加阻尼比。此方法不但没有增加计算难度，而且较大程度提高了准确性，克服过于保守的弊端。

文献［7］以一栋 11 层的框架结构为例，采用不同方法计算减震结构的附加阻尼比。结构模型为 11 层框架，底层高 4m，标准层高 3.5m，总高 39m，黏滞阻尼器沿 X、Y 两个方向对称布置，框架结构底部变形较大，所以在底部 4 层每层各布置 8 个，共计 32 个，均按人字支撑形布置，有效利用结构的层间位移，基本模型及阻尼器的布置图如图 5-18 所示。结构基本自振周期为 2.01s，设计分组为二组，Ⅰ类场地。黏滞阻尼器的阻尼系数为 100kN·s/m，速度指数为 0.25。

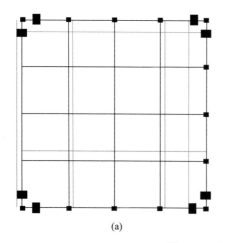
(a)

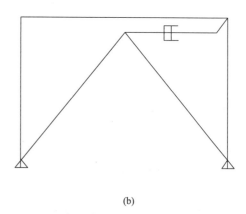
(b)

图 5-18　基本模型及阻尼器的布置

（a）平面图；（b）阻尼器布置形式

分别采用应变能法（规范方法）、自由振动衰减法、能量比法、减震系数法、平均减震系数法，各方法所得等效附加阻尼比见表 5-7。

各方法所得等效附加阻尼比　　　　　　　　　　表 5-7

工况	等效附加阻尼比				
	应变能法（规范方法）	自由振动衰减法	能量比法	减震系数法	平均减震系数法
C-0.10g	6.82%	5.55%	5.35%	1.04%	4.46%
C-0.15g	5.18%	4.29%	3.94%	0.64%	3.22%
C-0.20g	3.96%	3.66%	3.00%	0.47%	2.66%
C-0.30g	2.87%	2.65%	1.90%	0.37%	1.86%
C-0.40g	2.32%	2.22%	1.74%	0.39%	1.57%

文献［7］给出以下建议：

（1）规范方法（应变能法）计算的长周期消能减震结构附加阻尼比偏大，不利于抗震设计的安全性，且计算过程比较繁琐，有待进一步简化和修正，设计时应谨慎使用。

（2）自由振动衰减法、能量比法、平均减震系数法所求结构附加阻尼比比较吻合，自由振动衰减法虽精度较高，但过程较复杂，能量比法和平均减震系数法简便易用，且满足精度要求，可以用于长周期消能减震结构附加阻尼比的计算。并且平均系数法一般较能量比法偏保守，更有利于结构的安全性，同时克服了减震系数法的不经济性，适于设计人员推广使用。

（3）减震系数法太过保守，不利于建筑结构的经济性，不建议使用。

本书以新疆地区某 8 度区医院的医技楼减震结构为例，分别采用应变能法（规范方法）、能量比法，计算结构附加阻尼比。医技楼共 5 层，SAP2000 模型图见图 5-19，采用黏滞阻尼器，每层 X 方向布置 4 个黏滞阻尼器、Y 方向布置 4 个黏滞阻尼器，阻尼器连接示意图见图 5-20。

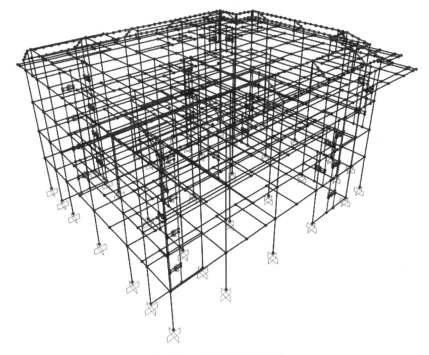

图 5-19 SAP2000 模型图

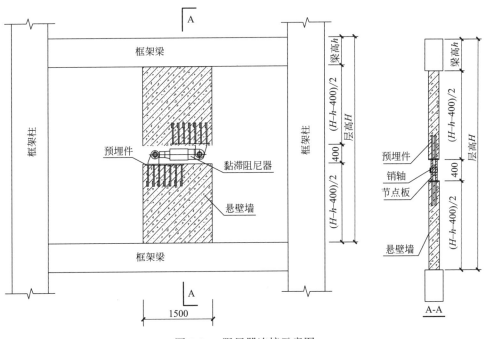

图 5-20 阻尼器连接示意图

黏滞阻尼器属于速度相关型阻尼器，利用与速度有关的黏性抵抗地震作用，从黏滞材料的运动中获得阻尼力，消能能力取决于阻尼器两端相对速度的大小，速度越大，提供的阻尼力越大，消能能力也越强。黏滞阻尼器一般由缸体、活塞和黏性液体所组成，黏滞阻尼器示意图如图 5-21 所示。缸体内装有黏性液体，液体常为硅油或其他黏性流体，活塞上开有小孔。当活塞在缸体内做往复运动时，液体从活塞上的小孔通过，对活塞和缸体的相对运动产生阻尼，从而消耗震动能量。

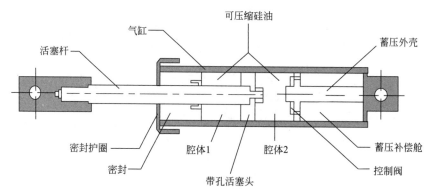

图 5-21 黏滞阻尼器示意图

杆式黏滞阻尼器的力学模型可用式（5-19）表达[4]：

$$F = CV^{\alpha} \tag{5-19}$$

式中：F ——阻尼力；

C ——阻尼系数，工作期间保持常数；

V ——活塞相对运动速度；

α ——阻尼指数，对建筑结构来说，阻尼指数 α 常用的取值范围为 0.3～1.0。当 $\alpha = 1$ 时为线性阻尼器，$\alpha \neq 1$ 时为非线性阻尼器。

本项目选用的黏滞阻尼器，阻尼指数 $\alpha = 0.25$，阻尼系数 $C = 100\text{kN}/(\text{mm/s})^{0.25}$。

《建筑消能减震技术规程》JGJ 297—2013 第 3.3.5 条的条文说明指出，速度相关型消能器宜采用 Maxwell 模型（麦克斯韦模型）见图 5-22 或 Kelvin 模型（开尔文模型）。Maxwell 模型中阻尼单元与"弹簧单元"串联，当模拟黏滞消能器时可将弹簧单元刚度设成无穷大，则模型中只有阻尼单元发挥作用。Kelvin 模型（开尔文模型）见图 5-23，该模型是由一个线性弹簧单元和一个线性阻尼单元并联组成，模型中的输出力是二者之和。

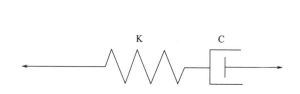

图 5-22 Maxwell 模型（麦克斯韦模型）

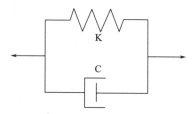

图 5-23 Kelvin 模型（开尔文模型）

一般来说，黏滞阻尼器宜采用 Maxwell 模型（麦克斯韦模型），黏弹性阻尼器宜采用 Kelvin 模型（开尔文模型）。黏滞阻尼器的典型滞回曲线图见图 5-24，黏弹性阻尼器的典型滞回曲线图见图 5-25。

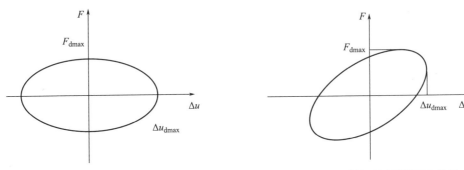

图 5-24　黏滞阻尼器的典型滞回曲线图　　　　图 5-25　黏弹性阻尼器滞回曲线图

新疆地方标准《建筑消能减震应用技术规程》XJJ 075—2016 第 5.2.5 条更是明确规定，黏滞消能器的力学行为可采用麦克斯韦（Maxwell）模型描述。产品性能指标中应给出初始刚度、阻尼系数、阻尼指数、最大阻尼力。

黏滞阻尼器连接单元在 SAP2000 中模拟示意图见图 5-26。

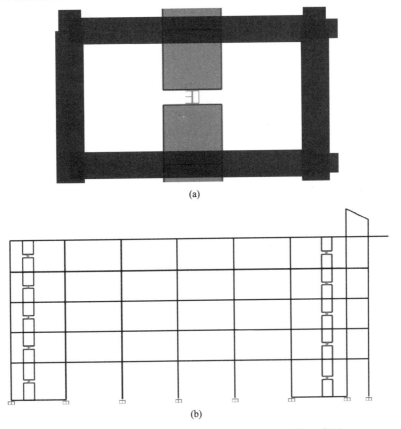

图 5-26　黏滞阻尼器连接单元在 SAP2000 中模拟示意图
（a）黏滞阻尼器连接单元模拟图；（b）黏滞阻尼器在 SAP2000 中的位置模拟

SAP2000 中，Damper-Exponential 单元使用 Maxwell 模型（麦克斯韦模型），可以用于模拟黏滞阻尼器。麦克斯韦模型由两部分组成，即线性弹簧和阻尼器两部分串联组成。线性弹簧刚度的取值非常重要，其描述的是消能器弹性柔度，包括包裹流体的缸筒以及连接构件等的弹性柔度。通常线性弹簧的刚度取值越大，消能器的滞回曲线越饱满。因此正确输入刚度值非常重要。图 5-27 为阻尼器连接单元在 SAP2000 中剪力墙式建模示意图，因本工程按照图 5-27（b）方式建模模拟阻尼器，因此需要设置 U2、U3 方向的刚度。

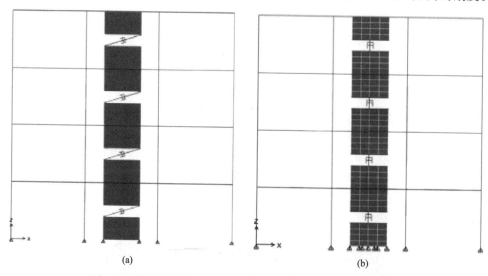

(a)　　　　　　　　　　　　　　(b)

图 5-27　阻尼器连接单元在 SAP2000 中剪力墙式建模示意图
（a）轴向受力（U1 方向）；（b）剪切向受力（U2、U3 方向）

阻尼器在 SAP2000 中参数设置见图 5-28（图中单位为 N·mm）。需要说明的是，由于消能器的质量、重量相对于结构的质量、重量很小，所以忽略了连接单元的质量、重

(a)

图 5-28　阻尼器在 SAP2000 中参数设置（一）
（a）U2 方向

(b)

图 5-28　阻尼器在 SAP2000 中参数设置（二）

（b）U3 方向

量，这一般不会带来明显的误差。不过，如果采用 FNA 法进行动力时程分析，还是建议设置连接单元的质量、重量，其数值可以填写为消能器的真实质量、重量，而对于转动惯量也建议设置较小的数值，例如 $0.0001\mathrm{t\cdot m^2}$。这些质量或者转动惯量的设置会避免在里兹向量模态分析时出现警告信息。

本工程选取 5 条天然波和 2 条人工波进行时程分析，地震波的信息见表 5-8。

地震波信息

表 5-8

地震波	地震波全称	多遇地震采用地震加速度最大值$(\mathrm{cm/s^2})$	设防地震采用地震加速度最大值$(\mathrm{cm/s^2})$	罕遇地震采用地震加速度最大值$(\mathrm{cm/s^2})$	时间间隔
R1	A09-0.02-2001-0.40	73.1	208.8	417.5	0.02
R2	R10-0.01-2501-0.40	73.1	208.8	417.5	0.01
T1	JG0492-0.004-13999	73.1	208.8	417.5	0.004
T2	JG0513-0.005-7921	73.1	208.8	417.5	0.005
T3	JG0534-0.02-2000	73.1	208.8	417.5	0.02
T4	JG0468-0.02-2248	73.1	208.8	417.5	0.02
T5	JG0516-0.005-8000	73.1	208.8	417.5	0.005

《建筑抗震设计规范》GB 50011—2010（2016 年版）第 5.1.2 条规定：采用时程分析法时，应按建筑场地类别和设计地震分组选用实际强震记录和人工模拟的加速度时程曲线，其中实际强震记录的数量不应少于总数的 2/3，多组时程曲线的平均地震影响系数曲线应与振型分解反应谱法所采用的地震影响系数曲线在统计意义上相符。弹性时程分析时，每条时程曲线计算所得结构底部剪力不应小于振型分解反应谱法计算结果的 65%，多条时程曲线计算所得结构底部剪力的平均值不应小于振型分解反应谱法计算结果的 80%。从工程角度考虑，这样可以保证时程分析结果满足最低安全要求。但是时程分析的计算结果也不能太大，每条地震波输入计算不大于 135%，平均不大于 120%。反应谱与时程分析结构底部剪力对比见表 5-9，由表 5-9 可以看出，所选地震波满足规范地震剪力的要求。

反应谱与时程分析结构底部剪力对比 表 5-9

工况		反应谱	时程分析							
			R1	R2	T1	T2	T3	T4	T5	平均值
剪力(kN)	X	12069	9342	9467	11775	9226	9624	11633	10893	10280
	Y	11780	9129	9290	11119	9327	9653	12213	10433	10166
地震剪力与反应谱的比值(%)	X	100	77	78	98	76	80	96	90	85
	Y	100	77	79	94	79	82	104	89	86

根据《建筑抗震设计规范》GB 50011—2010（2016 年版）第 5.1.2 条的条文说明，所谓"在统计意义上相符"指的是，多组时程波的平均地震影响系数曲线与振型分解反应谱法所用的地震影响系数曲线相比，在对应于结构主要振型的周期点上相差不大于 20%。时程波的平均影响系数与规范反应谱影响系数比较见表 5-10，由表 5-10 可以看出，所选地震波满足规范在统计意义上相符的要求。

时程波的平均影响系数与规范反应谱影响系数比较 表 5-10

振型	周期(s)	时程平均影响系数 α	规范反应谱影响系数 α	差值(%)
1	0.770	0.111	0.093	16.5%
2	0.754	0.113	0.094	16.7%
3	0.687	0.123	0.103	16.5%

根据新疆维吾尔自治区地方标准《建筑消能减震应用技术规程》XJJ 075—2016，主体结构的附加阻尼比需按照中震作用下计算得到的附加阻尼比确定。下面分别按照应变能法（规范方法）、能量比法计算本工程的附加阻尼比。

（1）应变能法（规范方法）

结构采用应变能法（规范方法）计算附加阻尼比的过程见表 5-11～表 5-13。经计算，结构的附加阻尼比：X 方向为 3.14%，Y 方向为 3.83%。

设防地震作用下结构的弹性能

表 5-11

X 方向

楼层	减震结构层间剪力 (kN)							减震结构层间位移 (mm)							减震结构弹性能 (kN·mm)（Vi×ui/2）						
	R1	R2	T1	T2	T3	T4	T5	R1	R2	T1	T2	T3	T4	T5	R1	R2	T1	T2	T3	T4	T5
5	2981	3224	4010	3302	2826	3332	3450	0.73	0.81	0.94	0.82	0.90	0.98	0.97	1081	1299	1878	1355	1268	1638	1675
4	12264	13885	18192	14039	12537	14069	15026	6.81	7.27	10.63	7.56	8.35	9.17	9.17	41780	50456	96657	53096	52335	64518	68884
3	17513	17294	26002	18924	18889	20210	21363	8.54	8.52	12.67	8.88	10.06	10.63	10.46	74791	73676	164664	84057	95034	107402	111742
2	20908	21861	29663	22527	23167	26067	25986	9.55	10.01	13.65	10.20	11.44	12.79	11.81	99868	109453	202436	114859	132505	166631	153505
1	22170	24508	30965	25243	25162	29577	28377	9.50	10.59	13.36	10.58	11.93	13.66	12.53	105309	129806	206910	133566	150152	201945	177822
合计															322829	364690	672546	386934	431293	542134	513628

Y 方向

楼层	减震结构层间剪力 (kN)							减震结构层间位移 (mm)							减震结构弹性能 (kN·mm)（Vi×ui/2）						
	R1	R2	T1	T2	T3	T4	T5	R1	R2	T1	T2	T3	T4	T5	R1	R2	T1	T2	T3	T4	T5
5	3032	3291	4068	3351	2897	3522	3471	1.13	1.19	1.50	1.16	1.35	1.45	1.38	1711	1964	3057	1948	1948	2551	2400
4	12419	13471	17587	14169	12842	13665	15041	7.32	7.44	11.05	7.15	8.92	9.43	9.23	45479	50120	97205	50688	57298	64427	69383
3	17073	17256	24952	19012	19111	21362	21005	8.81	8.96	12.69	8.67	10.60	11.78	10.67	75188	77307	158260	82404	101272	125819	112061
2	20378	22014	28400	22725	23495	27627	26012	9.85	10.62	13.77	10.00	12.11	14.18	12.31	100363	116933	195523	113601	142236	195927	160082
1	21283	24706	29655	24511	25483	31154	28320	9.44	10.85	13.13	10.37	12.21	14.62	12.77	100504	134013	194708	127136	155552	227777	180785
合计															323246	380337	648753	375776	458307	616501	524713

表 5-12

设防地震结构总阻尼器耗能

X 方向

消能器编号	阻尼指数的函数 λ_1	消能器位移(mm)							消能器耗能(kN·mm)						
		R1	R2	T1	T2	T3	T4	T5	R1	R2	T1	T2	T3	T4	T5
X01	3.7	9.8	11.5	14.2	11.7	12.6	14.7	13.9	11498	13951	17731	14057	15320	19156	17221
X02	3.7	7.6	9.1	12.1	9.1	10.5	12.5	11.7	8231	11030	15469	10759	13130	15679	14685
X03	3.7	9.2	10.8	13.7	10.9	12.0	14.0	13.1	10380	13066	17297	12899	14713	17606	16399
X04	3.7	9.4	11.0	13.8	11.2	12.1	14.1	13.2	11079	13377	17127	13421	14650	18203	16309
X05	3.7	10.3	11.5	15.0	11.7	13.2	14.4	14.1	12110	14060	19542	14107	16020	18334	17671
X06	3.7	11.1	12.5	16.4	12.7	14.4	15.8	15.4	13203	15785	22105	15818	18119	20838	19938
X07	3.7	8.4	9.5	11.8	9.1	10.6	12.2	11.3	9943	11868	15631	11206	13147	15846	14415
X08	3.7	5.6	6.4	7.9	6.1	7.0	8.1	7.5	6610	7818	10248	7422	8513	10360	9411
X09	3.7	4.5	4.8	6.1	4.5	5.2	5.8	5.5	5303	5884	8092	5514	6176	7394	6785
X10	3.7	3.2	3.3	4.6	3.4	4.1	4.1	3.9	3934	4103	6259	4256	5033	5379	4958
X11	3.7	6.8	7.4	9.9	7.3	8.9	9.4	9.0	8142	9049	13276	9016	10601	12031	11250
X12	3.7	4.4	4.8	6.5	4.8	5.8	6.1	5.9	5170	5833	8576	5806	6765	7656	7222
X13	3.7	5.6	6.2	8.0	5.9	7.0	7.6	7.2	6194	6741	9614	6994	7914	9528	8250
X14	3.7	8.5	9.1	12.3	9.0	10.7	11.4	10.9	10241	10872	16369	11640	13150	15440	13791
X15	3.7	8.1	8.8	11.5	8.6	10.1	10.8	10.4	9519	10282	15129	10935	12161	14454	12837
X16	3.7	2.5	2.8	3.5	2.5	3.2	3.7	3.2	2761	3023	4243	2969	3595	4635	3630
合计									134318	156741	216708	156820	179006	212540	194771

续表

消能器编号	阻尼指数的函数 λ_1	消能器位移 (mm) Y方向							消能器耗能（kN·mm）						
		R1	R2	T1	T2	T3	T4	T5	R1	R2	T1	T2	T3	T4	T5
Y01	3.7	8.7	10.3	12.6	9.7	11.4	14.2	12.4	9994	12399	15787	11293	14032	18288	15481
Y02	3.7	8.4	9.9	12.1	9.3	10.9	13.6	11.9	9473	11721	14842	10600	13263	17323	14630
Y03	3.7	8.3	9.9	12.1	9.3	10.9	13.5	11.9	9400	11757	14971	10664	13302	17245	14673
Y04	3.7	9.2	10.8	13.0	10.3	11.8	14.6	12.9	10439	12930	16062	11829	14371	18694	15943
Y05	3.7	11.0	12.5	15.6	12.0	14.1	16.1	15.0	13079	15536	20556	14577	17378	21018	18970
Y06	3.7	11.2	12.7	15.9	12.2	14.3	16.4	15.2	13306	15749	20872	14786	17609	21144	19201
Y07	3.7	11.4	12.9	16.2	12.4	14.6	16.6	15.5	13667	16192	21539	15228	18087	21740	19746
Y08	3.7	10.5	11.9	14.8	11.4	13.3	15.4	14.2	12253	14479	19108	13589	16233	19560	17656
Y09	3.7	9.2	9.8	13.2	9.9	11.8	12.5	11.9	10733	11790	17211	12078	13828	15848	14581
Y10	3.7	10.5	11.2	15.1	11.3	13.5	14.4	13.8	12660	13965	20419	14114	16425	18670	17388
Y11	3.7	10.2	10.9	14.5	11.0	13.0	13.9	13.2	12188	13393	19499	13644	15664	17960	16603
Y12	3.7	8.8	9.5	12.7	9.5	11.4	12.1	11.6	10272	11365	16471	11493	13325	15217	14082
Y13	3.7	7.4	7.7	10.6	7.7	9.5	10.1	9.3	8673	9003	13621	9477	11486	13334	11371
Y14	3.7	7.3	7.7	10.5	7.6	9.4	10.0	9.3	8554	8908	13422	9360	11154	13072	11260
Y15	3.7	7.1	7.4	10.2	7.3	9.1	9.6	8.9	8268	8541	12962	8917	11074	12614	10710
Y16	3.7	6.9	7.2	9.9	7.1	8.8	9.4	8.7	7975	8269	12453	8653	10489	12161	10467
合计									170934	195997	269794	190302	227719	273888	242762

应变能法（规范方法）附加阻尼比计算结果　　表 5-13

X 方向

地震波	R1	R2	T1	T2	T3	T4	T5
结构总应变能(kN·mm)	322829	364690	672546	386934	431293	542134	513628
消能器总耗能(kN·mm)	134318	156741	216708	156820	179006	212540	194771
附加阻尼比	3.31%	3.42%	2.57%	3.23%	3.30%	3.12%	3.02%
平均值				3.14%			

Y 方向

地震波	R1	R2	T1	T2	T3	T4	T5
结构总应变能(kN·mm)	323246	380337	648753	375776	458307	616501	524713
消能器总耗能(kN·mm)	170934	195997	269794	190302	227719	273888	242762
附加阻尼比	4.21%	4.10%	3.31%	4.03%	3.96%	3.54%	3.68%
平均值				3.83%			

（2）能量比法

能量比法设防地震作用下减震结构消能器附加阻尼比见表 5-14。经计算，结构的附加阻尼比：X 方向为 6.81%，Y 方向为 6.34%。

能量比法设防地震作用下减震结构消能器附加阻尼比   表 5-14

时程工况		模态阻尼(kN·mm)	阻尼器耗能(kN·mm)	附加阻尼比(%)
R1X		1425556.56	2309116.22	8.10%
R1Y		1446915.18	2200817.26	7.61%
R2X		1230613.05	1809656.45	7.35%
R2Y		1232995.94	1700182.95	6.89%
T1X		1694708.49	2292871.39	6.76%
T1Y		1769153.52	2246965.39	6.35%
T2X		964589.76	1276001.06	6.61%
T2Y		955443.75	1214636.99	6.36%
T3X		736809.20	1146504.61	7.78%
T3Y		778898.03	1121463.13	7.20%
T4X		2265217.99	2883747.63	6.37%
T4Y		2502192.85	2884101.69	5.76%
T5X		1447340.87	1577417.35	5.45%
T5Y		1489224.60	1536182.13	5.16%
平均值	X 方向	1394976.56	1899330.67	6.81%
	Y 方向	1453546.27	1843478.51	6.34%

由以上计算过程可以看出，本工程采用应变能法（规范方法）计算得到的附加阻尼比，小于采用能量比法计算得到的附加阻尼比。

消能子结构是指与消能部件（由消能器与连接构件组成）直接相连的主体结构构件。消能器与主体结构的连接可以采用多种不同的连接方式。支墩式连接［图 5-29（a）］和撑式连接［图 5-29（b）］是减震结构中比较常用的两种连接形式。梁构件和柱构件为消能子结构构件，斜撑和支墩作为连接构件。

《建筑消能减震技术规程》JGJ 297—2013 第 6.4.2 条第 1 款规定，消能子结构中梁、柱、墙构件宜按重要构件设计，并应考虑罕遇地震作用效应和其他荷载作用标准值的效应，其值应小于构件极限承载力。第 6.4.2 条第 2 款规定，消能子结构中的梁、柱和墙截面设计应考虑消能器在极限位移或极限速度下的阻尼力作用。第 6.4.2 条第 4 款规定，消能子结构的节点和构件应进行消能器极限位移和极限速度下的消能器引起的阻尼力作用下的截面验算。

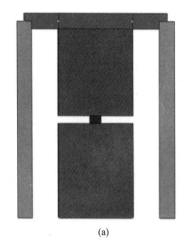

(a)　　　　　　　　　　　　　　　(b)

图 5-29　消能子结构

（a）支墩式连接；（b）撑式连接

《建筑消能减震技术规程》JGJ 297—2013 对消能子结构从提高构件承载力与增强延性两方面加以规定，但具体设计指标不明确，可操作性相对不足[9]。对消能子结构设计及验算做了规定，但没有给出具体的子结构设计方法[10]。

《云南省建筑消能减震设计与审查技术导则（试行）》规定，消能子结构以大震下构件的弹性内力进行配筋，材料强度采用标准值（极限值）。消能部件的周围框架及节点以罕遇地震作用下构件的弹性内力进行配筋，导致楼层剪力向仅占少数跨的消能子结构集中，使子结构截面和配筋过大，制约消能减震技术应用。

新疆维吾尔自治区工程建设标准《建筑消能减震应用技术规程》J13686—2017 附录 C 给出了四种子结构设计方法，总结起来可以分为两类：其一是直接提取大震工况下的子结构内力进行构件极限承载力复核；其二是提高设计准则，将子结构梁、柱按中震设计。对于提取大震下构件内力进行子结构极限承载力复核的方法，其不足之处是受地震波、构件配筋以及内力重分布等因素影响，分析结果可靠度低，且操作复杂，此外没有考虑地震工况与重力工况的组合以及阻尼器达到极限阻尼力时对结构产生的附加内力；对于提高设计准则的中震设计法，由于缺乏可靠的理论依据、考虑不全面（没有考虑同时提高构件承载力和延性）以及没有考虑阻尼器极限阻尼力对子结构的附加内力和构件极限承载力要求，使得设计结果不一定满足《建筑消能减震技术规程》JGJ 297—2013 要求。

文献［9］给出了一种操作性强的子结构设计方法，并对 1 个钢筋混凝土纯框架子结构试件和 2 个消能子结构试件进行低周反复加载试验，考察消能子结构的抗震性能，检验所提设计方法的合理性。按照小震弹性分析结果进行设计，根据大震弹塑性分析结果进行抗弯不屈服和抗剪弹性验算，如不满足需加大配筋。具体设计流程如下：

（1）采用振型分解反应谱法对结构进行多遇地震作用下的弹性分析，取材料强度设计值进行结构设计，得到消能子结构的配筋。

（2）依据上述配筋结果，进行罕遇地震作用下的弹塑性静力或动力分析，得到消能子结构的内力分布。分析中应考虑阻尼器和消能子结构进入塑性后刚度和承载力的降低。

（3）采用弹塑性分析得到的内力，对消能子结构的性能状态进行校核，即消能子结构中，支墩两端对应的梁截面应满足受弯不屈服（取材料强度标准值进行受弯设计），梁和柱的全长以及节点核心区应满足受剪弹性（取材料强度设计值进行受剪设计），子结构应满足"强柱弱梁"，对配筋不足的截面需增大配筋。

（4）假定消能子结构框架梁两端为理想铰，再次校核支墩两端对应的梁截面是否满足受弯不屈服，如果不满足，则需增大该截面配筋。

（5）消能子结构的抗震等级应不低于一级，混凝土支墩至梁柱节点间的梁段应满足该抗震等级下关于箍筋加密的相关要求，以确保消能子结构应具备足够的变形能力，满足罕遇地震作用对应的变形下承载力不下降。必要时可通过加密箍筋间距等方法进一步提高子结构的延性。

减震结构直接分析设计软件 SAUSG-Zeta 参考以上方法，根据导入的小震模型计算配筋计算构件极限承载力，并根据大震弹塑性分析得到的内力结果进行验算。得到大震弹塑性分析的内力以后，点击菜单"大震验算→PMM 曲线"，拾取要进行验算的构件，选择相应的工况，则程序会自动提取该工况的内力显示到 PMM 曲线中，点击"性能计算"按钮，程序会自动根据材料设计值、标准值和极限值进行验算。用户可以据此判断消能子结构构件是否满足性能目标。如果不满足，用户需要对子结构构件进行加强。SAUSG-Zeta 软件 PMM 验算如图 5-30 所示。

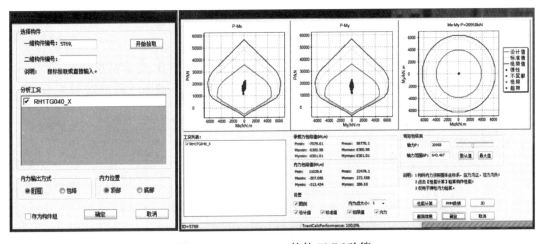

图 5-30　SAUSG-Zeta 软件 PMM 验算

5.5　YJK 软件"按钢规 6.2.7 验算梁下翼缘稳定"选项是否勾选？

YJK 软件钢构件设计信息中，有一个勾选项"按钢规 6.2.7 验算梁下翼缘稳定"，YJK 软件 PMM 验算见图 5-31。

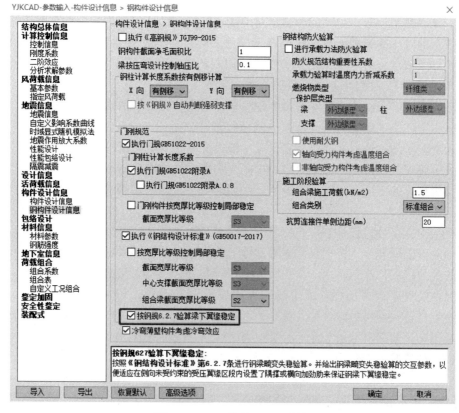

图 5-31　YJK 软件 PMM 验算

某钢梁，不勾选"按钢规 6.2.7 验算梁下翼缘稳定"时，YJK 计算结果见图 5-32（a）；勾选"按钢规 6.2.7 验算梁下翼缘稳定"时，YJK 计算结果提示超限［图 5-32（b）］。

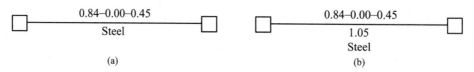

图 5-32　钢梁 YJK 计算结果

（a）不勾选"按钢规 6.2.7 验算梁下翼缘稳定"；（b）勾选"按钢规 6.2.7 验算梁下翼缘稳定"

不勾选"按钢规 6.2.7 验算梁下翼缘稳定"时，钢梁详细计算信息见图 5-33（a）；勾选"按钢规 6.2.7 验算梁下翼缘稳定"时，钢梁详细计算信息见图 5-33（b）。

《钢结构设计标准》GB 50017—2017 第 6.2.7 条规定，支座承担负弯矩且梁顶有混凝土楼板时，框架梁下翼缘的稳定性计算应符合下列规定：

（1）当 $\lambda_{n, b} \leqslant 0.45$ 时，可不计算框架梁下翼缘的稳定性；

（2）当不满足本条第（1）款时，框架梁下翼缘的稳定性应按式（5-20）计算：

$$\frac{M_{\mathrm{x}}}{\varphi_{\mathrm{d}} W_{1\mathrm{x}} f} \leqslant 1.0 \tag{5-20}$$

公式中各符号意义具体详见《钢结构设计标准》GB 50017—2017 第 6.2.7 条。

```
────────────────────────────────────────────────────
N-B=4  (I=2000002, J=2000004) (2) B*H*U*T*D*F(mm)=12*650*200*18*200*18
Lbin=7.50(m) Lbout=7.50(m) Nfb=4 Nfb_gz=4 Rsb=355
钢梁 Q355 框架梁 工字形
livec=1.000  tf=0.850  nj=0.400
              -I-      -1-      -2-      -3-      -4-      -5-      -6-      -7-      -J-
-M(kNm)      -761     -275       0        0        0        0        0     -275     -761
LoadCase    ( 12)    ( 12)    ( 0)     ( 0)     ( 0)     ( 0)     ( 0)    ( 11)    ( 11)
+M(kNm)        0        0      161      342      393      342      161       0        0
LoadCase    ( 0)     ( 0)     ( 11)    ( 1)     ( 12)    ( 1)     ( 12)    ( 0)     ( 0)
Shear        587      450      308      165      -21     -165     -308     -450     -587
LoadCase    ( 12)    ( 12)    ( 12)    ( 12)    ( 3)     ( 11)    ( 11)    ( 11)    ( 11)
(12)Mx=   -761.4 F1=   247.924 < f=   295.000
(12)V=    586.5 F3=    79.607 < f=   175.000
宽厚比: b/tf=5.22 < b/tf_max=8.95
高厚比: hw/tw=51.17 < hw/tw_max=61.02
正则化长细比: λn_b=0.57
```

(a)

```
────────────────────────────────────────────────────
N-B=4  (I=2000002, J=2000004) (2) B*H*U*T*D*F(mm)=12*650*200*18*200*18
Lbin=7.50(m) Lbout=7.50(m) Nfb=4 Nfb_gz=4 Rsb=355
钢梁 Q355 框架梁 工字形
livec=1.000  tf=0.850  nj=0.400
              -I-      -1-      -2-      -3-      -4-      -5-      -6-      -7-      -J-
-M(kNm)      -761     -275       0        0        0        0        0     -275     -761
LoadCase    ( 12)    ( 12)    ( 0)     ( 0)     ( 0)     ( 0)     ( 0)    ( 11)    ( 11)
+M(kNm)        0        0      161      342      393      342      161       0        0
LoadCase    ( 0)     ( 0)     ( 11)    ( 11)    ( 12)    ( 12)    ( 12)    ( 0)     ( 0)
Shear        587      450      308      165      -21     -165     -308     -450     -587
LoadCase    ( 12)    ( 12)    ( 12)    ( 12)    ( 3)     ( 11)    ( 11)    ( 11)    ( 11)
(12)Mx=   -761.4 F1=   247.924 < f=   295.000
**(12)Mx=  -761.4 F2_Dw=  309.826 > f=   295.000          《钢标》6.2.7
(12)V=    586.5 F3=    79.607 < f=   175.000
宽厚比: b/tf=5.22 < b/tf_max=8.95
高厚比: hw/tw=51.17 < hw/tw_max=61.02
正则化长细比: λn_b=0.57
```

(b)

图 5-33　YJK 输出钢梁详细计算信息

（a）不勾选"按钢规 6.2.7 验算梁下翼缘稳定"；（b）勾选"按钢规 6.2.7 验算梁下翼缘稳定"

（3）当不满足本条第（1）款、第（2）款时，在侧向未受约束的受压翼缘区段内，应设置隅撑或沿梁长设间距不大于 2 倍梁高并与梁等宽的横向加劲肋。

由图 5-33（a）可以看出，虽然没有勾选"按钢规 6.2.7 验算梁下翼缘稳定"，但是 YJK 软件在构件详细信息中给出了此钢梁的正则化长细比 $\lambda_{n,b}$，且 $\lambda_{n,b}=0.57>0.45$。根据《钢结构设计标准》GB 50017—2017 第 6.2.7 条规定，应该按照公式 $\dfrac{M_x}{\varphi_d W_{1x} f} \leqslant 1.0$ 计算框架梁下翼缘的稳定性。

手工复核如下：

钢梁截面 H650×200×12×18：

$b_1=200\text{mm}$，$t_w=12\text{mm}$，$t_1=18\text{mm}$，$h_w=650-2\times18=614(\text{mm})$，$W_{1x}=2925020\text{mm}^3$

$$\gamma=\frac{b_1}{t_w}\sqrt{\frac{b_1 t_1}{h_w t_w}}=\frac{200}{12}\times\sqrt{\frac{200\times18}{614\times12}}\approx11.65$$

$$\varphi_1=\frac{1}{2}\left(\frac{5.436\gamma h_w^2}{l^2}+\frac{l^2}{5.436\gamma h_w^2}\right)=\frac{1}{2}\times\left(\frac{5.436\times11.65\times614^2}{3750^2}+\frac{3750^2}{5.436\times11.65\times614^2}\right)\approx1.14$$

畸变屈曲临界应力：

$$\sigma_{cr} = \frac{3.46b_1t_1^3 + h_w t_w^3 (7.27\gamma + 3.3)\varphi_1}{h_w^2(12b_1t_1 + 1.78h_w t_w)}E$$

$$= \frac{3.46 \times 200 \times 18^3 + 614 \times 12^3 \times (7.27 \times 11.65 + 3.3) \times 1.14}{614^2 \times (12 \times 200 \times 18 + 1.78 \times 614 \times 12)} \times 206 \times 10^3$$

$$\approx 1071.88 \text{N/mm}^2$$

正则化长细比

$$\lambda_{n,b} = \sqrt{\frac{f_y}{\sigma_{cr}}} = \sqrt{\frac{355}{1071.88}} = 0.56 > 0.45$$

需要计算框架梁下翼缘的稳定性：

换算长细比：

$$\lambda_e = \pi\lambda_{n,b}\sqrt{\frac{E}{f_y}} = 3.14 \times 0.56 \times \sqrt{\frac{206000}{355}} \approx 42.36$$

$$\lambda_e/\varepsilon_k = 42.36/\sqrt{235/355} \approx 52.06$$

查《钢结构设计标准》GB 50017—2017 附录表 D.0.2：

$$\varphi_d = 0.847$$

框架梁下翼缘的稳定性验算：

$$\frac{M_x}{\varphi_d W_{1x} f} \leqslant 1.0$$

$$M_x = 761.4 \text{kN} \cdot \text{m}$$

$$\frac{M_x}{\varphi_d W_{1x}} = \frac{761.4 \times 10^6}{0.847 \times 2925020} \approx 307.33(\text{N/mm}^2)$$

下翼缘稳定验算应力比为 $\left(\dfrac{M_x}{\varphi_d W_{1x}}\right)/f = 307.33/295 \approx 1.04$，与软件输出结果 1.05 基本一致。

关于框架梁下翼缘的稳定性计算，有以下几点值得讨论：

（1）在侧向未受约束的受压翼缘区段内，设置了隅撑或沿梁长设置了间距不大于 2 倍梁高并与梁等宽的横向加劲肋，是否可以不计算框架梁下翼缘的稳定性？

根据《钢结构设计标准》GB 50017—2017 第 6.2.7 条，当框架梁正则化长细比 $\lambda_{n,b} > 0.45$ 时，应按照公式 $\dfrac{M_x}{\varphi_d W_{1x} f} \leqslant 1.0$ 计算框架梁下翼缘的稳定性；当框架梁正则化长细比 $\lambda_{n,b} > 0.45$、且框架梁下翼缘的稳定性计算不满足（即 $\dfrac{M_x}{\varphi_d W_{1x} f} > 1.0$），那么在侧向未受约束的受压翼缘区段内，应设置隅撑或沿梁长设间距不大于 2 倍梁高并与梁等宽的横向加劲肋。

那么在侧向未受约束的受压翼缘区段内，设置了隅撑或沿梁长设置了间距不大于 2 倍梁高并与梁等宽的横向加劲肋，是否可以不计算框架梁下翼缘的稳定性？

从逻辑学来讲，一个命题的原命题成立，其逆命题不一定成立。但是《钢结构设计标准》GB 50017—2017 第 6.2.7 条的条文说明指出，不满足式 $\dfrac{M_x}{\varphi_d W_{1x} f} \leqslant 1.0$，则设置加劲肋能够为下翼缘提供更加刚强的约束，并带动楼板对框架梁提供扭转约束。设置加劲肋后，刚度很大，一般不再需要计算整体稳定和畸变屈曲。

（2）《钢结构设计标准》GB 50017—2017 第 6.2.7 条中，框架梁下翼缘的畸变屈曲，与梁的整体屈曲有什么区别？

框架梁梁端为负弯矩区，下翼缘受压，上翼缘受拉，且上翼缘有楼板起侧向支撑和提供扭转约束，因此负弯矩区的失稳是畸变失稳，也就是下翼缘可能发生畸变屈曲。

畸变屈曲不同于梁的整体屈曲。梁的整体屈曲为梁受压翼缘沿梁平面外屈曲带动梁产生整体弯扭失稳，此时翼缘与腹板交线的夹角不变。畸变屈曲表现为梁受压下翼缘以腹板为弹性支座的整体失稳，此时翼缘与腹板交线的夹角可变。

畸变屈曲也不同于局部屈曲。局部屈曲为钢板的局部面外屈曲，限制板件宽厚比可以防止局部屈曲[11]。

（3）正则化长细比 $\lambda_{n,b} \leqslant 0.45$ 时，弹塑性畸变屈曲应力基本达到钢材的屈服强度，此时截面尺寸刚好满足 $\dfrac{M_x}{\varphi_d W_{1x} f} \leqslant 1.0$，因此不用验算框架梁下翼缘的稳定性。抗震设计，正则化长细比限值如何控制？

对于抗震设计，正则化长细比限值要求应更加严格。因要保证框架梁端的塑性发展，对于延性等级Ⅰ～Ⅲ级的工字形梁，《钢结构设计标准》GB 50017—2017 第 17.3.4 条第 2 款对梁的正则化长细比 $\lambda_{n,b}$ 给出了更为严格的要求。延性等级Ⅰ、Ⅱ级，正则化长细比限值 0.25；延性等级Ⅲ级，正则化长细比限值 0.40。

（4）正则化长细比 $\lambda_{n,b} \leqslant 0.45$、$\dfrac{M_x}{\varphi_d W_{1x} f} \leqslant 1.0$ 的钢梁，下翼缘是否可以不设置隔撑？

根据《钢结构设计标准》GB 50017—2017 第 6.2.7 条的规定，正则化长细比 $\lambda_{n,b} \leqslant 0.45$、$\dfrac{M_x}{\varphi_d W_{1x} f} \leqslant 1.0$ 的钢梁，下翼缘确实可以不设置隔撑或横向加劲肋。但是需要注意的是，《钢结构设计标准》GB 50017—2017 第 6.2.7 条 $\lambda_{n,b} \leqslant 0.45$、$\dfrac{M_x}{\varphi_d W_{1x} f} \leqslant 1.0$ 的规定，仅仅是为了防止钢梁下翼缘畸变屈曲，其实质是一个稳定问题。

然而对于抗震设计，梁端支座下翼缘设置侧向支撑（隔撑或横向加劲肋）则不仅仅是稳定问题，而是一个抗震构造。《建筑抗震设计规范》GB 50011—2010（2016 年版）第 8.3.3 条第 2 款规定，梁柱构件在出现塑性铰的截面，上下翼缘均应设置侧向支承（如果有楼板可靠连接，则可在下翼缘设置隔撑）。《高层民用建筑钢结构技术规程》JGJ 99—2015 第 7.1.4 条规定，在罕遇地震作用下可能出现塑性铰处，梁的上下翼缘均应设侧向支撑点（如果有楼板可靠连接，则可在下翼缘设置隔撑）。抗震设计时，在梁端支座下翼缘设置侧向支撑属于抗震构造措施，是保证钢框架中大震下梁端进入弹塑性，实现梁端塑性铰延性耗能模式正常工作的要求。如果没有可靠的侧向支承，塑性铰转动过程中会侧向变形，脆性破坏，无法实现稳定的耗能。

因此，对于抗震设计，即使正则化长细比 $\lambda_{n,b} \leqslant 0.45$、$\dfrac{M_x}{\varphi_d W_{1x} f} \leqslant 1.0$，梁端支座下翼缘仍然需要设置侧向支承。

参 考 文 献

[1] 唐曹明，徐培福，徐自国，等．钢筋混凝土框架结构楼层刚度比限制方法研究［J］．土木工程学报．2009，42（12）：128-134.

[2] 徐自国．高层建筑钢筋混凝土框架-核心筒结构楼层层高变化对结构抗震性能的影响研究［D］．北京：中国建筑科学研究院，2013.

[3] 娄宇，黄健，吕佐超．楼板体系振动舒适度设计［M］．北京：科学出版社，2012.

[4] 丁洁民，吴宏磊．粘滞阻尼技术工程设计与应用［M］．北京：中国建筑工业出版社，2017.

[5] 巫振弘，薛彦涛，王翠坤，等．多遇地震作用下消能减震结构附加阻尼比计算方法［J］．建筑结构学报，2013，34（12）：19-25.

[6] 翁大根，李超，胡岫岩，等．减震结构基于模态阻尼耗能的附加有效阻尼比计算［J］．土木工程学报．2016，49（S1）：19-24.

[7] 丁永君，刘胜林，李进军．粘滞阻尼结构小震附加阻尼比计算方法的对比分析［J］．工程抗震与加固改造．2017，39（1）：78-83.

[8] 陈永祁，曹铁柱，马良喆．液体黏滞阻尼器在超高层结构上的抗震抗风效果和经济分析［J］．土木工程学报．2012，45（3）：58-66.

[9] 单明岳，潘鹏，王海深，等．柱间连接型消能子结构设计方法与抗震性能试验［J］．建筑结构学报，2021，42（12）：1-10.

[10] 周云，高冉，陈清祥，等．支墩型消能子结构设计方法研究［J］．建筑结构，2020，50（1）：105-111.

[11] 王立军．17钢标疑难解析［M］．北京：中国建筑工业出版社，2020.